JN430418

빠른 합격을 원하십니까?

산업안전산업기사

실기

이광수 편저

 일 진 사

◆ **산업안전산업기사란?**

산업안전산업기사는 「산업안전보건법」에 따라 안전관리자 자격을 취득하기 위해 실시하는 시험이다. 안전관리자는 제조업, 서비스업 등 다양한 산업현장에서 산업재해 예방계획의 수립에 관한 사항을 수행하며, 작업환경의 점검 및 개선, 유해 및 위험방지, 사고사례 분석 및 개선에 관한 사항, 근로자의 안전교육 및 훈련에 관한 업무를 수행한다.

◆ **실시기관 홈페이지 :** http://www.q-net.or.kr

◆ **실시기관명 :** 한국산업인력공단

◆ **출제경향**

시험은 영상 자료를 활용하여 진행되며, 제조업(기계, 전기, 화공, 건설 등) 및 서비스업 등 각 산업현장에서의 안전관리에 대한 이론적 지식과 관련 법령을 바탕으로 일반지식, 전문지식, 그리고 응용 및 실무 능력을 평가한다.

◆ **실기시험 배점 및 시간**

구분	필답형	작업형(동영상)
배점	55점	45점
문제 수	13문제	9문제
시험시간	1시간	1시간 정도
시험 방법	시험지에 주관식 답을 서술하는 방식	• 동영상을 보고, 시험지에 답을 서술하는 방식 • 앞번호 동영상을 다시 볼 수 있으며, 여러 번 재생 가능함
합격 기준	100점 만점에 60점 이상	

효율적으로 공부하는 법

01 책을 구입할 때

신뢰할 수 있는 최신 교재를 선택하세요. 시험 출제 경향과 실전 내용을 충실히 반영한 교재는 학습 효율을 높이는 데 큰 도움이 됩니다.

02 영상이 필요하면

저자가 제공하는 유튜브 채널을 적극 활용하세요. 동영상 문제 풀이를 반복하며 실전 감각을 익히는 것이 중요합니다.

03 궁금한 사항은

혼자 고민하지 말고, 저자와 소통하거나 관련 커뮤니티에 질문하세요. 같은 시험을 준비하는 수험생들의 답변과 노하우도 큰 도움이 됩니다.

04 시험방식에 익숙해지려면

시험지에 직접 답안을 작성하고, 시간 제한을 두고 연습하세요. 실전처럼 연습하며 시간 관리와 문제 풀이 능력을 키우는 것이 중요합니다.

05 꾸준한 반복 학습이 필요하다면

단기 목표를 세우고 달성하며 성취감을 느껴보세요. 예를 들어, "하루에 동영상 문제 5개 풀기"와 같은 구체적인 계획이 동기 부여에 효과적입니다.

산업안전산업기사 출제기준(실기)

직무 분야	안전관리	중직무 분야	안전관리	자격 종목	산업안전산업기사	적용 기간	2025.1.1.~2026.12.31.

○ 직무내용 : 제조 및 서비스업 등 각 산업현장에 소속되어 산업재해 예방계획 수립에 관한 사항을 수행하여 작업환경의 점검 및 개선에 관한 사항, 사고사례 분석 및 개선에 관한 사항, 근로자의 안전교육 및 훈련 등을 수행하는 직무이다.

실기검정방법	복합형	시험 시간	2시간 정도 (필답형 1시간, 작업형 1시간 정도)

과목명	주요항목	세부항목	세세항목
산업안전 실무	산업안전 관리 계획 수립	산업안전계획 수립	1. 사업장의 안전보건경영방침에 따라 안전관리 목표를 설정할 수 있다. 2. 설정된 안전관리 목표를 기준으로 안전관리를 위한 대상을 설정할 수 있다. 3. 설정된 안전관리 대상별 인력, 예산, 시설 등의 사항을 계획할 수 있다. 4. 안전관리 대상별 안전점검 및 유지 보수에 관한 사항을 계획할 수 있다. 5. 계획된 내용을 보고서로 작성하여 산업안전보건위원회에 심의를 받을 수 있다. 6. 산업안전보건위원회에서 심의된 안전보건계획을 이사회 승인 후 안전관리 업무에 적용할 수 있다.
		산업재해예방 계획 수립	1. 사업장에서 발생가능한 유해·위험요소를 선정할 수 있다. 2. 유해·위험요소별 재해 원인과 사례를 통해 재해 예방을 위한 방법을 결정할 수 있다. 3. 결정된 방법에 따라 세부적인 예방 활동을 도출할 수 있다. 4. 산업재해예방을 위한 소요 예산을 계상할 수 있다. 5. 산업재해예방을 위한 활동, 인력, 점검, 훈련 등이 포함된 계획서를 작성할 수 있다.
		안전보건관리 규정 작성	1. 산업안전관리를 위한 사업장의 특성을 파악할 수 있다. 2. 안전보건관리규정 작성에 필요한 기초자료를 파악할 수 있다. 3. 안전보건경영방침에 따라 안전보건관리규정을 작성할 수 있다. 4. 산업안전보건 관련 법령에 따라 안전보건관리규정을 관리할 수 있다.
		산업안전관리 매뉴얼 개발	1. 사업장 내 설비와 유해·위험요인을 파악할 수 있다. 2. 안전보건관리규정에 따라 산업안전관리 필요 절차를 파악할 수 있다. 3. 사업장 내 안전관리를 위한 분야별 매뉴얼을 개발할 수 있다.
	산업안전 보호장비 관리	보호구 관리	1. 산업안전보건법령에 기준한 보호구를 선정할 수 있다. 2. 작업 상황에 맞는 검정 대상 보호구를 선정하고 착용상태를 확인할 수 있다. 3. 사용설명서에 따른 올바른 착용법을 확인하고, 작업자에게 착용 지도할 수 있다. 4. 보호구의 특성에 따라 적절하게 관리하도록 지도할 수 있다.
		안전장구 관리	1. 산업안전보건법령에 기준한 안전장구를 선정할 수 있다. 2. 작업 상황에 맞는 검정 대상 안전장구를 선정하고 착용상태를 확인할 수 있다.

과목명	주요항목	세부항목	세세항목
			3. 사용설명서에 따른 올바른 착용법을 확인하고, 작업자에게 착용 지도할 수 있다. 4. 안전장구의 특성에 따라 적절하게 관리하도록 지도할 수 있다.
	사업장 산업보건 교육	산업보건교육 요구도 조사	1. 사업장 산업보건교육 요구 파악에 필요한 자료를 수집할 수 있다. 2. 수집한 자료를 근거로 사업장의 유해위험요인과 근로자의 질병위험요인 사이의 관계를 검토할 수 있다. 3. 교육 종류에 따라 교육대상에 대한 지침이나 기준을 확인할 수 있다. 4. 사업장의 산업보건교육 우선순위를 결정하고, 사회적 관심, 행·재정, 자원 활용 등에 따라 사업장 산업보건교육의 타당성을 검토할 수 있다.
		산업보건교육 계획	1. 교육종류에 따라 산업보건교육의 연간일정 계획을 수립할 수 있다. 2. 사업장 산업보건교육의 원리에 따라 산업보건교육 계획안을 작성할 수 있다. 3. 산업보건교육 평가기준을 마련하고, 목표달성 정도가 반영되는 평가도구를 선정할 수 있다. 4. 관리담당자와 산업보건교육 계획 일정을 논의하고 조정할 수 있다. 5. 노사협의회, 안전보건위원회, 경영 팀과 협의하여 보건교육을 홍보하고 예산지원을 구성할 수 있다.
		산업보건교육 수행	1. 산업보건교육 연간계획표를 제공하고, 산업보건교육대상자를 확인할 수 있다. 2. 산업보건교육의 날을 인트라넷 등에 알리고, 경영지도자를 참여시킬 수 있다. 3. 산업보건교육 계획에 따라 산업보건교육 실시에 필요한 준비사항을 확인할 수 있다. 4. 산업보건교육 계획 안에 따라 교육을 실시하거나 지원할 수 있다. 5. 안전보건관리책임자, 관리감독자 및 특별교육대상자의 교육이수를 점검할 수 있다. 6. 추후 산업보건교육에 대해 논의할 수 있다.
		산업보건교육 평가	1. 산업보건교육 계획에서 제시한 평가도구를 활용하여 산업보건교육실시 결과를 평가할 수 있다. 2. 산업보건교육 실시 후 결과를 토대로 산업보건교육평가 요약서를 제시힐 수 있다. 3. 산업보건교육을 통해 수립된 자료를 바탕으로 산업보건교육실시 결과 보고서를 작성할 수 있다. 4. 산업보건교육 실시기록을 문서화하여 관리할 수 있다.
	산업안전 교육	산업안전교육 사전 준비	1. 관련 법령, 기준, 지침에 따라 교육의 횟수, 대상 등을 결정할 수 있다. 2. 사업장의 안전의식 및 안전 주요 이슈별 안전교육의 내용을 도출할 수 있다. 3. 협력업체의 안전교육 경력과 작업의 위험성을 파악하여 안전교육의 내용을 도출할 수 있다. 4 안전교육 운영을 위한 인적, 물적 자원 현황을 파악할 수 있다. 5. 사업장의 여건을 고려하여 도출된 교육의 필요점을 중심으로 교육계획을 수립할 수 있다.
		산업안전교육 제공	1. 산업안전교육에 필요한 매체를 활용할 수 있다. 2. 산업안전교육의 연간 계획에 따라 교육할 수 있다.

과목명	주요항목	세부항목	세세항목
			3. 모든 관계자와 작업자가 안전관리의 중요성을 인식하고 이행할 수 있다. 4. 근로자의 의식과 행동에 변화를 가져올 때까지 지속적인 교육을 할 수 있다. 5. 사고 · 재해를 예방하기 위한 실무 · 실습교육을 실시할 수 있다. 6. 효과가 우수한 기법이나 재해예방기술에 대한 우수사례 발표를 제공할 수 있다.
		산업안전교육 평가	1. 교육실시 결과에 따른 교육효과를 평가하기 위하여 필기시험, 실기시험, 실습, 구술, 면담, 설문 등의 객관적인 교육평가 절차를 수립할 수 있다. 2. 교육결과에 대한 설문조사 시 교육평가방법, 평가항목 등의 적합 여부를 확인할 수 있다. 3. 교육자와 피교육자 모두 평가에 대한 피드백을 받을 수 있는 의사소통 채널을 구축할 수 있다. 4. 교육훈련 활동의 적정성 평가와 보완을 위하여 교육평가 결과보고서를 작성할 수 있다. 5. 교육대상자 평가 후 일정 수준 이하의 피교육자들에 대한 재교육 · 훈련을 할 수 있다.
		산업안전교육 사후관리	1. 교육평가 절차서에 따라 교육 사후관리 계획서를 작성, 검토, 개정할 수 있다. 2. 교육평가 절차서에 따라 교육생의 자격요건, 평가결과 관리, 사후관리 이력 사항 등을 확인할 수 있다. 3. 교육평가 절차서에 따라 교육평가결과를 기록하고 피드백된 부분을 보완 관리할 수 있다. 4. 피교육자의 수준을 계속 업데이트하여 교육과정에 반영할 수 있다. 5. 사후관리 요건에 따라 교육평가 절차서 내용에 대하여 정기적으로 적합성 평가를 할 수 있다.
	기계안전 시설관리	안전시설 관리 계획	1. 작업공정도와 작업표준서를 검토하여 작업장의 위험성에 따른 안전시설 설치 계획을 작성할 수 있다. 2. 기 설치된 안전시설에 대해 측정 장비를 이용하여 정기적인 안전점검을 실시할 수 있도록 관리계획을 수립할 수 있다. 3. 공정진행에 의한 안전시설의 변경, 해체 계획을 작성할 수 있다.
		안전시설 설치	1. 관련 법령, 기준, 지침에 따라 성능검정에 합격한 제품을 확인할 수 있다. 2. 관련 법령, 기준, 지침에 따라 안전시설물 설치기준을 준수하여 설치할 수 있다. 3. 관련 법령, 기준, 지침에 따라 안전보건표지를 설치할 수 있다. 4. 안전시설을 모니터링하여 개선 또는 보수 여부를 판단하여 대응할 수 있다.
		안전시설 관리	1. 안전시설을 모니터링하여 필요한 경우 교체 등 조치할 수 있다. 2. 공정 변경 시 발생할 수 있는 위험을 사전에 분석하여 안전시설을 변경 · 설치할 수 있다. 3. 작업자가 시설에 위험요소를 발견하여 신고 시 즉각 대응할 수 있다. 4. 현장에 설치된 안전시설보다 우수하거나 선진 기법 등이 개발되었을 경우 현장에 적용할 수 있다.
	사업장 안전점검	산업안전 점검계획 수립	1. 작업공정에 맞는 점검 방법을 선정할 수 있다. 2. 안전점검 대상 기계 · 기구를 파악할 수 있다. 3. 위험에 따른 안전관리 중요도에 대한 우선순위를 결정할 수 있다.

과목명	주요항목	세부항목	세세항목
			4. 적용하는 기계·기구에 따라 안전장치와 관련된 지식을 활용하여 안전점검 계획을 수립할 수 있다.
		산업안전 점검표 작성	1. 작업공정이나 기계·기구에 따라 발생할 수 있는 위험요소를 포함한 점검 항목을 도출할 수 있다. 2. 안전점검 방법과 평가기준을 도출할 수 있다. 3. 안전점검계획을 고려하여 안전점검표를 작성할 수 있다.
		산업안전 점검 실행	1. 안전점검표의 점검항목을 파악할 수 있다. 2. 해당 점검대상 기계·기구의 점검주기를 판단할 수 있다. 3. 안전점검표의 항목에 따라 위험요인을 점검할 수 있다. 4. 안전점검결과를 분석하여 안전점검결과 보고서를 작성할 수 있다.
		산업안전 점검 평가	1. 안전기준에 따라 점검내용을 평가하여 위험요인을 도출할 수 있다. 2. 안전점검결과 발생한 위험요소를 감소하기 위한 개선방안을 도출할 수 있다. 3. 안전점검결과를 바탕으로 사업장 내 안전관리 시스템을 개선할 수 있다.
	기계안전 점검	기계 위험 요인 파악	1. 작업공정에 따른 기계의 점검주기와 방법을 파악할 수 있다. 2. 작업과 관련된 법령, 기준, 지침에 따라 기계 위험요인을 도출할 수 있다. 3. 기계설비와 관련된 작업자의 작업행동 및 방법에 대한 위험을 인식할 수 있다.
		안전점검 계획 수립	1. 관련 법령에 따라 자율안전확인대상 기계·기구와 안전검사대상 유해·위험기계로 구분하여 안전점검계획에 적용할 수 있다. 2. 안전점검표를 활용하여 안전장치의 종류에 따른 점검주기, 점검방법을 포함한 안전점검계획을 수립할 수 있다.
		안전점검표 작성	1. 작업공정이나 기계·기구에 따라 발생할 수 있는 위험요소를 포함한 점검 항목을 도출할 수 있다. 2. 안전관리 중요도 우선순위와 점검방법 및 기준을 도출할 수 있다. 3. 안전점검계획에 따라 안전점검표를 작성할 수 있다.
		안전점검 실행	1. 작업과 관련된 작업행동, 작업방법 준수 여부를 점검할 수 있다. 2. 관련 법령, 기준, 지침에 따라 기계·전기 등 설비에 대한 안전점검을 적절한 방법으로 시행할 수 있다. 3. 사고 또는 재해로 인한 대처방법을 점검할 수 있다. 4. 안전점검표에 점검결과를 작성할 수 있다. 5. 안전점검계획에 따라 안전점검 후 설비를 최상의 상태로 유지관리할 수 있다.
		안전점검 평가	1. 안전점검표를 통하여 기계 안전상태를 파악할 수 있다. 2. 안전기준에 따라 안전상태를 평가하고, 위험요인을 도출할 수 있다. 3. 점검결과에 따라 기계의 사용, 유지보수, 폐기 등의 조치를 할 수 있다. 4. 점검결과를 바탕으로 문제가 발생하지 않도록 해당시스템을 개선할 수 있다.
	전기작업 안전관리	전기작업 위험성 파악	1. 전기안전사고 발생 형태를 파악할 수 있다. 2. 전기인지사고 주요 발생장소를 파악할 수 있다. 3. 전기안전사고 발생 시 피해정도를 예측할 수 있다. 4. 전기안전관련 법령에 따라 전기안전사고를 예방할 목적으로 설치된 안전보호장치의 사용 여부를 확인할 수 있다. 5. 전기안전사고 예방을 위한 안전조치 및 개인보호장구의 적합 여부를 확인할 수 있다.

과목명	주요항목	세부항목	세세항목
		정전작업 지원	1. 안전한 정전작업 수행을 위한 안전작업계획서를 수립할 수 있다. 2. 정전작업 중 안전사고 우려 시 작업중지를 결정할 수 있다. 3. 정전작업 수행 시 필요한 보호구와 방호구, 작업용 기구와 장치, 표지를 선정하고 사용할 수 있다.
		활선작업 지원	1. 안전한 활선작업 수행을 위한 안전작업계획서를 수립할 수 있다. 2. 활선작업 중 안전사고 우려 시 작업중지를 결정할 수 있다. 3. 활선작업 수행 시 필요한 보호구와 방호구, 작업용 기구와 장치, 표지를 선정하고 사용할 수 있다.
		충전전로 근접작업 안전지원	1. 가공 송전선로에서 전압별로 발생하는 정전·전자유도 현상을 이해하고 안전대책을 제공할 수 있다. 2. 가공 배전선로에서 필요한 작업 전 준비사항 및 작업 시 안전대책, 작업 후 안전점검사항을 작성할 수 있다. 3. 전기설비의 작업 시 수행하는 고소작업 등에 의한 위험요인을 적용한 사고 예방대책을 제공할 수 있다. 4. 특고압 송전선 부근에서 작업 시 필요한 이격거리 및 접근한계거리, 정전유도 현상을 숙지하고 안전대책을 제공할 수 있다. 5. 크레인 등의 중기작업을 수행할 때 필요한 보호구, 안전장구, 각종 중장비 사용 시 주의사항을 파악할 수 있다.
	전기 화재 위험관리	전기화재 사고 예방 계획 수립	1. 전기화재가 발생할 수 있는 위험장소의 점검 계획을 수립할 수 있다. 2. 전기화재의 점화원을 구분하여 전기화재 방지 계획을 수립할 수 있다. 3. 전기 점화원에 의해 화재가 발생할 수 있는 위험물질의 관리방안을 수립할 수 있다. 4. 전기화재를 예방하기 위해 계측설비 운용에 관한 계획을 수립할 수 있다. 5. 사고사례를 통한 점화원을 분석하고, 전기작업 시 체크리스트 항목을 정하여 전기화재 사고 방지의 점검 계획을 수립할 수 있다.
		전기화재 사고 위험 요소 파악	1. 전기화재 발생 메커니즘을 적용하여 전기화재 위험성을 파악할 수 있다. 2. 전기화재가 발생할 수 있는 작업조건, 작업 장소, 사용물질을 파악할 수 있다. 3. 전기적 과전류, 단락, 누전, 정전기 등 점화원을 점검, 파악할 수 있다. 4. 점화원에 의해 화재가 발생할 수 있는 위험물질의 관리대상을 파악할 수 있다.
		전기화재 사고 예방	1. 전기화재 사고형태별 원인을 분석하여 전기화재 사고를 예방할 수 있다. 2. 전기화재 점화원을 점검, 관리하여 전기화재 사고를 예방할 수 있다. 3. 전기화재를 방지하기 위하여 방폭전기설비를 도입하여 화재사고를 예방할 수 있다.
	화재·폭발·누출사고 예방	화재·폭발·누출요소 파악	1. 화학공장 등에서 위험물질에 의한 화재·폭발·누출로 인한 사고를 예방하기 위하여 현장에서 취급 및 저장하고 있는 유해·위험물의 종류와 수량을 파악할 수 있다. 2. 화학공장 등에서 위험물질에 의한 화재·폭발·누출로 인한 사고를 예방하기 위하여 현장에 설치된 유해·위험설비를 파악할 수 있다. 3. 유해·위험 설비의 공정도면을 확인하여 유해·위험 설비의 운전방법에 의한 위험요인을 파악할 수 있다. 4. 유해·위험 설비, 폭발 위험이 있는 장소를 사전에 파악하여 사고 예방활동용 필요점을 파악할 수 있다.

과목명	주요항목	세부항목	세세항목
		화재·폭발·누출 예방 계획 수립	1. 화학공장 내 잠재한 사고 위험요인을 발굴하여 위험등급을 결정할 수 있다. 2. 유해·위험 설비의 운전을 위한 안전운전지침서를 개발할 수 있다. 3. 화재·폭발·누출 사고를 예방하기 위하여 설비에 관한 보수 및 유지 계획을 수립할 수 있다. 4. 유해·위험 설비의 도급 시 안전업무 수행실적 및 실행결과를 평가하기 위하여 도급업체 안전관리 계획을 수립할 수 있다. 5. 유해·위험 설비에 대한 변경 시 변경요소관리 계획을 수립할 수 있다. 6. 산업사고 발생 시 공정 사고조사를 위하여 조사팀 및 방법 등이 포함된 공정 사고조사 계획을 수립할 수 있다. 7. 비상상황 발생 시 대응할 수 있도록 장비, 인력, 비상연락망 및 수행 내용을 포함한 비상조치 계획을 수립할 수 있다.
		화재·폭발·누출 사고 예방 활동	1. 유해·위험 설비 및 유해·위험물질의 취급 시 개발된 안전지침 및 계획에 따라 작업이 이루어지는지 모니터링할 수 있다. 2. 작업허가가 필요한 작업에 대하여 안전작업 허가 기준에 부합된 절차에 따라 작업허가를 할 수 있다. 3. 화재·폭발·누출 사고 예방을 위한 제조공정, 안전운전지침 및 절차 등을 근로자에게 교육할 수 있다. 4. 안전사고 예방활동에 대하여 자체감사를 실시하여 사고 예방 활동을 개선할 수 있다.
	화학물질 안전관리 실행	유해·위험성 확인	1. 화학물질 및 독성가스 관련 정보와 법규를 확인할 수 있다. 2. 화학공장에서 취급하거나 생산되는 화학물질에 대한 물질안전보건자료(MSDS : Material Safety Data Sheet)를 확인할 수 있다. 3. MSDS의 유해·위험성에 따라 적합한 보호구 착용을 교육할 수 있다. 4. 화학물질의 안전관리를 위하여 안전보건자료(MSDS)에 제공되는 유해·위험 요소 등을 파악할 수 있다.
		MSDS 활용	1. 화학공장에서 취합하는 화학물질에 대한 MSDS를 현장에 부착할 수 있다. 2. MSDS 제도를 기준으로 취급하거나 생산한 화학물질의 MSDS 내용의 교육을 실시할 수 있다. 3. MSDS의 정보를 표지핀으로 제작 및 부착하여 근로자에게 화학물질의 유해성과 위험성 정보를 제공할 수 있다. 4. MSDS 내에 있는 정보를 활용하여 경고 표지를 작성하고 작업현장에 부착할 수 있다.
	화공안전 점검	안전점검계획 수립	1. 공정운전에 맞는 점검주기와 방법을 파악할 수 있다. 2. 산업안전보건법령에서 정하는 안전검사 기계·기구를 구분하여 안전점검 계획에 적용할 수 있다. 3. 사용하는 안전장치와 관련된 지식을 활용하여 안전점검 계획을 수립할 수 있다.
		안전점검표 작성	1. 공정운전이나 기계·기구에 따라 발생할 수 있는 위험요소를 포함하도록 점검항목을 작성할 수 있다. 2. 공정운전이나 기계·기구에 따라 발생할 수 있는 위험요소를 포함하도록 점검항목을 작성할 수 있다. 3. 위험에 따른 안전관리 중요도 우선순위를 결정할 수 있다. 4. 객관적인 안전점검을 위하여 안전점검 방법이나 평가기준을 작성할 수 있다. 5. 안전점검계획에 따라 공정별 안전점검표를 작성할 수 있다.

과목명	주요항목	세부항목	세세항목
		안전점검 실행	1. 공정 순서에 따라 작성된 화학 공정별 작업절차에 의해 운전할 수 있다. 2. 측정 장비를 사용하여 위험요인을 점검할 수 있다. 3. 점검주기와 강도를 고려하여 점검을 실시할 수 있다. 4. 안전점검표에 의해 위험요인에 대한 구체적인 점검을 수행할 수 있다.
		안전점검 평가	1. 안전기준에 따라 점검 내용을 평가하고, 위험요인을 산출할 수 있다. 2. 점검결과 지적사항을 즉시 조치가 필요할 경우 반영 조치하여 공사를 진행할 수 있다. 3. 점검결과에 의한 위험성을 기준으로 공정의 가동중지, 설비의 사용금지 등 위험요소에 대한 조치를 취할 수 있다. 4. 점검결과에 의한 지적사항이 반복되지 않도록 해당시스템을 개선할 수 있다.
	건설현장 안전시설 관리	안전시설 관리 계획	1. 공정관리계획서와 건설공사 표준안전지침을 검토하여 작업장의 위험성에 따른 안전시설 설치계획을 작성할 수 있다. 2. 현장점검 시 발견된 위험성을 바탕으로 안전시설을 관리할 수 있다. 3. 기 설치된 안전시설에 대해 측정 장비를 이용하여 정기적인 안전점검을 실시할 수 있도록 관리계획을 수립할 수 있다. 4. 안전시설 설치방법과 종류의 장단점을 분석할 수 있다. 5. 공정 진행에 따라 안전시설의 설치, 해체, 변경 계획을 작성할 수 있다.
		안전시설 설치	1. 관련 법령, 기준, 지침에 따라 안전인증에 합격한 제품을 확인할 수 있다. 2. 관련 법령, 기준, 지침에 따라 안전시설물 설치기준을 준수하여 설치할 수 있다. 3. 관련 법령, 기준, 지침에 따라 설치기준을 준수하여 안전보건표지를 설치할 수 있다. 4. 설치계획에 따른 건설현장의 배치계획을 재검토하고, 개선사항을 도출하여 기록할 수 있다. 5. 안전보호구를 유용하게 사용할 수 있는 필요장치를 설치할 수 있다.
		안전시설 관리	1. 기 설치된 안전시설에 대해 관련 법령, 기준, 지침에 따라 확인하고, 수시로 개선할 수 있다. 2. 측정 장비를 이용하여 안전시설이 제대로 유지되고 있는지 확인하고, 필요한 경우 교체할 수 있다. 3. 공정 변경 시 발생할 수 있는 위험을 사전에 분석하고, 안전시설을 변경·설치할 수 있다. 4. 설치계획에 의거하여 안전시설을 설치하고, 불안전상태가 발생되는 경우 즉시 조치할 수 있다.
		안전시설 적용	1. 선진기법이나 우수사례를 고려하여 안전시설을 건설현장에 맞게 도입할 수 있다. 2. 근로자의 제안제도 등을 활용하여 안전시설을 건설현장에 적합하도록 자체 개발 또는 적용할 수 있다. 3. 자체 개발된 안전시설이 관련 법령에 적합한지 판단할 수 있다. 4. 개발된 안전시설을 안전관계자 또는 외부전문가의 검증을 거쳐 건설현장에 사용할 수 있다.
	건설현장 안전점검	안전점검 계획 수립	1. 작업공정에 맞게 안전점검 계획을 수립할 수 있다. 2. 작업공정에 맞는 점검방법을 선정하여 안전점검 계획을 수립할 수 있다.

과목명	주요항목	세부항목	세세항목
			3. 산업안전보건법령에서 정하는 자체검사 기계·기구를 구분하여 안전점검 계획에 적용할 수 있다. 4. 사용하는 기계·기구에 따라 안전장치와 관련된 지식을 활용하여 안전점검 계획을 수립할 수 있다.
		안전점검표 작성	1. 작업공정이나 기계·기구에 따라 발생할 수 있는 위험요소를 포함하도록 점검항목을 작성할 수 있다. 2. 위험에 따른 안전관리 중요도 우선순위를 결정하고, 결정된 순위에 따라 안전점검표를 작성할 수 있다. 3. 객관적인 안전점검 실시를 위해 안전점검 방법이나 평가기준을 작성할 수 있다. 4. 안전점검 항목에 대해 점검자가 쉽게 대상 및 상태를 확인하기 위해 안전점검표를 작성할 수 있다. 5. 안전점검 계획을 고려하여 공정별로 안전점검표를 작성할 수 있다.
		안전점검 실행	1. 안전점검계획에 따라 작성된 공정별 또는 공정별 안전점검표에 의해 점검할 수 있다. 2. 측정 장비를 사용하여 위험요인을 점검할 수 있다. 3. 점검주기와 강도를 고려하여 점검을 실시할 수 있다. 4. 안전점검표에 의해 위험요인에 대한 구체적인 점검을 수행할 수 있다.
		안전점검 평가	1. 안전기준에 따라 점검 내용을 평가하고, 위험요인을 산출할 수 있다. 2. 점검결과 지적사항을 즉시 조치가 필요할 경우 반영 조치하여 공사를 진행할 수 있다. 3. 점검결과에 의한 위험성을 기준으로 작업의 중지, 기계기구의 사용금지 등 위험요소에 대한 조치를 취할 수 있다. 4. 점검결과에 의한 지적사항이 반복되지 않도록 해당시스템을 개선, 적용할 수 있다.
	건설현장 유해·위험 요인 관리	건설현장 위험요인 예측	1. 건설현장 작업과 관련한 작업공정을 파악할 수 있다. 2. 건설현장 작업과 관련한 법령, 기준, 지침에 따라 위험요인을 사전에 파악할 수 있다. 3. 근로자의 작업행동 및 방법에 대한 위험을 인식할 수 있다. 4. 건설현장 작업에 잠재하고 있는 위험요인을 예측할 수 있다. 5. 위험요인 확인 시 필요한 개인 보호장구를 사전에 순비할 수 있다.
		건설현장 위험요인 확인	1. 근로자의 작업행동, 작업방법 준수 여부를 확인할 수 있다. 2. 건설현장 작업과 관련된 위험요인을 확인할 수 있다. 3. 근로자의 생명에 영향을 줄 수 있다고 판단할 경우 작업중지를 요청할 수 있다. 4. 건설현장 위험요인 확인을 안전하고 건강한 방법으로 시행할 수 있다. 5. 건설현장 위험요인 사고로 인한 대처방법을 확인할 수 있다.
		건설현장 위험요인 개선	1. 건설현장의 위험요인 파악에 따른 대책을 수립할 수 있다. 2. 작업으로 인한 위험요인 제거와 관리방안을 제시할 수 있다. 3. 건설현장 위험요인 저감대책을 제시하여 작업장 환경을 개선할 수 있다. 4. 실현 가능한 건설현장 위험요인 관리대책을 제시할 수 있다. 5. 개선된 건설현장 환경을 유지·관리할 수 있다.

>>> PART 1 <<< 필답형 실전문제

>>> PART 2 <<< 필답형 기출문제

>>> PART 3 <<< 작업형 실전문제

>>> PART 4 <<< 작업형 기출문제

PART 1
필 답 형
실 전 문 제

기출문제를 재구성한 **필답형 실전문제 1**

>>> **제1회** <<<

01 산업안전보건법상 도급에 따른 산업재해 예방조치에서 "위생시설 등 고용노동부령으로 정하는 시설"의 설치 항목을 3가지 쓰시오.

해답 ① 휴게시설
② 세면 및 목욕시설
③ 세탁시설
④ 탈의시설
⑤ 수면시설

02 강도율이 7인 사업장에서 한 작업자가 평생 동안 작업을 한다면 산업재해로 인한 근로손실일수는 며칠로 예상되는지 구하시오. (단, 이 사업장의 연간 근로시간과 한 작업자의 평생 근로시간은 100000시간으로 가정한다.)

풀이 평생 근로손실일수(환산 강도율)＝강도율×100
＝7×100＝700일
해답 700일

03 주물공장 A 작업자의 작업 지속시간과 휴식시간을 열압박지수(HSI)를 활용하여 계산했더니 각각 45분, 15분이었다. A 작업자의 1일 작업량(TW)을 구하시오. (단, 휴식시간은 포함되지 않으며 1일 근무시간은 8시간이다.)

풀이 $TW = \dfrac{W}{W+R} \times 8 = \dfrac{45}{45+15} \times 8 = 6$시간
해답 6시간
해설 1일 작업량 $TW = \dfrac{W}{W+R} \times 8$

여기서, TW : 1일 작업량
W : 작업 지속시간
R : 휴식시간

04 안전보건관리책임자 등에게 필요한 직무교육의 교육시간을 쓰시오.

교육대상	신규교육시간	보수교육시간
안전보건관리 책임자	①	②
안전관리자, 안전관리전문기관의 종사자	③	④
보건관리자, 보건관리전문기관의 종사자	⑤	⑥
건설재해예방 전문지도기관 종사자	⑦	⑧
석면조사기관 종사자	⑨	⑩
안전검사기관, 자율안전검사기관의 종사자	⑪	⑫
안전보건관리 담당자	–	⑬

해답 ① 6시간 이상　　② 6시간 이상　　③ 34시간 이상
④ 24시간 이상　　⑤ 34시간 이상　　⑥ 24시간 이상
⑦ 34시간 이상　　⑧ 24시간 이상　　⑨ 34시간 이상
⑩ 24시간 이상　　⑪ 34시간 이상　　⑫ 24시간 이상
⑬ 8시간 이상

05 인간–기계 체계에 의해 시스템이 갖는 기능 5가지를 순서대로 쓰시오.

해답 감지기능 → 정보보관기능 → 정보처리기능 → 의사결정기능 → 행동기능

06 기계설비의 방호장치 중 위험장소에 대한 방호장치를 4가지 쓰시오.

해답 ① 격리형 방호장치　　② 위치 제한형 방호장치
③ 접근 거부형 방호장치　　④ 접근 반응형 방호장치

07 보일러에서 발생할 수 있는 캐리오버 현상의 원인에 대하여 설명하시오.

해답 캐리오버 현상은 보일러에서 관으로 보내는 증기에 대량의 물방울이 포함되어 증기의 순도가 저하되는 현상으로, 관 내에 응축수가 생기며 수격현상의 원인이 될 수 있다.

참고 수격현상(워터해머) : 배관 내의 급격한 압력 변화로 관 벽을 강하게 치는 현상으로, 캐리오버 현상에 의해 증기 내 응축수가 과도하게 발생하는 경우 원인이 될 수 있다.

08 절연용 보호구, 절연용 방호구, 활선작업용 기구, 활선작업용 장치를 사용해야 하는 작업을 5가지 쓰시오.

해답 ① 밀폐공간에서의 전기작업
② 이동 및 휴대장비 등을 사용하는 전기작업
③ 정전 전로 또는 그 인근에서의 전기작업
④ 충전 전로에서의 전기작업
⑤ 충전 전로 인근에서의 차량이나 기계장치를 사용하는 작업

09 방폭 전기기기를 선정할 때 고려해야 할 사항을 4가지 쓰시오.

해답 ① 가스 등의 발화온도
② 내압 방폭구조의 경우 최대 안전틈새
③ 본질안전 방폭구조의 경우 최소 점화전류
④ 방폭 전기기기가 설치될 지역의 방폭지역 등급 구분
⑤ 압력 방폭구조, 유입 방폭구조, 안전증 방폭구조의 경우 최고 표면온도
⑥ 방폭 전기기기가 설치될 장소의 주변 온도, 표고, 상대습도, 먼지, 부식성 가스, 습기 등의 환경조건

10 작업발판 일체형 거푸집 중 갱폼의 조립, 이동, 양중, 해체작업을 할 경우 준수해야 할 사항을 4가지 쓰시오.

해답 ① 조립 등의 범위 및 작업절차를 작업에 종사하는 근로자에게 사전에 주지시킬 것
② 근로자가 구조물 내부에서 갱폼의 작업 발판으로 안전하게 출입할 수 있는 이동 통로를 설치할 것
③ 갱폼의 지지 또는 고정 철물의 이상 유무를 수시로 점검하고, 이상이 발견되면 즉시 교체할 것
④ 갱폼을 조립하거나 해체할 때는 갱폼을 인양장비에 매단 후 작업을 실시하고, 인양장비에 매달기 전에는 지지 또는 고정 철물을 미리 해체하지 않도록 할 것
⑤ 작업 발판용 케이지에 근로자가 탑승한 상태에서 갱폼의 인양작업을 하지 않을 것

11 파열판(rupture disk)을 설치해야 하는 필요성을 3가지 쓰시오.

> **해답** ① 반응 폭주 등으로 급격한 압력 상승의 우려가 있는 경우
> ② 운전 중 안전밸브의 이상으로 안전밸브가 작동하지 못하는 경우
> ③ 위험물질의 누출로 작업장이 오염될 수 있는 경우
> ④ 파열판의 형식과 재질을 충분히 검토하고, 일정 기간을 정해 교환이 필요한 경우

12 사업주가 고소작업대를 설치할 때 안전을 확보하기 위해 준수해야 할 설치기준을 5가지 쓰시오.

> **해답** ① 작업대를 와이어로프 또는 체인으로 올리거나 내릴 경우에는 와이어로프 또는 체인이 끊어져 작업대가 떨어지지 않도록 안전율이 5 이상일 것
> ② 작업대를 유압에 의해 올리거나 내릴 경우에는 작업대를 일정한 위치에 유지할 수 있는 장치를 갖추고, 압력의 이상 저하를 방지할 수 있는 구조일 것
> ③ 권과방지장치를 갖추거나 압력의 이상 상승을 방지할 수 있는 구조일 것
> ④ 붐이 최대 지면 경사각을 초과하는 각도에서도 운전할 경우 전도되지 않도록 할 것
> ⑤ 작업대에 정격하중(안전율 5 이상)을 표시할 것
> ⑥ 작업대에 끼임 및 충돌 등 재해를 예방하기 위한 가드 또는 과상승방지장치를 설치할 것

13 대통령령으로 정하는 건설공사의 발주자는 산업재해 예방을 위해 건설공사의 계획, 설계 및 시공 단계에서 해야 할 산업재해 예방조치를 각각 설명하시오.

> **해답** ① 건설공사의 계획단계 : 해당 건설공사에서 중점적으로 관리해야 할 유해·위험요인과 이를 감소시키기 위한 방안을 포함한 기본안전보건대장을 작성한다.
> ② 건설공사의 설계단계 : 기본안전보건대장을 설계자에게 제공하고, 설계자가 유해·위험요인의 감소 방안을 포함한 설계안전보건대장을 작성하도록 하며, 이를 확인한다.
> ③ 건설공사의 시공단계 : 발주자는 최초 도급받은 수급인에게 설계안전보건대장을 제공하고, 수급인이 이를 반영하여 공사안전보건대장을 작성하도록 하며, 그 이행 여부를 확인한다.

01 산업안전보건법상 작업환경 불량, 화재, 폭발 또는 누출사고 등으로 사회적 물의를 일으킨 사업장 등 산업재해 발생위험이 현저히 높은 사업장의 경우, 고용노동부장관은 안전진단을 실시하도록 명령할 수 있다. 안전·보건진단의 종류를 3가지 쓰시오.

해답 ① 안전진단
② 보건진단
③ 종합진단(안전진단과 보건진단을 동시에 진행하는 것)

해설 안전·보건진단이란 산업재해를 예방하기 위해 잠재적 위험성을 발견하고, 그에 대한 개선대책을 수립할 목적으로 조사·평가하는 것을 말한다.

02 산업안전보건법령에 따라 사업장에서 산업재해가 발생했을 때 사업주가 기록하고 보존해야 할 사항을 4가지 쓰시오.

해답 ① 사업장의 개요 및 근로자의 인적사항　② 재해발생의 일시 및 장소
③ 재해발생의 원인 및 과정　　　　　　　④ 재해 재발방지 계획

03 다음 설명에 해당하는 인간관계의 메커니즘을 나타내는 용어를 쓰시오.
(1) 자신의 문제를 다른 사람 탓으로 돌리는 것
(2) 다른 사람의 행동이나 태도 가운데서 자기와 비슷한 점을 발견하는 것

해답 (1) 투사　　　　　　　　　　　(2) 동일화

해설 ① 투사 : 자신의 억압된 감정이나 특성을 다른 사람에게 있는 것으로 생각하는 것
② 동일화 : 다른 사람의 행동이나 태도 가운데서 자신과 비슷한 점을 발견하는 것
③ 모방 : 남의 행동이나 판단을 표본으로 하여 그것에 가까운 행동, 판단을 취하려는 것
④ 암시 : 타인의 판단이나 행동을 무비판적으로 논리적, 사실적 근거 없이 받아들이는 것
⑤ 승화 : 사회적으로 승인되지 않은 욕구가 사회적으로 가치 있는 것으로 나타나는 것
⑥ 합리화 : 이유나 변명을 들어 자신의 잘못을 정당화하는 행동

⑦ 억압 : 의식에서 용납하기 힘든 생각이나 욕망 등을 무의식적으로 눌러 버리는 것

⑧ 보상 : 자신의 열등감 등의 결함을 장점 등으로 보충하려는 행동

⑨ 퇴행 : 심하게 좌절했을 때 현재보다 유치한 과거 수준으로 후퇴하는 것

04 동전 1개를 3번 던져서 뒷면이 2번만 나오는 경우를 자극정보라고 할 때, 이때 얻을 수 있는 정보량은 약 몇 비트인지 구하시오.

풀이 정보량 $H = \Sigma P_x \log\left(\dfrac{1}{P_x}\right) = \left(0.125 \times \dfrac{\log \dfrac{1}{0.125}}{\log 2}\right) + \left(0.125 \times \dfrac{\log \dfrac{1}{0.125}}{\log 2}\right)$

$\qquad\qquad + \left(0.125 \times \dfrac{\log \dfrac{1}{0.125}}{\log 2}\right) \fallingdotseq 1.13\,\text{bit}$

해답 약 1.13 bit

05 연삭기 방호장치의 설치에 관한 내용이다. ( ) 안에 알맞게 쓰시오. (단, 위험 기계·기구 자율안전 확인 고시 기준에 따른다.)

(1) 회전 중인 연삭숫돌의 지름이 (①) 이상인 경우 방호장치 덮개를 설치해야 한다.

(2) 상용 연삭기 연삭숫돌의 외주면과 가공물 받침대 사이의 거리는 (②) 이내이어야 한다.

(3) 워크레스트는 연삭숫돌과의 간격을 (③) 이내로 조정할 수 있는 구조이어야 한다.

해답 ① 5 cm ② 3 mm ③ 3 mm

참고 원통형 연삭기의 방호장치는 a : 65° 이내, b : 3 mm 이내, c : 5 mm 이내이어야 한다.

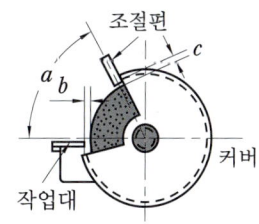

06 작입장에서 사용하는 로프의 최대 사용하중이 200 kgf이고 절단하중이 600 kgf일 때, 이 로프의 안전율을 구하시오.

풀이 안전율(안전계수) $= \dfrac{\text{파단하중}}{\text{최대 사용하중}} = \dfrac{600}{200} = 3$

해답 3

07 다음은 산업안전보건법상 용어에 대한 정의이다. ( ) 안에 알맞은 내용을 쓰시오.

> "산업재해"란 ( )가 업무에 관계되는 건설물·설비·원재료·가스·증기·분진 등에 의하거나 작업 또는 그 밖의 업무로 인해 사망 또는 부상하거나 질병에 걸리는 것을 말한다.

해답 노무를 제공하는 자

참고 산업안전보건법상 용어에 대한 정의(그 외)

① 근로자 : 직업의 종류와 관계없이 임금을 목적으로 사업이나 사업장에 근로를 제공하는 자

② 사업주 : 근로자를 이용하여 사업을 하는 자

③ 근로자 대표 : 근로자의 과반수로 조직된 노동조합이 있는 경우에는 그 노동조합을, 근로자의 과반수로 조직된 노동조합이 없는 경우에는 근로자의 과반수를 대표하는 자

④ 안전·보건진단 : 산업재해를 예방하기 위해 잠재적 위험성을 발견하고, 그에 대한 개선대책을 수립할 목적으로 조사·평가하는 것

08 다음은 통전 경로별 위험도를 나타낸 표이다. 빈칸을 채우시오.

통전 경로	위험도	통전 경로	위험도
오른손 – 등	①	⑥	1.5
②	0.4	오른손 – 한 발 또는 양발	⑦
③	0.7	왼손 – 한 발 또는 양발	⑧
양손 – 양발	④	한 손 또는 양손 – 앉아 있는 자리	⑨
⑤	1.3		

해답 ① 0.3   ② 왼손–오른손   ③ 왼손–등
④ 1.0   ⑤ 오른손 – 가슴   ⑥ 왼손–가슴
⑦ 0.8   ⑧ 1.0   ⑨ 0.7

09 폭발에 관한 용어 중 BLEVE(블래비)의 의미를 설명하시오.

해답 BLEVE(비등액 팽창증기폭발)는 외부 화재로 인해 가연성 액화가스 저장탱크 내부의 액체가 비등점을 초과하여 증기로 팽창하면서 폭발하는 현상이다.

참고 BLEVE 방지대책
① 열의 침투 억제
② 탱크의 과열 방지
③ 탱크 근처에 화염 발생 금지

10 사업주는 잠함, 우물통, 수직갱 등 이와 유사한 건설물이나 설비 내부에서 굴착작업을 할 때 준수해야 할 사항을 2가지 쓰시오.

해답 ① 산소결핍이 우려되는 경우에는 산소농도를 측정할 사람을 지명하여 측정하도록 한다.
② 근로자가 안전하게 오르내릴 수 있도록 적절한 설비를 설치한다.
③ 굴착 깊이가 20 m를 초과할 경우에는 작업장소와 외부 간의 연락을 위한 통신설비를 설치한다.

11 사업주는 근로자에게 작업조건에 맞는 보호구를 작업하는 근로자 수 이상으로 지급하고, 착용하도록 해야 한다. 각 작업조건에 알맞은 보호구를 쓰시오.

- 높이 또는 깊이 2m 이상의 추락할 위험이 있는 장소에서 하는 작업 : (①)
- 용접 시 불꽃이나 물체가 흩날릴 위험이 있는 작업 : (②)

해답 ① 안전대
② 부안면
해설 작업조건에 알맞은 보호구(그 외)
① 감전의 위험이 있는 작업 : 절연용 보호구
② 물체가 떨어지거나 날아올 위험 또는 근로자가 추락할 위험이 있는 작업 : 안전모
③ 물체의 낙하·충격, 물체에의 끼임, 감전 또는 정전기의 대전에 의한 위험이 있는 작업 : 안전화
④ 물체가 흩날릴 위험이 있는 작업 : 보안경
⑤ 감전의 위험이 있는 작업 : 절연용 보호구
⑥ 고열에 의한 화상 등의 위험이 있는 작업 : 방열복
⑦ 선창 등에서 분진이 심하게 발생하는 하역작업 : 방진마스크
⑧ 영하 18℃ 이하인 급냉동어창에서 하는 하역작업 : 방한모, 방한복, 방한화, 방한장갑

12 절연 전선에서 과전류에 의해 발생하는 연소 과정을 4단계로 나누어 순서대로 쓰시오.

1단계	2단계	3단계	4단계
①	②	③	④

해답 ① 인화단계   ② 착화단계
      ③ 발화단계   ④ 순간용단단계

13 산업안전보건기준에 관한 규칙에 따라 아세틸렌 용접장치를 사용하는 금속의 용접, 용단 또는 가열작업 시 관리감독자가 유해·위험방지를 위해 수행해야 할 직무 내용을 3가지 쓰시오.

해답 ① 작업방법을 결정하고 작업을 지휘하는 일
② 아세틸렌 용접작업을 시작할 때, 아세틸렌 용접장치를 점검하고 발생기 내부로부터 공기와 아세틸렌 혼합가스를 배제하는 일
③ 작업에 종사하는 근로자의 보안경 및 안전장갑 착용 상황을 감시하는 일

해설 아세틸렌 용접작업 시 관리감독자의 유해·위험방지를 위한 직무 내용
① 작업방법을 결정하고 작업을 지휘하는 일
② 아세틸렌 용접작업을 시작할 때, 아세틸렌 용접장치를 점검하고 발생기 내부로부터 공기와 아세틸렌 혼합가스를 배제하는 일
③ 작업에 종사하는 근로자의 보안경 및 안전장갑 착용 상황을 감시하는 일
④ 안전기를 작업 중 쉽게 확인할 수 있는 장소에 두고, 1일 1회 이상 점검하는 일
⑤ 아세틸렌 용접장치 내의 물이 동결되지 않도록 보온하거나 가열할 때 온수나 증기를 사용하는 등 안전한 방법을 적용하는 일
⑥ 발생기 사용을 중지할 때 물과 잔류 카바이드가 접촉하지 않도록 유지하는 일
⑦ 발생기를 수리, 가공, 운반 또는 보관할 때 아세틸렌 및 카바이드에 접촉하지 않도록 유지하는 일
⑧ 아세틸렌 용접장치의 취급에 종사하는 근로자가 다음의 작업요령을 준수하도록 하는 일
  • 사용 중인 발생기에 불꽃을 발생시킬 우려가 있는 공구를 사용하거나 발생기에 충격을 가하지 않을 것
  • 가스누출 점검 시 비눗물 등 안전한 방법을 사용할 것
  • 발생기실의 출입구 문을 열어 두지 않을 것
  • 이동식 아세틸렌 용접장치의 카바이드 교환은 옥외의 안전한 장소에서 작업할 것

01 버드(Bird)의 재해분포에 따르면 20건의 경상(물적, 인적 상해) 사고가 발생했을 때 무상해 · 무사고(위험 순간) 고장 발생 건수를 구하시오.

풀이 1282건의 사고를 분석하면 중상 2건, 경상 20건, 무상해 사고(물적 손실 발생) 60건, 무상해 무사고(위험 순간) 1200건이다.

버드 이론(법칙)	$1 : 10 : 30 : 600$
$X \times 2$	$2 : 20 : 60 : 1200$

해답 1200건

02 산업안전보건법상 안전인증 대상 보호구의 종류를 7가지 쓰시오.

해답 ① 추락 및 감전 위험방지용 안전모 ② 안전화
③ 안전장갑 ④ 방진마스크
⑤ 방독마스크 ⑥ 송기마스크
⑦ 전동식 호흡보호구 ⑧ 보호복
⑨ 안전대 ⑩ 차광 및 비산물 위험방지용 보안경
⑪ 용접용 보안면 ⑫ 방음용 귀마개 또는 귀덮개

03 산업안전보건법령상 강렬한 소음작업의 종류(소음의 노출기준)를 쓰시오.

해답 90 dB 이상의 소음이 1일 8시간 이상 발생하는 작업

참고 소음 수준과 최대 노출시간

소음(dB)	70	85	90	95	100	105	110
시간(시간)	32	16	8	4	2	1	0.5

04 산업안전보건법상 차량계 건설기계 중 천공용 건설기계의 종류를 3가지 쓰시오.

해답 ① 어스드릴
② 어스오거
③ 크롤러드릴
④ 점보드릴

05 몇 명의 전문가에 의해 과제에 관한 견해를 발표한 후, 참가자로 하여금 의견이나 질문을 하게 하여 토의하는 방법을 무엇이라 하는지 쓰시오.

해답 심포지엄

참고 토의방식의 종류

① 심포지엄 : 몇 명의 전문가가 과제에 대한 견해를 발표하고, 참가자들이 의견이나 질문을 통해 토론하는 방법이다.

② 버즈세션(6-6 회의) : 6명의 소집단으로 구성된 그룹이 자유롭게 토론을 진행하고, 그 의견을 조합하여 해결 방안을 찾는 방법이다.

③ 케이스 메소드(사례연구법) : 특정 사례를 제시하고, 그 사례의 사실과 상호관계를 검토한 후 해결책을 논의하는 방법이다.

④ 패널 디스커션 : 패널 멤버가 토의를 진행하고, 이후 참가자들이 토론에 참여하는 방식으로 의견을 교환하는 방법이다.

⑤ 포럼 : 새로운 자료나 문제를 제시하고, 참가자들이 문제를 제기하며 토의하는 방법이다.

⑥ 롤 플레잉(역할연기) : 참가자에게 역할을 주어 실제 연기를 시킴으로써 본인의 역할을 인식하게 하는 방법이다.

06 다음은 HAZOP 기법에서 사용하는 유인어(guide words)이다. (   ) 안에 알맞은 내용을 쓰시오.

- (①) : 설계 의도의 논리적인 역을 의미
- (②) : 성질상의 증가로 설계 의도와 운전 조건 등의 부가적인 행위와 함께 나타나는 것

해답 ① Reverse

② As Well As

해설 HAZOP 기법에서 사용하는 유인어

① No/Not : 설계 의도의 완전한 부정

② More/Less : 정량적인 증가 또는 감소

③ Part Of : 성질상의 감소, 일부 변경

④ Other Than : 완전한 대체

⑤ Reverse : 설계 의도의 논리적인 역

⑥ As Well As : 성질상의 증가로 설계 의도와 운전 조건 등의 부가적 행위와 함께 나타나는 것

07 완전 회전식 클러치 기구가 있는 양수조작식 방호장치에서 확동 클러치의 봉합 개소가 4개이고, 분당 행정 수가 200spm일 때, 방호장치의 최소 안전거리는 몇 mm 이상이어야 하는지 구하시오.

풀이 $D_m = 1.6 \times T_m = 1.6 \times \left(\dfrac{1}{4} + \dfrac{1}{2} \right) \times \dfrac{60000}{200} = 360\,\text{mm}$

해답 360 mm 이상

해설 안전거리 $D_m = 1.6 \times T_m$

$$= 1.6 \times \left(\frac{1}{\text{클러치 개소 수}} + \frac{1}{2} \right) \times \frac{60000}{\text{분당 행정수}}$$

08 기계설비의 작업능률과 안전을 위해 공장의 설비 배치 3단계를 [보기]에서 찾아 순서대로 쓰시오.

| 보기 |

• 기계배치   • 지역배치   • 건물배치

해답 지역배치 → 건물배치 → 기계배치

09 절연물은 시간이 지나면서 전기저항이 저하되어 절연 불량이 발생할 수 있다. 이러한 절연 불량의 주요 원인을 3가지 쓰시오.

해답 ① 진동, 충격 등에 의한 기계적 요인
② 산화 등에 의한 화학적 요인
③ 온도 상승에 따른 열적 요인
④ 높은 이상전압 등에 의한 전기적 요인

10 유독 물질의 위험성과 해당 물질을 알맞게 쓰시오.

(1) 호흡기 자극성 :
(2) 피부 자극성 :
(3) 질식성 :
(4) 발암성 :

해답 (1) 암모니아, 아황산가스, 불화수소   (2) 포스겐가스
(3) 일산화탄소, 황화수소   (4) 골타르, 피치

11 다음은 안전난간에 대한 설명이다. (   ) 안에 알맞은 수를 쓰시오.

(1) 상부 난간대는 90cm 이상 120cm 이하 지점에 설치하며, 120cm 이상 지점에 설치할 경우 중간 난간대를 최소 (①)cm마다 균등하게 설치해야 한다.
(2) 발끝막이판은 바닥면으로부터 (②)cm 이상의 높이를 유지해야 한다.
(3) 난간대의 지름은 (③)cm 이상의 금속 파이프나 그 이상의 강도를 가지는 재료이어야 한다.
(4) 임의의 방향으로 움직이는 (④)kg 이상의 하중에 견딜 수 있어야 한다.

해답 ① 60   ② 10   ③ 2.7   ④ 100

12 쇼벨계 굴착기계의 종류를 3가지 쓰시오.

해답 ① 파워쇼벨(power shovel)   ② 클램셸(clamshell)
③ 드래그라인(dragline)

참고 ① 굴착기계의 종류 : 파워쇼벨, 드래그쇼벨, 드래그라인, 클램셸, 모터그레이더, 트랙터쇼벨 등
② 차량계 건설기계의 종류 : 불도저, 스트레이트도저, 틸트도저, 앵글도저, 버킷도저, 모터그레이더, 로더, 스크레이퍼, 클램셸, 드래그라인, 브레이커, 크러셔, 항타기 및 항발기, 어스드릴, 어스오거, 크롤러드릴, 점보드릴, 샌드드레인머신, 페이퍼드레인머신, 팩드레인머신, 타이어롤러, 매커덤롤러, 탠덤롤러, 버킷준설선, 그래브준설선, 펌프준설선, 콘크리트 펌프카, 덤프트럭, 콘크리트 믹서트럭, 아스팔트 살포기, 콘크리트 살포기, 아스팔트 피니셔, 콘크리트 피니셔 등 유사한 구조 또는 기능을 갖는 건설기계로서 건설작업에 사용하는 것

13 산업안전보건법에 따른 안전보건표지의 바탕, 기본모형, 관련 부호 및 그림의 색채 기준이다. 각 항목에 알맞은 안전보건표지의 명칭을 쓰시오.

• (①) : 바탕은 흰색, 기본모형은 빨간색, 관련 부호 및 그림은 검은색
• (②) : 바탕은 파란색, 관련 그림은 흰색

해답 ① 금지표지
② 지시표지

해설 안전보건표지의 색채 기준

① 금지표지 : 바탕은 흰색, 기본모형은 빨간색, 관련 부호 및 그림은 검은색

② 경고표지 : 바탕은 노란색, 기본모형·관련 부호 및 그림은 검은색(화학물질 취급장소의 유해·위험 경고의 경우 바탕은 무색, 기본모형은 빨간색)

③ 지시표지 : 바탕은 파란색, 관련 그림은 흰색

④ 안내표지 : 바탕은 녹색, 관련 부호 및 그림은 흰색 또는 바탕은 흰색, 기본모형 및 관련 부호는 녹색

참고 안전·보건표지의 색도기준 및 용도

색채	색도기준	용도	사용 예
빨간색	7.5R 4/14	금지	정지신호, 소화설비 및 그 장소, 유해행위의 금지
		경고	화학물질 취급장소에서의 유해·위험경고
노란색	5Y 8.5/12	경고	화학물질 취급장소에서의 유해·위험경고 이외의 위험경고, 주의표지 또는 기계방호물
파란색	2.5PB 4/10	지시	특정 행위의 지시 및 사실의 고지
녹색	2.5G 4/10	안내	비상구 및 피난소, 사람 또는 차량의 통행표지
흰색	N 9.5	–	파란색 또는 녹색에 대한 보조색
검은색	N 0.5	–	문자 및 빨간색 또는 노란색에 대한 보조색

㊤ 허용오차 범위는 H=±2, V=±0.3, C=±1(H는 색상, V는 명도, C는 채도)이며, 위 색도기준은 한국산업표준에 따른 색의 3속성에 의한 표시방법(KS A 0062)에 따른다.

기출문제를
재구성한 **필답형** 실전문제 *2*

>>> **제1회** <<<

01 무재해 운동의 기본이념 3원칙을 쓰시오.

해답 ① 무의 원칙
② 참가의 원칙
③ 선취해결의 원칙

해설 ① 무의 원칙 : 모든 위험요인을 파악하고 해결하여 근본적으로 산업재해를 없
애다는 0의 원칙
② 참가의 원칙 : 작업자 전원이 참여하여 각자의 위치에서 적극적으로 문제를
해결하고 실천하는 원칙
③ 선취해결의 원칙 : 직장의 위험요인을 사전에 발견하고 해결하여 재해를 예
방하는 원칙

02 도수율이 8.24인 기업체의 연천인율은 얼마인지 구하시오.

풀이 연천인율＝도수율×2.4＝8.24×2.4＝19.776
해답 19.776

03 특수 형태 근로종사자에 대한 안전보건교육의 교육시간을 쓰시오.

교육과정	교육시간
최초 노무 제공 시 교육	(①)시간 이상(단기간 작업 또는 간헐적 작업에 노무를 제공하는 경우는 (②)시간 이상 실시하고, 특별교육을 실시한 경우는 면제)
특별교육	(③)시간 이상(최초 작업에 종사하기 전 (④)시간 이상 실시하고 (⑤)시간은 3개월 이내에서 분할하여 실시 가능)
	단기간 작업 또는 간헐적 작업인 경우에는 (⑥)시간 이상

해답 ① 2 ② 1 ③ 16
④ 4 ⑤ 12 ⑥ 2

04 작업에 대한 평균에너지 소비량이 4 kcal/min이고, 휴식시간 중의 에너지 소비량을 1.5 kcal/min으로 가정할 때, 프레스 작업의 에너지가 6 kcal/min이라면 60분 동안의 총작업시간 내에 포함되어야 하는 휴식시간을 계산하시오.

풀이 휴식시간 $R = \dfrac{60(작업에너지 - 평균에너지)}{작업에너지 - 소비에너지} = \dfrac{60(6-4)}{6-1.5} \fallingdotseq 26.67분$

해답 26.67분

05 다음과 같은 FTA 논리기호의 명칭과 간단한 설명을 쓰시오.

명칭	기호	설명
①	Ai, Aj, Ak 순으로 Ai Aj Ak	②

해답 ① 우선적 AND 게이트
② 입력사상 중 어떤 현상이 다른 현상보다 먼저 발생해야만 출력현상이 발생하는 경우

참고 FTA 논리기호(그 외)
① 조합 AND 게이트 : 3개 이상의 입력현상 중 2개가 발생하면 출력현상이 발생하는 경우
② 배타적 OR 게이트 : OR 게이트처럼 작동하지만, 2개 이상의 입력현상이 동시에 존재할 때 출력현상이 발생하지 않는 경우
③ 위험지속 AND 게이트 : 입력현상이 발생한 후 일정 기간 동안 지속될 때 출력현상이 발생하는 경우

06 다음은 승강기 방호장치에 대한 설명이다. (   ) 안에 알맞은 수를 쓰시오.

승강기 카의 속도가 정격속도의 (   )배(정격속도가 매분 45m 이하인 승강기에는 매분 60m) 이내에서 동력을 자동적으로 차단하는 장치를 설치해야 한다.

해답 1.3

해설 승강기 카의 속도가 정격속도의 1.3배 이내에서 동력을 자동적으로 차단하는 동력차단장치를 설치해야 한다.

07 보일러에서 프라이밍(priming)과 포밍(foaming)의 발생원인을 4가지 쓰시오.

해답 ① 보일러의 고수위 ② 보일러의 급격한 과열
③ 기계적 결함이 있을 경우 ④ 보일러가 과부하로 사용될 경우
⑤ 보일러수에 불순물이 많이 포함되었을 경우

해설 프라이밍과 포밍
① 프라이밍 : 보일러 내 물이 과도하게 끓어 물방울이 증기와 함께 튀어나와 수위 판단이 어려워지는 현상이다.
② 포밍 : 보일러수에 불순물이 농축되어 거품이 형성되고, 이로 인해 수위가 불안정해지는 현상이다.

08 [보기]와 같은 충전 전로에 대한 접근 한계거리를 쓰시오.

┌─ | 보기 | ─────────────────────────────────┐
│ ① 220V   ② 1kV   ③ 22kV   ④ 155kV │
│ ⑤ 380V   ⑥ 1.6kV   ⑦ 7.6kV   ⑧ 23.9kV │
└──┘

해답 ① 접촉 금지 ② 45 cm ③ 90 cm ④ 170 cm
⑤ 30 cm ⑥ 45 cm ⑦ 60 cm ⑧ 90 cm

해설 충전 전로의 접근 한계거리는 산업안전보건 기준에 관한 규칙에서 규정된 것으로 전압에 따라 다르며, 작업자가 감전 위험을 피하기 위해 반드시 지켜야 할 최소 안전거리이다.

09 다음은 건설업 산업안전보건 관리비의 계상 및 사용에 관한 내용이다. ( ) 안에 알맞은 수를 쓰시오.

┌──┐
│ 발주자가 재료를 제공하거나 물품이 완제품 형태로 제작 또는 납품되어 설치되는 경 │
│ 우, 해당 재료비 또는 완제품의 가액을 대상액에 포함시킬 때의 안전관리비는 해당 │
│ 재료비 또는 완제품의 가액을 포함시키지 않은 대상액을 기준으로 계상한 안전관리 │
│ 비의 ( )배를 초과할 수 없다. │
└──┘

해답 1.2

해설 건설업 안전관리비 계상 및 사용기준(그 외)
① 대상액이 구분되지 않은 공사의 경우, 도급계약 또는 자체사업계획상의 총 공사 금액의 70%를 대상액으로 하여 안전관리비를 계산한다.

② 수급인 또는 자기공사자는 안전관리비 사용내역에 대해 공사시작 후 6개월 마다 1회 이상 발주자 또는 감리원의 확인을 받아야 한다. 단, 6개월 이내 에 공사가 종료되는 경우에는 종료 시 확인을 받는다.

10 산업안전보건법령에 따라 대상 설비에 설치된 안전밸브 또는 파열판은 일정한 검사 주기마다 적정하게 작동하는지 검사해야 한다. 다음의 설치 구분에 따른 검사주기를 쓰시오.

(1) 유체와 안전밸브의 디스크 또는 시트가 직접 접촉될 수 있도록 설치된 경우
(2) 안전밸브 전단에 파열판이 설치된 경우
(3) 고용노동부장관이 실시하는 공정안전보고서 이행상태 평가결과가 우수한 사업장 의 경우

해답 (1) 매년 1회 이상 (2) 2년마다 1회 이상
(3) 4년마다 1회 이상

11 보일러에서 발생하는 공동현상과 맥동현상의 원인을 설명하시오.

해답 ① 공동현상 : 유동하는 물속에서 어느 부분의 정압이 물의 증기압보다 낮을 경우 해당 부분에서 증기가 발생하여 배관을 부식시키는 현상이다.
② 맥동현상(서징) : 펌프의 입구와 출구에 부착된 진공계와 압력계가 흔들리 면서 진동과 소음이 발생하고, 유출량이 변동하는 현상이다.

12 거푸집을 작업 발판과 일체로 제작하여 사용하는 작업 발판 일체형 거푸집의 종류를 3가지 쓰시오.

해답 ① 갱폼(gang form) ② 슬립폼(slip form)
③ 클라이밍폼(climbing form) ④ 터널 라이닝폼(tunnel lining form)
⑤ 그 밖에 거푸집과 작업 발판이 일체로 제작된 거푸집 등

13 산업안전보건법상 도급에 따른 산업재해 예방조치 의무와 관련하여 설치해야 하는 "위생시설 등 고용노동부령으로 정하는 시설"의 설치 항목을 3가지 쓰시오.

해답 ① 휴게시설 ② 세면 및 목욕시설 ③ 세탁시설
④ 탈의시설 ⑤ 수면시설

01 재해조사를 할 때 유의해야 할 사항을 3가지 쓰시오.

> **해답** ① 사실을 있는 그대로 수집한다.
> ② 조사는 2인 이상이 실시한다.
> ③ 기계설비, 사람, 환경에 관한 재해요인을 직접적으로 도출한다.
> ④ 목격자의 증언 등 사실 이외의 추측은 참고로만 한다.

02 생체 리듬(bio rhythm)의 종류를 3가지로 구분하여 쓰시오.

> **해답** ① 육체적 리듬(P)   ② 감성적 리듬(S)   ③ 지성적 리듬(I)
> **해설** ① 육체적 리듬(P) : 23일 주기로 식욕, 소화력, 활동력, 지구력 등을 좌우하는 리듬
> ② 감성적 리듬(S) : 28일 주기로 주의력, 창조력, 예감 및 통찰력 등을 좌우하는 리듬
> ③ 지성적 리듬(I) : 33일 주기로 상상력, 사고력, 기억력, 인지력, 판단력 등을 좌우하는 리듬
> **해설** 생체 리듬 주기와 상태 변화

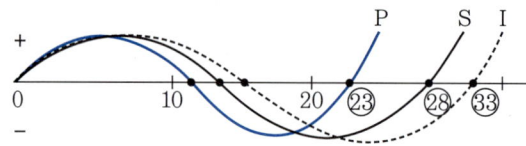

03 연삭기의 종류별 덮개의 노출 각도를 쓰시오.

(1) 절단기, 평면 연삭기 :

(2) 원통 연삭기, 휴대용 연삭기, 센터리스 연삭기, 스윙 연삭기, 슬리브 연삭기 :

> **해답** (1) 150°   (2) 180°
> **참고** 탁상용 연삭기의 개방부 각도
> ① 상부를 사용하는 경우 : 60°
> ② 수평면 이하에서 연삭하는 경우 : 125°
> ③ 수평면 이상에서 연삭하는 경우 : 80°
> ④ 최대 원주속도가 50m/s 이하 : 90°

04 아차사고(near accident)가 의미하는 뜻을 설명하시오.

해답 산업재해에 있어 인적, 물적 손실이 발생하지 않은 사고를 아차사고 또는 무상
해 사고라 한다.

해설 사고로 이어질 뻔했으나 다행히 피해나 손실이 발생하지 않은 상황으로, 사고
로 이어질 수 있는 위험요소나 잠재적 위험을 사전에 인지하고 예방할 수 있도
록 한다.

05 빨강, 노랑, 파랑의 3가지 색으로 구성된 교통 신호등이 있다. 이 신호등은 항상 3가
지 색 중 하나가 켜져 있으며, 1시간 동안 신호등을 조사한 결과 파란등은 30분 동안,
빨간등과 노란등은 각각 15분 동안 켜져 있었다고 한다. 이때 이 신호등의 총 정보량
을 몇 bit로 구할 수 있는지 계산하시오.

풀이 정보량 $H = \Sigma P_x \log\left(\dfrac{1}{P_x}\right) = \left(0.5 \times \dfrac{\log\dfrac{1}{0.5}}{\log 2}\right) + \left(0.25 \times \dfrac{\log\dfrac{1}{0.25}}{\log 2}\right)$

$+ \left(0.25 \times \dfrac{\log\dfrac{1}{0.25}}{\log 2}\right) = 1.5\,\text{bit}$

해답 $1.5\,\text{bit}$

06 다음 FT도에서 최소 컷셋(minimal cut set)을 구하여 쓰시오.

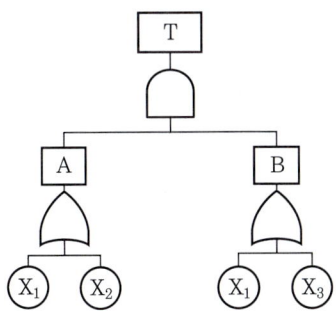

풀이 ① $T = A \cdot B = \begin{pmatrix} X_1 \\ X_2 \end{pmatrix}\begin{pmatrix} X_1 \\ X_3 \end{pmatrix} = (X_1)(X_1 X_3)(X_1 X_2)(X_2 X_3)$

② 컷셋 : $\{X_1\}$, $\{X_1, X_3\}$, $\{X_1, X_2\}$, $\{X_2, X_3\}$

③ 최소 컷셋 : $\{X_1\}$, $\{X_2, X_3\}$

해답 $\{X_1\}$, $\{X_2, X_3\}$

07 다음 그림과 같이 50kN의 중량물을 와이어로프를 이용하여 상부에 60°의 각도가 되도록 들어 올릴 때, 로프 하나에 걸리는 하중(T)을 구하시오.

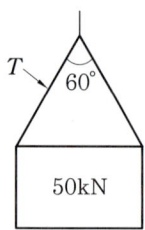

풀이 하중 $T = \dfrac{W}{2} \div \cos\dfrac{\theta}{2} = \dfrac{50}{2} \div \cos\dfrac{60°}{2} \fallingdotseq 28.87\,\mathrm{kN}$

　　　여기서, W : 물체의 무게(kN), θ : 로프의 각도(°)

해답 28.87 kN

---

08 다음 나열된 가스를 그 특성에 따라 적합한 가스의 종류로 구분하여 쓰시오.

(1) 질소, 헬륨, 네온, 수소, 산소 :

(2) 프로판, 산화에틸렌, 염소 :

(3) 아세틸렌가스 :

해답 (1) 압축가스

　　　(2) 액화가스

　　　(3) 용해가스

---

09 압력용기에서 과압으로 인한 폭발 방지를 위한 것으로, 파열판 및 안전밸브의 설치에 관한 사항이다. (　) 안에 알맞은 내용을 쓰시오.

- 안지름이 (①)를 초과하는 압력용기에 대해서는 규정에 맞는 안전밸브를 설치해야 한다.
- 급성 독성물질이 지속적으로 외부에 유출될 수 있는 화학설비 및 그 부속설비에는 파열판과 안전밸브를 (②)로 설치하고, 그 사이에는 (③) 또는 (④)를 설치해야 한다.

해답 ① 150 mm　　　② 직렬

　　　③ 압력지시계　　　④ 자동경보장치

10 폭발범위에 있는 가연성 가스 혼합물에 전압을 변화시키며 전기 불꽃을 주었더니 1000V가 되는 순간 폭발이 일어났다. 이때 사용한 전기 불꽃의 콘덴서 용량이 0.1μF이었다면, 이 가스에 대한 최소 발화에너지는 몇 mJ인지 구하시오.

풀이 $E = \dfrac{1}{2}CV^2 = \dfrac{1}{2} \times 0.1 \times 10^{-6} \times 1000^2 = 50\,\text{mJ}$

해답 50 mJ

해설 최소 발화에너지 $E = \dfrac{1}{2}CV^2$

여기서, C : 정전용량(F), V : 전압(V)

11 잠함 또는 우물통 내부에서 근로자가 굴착작업을 할 때, 급격한 침하로 인한 위험을 방지하기 위해 준수해야 할 사항을 2가지 쓰시오.

해답 ① 침하 관계도에 따라 굴착방법과 재하량 등을 정할 것
② 바닥에서 천장 또는 보까지의 높이를 1.8m 이상으로 할 것

12 다음 작업조건에 따라 발생할 수 있는 위험을 고려하여, 그에 알맞은 보호구를 쓰시오.

(1) 물체가 낙하 · 비산 위험이 있거나 근로자가 추락할 위험이 있는 작업
(2) 물체의 낙하 충격, 물체에 끼임, 감전 또는 정전기에 의한 위험이 있는 작업
(3) 용접 시 불꽃에 의해 근로자가 화상의 위험이 있는 작업
(4) 용해 등 고열에 의한 화상의 위험이 있는 작업

해답 (1) 안전모   (2) 안전화
(3) 보안면   (4) 방열복

13 산업안전보건기준에 관한 규칙에 따라 건조설비를 사용하는 작업을 할 때 관리감독자의 유해 · 위험방지를 위한 직무수행 내용을 2가지 쓰시오.

해답 ① 건조설비를 처음 사용하거나 건조방법 또는 건조물의 종류가 변경된 경우, 작업자에게 작업방법을 사전에 교육하고, 작업을 직접 지휘하여 안전하게 수행하도록 하는 일
② 건조설비가 설치된 장소를 정리정돈하고, 해당 장소에 가연성 물질이 방치되지 않도록 지속적으로 관리하는 일

제3회

01 버드(Bird)의 재해분포에 따른 사고빈도의 법칙을 설명하시오.

> **해답** 버드의 사고빈도의 법칙은 641건의 사고 가운데 중상 1건, 경상 10건, 무상해 (물적 손실) 30건, 무상해 · 무사고 · 고장(위험 순간) 600건의 비율로 사고가 발생한다는 법칙이다.
>
> **해설**

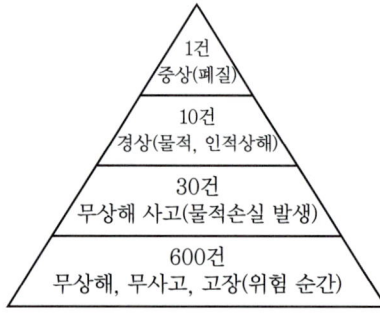

버드의 1 : 10 : 30 : 600의 법칙

02 산업안전보건법상 자율안전확인 방호장치의 종류를 6가지 쓰시오.

> **해답** ① 아세틸렌, 가스집합 용접장치용 안전기
> ② 교류아크용접기용 자동전격방지기
> ③ 롤러기 급정지장치
> ④ 연삭기 덮개
> ⑤ 목재 가공용 둥근톱 반발예방장치 및 날 접촉예방장치
> ⑥ 동력식 수동대패의 칼날 접촉방지장치
> ⑦ 추락, 낙하 및 붕괴 등 위험방호에 필요한 가설 기자재(안전인증 제외)

03 안전교육방법 중 강의법의 주요 특징에 대하여 장단점을 포함하여 4가지 쓰시오.

> **해답** ① 많은 내용을 체계적으로 전달할 수 있다.
> ② 다수를 대상으로 동시에 교육할 수 있다.
> ③ 전체적인 전망을 제시하는 데 유리하다.
> ④ 구체적인 사실과 정보를 제공하여 요점을 파악하는 데 효율적이다.
> ⑤ 수강자 개인별로 학습강도(진도)를 조절할 수 없는 한계가 있다.

04 소음작업의 정의를 쓰시오.

> **해답** 소음작업이란 하루 8시간 동안 85 dB 이상의 소음이 발생하는 작업이다.

05 다음은 안전성 평가 6단계를 나타낸 표이다. 빈칸을 채우시오.

1단계	2단계	3단계	4단계	5단계	6단계
관계자료의 정리	①	②	안전대책	재해정보 재평가	FTA에 의한 재평가

> **해답** ① 정성적 평가   ② 정량적 평가

06 급정지 기구가 있는 1행정 프레스의 광전자식 방호장치에서 광선에 신체의 일부가 감지된 후로부터 급정지 기구가 작동하는 데 40 ms 소요되고, 급정지 기구가 작동한 후 프레스가 정지될 때까지 20 ms가 소요된다면, 안전거리는 몇 mm 이상 되어야 하는지 구하시오.

> **풀이** 안전거리 $D_m = 1.6 T_m = 1.6 \times (T_c + T_s) = 1.6 \times (0.04 + 0.02)$
> $\qquad\qquad\quad = 0.096\,\mathrm{m} = 96\,\mathrm{mm}$
>
> **해답** 96 mm 이상
>
> **해설** 안전거리 $D_m = 1.6 T_m = 1.6 \times (T_c + T_s)$
> $\qquad$ 여기서, D_m : 안전거리(m)
> $\qquad\qquad\quad T_c$: 방호장치의 작동시간(s)
> $\qquad\qquad\quad T_s$: 프레스의 최대 정지시간(s)

07 동력 프레스 중 hand in die 방식(금형 안에 손이 들어가는 구조)의 프레스에서 사용하는 방호대책을 각각 2가지씩 쓰시오.

> **해답** (1) 프레스의 종류, 압력능력 S.P.M, 행정길이, 작업방법에 상응하는 방호장치 설치
> $\qquad$ ① 가드식 방호장치   ② 수인식 방호장치
> $\qquad$ ③ 손쳐내기식 방호장치
> $\qquad$ (2) 정지 성능에 상응하는 방호장치 설치
> $\qquad\qquad$ ① 양수조작식 방호장치
> $\qquad\qquad$ ② 감응식(광전자식) 방호장치—비접촉, interlock(접촉)

08   저항이 0.2Ω인 도체에 10A의 전류가 1분간 흐를 경우 발생하는 열량은 몇 cal인지 구하시오.

풀이 $Q = 0.24I^2RT = 0.24 \times 10^2 \times 0.2 \times 60 = 288\,\mathrm{cal}$

해답 $288\,\mathrm{cal}$

해설 발열량 $Q = 0.24I^2RT$
여기서, I : 전류(A), R : 저항(Ω), T : 시간(s)

09   위험물안전관리법령에 따라 위험물의 일부 분류를 제시하였다. 각 분류에 맞는 명칭을 ( ) 안에 쓰시오.

(1) 제1류(산화성 고체) : 아염소산, 염소산, 삼산화크롬, 브롬산염류, 과염소산칼륨
(2) 제2류(①) : 황화인, 적린, 유황, 마그네슘
(3) (②)산화성 액체 : 과염소산, 과산화수소, 질산

해답 ① 가연성 고체
② 제6류

해설 위험물안전관리법령에 따른 위험물의 분류
① 제1류(산화성 고체) : 아염소산, 염소산, 삼산화크롬, 브롬산염류, 과염소산칼륨 등
② 제2류(가연성 고체) : 황화인, 적린, 유황, 마그네슘 등
③ 제3류(자연발화성 및 금수성 물질) : 칼륨, 나트륨, 황린 등
④ 제4류(인화성 액체) : 동식물유류, 알코올류, 제1석유류~제4석유류 등
⑤ 제5류(자기반응성 물질) : 질산에스테르류(니트로글리세린, 니트로셀룰로오스, 질산에틸), 셀룰로이드류 등
⑥ 제6류(산화성 액체) : 과염소산, 과산화수소, 질산 등

10   건설 현장에서 근로자의 추락재해를 예방하기 위해 안전난간을 설치할 경우, 주요 구성요소 4가지를 쓰시오.

해답 ① 상부 난간대
② 중간 난간대
③ 발끝막이판
④ 난간기둥

11 발파구간 인접 구조물의 피해 및 손상을 예방하기 위한 건물 기초의 허용 진동치 (cm/s) 기준을 쓰시오. (단, 기존 구조물에 금이 가 있거나 노후 구조물의 경우는 고려하지 않는다.)

(1) 문화재 :

(2) 주택, 아파트 :

(3) 상가 :

(4) 철골콘크리트 빌딩 :

> **해답** (1) 0.2 cm/s　(2) 0.5 cm/s　(3) 1.0 cm/s　(4) 1.0 ~ 4.0 cm/s

12 산업안전보건법령상 안전 · 보건표지의 종류 중 지시표지의 기본모형을 글로 쓰시오.

금지표지	경고표지	지시표지	안내표지
원형	삼각형 및 마름모	①	정사각형 또는 직사각형
빨간색 테두리와 대각선이 있는 흰색 바탕에 검은색 그림	노란색 바탕에 검은색 테두리와 그림	②	초록색 바탕에 흰색 그림 또는 글자

> **해답** ① 원형
> ② 파란색 바탕에 흰색 그림

13 보안경을 크게 3가지로 분류하고, 그 역할을 쓰시오.

> **해답** ① 차광보안경 : 적외선, 자외선, 가시광선으로부터 눈을 보호한다.
> ② 유리보안경 : 미분, 칩, 기타 비산물로부터 눈을 보호한다.
> ③ 플라스틱 보안경 : 미분, 칩, 액체 약품 등 다양한 비산물과 유해 물질로부터 눈을 보호한다.

기출문제를 재구성한 **필답형 실전문제 3**

01 A 사업장의 도수율이 4이고, 연간 총근로시간이 12000000시간이면 이 사업장에서는 연간 몇 건의 재해가 발생하였는지 구하시오.

풀이 연간 재해 건수 $= \dfrac{\text{연간 총근로시간 수} \times \text{도수율}}{10^6} = \dfrac{12000000 \times 4}{10^6} = 48$건

해답 48건

해설 ① 도수율(빈도율) $= \dfrac{\text{연간 재해 건수}}{\text{연간 총근로시간 수}} \times 10^6$

② 연천인율 $= \dfrac{\text{연간 재해자 수}}{\text{연평균 근로자 수}} \times 1000 = \text{도수율(빈도율)} \times 2.4$

02 관리감독자를 위한 TWI 훈련의 교육내용을 4가지 쓰고, 각각 설명하시오.

해답 ① 작업방법 훈련(JMT : JOb Method Training) : 작업방법 개선
② 작업지도 훈련(JIT : JOb Instruction Training) : 작업지시
③ 인간관계 훈련(JRT : JOb Relations Training) : 부하직원 리드
④ 작업안전 훈련(JST : JOb Safety Training) : 안전한 작업

03 에너지 대사율(RMR)에 따라 작업의 강도를 구분하여 각 작업에 해당하는 에너지 대사율의 범위를 쓰시오.

경작업	보통작업(中)	보통작업(重)	초중작업
①	②	③	④

해답 ① 0~2   ② 2~4
③ 4~7   ④ 7 이상

참고 에너지 대사율(RMR) $= \dfrac{\text{운동 시 산소 소모량} - \text{안정 시 산소 소모량}}{\text{기초 대사 시 소모량}}$

$= \dfrac{\text{작업 대사량}}{\text{기초 대사량}}$

04 산업안전보건위원회 및 노사협의체의 심의 · 의결사항과 노사협의체의 협의사항 4가지를 쓰시오.

해답 ① 산업재해 예방계획 수립에 관한 사항
② 안전보건관리규정의 작성 및 변경에 관한 사항
③ 근로자의 안전 · 보건교육에 관한 사항
④ 작업환경 측정 등 작업환경의 점검 및 개선에 관한 사항
⑤ 근로자의 건강진단 등 건강관리에 관한 사항
⑥ 중대재해의 원인조사 및 재발방지대책 수립에 관한 사항
⑦ 산업재해에 관한 통계의 기록 및 유지에 관한 사항
⑧ 유해 · 위험한 기계 · 기구 및 설비를 도입한 경우 안전 · 보건조치에 관한 사항
⑨ 그 밖에 해당 사업장 근로자의 안전 및 보건을 유지 · 증진시키기 위하여 필요한 사항

05 사업주가 철근 조립 등의 작업을 할 경우 작업 시 준수해야 할 사항을 2가지 쓰시오.

해답 ① 양중기로 철근을 운반할 때는 두 군데 이상을 묶어서 수평으로 운반해야 한다.
② 작업 위치의 높이가 2 m 이상일 때는 작업 발판을 설치하거나 안전대를 착용하게 하는 등 위험방지를 위해 필요한 조치를 해야 한다.

06 재료비가 30억 원, 직섭노무비가 50억 원인 건설공사에서 예정 기격상 안전관리비를 구하시오. (단, 이 공사는 일반건설공사(갑)에 해당되며, 계상 기준은 1.97%이다.)

풀이 안전관리비＝(재료비＋직접노무비)×계상 기준표의 비율
＝(30억 원＋50억 원)×0.0197＝157,600,000원
해답 157,600,000원

07 산업안전보건법에 따라 근로자가 준수해야 할 의무를 2가지 쓰시오.

해답 ① 근로자는 산업안전보건법과 이 법에 따른 명령에서 정하는 산업재해 예방을 위한 기준을 준수해야 한다.
② 근로자는 사업주 또는 근로기준법에 따른 근로감독관, 공단 등 관계자가 실시하는 산업재해 예방 조치에 따라야 한다.

08 다음 설명에 해당하는 FTA(Fault Tree Analysis)의 논리기호를 보고, 각각의 기호에 해당하는 명칭을 쓰시오.

기호	명칭	기호	명칭	기호	명칭	기호	명칭
(사각형)	①	(오각형)	통상사상	(평행사변형)	공사상	(삼각형)	전이기호 IN
(원)	기본사상	(마름모)	생략사상	(마름모+원)	②	(삼각형)	전이기호 OUT

해답 ① 결함사상
② 심층분석사상

해설 FTA 사상 및 전이기호
① 결함사상 : 개별적인 결함사상(비정상적 사건)
② 기본사상 : 더 이상 전개되지 않는 기본적인 사상
③ 통상사상 : 통상적으로 발생이 예상되는 사상(예상되는 원인)
④ 생략사상 : 해석기술의 부족으로 더 이상 전개할 수 없는 사상
⑤ 공사상 : 발생할 수 없는 사상
⑥ 심층분석사상 : 다른 FT도상에서는 심층 분석이 이루어질 사상
⑦ 전이기호 IN : FT도상에서 다른 부분으로 이행 또는 연결을 나타내며, 삼각형 정상의 선은 정보의 IN을 의미한다.
⑧ 전이기호 OUT : FT도상에서 다른 부분으로 이행 또는 연결을 나타내며, 삼각형 옆의 선은 정보의 OUT을 의미한다.

09 페일 세이프(fail-safe)의 원리를 적용한 구조의 종류를 4가지 쓰시오.

해답 ① 다경로 하중 구조
② 분할 구조
③ 교대 구조
④ 하중 경감 구조

해설 ① 다경로 하중 구조 : 하나의 경로가 고장 나더라도 다른 경로가 하중을 분담하여 시스템이 계속 작동할 수 있도록 설계된 구조
② 분할 구조 : 시스템을 여러 개의 독립된 부분으로 나누어 한 부분의 고장이 전체 시스템에 미치는 영향을 최소화하는 구조

③ 교대 구조 : 시스템의 주요 부품에 여분의 부품을 추가하여 하나가 고장 나면 교체용 부품이 자동으로 작동하는 구조

④ 하중 경감 구조 : 고장이 발생했을 때 하중을 분산시키거나 줄여서 시스템이 안전하게 작동을 멈추도록 설계된 구조

10 압력방출장치의 사용에 대한 다음 규정에서 (   ) 안에 알맞은 내용을 쓰시오.

> 압력방출장치는 1년에 (①) 이상 국가교정기관으로부터 교정을 받은 압력계를 이용하여 (②)을 시험한 후 (③)으로 봉인하여 사용해야 한다. 다만, 평가결과가 우수한 사업장은 (④)에 1회 이상 실시한다.

해답 ① 1회
② 토출압력
③ 납
④ 4년

참고 압력방출장치의 교정 및 시험 규정
① 보일러에서 압력방출장치를 2개 설치하는 경우 1개는 최고 사용압력 이하에서 작동되도록 하고, 다른 하나는 최고 사용압력의 1.05배 이하에서 작동되도록 부착한다.
② 보일러의 과열을 방지하기 위해 최고 사용압력과 상용압력 사이에서 보일러의 버너연소를 차단할 수 있도록 압력제한 스위치를 부착하여 사용한다.

11 산업안전보건기준에 관한 규칙 제319조에 따라 감전 위험이 있는 장소에서 작업을 하기 위해서는 전로를 차단해야 한다. 전로 차단을 위한 절차를 4가지 쓰시오.

해답 ① 전기기기 등에 공급되는 모든 전원을 관련 도면이나 배선도를 통해 확인한다.
② 전원을 차단한 후, 각 단로기 등을 개방하고 상태를 확인한다.
③ 차단장치나 단로기에 잠금장치 및 꼬리표를 부착한다.
④ 검전기를 사용하여 작업대상 기기가 충전되었는지 확인한다.
⑤ 개로된 전로에서 유도전압 또는 전기에너지가 축적된 전기기기는 접촉하기 전에 잔류전하를 완전히 방전시킨다.
⑥ 전기기기 등이 다른 노출 충전부와의 접촉, 유도, 예비동력원의 역송전 등으로 전압이 발생할 우려가 있을 때는 충분한 용량의 단락 접지기구를 이용하여 접지한다.

12 가스폭발 위험장소인 0종, 1종, 2종 장소를 구분하여 설명하시오.

해답 ① 0종 장소 : 설비 및 기기가 운전 중일 때도 폭발성 가스가 지속적으로 존재하는 장소
② 1종 장소 : 설비 및 기기가 운전, 유지보수 또는 고장일 때 폭발성 가스가 가끔 누출되어 위험 분위기가 형성될 수 있는 장소
③ 2종 장소 : 설비의 운전 조작 실수로 폭발성 가스가 일시적으로 누출될 수 있는 장소

13 화학설비의 압력이 최고 사용압력을 초과했을 때 폭발을 방지하기 위한 안전장치의 종류를 3가지 쓰시오.

해답 ① 안전밸브
② 파열판
③ 통기밸브

해설 ① 안전밸브 : 기기나 배관의 압력이 일정 압력을 초과한 경우 신속한 제어가 용이하다.
② 파열판 : 고압계에서 안전설비의 일종으로, 계통 압력이 일정한 값 이상일 때 파열하여 내부의 압력을 방출하도록 설계된 칸막이판이다.
③ 통기밸브 : 인화성 액체를 저장·취급하는 탱크 내부의 압력을 제한된 범위 내에서 유지하도록 설계된 밸브이다.

01 산업안전보건법상 고용노동부장관이 산업재해를 예방하기 위하여 사업장의 산업재해 발생건수, 재해율을 공표할 수 있는 대상 사업장을 3가지 쓰시오.

[해답] ① 사망재해자가 연간 2명 이상 발생한 사업장
② 사망만인율이 규모별 같은 업종의 평균 사망만인율 이상인 사업장
③ 중대산업사고가 발생한 사업장
④ 산업재해 발생사실을 은폐한 사업장
⑤ 산업재해 발생에 관한 보고를 최근 3년 이내 2회 이상 하지 않은 사업장

02 다음 산업재해 사례의 기인물과 가해물, 그리고 사고유형을 쓰시오.

> 근로자가 20kg의 제품을 운반하던 중 제품이 발에 떨어져 신체장애등급 14등급의 재해를 입었다. 이 재해의 발생형태는 상해에 해당한다.

[해답] ① 기인물 : 제품   ② 가해물 : 제품
③ 사고유형 : 낙하

[해설] ① 기인물 : 재해 발생의 주원인이 되는 기계, 장치, 기구, 환경 등을 말한다.
② 가해물 : 재해 시 인간에게 직접적으로 접촉하여 피해를 주는 기계, 장치, 기구, 환경 등을 의미한다.

03 어느 변전소에서 고정전류가 유입되었을 때 도전성 구조물과 그 부근 지표상의 점과의 사이(약 1m)의 허용 접촉전압은 약 몇 V인지 구하시오. (단, 심실세동전류 $I_K = \dfrac{0.165}{\sqrt{T}}$ A, 인체 저항 : 1000Ω, 지표면의 저항률 : 150Ω·m, 통전시간은 1초로 한다.)

[풀이] $E = IR = I_k \times \left(R_b + \dfrac{3}{2}\rho_s\right) = \dfrac{0.165}{\sqrt{1}} \times \left(1000 + \dfrac{3}{2} \times 150\right) = 202.125$ V

[해답] 약 202.125 V

[해설] 허용 접촉전압 $E = IR = I_k \times \left(R_b + \dfrac{3}{2}\rho_s\right)$

여기서, I_k : 심실세동전류(A), R_b : 인체 저항(Ω),
ρ_s : 지표상층 저항률(Ω·m)

04 재해 누발자의 유형을 4가지 쓰시오.

해답 ① 상황성 누발자   ② 습관성 누발자
③ 미숙성 누발자   ④ 소질성 누발자

해설 재해 누발자의 유형
① 상황성 누발자 : 작업 미숙, 기계설비 결함 등 환경상의 혼란으로 발생한 재해 누발자
② 습관성 누발자 : 재해 경험으로 신경과민이 되거나 슬럼프에 빠져 발생한 재해 누발자
③ 미숙성 누발자 : 환경에 익숙하지 못하거나 기능의 미숙으로 발생한 재해 누발자
④ 소질성 누발자 : 지능, 성격, 감각운동 등에 의한 소질적 요소로 발생한 재해 누발자

05 어떤 결함수를 분석하여 최소 컷셋(minimal cut set)을 구한 결과 다음과 같았다. 각 기본사상의 발생확률을 q_i, $i=1, 2, 3$이라 할 때 정상사상의 발생확률 함수로 계산하시오.

$$K_1=\{1, 2\}, K_2=\{1, 3\}, K_3=\{2, 3\}$$

풀이 정상사상의 발생확률 함수

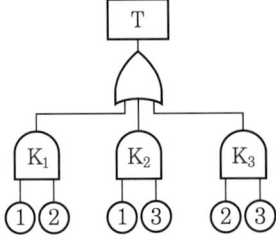

$$T=1-(1-K_1)\times(1-K_2)\times(1-K_3)$$
$$=1-[1-K_1-K_2+K_1K_2-K_3+K_1K_3+K_2K_3-K_1K_2K_3]$$
$$=1-1+K_1+K_2-K_1K_2+K_3-K_1K_3-K_2K_3+K_1K_2K_3$$
$$=K_1+K_2+K_3-K_1K_2-K_1K_3-K_2K_3+K_1K_2K_3$$
$$=q_1q_2+q_1q_3+q_2q_3-q_1q_2q_3-q_1q_2q_3-q_1q_2q_3+q_1q_2q_3$$
$$=q_1q_2+q_1q_3+q_2q_3-2q_1q_2q_3$$

해답 $q_1q_2+q_1q_3+q_2q_3-2q_1q_2q_3$

06 검사공정에서 작업자가 10000개의 제품을 검사하여 200개의 부적합품을 발견하였으나, 실제로는 500개의 부적합품이 있었다. 이때 인간의 과오 확률(HEP : Human Error Probability)을 구하시오.

풀이 인간의 과오 확률(HEP)$=\dfrac{\text{인간 실수의 수}}{\text{실수 발생의 전체 기회의 수}}=\dfrac{500-200}{10000}=0.03$

해답 0.03

07 다음은 산업안전보건기준에 관한 규칙 중 비파괴검사의 실시 기준이다. (　　) 안에 알맞은 수를 쓰시오.

> 사업주는 고속 회전체(회전축의 중량이 (①)톤을 초과하고 원주속도가 (②)m/s 이상인 것으로 한정한다)의 회전시험을 하는 경우, 미리 회전축의 재질 및 형상 등에 상응하는 종류의 비파괴검사를 실시하여 결함 유무를 확인해야 한다.

해답 ① 1　② 120

08 달비계의 적재하중을 정할 때 (　　) 안에 알맞은 수를 쓰시오.

> - 달기 와이어로프 및 달기 강선의 안전계수 : (①) 이상
> - 달기 체인 및 달기 훅의 안전계수 : (②) 이상
> - 달기 강대와 달비계의 하부 및 상부 지점의 안전계수는 강재의 경우 (③) 이상, 목재의 경우 (④) 이상

해답 ① 10　② 5　③ 2.5　④ 5

09 발화성 물질의 특성에 따라 안전하게 저장하기 위한 방법을 각각 쓰시오.

> - 나트륨, 칼륨 : ①　　　　　　　　· 황린 : ②
> - 적린, 마그네슘, 칼륨 : ③　　　　· 질산은($AgNO_3$) 용액 : ④

해답 ① 석유 속에 저장　　　　　　② 물속에 저장
　　　③ 냉암소에 격리 저장　　　　④ 햇빛을 피해 갈색 유리병에 보관
참고 벤젠은 산화성 물질과 격리하여 저장해야 한다.

10 다음은 보일러의 장해 원인에 대한 설명이다. 이 원인에 해당하는 용어를 쓰시오.

> 보일러 내에 용해된 고형물이나 수분이 증기에 다량 포함되면, 증기의 순도가 낮아지고 관 내 응축수가 발생하여 워터해머의 원인이 되며, 이로 인해 증기 과열기나 터빈에 고장이 발생할 수 있다.

해답 캐리오버(carry over)

참고 ① 프라이밍 : 보일러의 과부하 상태로 보일러수가 과도하게 끓어 물방울이 튀고, 증기에 물방울이 많이 포함되어 정확한 수위 판단이 어려운 현상이다.
② 포밍 : 보일러수에 불순물이 농축되면서 수면에 거품층이 형성되어 수위가 불안정해지는 현상이다.
③ 수격현상 : 배관 내의 물이 급격히 압력을 받으면서 배관을 강하게 치는 현상으로, 캐리오버에 의해 발생한다.

11 흙막이 지보공을 설치하였을 때 정기적으로 점검하고 보수해야 할 사항을 3가지 쓰시오.

해답 ① 부재의 손상 · 변형 · 부식 · 변위 및 탈락의 유무와 상태
② 침하의 정도와 버팀대의 긴압의 정도
③ 부재의 접속부 · 부착부 및 교차부의 상태
④ 기둥침하의 유무 및 상태

12 사업주는 작업하는 근로자에게 작업조건에 맞는 보호구를 제공해야 한다. 착용부위에 따른 방열복의 종류를 쓰시오.

(1) 상체 :   (2) 하체 :
(3) 몸체 :   (4) 손 :
(5) 머리 :

해답 (1) 방열상의
(2) 방열하의
(3) 방열일체복
(4) 방열장갑
(5) 방열두건

13 산업안전보건기준에 관한 규칙에 따라 크레인을 이용하는 작업을 할 때, 관리감독자가 유해 · 위험방지를 위해 수행해야 할 직무 내용을 3가지 쓰시오.

해답 ① 작업방법과 근로자 배치를 결정하고 작업을 지휘하는 일
② 작업에 사용하는 재료의 결함 유무 또는 기구 및 공구의 기능을 점검하고, 불량품을 제거하는 일
③ 작업 중 근로자들이 안전대 또는 안전모를 올바르게 착용하고 있는지 감시하는 일

참고 크레인 작업시작 전 점검사항
① 권과방지장치, 브레이크, 클러치 및 운전장치의 기능
② 주행로의 상측 및 트롤리(trolley)가 횡행하는 레일의 상태
③ 와이어로프가 통하고 있는 곳의 상태
이동식 크레인 작업시작 전 점검사항
① 권과방지장치나 기타 경보장치의 기능
② 브레이크, 클러치 및 조정장치의 기능
③ 와이어로프가 통하고 있는 곳 및 작업장소의 지반상태

01 하인리히의 사고빈도 법칙에 대하여 설명하시오.

[해답] 하인리히의 사고빈도 법칙은 330건의 사고 가운데 중상 또는 사망 1건, 경상 29건, 무상해 사고 300건의 비율로 사고가 발생한다는 법칙이다.

[해설]

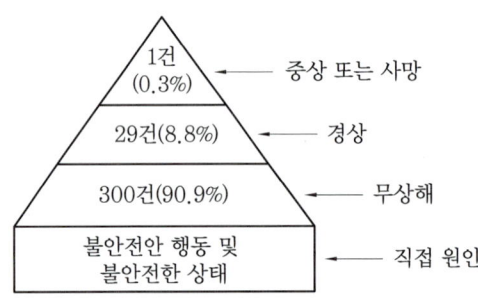

1건
(0.3%) ← 중상 또는 사망

29건(8.8%) ← 경상

300건(90.9%) ← 무상해

불안전안 행동 및
불안전한 상태 ← 직접 원인

하인리히의 1 : 29 : 300의 법칙

02 산업안전보건법령상 주요 구조 부분을 변경하는 경우 안전인증을 받아야 하는 기계 · 기구 및 설비를 5가지 쓰시오.

[해답]　① 프레스　　　　　② 크레인　　　　　③ 전단기 및 절곡기
　　　　④ 리프트　　　　　⑤ 압력용기　　　　⑥ 롤러기
　　　　⑦ 사출성형기　　　⑧ 고소작업대　　　⑨ 곤돌라

[참고]　설치 · 이전하는 경우 안전인증을 받아야 하는 기계 · 기구에는 크레인, 리프트, 곤돌라 등이 있다.

03 프레스의 양수조작식 방호장치의 설치방법 3가지를 쓰시오.

[해답]　① 누름버튼(레버 포함)을 양손으로 동시에 조작하지 않으면 작동시킬 수 없는 구조로 설치한다.
　　　　② 누름버튼은 매립형 구조로 설치해야 하며, 상호 간 내측거리는 300 mm 이상 격리하여 설치한다.
　　　　③ 안전거리 $D_m = 1.6T_m = 1.6 \times (T_c + T_s)$를 확보하여 설치한다.
　　　　　여기서, D_m : 안전거리(m)
　　　　　　　　　 T_c : 방호장치의 작동시간(s)
　　　　　　　　　 T_s : 프레스의 최대 정지시간(s)

04 | 적응기제의 형태 중 방어적 기제(escape mechanism)를 3가지 쓰시오.

해답 ① 억압   ② 퇴행
③ 백일몽   ④ 고립

해설 ① 억압 : 고통스러운 기억이나 감정을 무의식적으로 억눌러 마음속 깊이 감추는 기제
② 퇴행 : 유아기나 어린시절의 행동 방식으로 돌아가는 기제
③ 백일몽 : 꿈나라(공상) 속에서 이상적인 상황을 상상하는 기제
④ 고립 : 외부와의 접촉을 단절하는 기제

05 | 흑판의 반사율이 30%이고 백목의 반사율이 75%일 때 흑판과 백목에 대한 대비를 계산하시오.

풀이 대비 $= \dfrac{L_b - L_t}{L_b} = \dfrac{30 - 75}{30} \times 100 = -150\%$

해답 -150%

해설 대비 $= \dfrac{L_b - L_t}{L_b}$

여기서, L_b : 배경의 광속발산도, L_t : 표적의 광속발산도

06 | 무재해 추진기법 중 터치 앤 콜(touch and call)에 대하여 간단히 설명하시오.

해답 터치 앤 콜은 작업현장에서 팀 전원이 각자의 왼손을 맞잡아 원을 만든 후, 팀의 행동목표를 지적하고 확인하는 기법을 말한다. 이를 통해 팀 구성원 간의 의사소통과 목표의 공유가 이루어진다.

참고 무재해 운동이념 3원칙 : 무의 원칙, 참가의 원칙, 선취해결의 원칙

07 | 항타기 및 항발기를 조립할 때 점검해야 할 사항을 4가지 쓰시오.

해답 ① 본체 연결부의 풀림 또는 손상 여부
② 권상용 와이어로프, 드럼 및 도르래 부착상태의 이상 여부
③ 권상장치의 브레이크 및 쐐기장치 기능의 이상 여부
④ 권상기 설치상태의 이상 여부
⑤ 버팀방법 및 고정상태의 이상 여부

08 10Ω의 저항에 10A의 전류를 1분간 흘렸을 때 발열량은 몇 cal인지 구하시오.

해답 $Q = 0.24I^2RT = 0.24 \times 10^2 \times 10 \times 60 = 14,400\,\mathrm{cal}$

해설 발열량 $Q = I^2RT$

여기서, I : 전류(A), R : 저항(Ω), T : 시간(s)

09 유해물질의 취급 등 근로자에게 유해한 작업의 원인을 제거하기 위해 사업주가 조치해야 할 사항을 3가지 쓰시오.

해답 ① 격리 ② 환기 ③ 대치

10 사업주가 작업 발판 일체형 거푸집 조립 등의 작업을 수행할 경우, 준수해야 할 사항을 3가지 쓰시오.

해답 ① 조립 등의 작업 시 거푸집 부재의 변형 여부와 연결 및 지지재의 이상 유무를 확인할 것

② 조립작업과 관련된 이동, 양중, 운반장비의 고장, 오조작 등으로 인해 근로자에게 위험이 발생할 수 있는 장소에는 근로자의 출입을 금지하는 등 위험방지 조치를 할 것

③ 거푸집이 콘크리트면에 지지될 때, 콘크리트의 굳기 정도와 거푸집의 무게, 풍압 등의 영향으로 거푸집의 이탈 또는 낙하가 발생할 수 있는 경우에는 설계도서에서 정한 콘크리트 양생기간을 준수하거나 콘크리트면에 견고하게 지지하는 등 필요한 조치를 할 것

④ 연결 또는 지지 형식으로 조립된 부재의 조립작업을 할 때는 거푸집을 인양장비에 매단 후 작업을 수행하는 등 낙하, 붕괴, 전도의 위험방지를 위해 필요한 조치를 할 것

11 터널공사의 발파작업 시 사업주가 취해야 할 중요한 안전대책을 3가지 쓰시오.

해답 ① 발파 전 도화선의 연결상태, 저항값 조사 등의 목적으로 통전시험을 실시하고, 발파기의 작동상태에 대한 사전점검을 실시한다.

② 모든 동력선을 발원점으로부터 최소 15 m 이상 후방으로 옮긴다.

③ 지질, 암의 절리 등을 고려하여 화약량을 검토하고, 시방기준과 비교하여 필요한 안전조치를 실시한다.

④ 발파용 점화회선은 타동력선 및 조명회선과 각각 분리하여 관리한다.

12 산업안전보건법령상 안전 · 보건표지 중 안내표지에 해당하는 것을 4가지 쓰시오.

해답 ① 녹십자표지　　　　　　② 응급구호표지
　　　③ 들것　　　　　　　　　④ 세안장치
　　　⑤ 비상용 기구　　　　　⑥ 비상구
　　　⑦ 좌측 비상구　　　　　⑧ 우측 비상구

13 지게차의 하역작업 시 전후 및 좌우 안정도 기준을 쓰시오.

해답 ① 하역작업 시 전후 안정도 : 4% 이내(5 t 이상의 경우는 3.5%)
　　　② 하역작업 시 좌우 안정도 : 6% 이내

>>> **제1회** <<<

01 산업안전보건법에 따라 노사협의체를 구성할 때 근로자 위원의 기준을 3가지 쓰시오.

해답 ① 도급 또는 하도급 사업을 포함한 전체 사업의 근로자 대표
② 근로자 대표가 지명하는 명예산업안전감독관 1명(단, 명예산업안전감독관이
위촉되지 않은 경우에는 근로자 대표가 지명하는 해당 사업장 근로자 1명)
③ 공사 금액이 20억 원 이상인 공사의 관계수급인의 근로자 대표

참고 사용자 위원의 기준
① 도급 또는 하도급 사업을 포함한 전체 사업의 대표자
② 안전관리자 1명
③ 보건관리자 1명(단, 보건관리자 선임대상인 건설업으로 한정)
④ 공사 금액이 20억 원 이상인 공사의 관계수급인의 사업주

02 산업재해에서 사망 등 재해의 정도가 심하거나 다수의 재해자가 발생한 경우로, 고용
노동부령으로 정하는 재해(중대 재해) 3가지를 쓰시오.

해답 ① 사망자가 1명 이상 발생한 재해
② 3개월 이상 요양이 필요한 부상자가 동시에 2명 이상 발생한 재해
③ 부상자 또는 직업성 질병자가 동시에 10명 이상 발생한 재해

03 안전 · 보건교육의 3단계 중 태도교육의 기본과정 4단계를 순서대로 쓰시오.

1단계	2단계	3단계	4단계
①	②	③	④

해답 ① 청취한다.　　　　　② 이해, 납득시킨다.
③ 시범을 보인다.　　　④ 평가한다(상벌 부여).

참고 안전 · 보건교육의 3단계는 주로 지식교육, 기능교육, 태도교육으로 구분하며,
태도교육은 안전에 대한 긍정적인 태도와 책임감을 형성하는 데 초점을 맞춘
교육과정이다.

04 암실에서 정지된 소광점을 응시할 때 광점이 움직이는 것 같이 보이는 현상을 운동의 착각현상 중 자동운동이라 한다. 자동운동이 발생하기 쉬운 조건을 3가지 쓰시오.

해답 ① 광점이 작은 것
② 대상이 단순한 것
③ 광의 강도가 작은 것
④ 시야의 다른 부분이 어두운 것

05 안전 · 보건표지의 경고표지 중 바탕은 무색, 기본모형은 빨간색, 그림은 검은색으로 표시되는 표지의 종류를 4가지 쓰시오.

해답 ① 인화성 물질 경고
② 산화성 물질 경고
③ 폭발성 물질 경고
④ 급성 독성물질 경고
⑤ 부식성 물질 경고

참고 바탕은 무색, 기본모형은 빨간색, 그림은 검은색으로 표시되는 금지 표지
출입금지, 보행금지, 차량통행금지, 탑승금지, 화기금지, 사용금지, 물체이동
금지, 금연

06 가공기계에 쓰이는 주된 풀 프루프(fool proof) 중 가드(guard)의 형식을 5가지 쓰시오.

해답 ① 고정 가드
② 조정 가드
③ 경고 가드
④ 인터록 가드
⑤ 자동 가드

해설 가공기계의 풀 프루프 방식의 주요 기구의 종류
① 가드 : 고정 가드, 조정 가드, 경고 가드, 인터록 가드
② 조작기구 : 양수조작식, 인터록 가드
③ 로크기구 : 인터록 가드, 키식 인터록 가드, 키 로크
④ 트립기구 : 접촉식, 비접촉식
⑤ 오버런 기구 : 검출식, 타이밍식
⑥ 밀어내기 기구 : 자동 가드, 손을 밀어냄
⑦ 기동방지 기구 : 안전블록, 안전플러그, 레버록

07 고압가스 용기의 색상을 쓰시오.

가스명	색상	가스명	색상
산소	①	암모니아	⑤
수소	②	아세틸렌	⑥
탄산가스	③	프로판	⑦
염소	④	아르곤	⑧

해답
① 녹색　　　　② 주황색　　　　③ 파란색
④ 갈색　　　　⑤ 흰색　　　　⑥ 노란색
⑦ 밝은 회색　　⑧ 회색

08 산업안전보건법상 정전작업을 시작하기 전에 취해야 할 조치사항을 3가지 쓰시오.

해답
① 개로 개폐기의 시건 또는 표시
② 전로의 충전 여부를 검전기로 확인
③ 전력용 커패시터 및 전력 케이블 등의 잔류전하 방전
④ 작업 지휘자에 의한 작업내용의 명확한 전달

09 다음 각 내용에 해당하는 종별 허용 접촉전압을 쓰시오.

- (①) : 인체가 많이 젖어 있는 상태, 금속제 전기기계장치나 구조물에 인체의 일부가 상시 접촉되어 있는 상태
- (②) : 제1종, 제2종 이외의 경우로서 통상적인 인체 상태에 있어서 접촉전압이 가해지면 위험성이 높은 상태

해답　① 제2종(25V 이하)　　　　② 제3종(50V 이하)

해설　종별 허용 접촉전압
① 제1종(2.5V 이하) : 인체의 대부분이 수중에 있는 상태
② 제2종(25V 이하) : 인체가 많이 젖어 있는 상태, 금속제 전기기계장치나 구조물에 인체의 일부가 상시 접촉되어 있는 상태
③ 제3종(50V 이하) : 제1종, 제2종 이외의 경우로서 통상적인 인체 상태에 있어 접촉전압이 가해지면 위험성이 높은 상태
④ 제4종(제한 없음) : 제1종, 제2종 이외의 경우로서 통상적인 인체 상태에 있어 접촉전압이 가해져도 위험성이 낮은 상태

10 증류탑의 일상 점검항목을 5가지 쓰시오.

해답 ① 도장의 상태
② 보온재, 보냉재의 파손 여부
③ 접속부, 맨홀부 및 용접부에서의 외부 누출 유무
④ 트레이의 부식상태, 정도, 범위
⑤ 내부 부식 및 오염 여부
⑥ 라이닝, 코팅, 개스킷 손상 여부
⑦ 뚜껑, 플랜지 등의 접합 상태의 이상 유무

11 산업안전보건법에 따른 차량계 건설기계 중 도저형 건설기계의 종류를 3가지 쓰시오.

해답 ① 불도저 ② 스트레이트도저 ③ 틸트도저
④ 앵글도저 ⑤ 버킷도저

12 타워크레인의 안전한 작업을 위해 특정 순간풍속 조건에서는 작업을 중지하거나 추가적인 안전조치를 해야 한다. ( ) 안에 알맞은 수를 쓰시오.

- 운전작업을 중지해야 하는 순간풍속 : (①)m/s
- 설치, 수리, 점검 또는 해체작업을 중지해야 하는 순간풍속 : (②)m/s
- 타워크레인의 이탈을 방지하기 위한 조치를 해야 하는 순간풍속 : (③)m/s
- 승강기가 붕괴되는 것을 방지하기 위한 조치를 해야 하는 순간풍속 : (④)m/s

해답 ① 15 ② 10 ③ 30 ④ 35

13 산업안전보건법령상 사업장에서 산업재해 발생 시 사업주가 기록·보존해야 하는 사항을 5가지 쓰시오.

해답 ① 사업장의 개요 및 근로자의 인적사항
② 재해발생의 일시 및 장소
③ 재해발생의 원인 및 과정
④ 재해 재발방지 계획
⑤ 휴업 예상일수
⑥ 고용형태

01 산업안전보건법상 안전 · 보건진단을 받아 안전보건개선계획을 수립 · 제출하도록 명할 수 있는 작성대상 사업장을 3가지 쓰시오.

해답 ① 산업재해율이 같은 업종의 평균 산업재해율의 2배 이상인 사업장
② 사업주가 필요한 안전조치 또는 보건조치를 이행하지 않아 중대 재해가 발생한 사업장
③ 직업성 질병자가 연간 2명 이상 발생한 사업장(상시근로자가 1000명 이상인 사업장의 경우 3명 이상)
④ 그 밖에 작업환경 불량, 화재 · 폭발 또는 누출사고 등으로 사업장 주변까지 피해가 확산된 사업장으로서 고용노동부령으로 정하는 사업장

02 인간–기계 체계에 의해 수행하는 기본 기능의 4가지 유형을 순서대로 쓰시오.

해답 감지기능 → 정보보관기능 → 의사결정기능 → 행동기능

03 집단의 기능 요소인 응집력, 집단의 규범, 집단의 목표에 대해 각각 설명하시오.

해답 ① 응집력 : 집단 내 구성원들이 함께 머물도록 하는 내부의 힘으로, 집단의 결속을 강화한다.
② 집단의 규범 : 집단의 유지와 목표 달성을 위해 형성된 행동 기준이나 기대치로, 자연스럽게 형성되며 변화 가능하고 유동적이다.
③ 집단의 목표 : 집단이 하나의 단위로 기능을 하기 위해 설정된 목표로, 집단의 역할 수행에 필수적인 요소이다.

04 인간 신뢰도(human reliability)를 평가하는 방법 중 사고발생 가능한 모든 인간 오류를 파악하고, 이를 정량화하기 위한 5가지 방법을 쓰시오.

해답 ① HCR(Human Cognitive Reliability)
② THERP(Technique for Human Error Rate Prediction)
③ SLIM(Success Likelihood Index Method)
④ CIT(Critical Incident Technique)

⑤ TCRAM(Task Complexity and Risk Assessment Method)

해설 인간 신뢰도의 평가 방법은 사고발생 가능한 모든 인간 오류를 파악하고, 이를 정량화하는 방법으로 HCR, THERP, SLIM, CIT, TCRAM 등이 있다.

05 그림과 같이 FTA로 분석된 시스템에서 모든 기본사상에 해당하는 부품이 고장난 상태이다. 부품 X₁부터 부품 X₅까지 순서대로 복구할 때, 어느 부품의 수리가 완료되는 시점에서 시스템이 정상 가동되는지 구하시오.

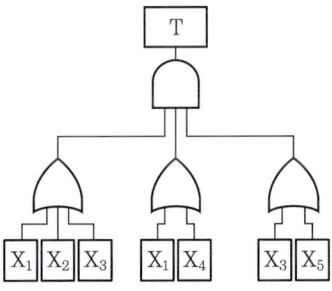

해답 부품 X_3를 수리 완료하면 전체 시스템이 정상 가동된다.

참고 ① 부품 X_3를 수리하면 3개의 OR 게이트가 모두 정상으로 바뀐다.

② 3개의 OR 게이트가 AND 게이트로 연결되어 있으므로 OR 게이트 3개가 모두 정상이 되면 전체 시스템은 정상 가동된다.

06 기계실비에서 빙호의 기본 원리를 5가지 쓰시오.

해답 ① 위험의 제거

② 위험의 차단

③ 위험의 보강

④ 위험에 적응

⑤ 위험의 방호

해설 ① 위험의 제거 : 위험을 근본적으로 제거하는 것

② 위험의 차단 : 덮어씌움이나 격리 등을 통해 위험요소를 물리적으로 차단하는 것

③ 위험의 보강 : 위험요소에 대하여 추가적인 안전장치를 통해 보강하는 것

④ 위험에 적응 : 위험상황에 맞추어 작업방법이나 환경을 개선하여 적응하는 것

⑤ 위험의 방호 : 방호장치 등을 이용하여 작업자가 위험에 노출되지 않도록 보호하는 것

07 근로자의 추락 위험을 방지하기 위해 취해야 할 안전장치의 조치사항을 3가지 쓰시오.

> **해답** ① 달비계에 구명줄을 설치한다.
> ② 근로자에게 안전대를 착용하도록 하고, 착용한 안전줄을 달비계의 구명줄에 체결하도록 한다.
> ③ 달비계에 안전난간을 설치할 수 있는 구조라면 반드시 안전난간을 설치한다.

08 다음은 절연 내력시험에 대한 내용이다. (   ) 안에 알맞은 내용을 쓰시오.

> 개폐기, 차단기, 유도 전압 조정기의 최대 사용전압이 (①) 이하인 전로의 경우, 절연 내력시험은 최대 사용전압의 (②)배의 전압에서 (③)분간 가하여 견뎌야 한다.

> **해답** ① 7kV ② 1.5 ③ 10

09 위험물의 부식성 물질 중 부식성 산류와 부식성 염기류에 해당하는 물질을 쓰시오.

> **해답** (1) 부식성 산류
> ① 농도가 20% 이상인 염산, 황산, 질산 등과 같은 부식성을 가진 물질
> ② 농도가 60% 이상인 인산, 아세트산, 불산 등과 같은 부식성을 가진 물질
> (2) 부식성 염기류
> 농도가 40% 이상인 수산화나트륨, 수산화칼륨 등과 같은 부식성을 가진 염기류

10 혼합가스 용기에 전체 압력이 10기압, 온도 0℃에서 수소 10%, 산소 20%, 질소 70%의 몰비로 가스가 채워져 있을 때, 산소가 차지하는 부피는 몇 L인지 구하시오. (단, 표준 상태는 0℃, 1기압으로 가정한다.)

> **해답** $PV=nRT$ 이므로 $V=\dfrac{nRT}{P}=\dfrac{0.2\times0.082\times273}{10}≒0.45$

> **해답** 0.45

> **해설** 부피 $V=\dfrac{nRT}{P}$
>
> 여기서, n : 몰수, R : 기체상수, T : 절대온도, P : 대기압력

11 산업안전보건법에 따라 굴착면의 높이가 2m 이상인 지반에서 굴착작업을 할 경우, 작업장의 지형, 지반 및 지층상태 등에 대해 사전에 조사해야 할 사항을 4가지 쓰시오.

해답 ① 형상, 지질 및 지층의 상태
② 균열, 함수, 용수 및 동결의 유무 또는 상태
③ 매설물 등의 유무 또는 상태
④ 지반의 지하수위 상태

12 의무안전인증 대상 보호구에서 성능구분에 따른 안전화의 종류 3가지를 쓰시오.

해답 ① 가죽제 안전화
② 고무제 안전화
③ 정전기 안전화
④ 발등 안전화

13 산업안전보건기준에 관한 규칙에 따라 프레스 등을 사용하여 작업할 때, 관리감독자가 유해 · 위험방지를 위해 수행해야 할 직무 내용을 3가지 쓰시오.

해답 ① 프레스 등 그 방호장치를 점검하는 일
② 프레스 등 그 방호장치에 이상이 발견되면 즉시 필요한 조치를 하는 일
③ 프레스 등 그 방호장치에 전환 스위치를 설치했을 때, 전환 스위치의 열쇠를 관리하는 일
④ 금형의 부착, 해체 또는 조정작업을 직접 지휘하는 일

01 다음은 하인리히, 버드, 아담스의 재해 이론을 나타낸 표이다. 빈칸에 알맞은 말을 쓰시오.

구분	하인리히	버드	아담스
제1단계	사회적 환경과 유전적 요소	①	관리 구조
제2단계	개인적 결함	기본 원인	작전적 에러
제3단계	②	직접 원인	③
제4단계	사고	사고	사고
제5단계	상해	상해	상해

[해답] ① 통제 부족
② 불안전한 행동 및 상태
③ 전술적 에러

02 유해 · 위험방지를 위한 방호조치가 필요한 기계 · 기구의 종류를 5가지 쓰시오.

[해답] ① 예초기   ② 원심기   ③ 공기압축기   ④ 금속절단기
⑤ 지게차   ⑥ 포장기계(진공포장기, 래핑기로 한정함)

03 안전보건교육 계획에 포함해야 할 사항을 5가지 쓰시오.

[해답] ① 교육목표 설정   ② 교육의 종류 및 대상 설정
③ 강사 및 조교 편성   ④ 교육기간 및 시간 설정
⑤ 교육장소 및 교육방법 설정   ⑥ 교육과목 및 교육내용 설정
⑦ 소요예산 산정   ⑧ 교육대상 설정

04 컨베이어 작업 중 발생할 수 있는 사고를 예방하기 위해 설치해야 하는 방호장치 3가지를 쓰시오.

[해답] ① 비상정지장치   ② 역주행 방지장치
③ 이탈 등의 방지장치   ④ 건널다리
⑤ 덮개   ⑥ 울

05 조도가 400lux인 위치에 놓인 흰색 종이 위에 짙은 회색 글자가 씌어져 있다. 종이의 반사율은 80%이고 글자의 반사율은 40%일 때, 종이와 글자의 대비를 계산하시오.

풀이 대비 $=\dfrac{L_b-L_t}{L_b}\times100=\dfrac{80-40}{80}\times100=50\%$

해답 50%

해설 대비 $=\dfrac{L_b-L_t}{L_b}\times100$

여기서, L_b : 배경(종이)의 광속발산도, L_t : 표적(글자)의 광속발산도

06 평균수명이 10000시간인 지수분포를 따르는 요소 10개가 직렬계로 구성된 시스템의 기대수명을 구하시오.

풀이 직렬계의 기대수명 $=\dfrac{평균수명}{요소\ 수}=\dfrac{10000}{10}=1000시간$

해답 1000시간

07 전기화재의 원인을 분석할 때 화재를 일으킬 수 있는 발화원을 4가지 쓰시오.

해답 ① 이동 절연기
② 전등 및 전기기기
③ 전기장지
④ 배선기구
⑤ 고정된 전열기

08 산업안전보건기준에 관한 규칙상 인체에 해로운 분진, 흄(fume), 미스트(mist), 증기 또는 가스 상태의 물질을 배출하기 위한 국소배기장치의 후드(hood) 설치기준을 4가지 쓰시오.

해답 ① 유해물질이 발생하는 모든 장소에 후드를 설치한다.
② 유해인자의 발생형태, 비중, 작업방법 등을 고려하여 분진 등의 발산원을 효과적으로 제어할 수 있는 구조로 설치한다.
③ 후드의 형식은 가능한 한 포위식 또는 부스식으로 설치한다.
④ 외부식 또는 리시버식 후드는 해당 분진 발생장소에 적합하게 설치한다.
⑤ 후드의 개구면적은 발산원을 충분히 제어할 수 있는 구조로 해야 한다.

09 사업주는 근로자가 안전하게 통행할 수 있도록 하기 위해 준수해야 할 통로의 설치기준을 3가지 쓰시오.

해답 ① 사업주는 작업장으로 통하는 장소 또는 작업장 내에 근로자가 사용할 안전한 통로를 설치하고, 항상 사용할 수 있는 상태로 유지해야 한다.
② 사업주는 통로의 주요 부분에 통로 표시를 하고, 근로자가 안전하게 통행할 수 있도록 해야 한다.
③ 사업주는 통로면으로부터 높이 2m 이내에 장애물이 없도록 해야 한다.

참고 가설통로의 설치에 관한 기준
① 견고한 구조로 할 것
② 경사각은 30° 이하로 할 것
③ 경사로 폭은 90cm 이상으로 할 것
④ 경사각이 15°를 초과하는 경우에는 미끄러지지 않는 구조로 할 것
⑤ 높이 8m 이상인 다리에는 7m 이내마다 계단참을 설치할 것
⑥ 수직갱에 가설된 통로길이가 15m 이상인 경우 10m 이내마다 계단참을 설치할 것

10 밀링(milling) 가공에서 상향절삭의 특징을 3가지 쓰시오.

해답 ① 백래시 제거가 불필요하다.   ② 공작물 고정이 불리하다.
③ 공구 수명이 짧다.   ④ 소비 동력이 크다.
⑤ 가공면이 거칠다.   ⑥ 기계 강성이 낮아도 된다.

참고 하향절삭의 특징
① 백래시 제거가 필요하다.   ② 공작물 고정이 유리하다.
③ 공구 수명이 길다.   ④ 소비 동력이 작다.
⑤ 가공면이 깨끗하다.   ⑥ 기계 강성이 높아야 한다.

11 흙 속의 전단응력을 증대시키는 원인을 5가지 쓰시오.

해답 ① 자연 또는 인공에 의한 지하 공동의 형성
② 함수비의 증가에 따른 흙의 단위중량의 증가
③ 지진, 폭파에 의한 진동 발생
④ 균열 내에 작용하는 수압 증가
⑤ 사면의 구배가 자연구배보다 급경사일 때
⑥ 인장응력에 의한 균열 발생

12 산업안전보건법상 안전보건표지 중 응급구호표지를 그리시오. (단, 바탕과 관련 부호 및 그림의 색상은 글자로 나타내고, 크기에 대한 기준은 나타내지 않아도 된다.)

해답 ①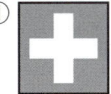

② 바탕 색상 : 녹색

③ 관련 부호 및 그림 색상 : 흰색

참고 안전 · 보건표지의 형식

구분	금지표지	경고표지	지시표지	안내표지	출입금지
바탕	흰색	노란색	파란색	흰색	흰색
기본 모양	빨간색	검은색	–	녹색	검은색 글자
부호 및 그림	검은색	검은색	흰색	흰색	빨간색 글자

13 산업안전보건기준에 관한 규칙에서 밀폐공간 작업 시 관리감독자가 유해 · 위험을 방지하기 위해 수행해야 하는 직무를 3가지 쓰시오.

해답 ① 작업시작 전 근로자가 산소결핍된 공기나 유해가스에 노출되지 않도록 해당 근로자의 작업을 지휘하는 업무

② 작업시작 전 작업장소의 공기가 적절한지를 측정하는 업무

③ 작업시작 전 측정장비, 환기장치, 공기호흡기 또는 송기마스크를 점검하는 업무

④ 근로자에게 공기호흡기 또는 송기마스크의 착용을 지도하고 착용상황을 점검하는 업무

기출문제를
재구성한 **필답형 실전문제 5**

01 산업안전보건법령에 따라 상시근로자 20명 이상 50명 미만인 사업장에서 안전보건 관리 담당자를 1명 이상 선임해야 하는 대상 사업을 4가지 쓰시오.

해답 ① 임업
② 제조업
③ 환경 정화 및 복원업
④ 하수, 폐수 및 분뇨처리업
⑤ 폐기물 수집, 운반, 처리 및 원료 재생업

02 산업안전보건법상 산업안전보건위원회의 회의록 작성에 관한 사항을 3가지 쓰시오.

해답 ① 개최일시 및 장소
② 출석위원
③ 심의내용 및 의결 · 결정사항
④ 기타 토의사항
참고 산업안전보건위원회 회의록은 2년간 보존해야 한다.

03 산업안전보건법령에 따라 안전보건개선 계획서에 반드시 포함되어야 할 내용을 4가지 쓰시오.

해답 ① 시설   ② 안전보건관리 체제
③ 안전보건교육   ④ 산업재해 예방 및 작업환경 개선을 위한 사항

04 롤러기의 방호장치(급정지장치)를 설치하는 위치를 구분하여 설명하시오.

해답 ① 손 조작식 : 밑면으로부터 1.8m 이내 위치
② 복부 조작식 : 밑면으로부터 0.8m~1.1m 위치
③ 무릎 조작식 : 밑면으로부터 0.4m~0.6m 위치

05 리더십(leadership)과 헤드십(headship)의 특성을 비교한 다음 표를 채우시오.

분류	리더십	헤드십
권한 행사	①	임명직
권한 부여	밑으로부터 동의	위에서 위임
권한 귀속	②	공식 규정에 의함
권한 근거	개인적, 비공식적	③

해답 ① 선출직
② 집단목표에 기여한 공로 인정
③ 법적, 공식적

해설 리더십과 헤드십(그 외)

분류	리더십(leadership)	헤드십(headship)
상사와 부하의 관계	개인적인 영향	지배적인 영향
사회적 관계	좁음	넓음
지휘 형태	민주주의적	권위주의적
책임 귀속	상사와 부하	상사

06 기계설계에서 본질적 안전화의 한 부분인 록 시스템(lock system)에 대하여 설명하시오.

해답 록 시스템(lock system)은 인간과 기계 사이의 불안전한 요소를 통제하기 위해 설계된 시스템으로, 기계의 작동 중 발생할 수 있는 위험을 방지하는 역할을 한다.

07 다음은 산업안전보건법에 따른 비상전원 설치에 관한 내용이다. (   ) 안에 알맞은 말을 쓰시오.

> 산업안전보건법상 사업주는 정전에 의한 기계·설비의 갑작스러운 정지로 인해 화재·폭발 등 재해가 발생할 우려가 있는 경우에는 해당 기계·설비에 (①), (②), (③), (④) 등 비상전원을 접속하여 정전 시 비상전력이 공급되도록 해야 한다.

해답 ① 비상발전기   ② 비상전원용 수전설비
③ 축전지설비   ④ 전기저장장치

08 근골격계 질환의 누적손상장애(CTDs)가 발생하는 주요 인자를 4가지 쓰시오.

해답 ① 부적절한 자세로 작업하는 경우
② 과도한 힘을 사용하는 작업을 하는 경우
③ 반복적으로 수행되는 작업과 휴식 부족
④ 장시간의 진동 노출
⑤ 낮은 온도(저온)에서 작업하는 경우

09 전기기기의 충격 전압시험 시 사용하는 표준 충격파형(T_f, T_r)을 쓰시오.

해답 $1.2 \times 50\mu s$

해설 ① 충격파는 파고치, 파두장, 파미장으로 표시되며, 파고치는 파형의 최대 전압값을 나타낸다.
② 파두장($T_f = 1.2\mu s$) : 파형이 최대 전압의 특정 비율(일반적으로 90%)까지 상승하는 데 걸리는 시간, 즉 파고치에 도달할 때까지의 시간을 말한다.
③ 파미장($T_r = 50\mu s$) : 파형이 최대 전압에서 절반 수준까지 감소하는 데 걸리는 시간, 즉 기준점에서 파고치의 50%로 감소할 때까지의 시간을 말한다.

10 특수화학설비를 설치할 때 내부의 이상상태를 조기에 파악하기 위해 필요한 계측장치를 4가지 쓰시오.

해답 ① 압력계
② 유량계
③ 온도계
④ 긴급차단장치

참고 계측장치를 설치해야 하는 특수화학설비
① 가열로 또는 가열기
② 발열반응이 일어나는 반응장치
③ 증류 · 정류 · 증발 · 추출 등 분리를 행하는 장치
④ 반응 폭주 등 이상 화학반응에 의해 위험물질이 발생할 우려가 있는 설비
⑤ 온도가 섭씨 350도 이상이거나 게이지 압력이 980kPa 이상인 상태에서 운전되는 설비
⑥ 가열시켜 주는 물질의 온도가 가열되는 위험물질의 분해온도 또는 발화점보다 높은 상태에서 운전되는 설비

11 사업주가 콘크리트 타설작업을 하는 경우 준수해야 할 사항을 3가지 쓰시오.

해답 ① 당일의 작업을 시작하기 전, 거푸집 동바리 등의 변형, 변위 및 지반의 침하 여부를 점검하고, 이상이 있으면 즉시 보수해야 한다.

② 작업 중에는 거푸집 동바리 등의 변형, 변위 및 침하 여부를 지속적으로 감시할 수 있도록 감시자를 배치하고, 이상이 발견되면 작업을 중지하고 근로자를 대피시켜야 한다.

③ 콘크리트 타설작업 중 거푸집이 붕괴될 위험이 발생할 우려가 있으면 충분한 보강조치를 시행해야 한다.

④ 콘크리트 양생기간이 설계도서에 명시된 기준에 도달하기 전까지는 거푸집 동바리 등을 해체해서는 안 된다.

⑤ 콘크리트를 타설할 때는 편심이 발생하지 않도록 균등하게 분산하여 타설해야 한다.

12 산업안전보건법령에 따라 철골작업을 중지해야 하는 기후조건을 3가지 쓰시오.

해답 ① 풍속이 1초당 10 m 이상인 경우(10 m/s)

② 강우량이 1시간당 1 mm 이상인 경우(1 mm/h)

③ 강설량이 1시간당 1 cm 이상인 경우(1 cm/h)

13 사업주기 안전검사를 받은 경우 작업환경 측정을 할 때 준수해야 할 사항을 4가지 쓰시오.

해답 ① 작업환경 측정을 하기 전에 예비조사를 한다.

② 작업이 정상적으로 이루어져 작업시간과 유해인자에 대한 근로자의 노출 정도를 정확히 평가할 수 있을 때 실시한다.

③ 모든 측정은 개인 시료채취 방법으로 하되, 개인 시료채취가 어려운 경우에는 지역 시료채취 방법으로 실시한다. 이때 그 사유를 작업환경 측정결과표에 분명하게 기록한다.

④ 작업환경 측정을 위탁할 경우에는 해당 측정기관에 공정별 작업내용, 화학물질 사용현황, 물질안전보건자료 등 필요한 정보를 제공한다.

참고 작업환경 측정 : 작업환경 실태를 파악하기 위해 시료를 채취, 분석·평가하는 것

01 산업안전보건법령상 사업장 안전보건관리 규정에 포함하여 근로자에게 알려야 하고 사업장에 비치해야 할 사항 4가지를 쓰시오.

해답 ① 안전 · 보건 관리조직과 그 직무에 관한 사항
② 안전 · 보건 교육에 관한 사항
③ 작업장의 안전 · 보건 관리에 관한 사항
④ 사고조사 및 대책수립에 관한 사항
⑤ 그 밖에 안전 · 보건에 관한 사항

02 산업안전보건법령에 따라 설치 · 이전하는 경우 안전인증을 받아야 하는 기계 · 기구 및 설비를 3가지 쓰시오.

해답 ① 크레인   ② 리프트
③ 곤돌라

해설 ① 설치 · 이전하는 경우 안전인증을 받아야 하는 기계 · 기구 : 크레인, 리프트, 곤돌라
② 주요 구조 부분을 변경하는 경우 안전인증을 받아야 하는 기계 · 기구 : 프레스, 전단기 및 절곡기, 크레인, 리프트, 압력용기, 롤러기, 사출성형기, 고소작업대, 곤돌라

03 동작 실패의 원인이 되는 조건을 각각 구분하여 쓰시오.

(1) 작업강도 :   (2) 환경조건 :
(3) 기상조건 :   (4) 피로도 :

해답 (1) 작업량, 작업속도, 작업시간   (2) 작업환경, 심리환경
(3) 온도, 습도   (4) 신체조건, 질병, 스트레스

04 달기 체인을 달비계에 사용해서는 안 되는 기준을 3가지 쓰시오.

해답 ① 균열이 있거나 심하게 변형된 것
② 달기 체인의 길이가 달기 체인이 제조된 때의 길이의 5%를 초과한 것

③ 링의 단면지름이 달기 체인이 제조된 때의 해당 링 지름의 10%를 초과하여
감소한 것

05 휴먼에러 중 원인에 대한 분류와 심리적 분류를 각각 종류별로 쓰시오.

해답 ① 원인에 대한 분류 : 1차 오류, 2차 오류, 지시 오류
② 심리적 분류(독립 행동에 관한 분류) : 생략 오류, 순서 오류, 시간 오류, 수행 오류, 불필요한 행동 오류

06 다음과 같은 FT도에서 ①~⑤ 사상의 발생확률이 모두 0.06일 경우 T 사상의 발생확률을 구하시오.

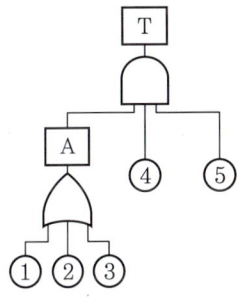

풀이 $A = 1 - (1 - ①) \times (1 - ②) \times (1 - ③)$
$= 1 - (1 - 0.06) \times (1 - 0.06) \times (1 - 0.06) \fallingdotseq 0.17$
$T = A \times ④ \times ⑤ = 0.17 \times 0.06 \times 0.06 = 0.000612$

해답 0.000612

07 연삭숫돌의 파괴 원인을 4가지 쓰시오.

해답 ① 숫돌의 속도가 너무 빠를 때
② 숫돌 자체에 균열이 있을 때
③ 플랜지가 현저히 작을 때
④ 숫돌의 치수(구멍 지름)가 부적당할 때
⑤ 숫돌에 과대한 충격을 줄 때
⑥ 숫돌의 측면을 사용하여 작업할 때
⑦ 반지름 방향의 온도 변화가 심할 때
⑧ 숫돌의 불균형이나 베어링의 마모로 진동이 있을 때

08 A 도체에 20초 동안 100C의 전하량이 이동할 때, 이때 흐르는 전류(A)를 구하시오.

풀이 $I = \dfrac{Q}{T} = \dfrac{100}{20} = 5\,\text{A}$

해답 $5\,\text{A}$

해설 전류 $I = \dfrac{Q}{T}$

여기서, I : 전류(A), Q : 전하량(C), T : 시간(s)

09 위험물 중에서 인화성 액체의 종류를 3가지 쓰시오.

해답 ① 에틸에테르, 가솔린, 아세트알데히드, 산화프로필렌, 인화점이 23℃ 미만
이고 초기 끓는점이 35℃ 이하인 물질
② 노르말헥산, 아세톤, 메틸에틸케톤, 메틸알코올, 에틸알코올, 이황화탄소,
인화점이 23℃ 미만이고 초기 끓는점이 35℃를 초과하는 물질
③ 크실렌, 아세트산아밀, 등유, 경유, 테레핀유, 이소아밀알코올, 아세트산,
하이드라진, 인화점이 23℃ 이상 60℃ 이하인 물질

10 25℃, 1기압에서 공기 중 벤젠의 허용농도가 10ppm일 때, 이를 [mg/m] 단위로 환산하시오. (단, C, H의 원자량은 각각 12, 1이다.)

풀이 $10\,\text{ppm} = \dfrac{\text{벤젠 } 10\,\text{mol}}{\text{공기 } 10^6\,\text{mol}} = \dfrac{10\,\text{mol} \times \dfrac{78\,\text{g}}{1\,\text{mol}} \times \dfrac{1000\,\text{mg}}{1\,\text{g}}}{10^6\,\text{mol} \times \dfrac{22.4\,\text{L}}{1\,\text{mol}} \times \dfrac{(273+25)\text{K}}{273\text{K}} \times \dfrac{1\text{m}^3}{1000\,\text{L}}}$

$\fallingdotseq 31.9\,\text{mg/m}^3$

해답 $31.9\,\text{mg/m}^3$

참고 벤젠(C_6H_6) $1\,\text{mol}$의 분자량은 $78\,\text{g}$이다.

11 고무제 안전화의 구비조건 4가지를 쓰시오.

해답 ① 유해한 홈, 균열, 기포, 이물질 등이 없어야 한다.
② 바닥, 발등, 발뒤꿈치 등의 접착 부분에 물이 들어오지 않아야 한다.
③ 에나멜을 칠한 경우에는 에나멜이 벗겨지지 않고 완전히 건조되어 있어야
한다.
④ 완성품은 압박감, 충격 등의 성능시험에 합격해야 한다.

12 화물 취급작업 시 관리감독자의 유해 · 위험을 방지하기 위해 수행해야 하는 직무 내용을 3가지 쓰시오.

해답 ① 작업방법 및 순서를 결정하고 작업을 지휘하는 일
② 기구 및 공구를 점검하고 불량품을 제거하는 일
③ 작업장소에는 관계 근로자가 아닌 사람의 출입을 금지하는 일
④ 로프 등의 해체작업을 할 때, 하대 위 화물의 낙하위험 유무를 확인하고 작업의 착수를 지시하는 일

13 산업안전보건기준에 관한 규칙에서 양화장치를 사용하여 화물을 싣고 내리는 작업을 할 때, 작업시작 전 점검해야 할 사항을 2가지 쓰시오.

해답 ① 양화장치의 작동상태를 점검한다.
② 양화장치에 제한하중을 초과하는 하중이 실리지 않았는지 확인한다.
참고 이동식 크레인을 이용하여 작업할 경우, 작업시작 전 점검해야 할 사항
① 제동장치 및 조종장치 기능의 이상 유무
② 하역장치 및 유압장치 기능의 이상 유무
③ 바퀴의 이상 유무
④ 전조등 · 후미등 · 방향지시기 및 경보장치 기능의 이상 유무

>>> 제3회 <<<

01 버드의 사고발생 5단계를 순서대로 나열하시오.

해답

1단계	2단계	3단계	4단계	5단계
제어 부족 (관리)	기본 원인 (기원)	직접 원인 (징후)	사고 (접촉)	상해 (손해)

02 자율안전확인 대상 기계 · 기구 등을 제조 · 수입 · 양도 · 대여 · 사용하거나 양도 · 대여의 목적으로 진열할 수 없는 경우 3가지를 쓰시오.

해답 ① 자율안전확인 신고를 하지 않은 경우
② 거짓이나 그 밖의 부정한 방법으로 신고를 한 경우
③ 자율안전확인 대상 기계 등의 안전에 관한 성능이 자율안전기준에 맞지 않은 경우
④ 자율안전확인 표시의 사용금지 명령을 받은 경우

03 안전 · 보건교육의 3단계 중 각 단계의 내용을 쓰시오.

해답 ① 1단계 : 준비　　　　　② 2단계 : 위험작업 규제
③ 3단계 : 안전작업 표준화

04 휘도가 200 cd/m²이고 반사율이 40%인 작업장의 조도(lux)를 구하시오.

풀이 조도 $= \dfrac{광속발산도}{반사율} \times 100 = \dfrac{200\pi}{40} \times 100 = 500\,\pi\,\text{lux}$

해답 $500\,\pi\,\text{lux}$

05 어떤 전자기기의 수명은 지수분포를 따르며, 평균수명은 10000시간이라고 한다. 이 기기를 연속적으로 사용할 경우 10000시간 동안 고장 없이 작동할 확률을 구하시오.

풀이 고장 없이 작동할 확률 $R = e^{-\lambda t} = e^{-\frac{t}{t_0}} = e^{-\frac{10000}{10000}} = e^{-1}(\fallingdotseq 0.368)$

해답 e^{-1}

06 산업안전보건기준에 관한 규칙에 따라 로봇의 작동 범위 내에서 교시 등의 작업(로봇의 동력원을 차단하고 하는 작업은 제외)을 수행할 때, 작업시작 전 점검해야 할 사항을 3가지 쓰시오.

해답 ① 외부 전선의 피복 또는 외장의 손상 유무
② 매니퓰레이터(manipulator) 작동의 이상 유무
③ 제동장치 및 비상정지장치의 기능

07 최대 공급전류가 200A인 단상 전로의 한 선에서 누설되는 최소 전류는 몇 A인지 구하시오.

풀이 최소 전류＝최대 공급전류× $\dfrac{1}{2000}$ ＝200× $\dfrac{1}{2000}$ ＝0.1A

해답 0.1A

08 물질의 자연발화를 촉진시키는 주요 요인을 4가지 쓰시오.

해답 ① 물질의 표면적이 넓을 것　② 물질의 발열량이 클 것
③ 주위 온도가 높을 것　④ 물질이 적당한 수분을 보유할 것
⑤ 열전도율이 작을 것

09 사업주는 근로자가 안전하게 통행할 수 있도록 통로에 (　　) 이상의 조명시설을 해야 한다. (　　) 안에 알맞은 값을 쓰시오.

해답 75 lux

10 사업주는 고소작업대를 이동할 때 안전을 위해 반드시 준수해야 할 사항을 2가지 쓰시오.

해답 ① 작업대를 가장 낮게 내린 상태로 이동한다.
② 작업대를 올린 상태에서 작업자를 태우고 이동하지 않는다. 다만, 전도 등의 위험을 예방하기 위해 유도자를 배치하고 짧은 구간을 이동하는 경우는 예외로 한다.
③ 이동 통로의 요철 상태 또는 장애물의 유무를 확인한다.

11 지게차의 헤드 가드 구비조건에 관한 내용이다. ( ) 안에 알맞은 내용을 쓰시오.

- 상부틀의 각 개구의 폭 또는 길이가 (①)일 것
- 강도는 지게차 최대 하중의 (②)값의 등분포 정하중에 견딜 수 있을 것(단, 4t을 넘는 값에 대해서는 (③)으로 한다.)

해답 ① 16 cm 미만 ② 2배
③ 4 t

해설 지게차의 헤드 가드 구비조건
① 상부틀의 각 개구의 폭 또는 길이가 16 cm 미만일 것
② 강도는 지게차 최대 하중의 2배값의 등분포 정하중에 견딜 수 있을 것(단, 4t을 넘는 값에 대해서는 4t으로 한다.)
③ 운전자가 앉아서 조작하는 좌석 윗면에서 헤드 가드의 상부틀 아랫면까지의 높이는 1 m 이상일 것
④ 운전자가 서서 조작하는 운전석의 바닥면에서 헤드 가드의 상부틀 하면까지의 높이는 1.88 m 이상일 것

12 산업안전보건법령에 따라 다음 지시표지의 명칭을 쓰시오.

①	②	③	④	⑤	⑥

해답 ① 보안경 착용 ② 방독마스크 착용
③ 방진마스크 착용 ④ 안전화 착용
⑤ 안전장갑 착용 ⑥ 안전복 착용

13 산업안전보건기준에 관한 규칙에 따라 화물 취급작업을 할 때 관리감독자가 유해·위험을 방지하기 위해 수행해야 할 직무 내용을 3가지 쓰시오.

해답 ① 작업방법 및 순서를 결정하고 작업을 지휘하는 일
② 기구 및 공구를 점검하고 불량품을 제거하는 일
③ 작업장소에 관계 근로자가 아닌 사람의 출입을 금지하는 일
④ 로프 등의 해체작업을 할 때, 하대 위 화물의 낙하 위험 유무를 확인하고 작업의 착수를 지시하는 일

기출문제를
재구성한 **필답형** 실전문제 **6**

>>> **제1회** <<<

01 보건법령상 지방고용노동관서의 장이 사업주에게 안전관리자, 보건관리자 또는 안전보건관리 담당자를 정수 이상으로 증원하거나 교체 임명할 것을 명할 수 있는 기준을 3가지 쓰시오.

해답 ① 해당 사업장의 연간 재해율이 같은 업종 평균 재해율의 2배 이상인 경우
② 중대 재해가 연간 2건 이상 발생한 경우
③ 관리자가 질병이나 기타 사유로 3개월 이상 직무를 수행할 수 없게 된 경우
④ 화학적 인자로 인한 직업성 질병자가 연간 3명 이상 발생한 경우

02 안전보건관리 책임자 등에 대한 직무교육에 해당하는 대상을 4가지 쓰시오.

해답 ① 안전보건관리 책임자
② 안전관리자
③ 보건관리자
④ 안전보건관리 담당자
⑤ 안전관리전문기관 또는 보건관리전문기관에서 안전관리자 또는 보건관리자의 위탁 업무를 수행하는 사람
⑥ 건설재해예방 전문지도기관에서 지도업무를 수행하는 사람
⑦ 안전검사기관에서 검사업무를 수행하는 사람
⑧ 자율안전검사기관에서 검사업무를 수행하는 사람
⑨ 석면조사기관에서 석면조사 업무를 수행하는 사람

03 강의계획에 있어 학습목적의 3요소를 쓰고, 간단히 설명하시오.

해답 ① 목표 : 학습의 궁극적인 목적이사 시표로, 학습이 추구하는 방향을 세시한나.
② 주제 : 학습 목표를 달성하기 위한 학습의 주제 또는 내용이다.
③ 학습정도 : 학습해야 할 주제를 어느 정도로 다룰 것인지, 즉 학습할 범위와 내용의 깊이를 나타낸다.

04 French(프렌치)와 Raven(레이븐)이 제시한 리더의 세력 유형을 5가지 쓰시오.

해답 ① 보상세력 ② 합법세력 ③ 전문세력 ④ 강제세력 ⑤ 참조세력

해설 French와 Raven이 제시한 리더의 세력 유형
① 보상세력 : 보상이나 혜택을 제공함으로써 영향력을 행사하는 세력
② 합법세력 : 직위나 권한을 통해 영향력을 행사하는 세력
③ 전문세력 : 지식과 전문성을 바탕으로 영향력을 행사하는 세력
④ 강제(강압)세력 : 벌이나 처벌을 통해 영향을 미치는 세력
⑤ 참조(준거)세력 : 리더의 매력이나 존경심을 통해 영향력을 행사하는 세력

05 조종장치를 촉각적으로 식별할 수 있도록 하는 촉각적 코드화의 방법을 3가지 쓰시오.

해답 ① 크기를 이용한 코드화
② 조종장치의 형상에 따른 코드화
③ 표면 촉감을 이용한 코드화
④ 기계적 진동이나 전기적 임펄스를 이용한 코드화

06 기계설계에서 본질적 안전화를 달성하기 위한 구조적 fail-safe, fail-passive, fail-active, fail-operational의 개념을 각각 설명하시오.

(1) 구조적 fail safe :
(2) fail-passive :
(3) fail-active :
(4) fail-operational :

해답 (1) 기계가 고장이 나더라도 안전사고가 발생하지 않도록 2중, 3중의 통제를 가하는 것
(2) 부품이 고장 나면 통상적으로 기계가 정지하는 방향으로 이동하는 것
(3) 부품이 고장 나면 경보를 울리면서 짧은 시간 동안 운전이 가능한 것
(4) 부품이 고장 나더라도 기계가 안전한 기능을 유지하여 추후 보수할 때까지 작동 가능하며, 병렬 계통이나 대기 여분(stand-by redundancy) 계통으로 이루어진 것

참고 fail-safe와 구조적 fail-safe
① fail-safe : 기계가 고장이 났을 때 안전한 상태로 자동으로 전환되는 것
② 구조적 fail-safe : 기계가 고장이 나도 2중, 3중의 안전장치가 작동하여 사고를 방지하는 것

07 아세틸렌 용접장치 안전기 설치위치에 대하여 ( ) 안에 알맞은 내용을 쓰시오.

(1) 사업주는 아세틸렌 용접장치의 (①)마다 안전기를 설치해야 한다. 다만, 주관 및 취관에 가까운 (②)마다 안전기를 부착한 경우는 예외로 한다.
(2) 사업주는 가스용기가 (③)와 분리되어 있는 아세틸렌 용접장치에 대하여 (③)와 가스용기 사이에 안전기를 설치해야 한다.

해답 ① 취관
② 분기관
③ 발생기

08 단로기(DS)를 사용하는 주된 목적을 쓰시오.

해답 단로기를 사용하는 주된 목적은 특고압 회로에서 기기를 안전하게 분리하여 점검 및 수리작업을 할 수 있도록 하기 위한 것이다.
참고 단로기는 반드시 무부하 상태에서만 조작해야 한다.

09 전자 및 통신기기의 전자파장해(EMI)를 방지하기 위한 대책을 4가지 쓰시오.

해답 ① 필터링   ② 배선
③ 차폐   ④ 접지
참고 전자 및 통신기기의 전자파장해를 일으키는 노이즈와 이를 방지하기 위한 조치
① 전자파장해를 일으키는 노이즈를 방지하기 위한 실제 기술로는 필터링, 배선, 차폐, 접지 등이 있다.
② 방사 노이즈는 접지나 차폐로 노이즈 대책 실시
③ 전도 노이즈는 접지로 노이즈 대책 실시

10 다음 안전장치에 대하여 설명하시오.

(1) 통기설비(대기밸브, breather valve) :
(2) 화염방지기(flame arrestor) :

해답 (1) 인화성 물질이 저장된 탱크 내의 압력을 대기압과 평형하게 유지하여, 탱크 내부의 과압이나 진공 상태를 방지하는 안전장치이다.
(2) 인화성 가스나 액체가 저장된 탱크에서 증기가 외부로 방출될 때, 외부에서 유입될 수 있는 화염을 차단하여 탱크 내부의 폭발을 방지하는 장치이다.

11 다음 중 거푸집 동바리 조립 시 설치기준을 3가지 쓰시오.

해답 ① 동바리로 사용하는 파이프 서포트를 3개 이상 이어서 사용하지 않는다.
② 동바리로 강관을 사용할 경우에는 높이 2m 이내마다 수평연결재를 2개 방향으로 설치한다.
③ 파이프 서포트를 이어서 사용할 경우에는 4개 이상의 볼트 또는 전용 철물을 이어서 사용한다.
④ 동바리로 사용하는 강관틀에 대해서는 강관틀과 강관틀 사이에 교차가새를 설치한다.

참고 거푸집 동바리의 구조 검토 시 선행되어야 할 작업
① 거푸집 동바리의 구조 검토 시 가장 먼저 거푸집 동바리에 작용하는 하중 및 외력의 종류, 크기를 산정한다.
② 하중·외력에 의해 발생하는 각 부재 응력 및 배치 간격을 결정한다.

12 철골 구조물에서 강풍에 의한 풍압 등 외압에 대한 내력이 설계에 고려되었는지 확인해야 하는 기준을 5가지 쓰시오.

해답 ① 높이 20m 이상인 구조물
② 구조물의 폭과 높이의 비가 1 : 4 이상인 구조물
③ 기둥이 타이 플레이트형인 구조물
④ 건물 등에서 단면 구조에 현저한 차이가 있는 구조물
⑤ 이음부가 현장용접인 경우의 구조물
⑥ 연면적당 철골량이 50kg/m^2 이하인 구조물

13 산업안전보건법령상 연삭기 덮개의 시험방법 중 연삭기 작동시험 사항에 대하여 (   ) 안에 알맞은 내용을 쓰시오.

• 연삭숫돌과 (①)의 접촉 여부
• 탁상용 연삭기는 (②), (③) 및 조정편 부착상태의 적합성 여부

해답 ① 덮개
② 덮개
③ 워크레스트

참고 워크레스트 : 연삭기에서 작업물이 안정적으로 지지되도록 하는 평평한 지지대이다.

01 산업안전보건법령에 따라 안전보건관리 규정 작성에 관한 사항으로 (   ) 안에 알맞은 기준을 쓰시오.

> 안전보건관리 규정을 작성해야 할 사업의 사업주는 안전보건관리 규정을 작성해야 할 사유가 발생한 날부터 (   ) 이내에 안전보건관리 규정을 작성해야 한다.

해답 30일

02 운동의 시지각(착각현상)의 유도운동, 자동운동, 가현운동을 서술하시오.

해답 ① 유도운동 : 실제로 움직이지 않는 대상이 주변의 다른 움직임에 의해 마치 움직이는 것처럼 느껴지는 현상
② 자동운동 : 어두운 방에서 정지된 광점을 응시할 때, 그 광점이 마치 움직이는 것처럼 보이는 착각현상
③ 가현운동 : 실제로 정지해 있는 대상이 착각에 의해 움직이는 것처럼 보이는 현상(예를 들어, 영화에서 정지된 화면이 움직이는 것처럼 인식되는 현상)

03 그림과 같은 FT도에서 발생확률 $F_1=0.015$, $F_2=0.02$, $F_3=0.05$일 때 정상사상 T가 발생할 확률을 구하시오.

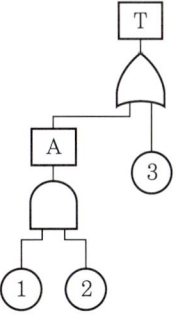

풀이 $T=1-(1-A)\times(1-③)=1-[1-(①\times②)]\times(1-③)$
$=1-[1-(0.015\times0.02)]\times(1-0.05)≒0.0503$

해답 0.0503

04 다음 설명에 해당하는 상해의 종류를 쓰시오.

(1) 창, 칼 등에 베인 상해 :
(2) 칼날이나 뾰족한 물체 등 날카로운 물건에 찔린 상해 :
(3) 화재 또는 고온 물질에 접촉하여 발생한 상해 :

해답 (1) 창상(베인 상해)
(2) 자상(찔린 상해)
(3) 화상

해설 상해의 종류와 특징
① 찰과상 : 스치거나 문질러서 피부가 벗겨진 상해
② 좌상 : 타박, 충돌, 추락 등으로 피부 표면보다는 피하조직 또는 근육을 다친 상해
③ 골절 : 뼈가 부러진 상해
④ 동상 : 저온 물질에 접촉하여 생긴 상해
⑤ 부종 : 몸이 붓는 증상
⑥ 절단(절상) : 신체 부위가 절단된 상해
⑦ 중독 · 질식 : 음식물, 약물, 가스 등에 의한 중독이나 질식된 상해
⑧ 익사 : 물에 빠져서 사망한 상해
⑨ 창상 : 창, 칼 등에 베인 상해
⑩ 자상 : 칼날이나 뾰족한 물체 등 날카로운 물건에 찔린 상해
⑪ 화상 : 화재 또는 고온 물질에 접촉하여 발생한 상해

05 산업안전보건법령에 따라 원동기, 회전축 등의 위험방지를 위한 설명 중 (   ) 안에 들어갈 내용을 쓰시오.

사업주는 회전축, 기어, 풀리 및 플라이휠 등에 부속되는 키, 핀 등의 기계요소는 (   )으로 하거나 해당 부위에 덮개, 울, 슬리브, 건널다리 등을 설치해야 한다.

해답 묻힘형

06 스웨인(Swain)이 제시한 인간오류 중 작위적 실수(commission error)의 착오를 4가지 쓰시오.

해답 ① 선택 착오   ② 순서 착오

③ 시간 착오   ④ 정성적 착오

참고 작위적 오류(실행 오류)는 필요한 작업절차를 제대로 수행하지 못해 발생하는 오류를 말한다.

---

07 와이어로프 등의 달비계에 사용해서는 안 되는 기준을 4가지 쓰시오.

해답 ① 이음매가 있는 것
② 와이어로프의 한 꼬임에서 끊어진 소선의 수가 10% 이상인 것
③ 지름의 감소가 공칭지름의 7%를 초과하는 것
④ 꼬인 것
⑤ 심하게 변형되거나 부식된 것
⑥ 열과 전기충격에 의해 손상된 것

---

08 안전인증 절연장갑에 안전인증 표시 외에도 추가로 표시해야 하는 등급별 색상과 최대 사용전압을 나타낸 표이다. 빈칸을 채우시오.

등급	색상	최대 사용전압(V)		비고
		교류	직류	
00	갈색	①	750	직류값은 교류의 1.5배이다.
0	빨간색	1000	②	
1	③	7500	11250	
2	노란색	④	25500	
3	⑤	26500	39750	
4	등색	36000	⑥	

해답 ① 500 ② 1500 ③ 흰색 ④ 17000 ⑤ 녹색 ⑥ 54000

---

09 위험물 중 산화성 액체 및 산화성 고체에 해당하는 물질의 종류 6가지를 쓰시오.

해답 ① 차아염소산 및 그 염류   ② 아염소산 및 그 염류
③ 염소산 및 그 염류   ④ 과염소산 및 그 염류
⑤ 브롬산 및 그 염류   ⑥ 요오드산 및 그 염류
⑦ 과산화수소 및 무기 과산화물   ⑧ 질산 및 그 염류
⑨ 과망간산 및 그 염류   ⑩ 중크롬산 및 그 염류

10 사업주는 사업장에서 취급하는 유해 · 위험 화학물질의 물질안전보건자료에 해당되는 내용을 근로자에게 교육해야 한다. 특별교육 내용을 4가지 쓰시오.

해답 ① 화학물질의 명칭(제품명)
② 물리적 위험성 및 건강 유해성
③ 취급 시 주의사항
④ 적절한 보호구
⑤ 응급조치 요령 및 사고 시 대처방법
⑥ 물질안전보건자료 및 경고표지를 이해하는 방법

11 건물 등을 해체하는 작업계획서 내용을 6가지 쓰시오.

해답 ① 해체방법 및 해체 순서도면
② 가설설비 · 방호설비 · 환기설비 및 살수 · 방화설비 등의 설치방법
③ 사업장 내 연락방법
④ 해체물의 처분계획
⑤ 해체작업용 기계 · 기구 등의 작업계서
⑥ 해체작업용 화약류 등의 사용계획
⑦ 그 밖에 안전 · 보건에 관련된 사항
참고 사전조사 내용 : 해체건물 등의 구조, 주변 상황 등

12 의자를 설계할 때 고려해야 할 인간공학적 원리에 대하여 4가지 쓰시오.

해답 ① 등받이는 요추의 전만 곡선을 유지한다.
② 등근육의 정적인 부하를 줄인다.
③ 디스크가 받는 압력을 줄인다.
④ 고정된 작업 자세를 피해야 한다.

13 산업안전보건기준에 관한 규칙에 따라 이동식 방폭구조 전기기계 · 기구를 사용할 때 작업시작 전 점검해야 할 사항을 쓰시오.

해답 전선 및 접속부 상태

01 재해발생의 주요 원인에는 교육적 원인, 기술적 원인, 작업관리적 원인이 있다. 이 중 교육적 원인을 3가지 쓰시오.

해답 ① 안전지식, 경험, 훈련 부족
② 작업방법 교육의 불충분
③ 안전수칙의 오해
④ 유해 · 위험작업 교육의 불충분

해설 (1) 기술적 원인
① 건물, 기계장치 설계 불량
② 생산방법 부적당
③ 구조 · 재료의 부적합
④ 장비의 점검 및 보존 불량
(2) 작업관리적 원인
① 안전관리 조직 결함
② 작업지시, 준비 불충분
③ 인원 배치 부적당
④ 안전수칙 미제정

02 안전 · 보건교육 중 지식교육을 실시할 때의 4단계를 순서대로 쓰시오.

제1단계	제2단계	제3단계	제4단계
①	②	③	④

해답 ① 도입(학습할 준비)　　② 제시(작업 설명)
③ 적용(작업 진행)　　④ 확인(결과)

03 지수분포를 따르는 A 제품의 평균수명이 5000시간일 때, 이 제품을 연속적으로 6000시간 동안 사용할 경우 고장 없이 작동할 확률을 구하시오.

풀이 고장 없이 작동할 확률 $R = e^{-\lambda t} = e^{-\frac{t}{t_0}} = e^{-\frac{6000}{5000}} = e^{-1.2} ≒ 0.3011$

해답 0.3011

04 산업안전보건법상 자율안전확인 대상 기계 · 기구의 종류를 5가지 쓰시오.

해답 ① 산업용 로봇, 컨베이어
② 자동차정비용 리프트
③ 혼합기, 파쇄기, 분쇄기
④ 고정형 목재 가공용 기계
⑤ 가스집합 용접장치용 안전기
⑥ 교류아크용접기용 자동전격방지기
⑦ 연삭기, 연마기(휴대형 제외)
⑧ 공작기계(선반, 드릴, 평삭기, 형삭기, 밀링머신만 해당)
⑨ 식품 가공용 기계(파쇄기, 절단기, 혼합기, 제면기만 해당)

05 휘도(luminance)가 $10 \, \text{cd/m}^2$이고 조도(illuminace)가 $100 \, \text{lux}$인 경우 반사율(reflectance)(%)을 구하시오.

풀이 ① 광속발산도＝휘도×π＝$10\pi \, \text{cd/m}^2$

② 반사율＝$\dfrac{광속발산도}{조도} \times 100 = \dfrac{10\pi}{100} \times 100 = 10\pi \, \%$

해답 $10\pi \, \%$

해설 광속발산도＝휘도×π, 반사율＝$\dfrac{광속발산도}{조도} \times 100$

06 프레스 작업이 끝난 후 프레스의 페달에 U자형 덮개를 씌우는 이유를 쓰시오.

해답 부주의로 인해 프레스 페달을 실수로 밟는 것을 방지하기 위해서이다.

07 천장 크레인 안전검사주기에 관한 내용이다. (   ) 안에 알맞은 기간을 쓰시오.

사업장에 설치가 끝난 날부터 (①) 이내에 최초 안전검사를 실시하되, 그 이후부터 (②)마다 안전검사를 실시한다. (단, 건설현장에서 사용하는 것은 최초 설치한 날로부터 (③)마다 안전검사를 실시한다.)

해답 ① 3년　　　　　　　　　② 2년
③ 6개월

08 착화에너지가 0.1 mJ이고 가스를 사용하는 사업장의 전기설비 정전용량이 0.6 nF일 때 방전 시 착화 가능한 최소 대전 전위를 계산하시오.

풀이 $E = \dfrac{1}{2}CV^2$이므로 $V = \sqrt{\dfrac{2E}{C}}$

$$V = \sqrt{\frac{2E}{C}} = \sqrt{\frac{2 \times (0.1 \times 10^{-3})}{0.6 \times 10^{-9}}} = \sqrt{\frac{0.1 \times 10^6}{0.3}} \fallingdotseq 577\,\text{V}$$

해답 577 V

해설 착화에너지 $E = \dfrac{1}{2}CV^2$

　　여기서, C : 정전용량(F), V : 전위(V)

참고 $\text{mJ} = 10^{-3}\,\text{J}$, $\text{nF} = 10^{-9}\,\text{F}$

09 산업안전보건법에 따라 사업주는 밀폐공간에서 근로자가 작업할 때 반드시 포함해야 할 밀폐공간 작업 프로그램의 주요 내용을 4가지 쓰시오.

해답 ① 사업장 내 밀폐공간의 위치 파악 및 관리 방안

② 밀폐공간 내에서 발생할 수 있는 질식 · 중독 등의 유해 · 위험요인을 파악하고 관리하는 방안

③ 밀폐공간 작업 시 사전에 확인해야 할 사항에 대한 절차

④ 안전보건교육 및 훈련

⑤ 기타 밀폐공간 작업 근로자의 건강장해 예방에 관한 사항

10 가설통로의 설치기준에 관한 내용이다. (　　) 안에 알맞은 내용을 쓰시오.

(1) 경사는 (①)도 이하일 것

(2) 추락할 위험이 있는 장소에는 (②)을 설치할 것

(3) 경사가 (③)도를 초과하는 경우에는 미끄러지지 않는 구조로 할 것

해답 ① 30　② 안전난간　③ 15

해설 가설통로의 설치기준(그 외)

① 수직갱에 가설된 통로의 길이가 15 m 이상인 경우에는 10 m 이내마다 계단참을 설치할 것

② 건설공사에 사용하는 높이 8 m 이상인 비계다리에는 7 m 이내마다 계단참을 설치할 것

11 항만 하역작업에서 선박 승강설비의 설치기준을 4가지 쓰시오.

해답 ① 300t급 이상의 선박에서 하역작업을 할 때, 근로자들이 안전하게 오르내릴 수 있도록 현문 사다리를 설치하고, 이 사다리 밑에 안전망을 설치해야 한다.
② 현문 사다리는 견고한 재료로 제작되어야 하며, 너비는 55cm 이상이어야 한다.
③ 현문 사다리의 양측에는 82cm 이상의 높이로 울타리가 설치되어야 한다.
④ 현문 사다리는 근로자의 통행에만 사용해야 하며, 화물용 발판이나 화물용 보판으로 사용해서는 안 된다.

12 안전·보건표지 중 경고표지에 해당하며, 바탕은 무색이고 기본모형은 빨간색, 그림은 검은색으로 표시되는 표지의 종류를 4가지 쓰시오.

해답 ① 인화성 물질 경고
② 산화성 물질 경고
③ 폭발성 물질 경고
④ 급성 독성물질 경고
⑤ 부식성 물질 경고

13 산업안전보건기준에 관한 규칙에서 채석을 위한 굴착작업 시 관리감독자의 유해·위험방지를 위한 직무수행 내용을 2가지 쓰시오.

해답 ① 대피방법을 사전에 교육하는 일
② 작업시작 전이나 폭우가 내린 후에도 암석·토사의 낙하, 균열 여부, 함수상태, 용수 발생 및 동결상태를 점검하는 일
③ 발파 후 발파장소 및 주변의 암석·토사의 낙하와 균열 여부를 점검하는 일

기출문제를
재구성한 **필답형** 실전문제 7

>>> **제1회** <<<

01 산업안전보건법에 따라 안전보건관리 책임자를 반드시 두어야 하는 사업을 2가지 쓰시오.

> 해답 ① 상시근로자 50명 이상인 선박 및 보트 건조업
> ② 상시근로자 50명 이상인 1차 금속 제조업 및 토사석 광업
> ③ 총공사 금액 20억 원 이상인 건설업

02 재해방지 대책을 위한 시정책에는 3E와 3S 개념이 있다. 3E와 3S의 내용을 각각 설명하시오.

> 해답 ① 3E : 관리적 측면(Enforcement), 기술적 측면(Engineering), 교육적 측면(Education)
> ② 3S : 단순화(Simplification, 표준화(Standardization), 전문화(Specification)

03 파블로프의 조건 반사설의 학습 이론원리 4가지를 쓰시오.

> 해답 ① 일관성의 원리 　　　② 계속성의 원리
> ③ 시간의 원리 　　　④ 강도의 원리

04 동기부여 이론 중 알더퍼의 ERG 이론에서 제시한 인간의 3가지 욕구를 설명하시오.

> 해답 ① 생존 욕구(Existence) : 의식주와 관련된 욕구
> ② 관계 욕구(Relatedness) : 인간관계와 관련된 욕구
> ③ 성장 욕구(Growth) : 발전적 성장을 추구하는 욕구
> 해설 ① 생존 욕구 : 생리적 욕구와 물리적 측면의 안전 욕구로, 저차원적인 욕구에 해당한다.
> ② 관계 욕구 : 대인관계를 포함한 인간관계와 관련된 욕구로, 사회적 측면에서의 안전 욕구를 의미한다.
> ③ 성장 욕구 : 자아실현과 성장을 추구하는 욕구에 해당한다.

05 정량적 표시장치의 지침을 설계할 때 유의해야 할 사항을 4가지 쓰시오.

> **해답** ① 뾰족한 지침의 선각은 20° 정도로 설계한다.
> ② 지침의 끝은 눈금과 맞닿되 겹치지 않게 한다.
> ③ 원형 눈금의 경우 지침의 색은 선단에서 눈의 중심까지 칠한다.
> ④ 시차를 없애기 위해 지침을 눈금 면에 밀착시킨다.

06 기계의 위험점인 끼임점과 물림점에 대하여 설명하시오.

> **해답** ① 끼임점 : 회전운동을 하는 부분과 고정 부분 사이에 형성되는 위험점이다.
> ② 물림점 : 맞물려 돌아가는 두 회전체 사이에 말려 들어가면서 발생하는 위험점이다.

> **해설** 기계의 위험점
> ① 협착점 : 왕복운동을 하는 부분과 고정 부분 사이에 형성되는 위험점
> ② 끼임점 : 회전운동을 하는 부분과 고정 부분 사이에 형성되는 위험점
> ③ 절단점 : 회전하는 운동부 자체의 위험점
> ④ 물림점 : 맞물려 돌아가는 두 회전체 사이에 말려 들어가면서 발생하는 위험점으로, 롤러와 롤러 또는 기어와 기어의 물림점
> ⑤ 회전 말림점 : 회전하는 물체에 장갑, 작업복 등이 말려 들어가면서 발생하는 위험점
> ⑥ 접선 물림점 : 회전하는 부분의 접선 방향으로 물려 들어가면서 발생하는 위험점

07 산업안전보건법령에 따라 가스집합장치 설치 시 흡연 및 화기 사용금지와 관련된 사항과 출입구에 대한 안전조치사항을 각각 쓰시오.

> **해답** ① 가스집합장치(아세틸렌 발생기)로부터 5m 이내와 발생기실로부터 3m 이내에는 흡연 및 화기 사용을 금지한다.
> ② 출입구의 문은 불연성 재료로 하고, 두께 1.5mm 이상의 철판 또는 그와 동등 이상의 강도를 가진 구조로 한다.

> **해설** 가스집합장치 설치 시 안전조치사항(그 외)
> ① 벽은 불연성 재료로 하고 철근콘크리트 또는 그 밖에 이와 동등 이상의 강도를 가진 구조로 한다.
> ② 바닥면적의 1/16 이상의 단면적을 가진 배기통을 옥상으로 돌출시키고, 그 개구부를 창이나 출입구로부터 1.5m 이상 떨어지도록 한다.

③ 발생기실을 옥외에 설치한 경우에는 그 개구부를 다른 건축물로부터 1.5 m 이상 떨어지도록 한다.

④ 지붕과 천장에는 얇은 철판이나 가벼운 불연성 재료를 사용한다.

⑤ 벽과 발생기 사이에는 발생기의 조정 또는 카바이드 공급 등의 작업을 방해하지 않도록 충분한 간격을 확보한다.

---

08 피뢰시스템의 등급에 따른 회전구체의 반지름 기준을 단위와 함께 쓰시오.

(1) 피뢰레벨 Ⅰ :   (2) 피뢰레벨 Ⅱ :

(3) 피뢰레벨 Ⅲ :   (4) 피뢰레벨 Ⅳ :

해답 (1) 20 m   (2) 30 m   (3) 45 m   (4) 60 m

---

09 산업현장에서 파열판(rupture disk)을 설치해야 하는 필요성을 3가지 쓰시오.

해답 ① 반응 폭주 등으로 급격한 압력 상승의 우려가 있는 경우

② 운전 중 안전밸브의 이상으로 안전밸브가 작동하지 못하는 경우

③ 위험물질의 누출로 작업장이 오염될 수 있는 경우

④ 파열판의 형식과 재질을 충분히 검토하고, 일정 기간을 정해 교환이 필요한 경우

---

10 다음은 말비계를 조립하여 사용할 때의 준수사항이다. (   ) 안에 알맞게 쓰시오.

• 지주부재와 수평면의 기울기를 (①) 이하로 하고 지주부재와 지주부재 사이를 고정시키는 보조부재를 설치할 것

• 말비계 높이가 2m를 초과하는 경우에는 작업 발판의 폭을 (②) 이상으로 할 것

해답 ① 75°   ② 40 cm

해설 말비계 조립 시 준수사항

① 지주부재의 하단에는 미끄럼 방지장치를 설치하고, 근로자가 양측 끝부분에 올라서서 작업하지 않도록 할 것

② 지주부재와 수평면의 기울기를 75° 이하로 유지하고, 지주부재와 지주부재 사이를 고정하는 보조부재를 설치할 것

③ 말비계의 높이가 2m를 초과하는 경우에는 작업 발판의 폭을 40 cm 이상으로 할 것

11 전격의 위험(전기 충격)을 결정하는 주된 인자를 4가지 쓰시오.

해답 ① 통전전류의 크기
② 통전시간
③ 전원의 종류
④ 통전경로
⑤ 주파수 및 파형

12 지게차의 헤드 가드 구비조건에 관한 내용이다. (   ) 안에 알맞은 내용을 쓰시오.

- 상부틀의 각 개구의 폭 또는 길이가 (①)일 것
- 강도는 지게차 최대 하중의 (②)값의 등분포 정하중에 견딜 수 있을 것(단, 4t을 넘는 값에 대해서는 4t으로 한다.)

해답 ① 16cm 미만
② 2배

해설 지게차의 헤드 가드 구비조건
① 상부틀의 각 개구의 폭 또는 길이가 16cm 미만일 것
② 강도는 지게차 최대 하중의 2배값의 등분포 정하중에 견딜 수 있을 것(단, 4t을 넘는 값에 대해서는 4t으로 한다.)
③ 운전자가 앉아서 조작하는 좌석 윗면에서 헤드 가드의 상부틀 아랫면까지의 높이는 1m 이상일 것
④ 운전자가 서서 조작하는 운전석의 바닥면에서 헤드 가드의 상부틀 하면까지의 높이는 1.88m 이상일 것

13 산업안전보건법령에 따라 제출된 유해·위험방지 계획서의 심사 결과에 따른 구분·판정 결과를 쓰고, 설명하시오.

해답 ① 적정 : 근로자의 안전과 보건에 필요한 조치가 구체적으로 확보되었다고 인정되는 경우
② 조건부 적정 : 근로자의 안전과 보건을 확보하기 위해 일부 개선이 필요한 경우
③ 부적정 : 건설물, 기계·기구 및 설비 또는 건설공사가 심사기준에 위반되어 착공 시 중대한 위험이 발생할 우려가 있거나 계획에 근본적인 결함이 있다고 인정되는 경우

제2회

01 산업안전보건법령에 따라 사내 안전관리규정을 제정할 때 고려해야 할 사항을 3가지 쓰시오.

해답 ① 법정 기준을 상회하도록 작성한다.
② 법령의 제 · 개정 시 즉시 수정한다.
③ 현장의견을 충분히 반영한다.
④ 정상 시 및 이상 시 조치에 관한 규정을 포함한다.
⑤ 관리자층의 직무 및 권한 등을 명확히 기재한다.

02 A 건설업체의 한 해 동안 사고사망만인율과 상시근로자 수를 구하는 공식을 쓰시오.

해답 ① 사고사망만인율 $=\dfrac{\text{사고사망자 수}}{\text{상시근로자 수}} \times 10000$

② 상시근로자 수 $=\dfrac{\text{연간 국내공사 실적액} \times \text{노무비율}}{\text{건설업 월평균임금} \times 12}$

03 그림을 보고, 각 부주의에 따른 의식상태의 발생현상을 쓰시오.

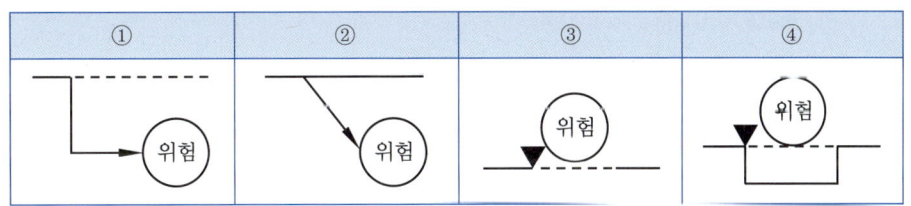

해답 ① 의식수준의 저하
② 의식의 혼란
③ 의식의 단절
④ 의식의 우회

04 인전모의 내관통시험 성능기준을 쓰시오.

해답 ① AE, ABE종은 관통거리가 9.5mm 이하이어야 한다.
② AB종은 관통거리가 11mm 이하이어야 한다.

05 휴먼에러(human errors)를 원인별로 분류한 설명을 보고, 해당하는 에러 유형을 쓰시오.

(1) 작업자 자신으로부터 발생한 에러
(2) 작업형태, 작업조건 등에서 문제가 생겨 발생한 에러
(3) 작업을 하려고 해도 필요한 정보, 물건, 에너지 등이 없어 작업할 수 없는 상태에서 발생하는 에러

해답 (1) 1차 오류(primary error)
　　 (2) 2차 오류(secondary error)
　　 (3) 지시 오류(command error)

06 다음 FT도에서 시스템에 고장이 발생할 확률을 구하시오. (단, X_1과 X_2의 발생확률은 각각 0.05, 0.03이다.)

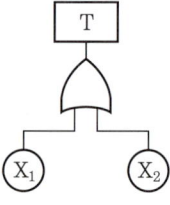

해설 고장률 $= 1 - (1 - X_1) \times (1 - X_2) = 1 - (1 - 0.05) \times (1 - 0.03) = 0.0785$

해답 0.0785

07 산업안전보건법에 따라 혼합물로서 분류기준에 해당하는 것을 제조하거나 수입하려는 자는 고용노동부령으로 정하는 바에 따라 물질안전보건자료를 작성하여 고용노동부장관에게 제출해야 한다. 이때 고용노동부장관이 물질안전보건자료의 기재사항이나 작성방법과 관련된 사항에 대하여 환경부장관과 협의해야 하는 사항을 3가지 쓰시오.

해답 ① 제품명
　　 ② 물질안전보건자료 대상물질을 구성하는 화학물질 중 제104조에 따른 분류기준에 해당하는 화학물질의 명칭 및 함유량
　　 ③ 안전 및 보건상의 취급 주의사항
　　 ④ 건강 및 환경에 대한 유해성, 물리적 위험성
　　 ⑤ 물리·화학적 특성 등 고용노동부령으로 정하는 사항

08 롤러의 급정지를 위한 방호장치를 설치하려고 한다. 롤러의 앞면 직경이 36cm이고, 분당 회전속도가 50rpm일 때, 급정지거리는 약 얼마 이내이어야 하는지 구하시오. (단, 무부하 상태에서의 동작을 가정한다.)

풀이 ① $V = \dfrac{\pi DN}{1000} = \dfrac{\pi \times 360 \times 50}{1000} = 56.52\,\text{m/min}$

② 급정지거리 $= \pi \times D \times \dfrac{1}{2.5} = \pi \times 360 \times \dfrac{1}{2.5} = 452.16\,\text{mm} \fallingdotseq 45.22\,\text{cm}$

해답 약 45.22 cm

09 교류아크용접기의 자동전격방지장치의 기능을 3가지 쓰시오.

해답 ① 감전 위험 방지
② 전력 손실 감소
③ 무부하 시 안전전압 이하로 저하

10 다음은 권과방지장치에 대한 설명이다. ( ) 안에 알맞은 기준을 쓰시오.

권과방지장치는 훅, 버킷 등 달기구의 윗면이 드럼, 상부 도르래, 트롤리프레임 등 권상장치의 아랫면과 접촉할 우려가 있을 때, 그 간격이 (①)이 되도록 조정해야 한다. 단, 직동식 권과방지장치는 (②)으로 한다.

해답 ① 0.25 m 이상
② 0.05 m 이상

11 다음은 인화성 가스의 정의이다. ( ) 안에 알맞은 내용을 쓰시오.

폭발한계 농도의 하한이 (①) 또는 상하한의 차가 (②)인 것으로, 표준압력 (③)의 (④)에서 가스 상태인 물질이다.

해답 ① 13% 이하
② 12% 이상
③ 101.3 kPa 이하
④ 20℃

12 차량계 건설기계를 사용하는 작업계획서에 포함해야 할 내용을 3가지 쓰시오.

해답 ① 사용하는 차량계 건설기계의 종류 및 성능
② 차량계 건설기계의 운행경로
③ 차량계 건설기계에 의한 작업방법

참고 사전조사 내용
해당 기계의 굴러 떨어짐, 지반의 붕괴 등으로 인한 근로자의 위험을 방지하기
위해 해당 작업장소의 지형 및 지반상태가 포함되어야 한다.

13 산업안전보건기준에 관한 규칙에 따라 차량계 건설기계를 이용하여 작업할 경우, 작업
시작 전 점검해야 할 사항을 쓰시오.

해답 브레이크 및 클러치 등의 기능

참고 이동식 크레인을 사용하여 작업할 경우, 작업시작 전 점검해야 할 사항
① 권과방지장치나 기타 경보장치의 기능
② 브레이크, 클러치 및 조정장치의 기능
③ 와이어로프가 통하고 있는 곳 및 작업장소의 지반상태

>>> 제3회 <<<

01 재해발생의 주요 원인 중 직접 원인을 2가지 쓰시오.

해답 ① 인적 원인 : 불안전한 행동으로 인한 재해발생, 예를 들어 안전장비를 착용
하지 않거나 주의 의무를 소홀히 한 경우
② 물적 원인 : 불안전한 상태로 인한 재해발생, 예를 들어 고장 난 기계나 정
비 부족으로 인한 사고

해설

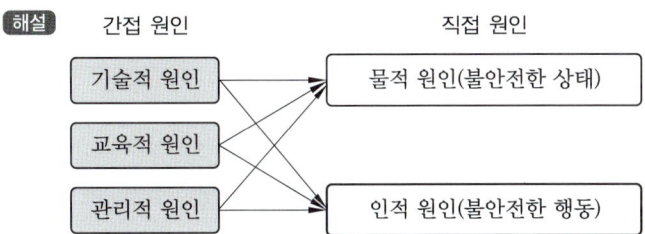

02 의무안전인증 대상 기계 및 설비 4가지를 쓰시오.

해답 ① 프레스 　　　　② 전단기 및 절곡기 　　③ 크레인
④ 리프트 　　　　⑤ 압력용기 　　　　　⑥ 롤러기
⑦ 사출성형기 　　⑧ 고소작업 　　　　　⑨ 곤돌라

03 안전보건교육의 3단계를 순서대로 쓰시오.

해답 지식교육, 기능교육, 태도교육
해설 ① 제1단계(지식교육) : 교육 등을 통해 지식을 전달하는 단계
② 제2단계(기능교육) : 교육 대상자가 스스로 행동하여 시범, 견학, 실습, 현
장실습 교육을 통한 경험을 체득하는 단계
③ 제3단계(태도교육) : 작업동작 지도 등을 통해 안전행동을 습관화하는 단계

04 광원의 밝기가 100cd이고 10m 떨어진 곡면을 비출 때의 조도를 계산하시오.

풀이 $1\text{m의 조도} = \dfrac{\text{광도}}{\text{거리}^2} = \dfrac{100}{10^2} = 1$

해답 1

05 발생 확률이 각각 0.05와 0.08인 두 결함사상이 AND 조합으로 연결된 시스템을 FTA(결함수 분석법)로 분석하였을 때, 이 시스템의 신뢰도를 구하시오.

> **풀이** ① 불신뢰도＝0.05×0.08＝0.004
> ② 신뢰도＝1－불신뢰도＝1－0.004＝0.996
>
> **해답** 0.996

06 슬라이드의 행정 길이가 40mm 이상이며 120spm 이하인 프레스에 적합한 방호장치의 종류를 2가지 쓰시오.

> **해답** ① 손쳐내기식 방호장치　　　② 수인식 방호장치
>
> **해설** 기타 방호장치의 종류
> ① 크랭크 프레스(1행정 1정지식) : 양수조작식 방호장치, 게이트가드식 방호장치
> ② 마찰 프레스(슬라이드 작동 중 정지 가능한 구조) : 광전자식(감응식) 방호장치

07 토사붕괴를 유발하는 외적요인을 5가지 쓰시오.

> **해답** ① 사면, 법면의 경사 및 기울기의 증가
> ② 지진발생, 차량 또는 구조물의 중량
> ③ 공사에 의한 진동 및 반복하중의 증가
> ④ 절토 및 성토 높이의 증가
> ⑤ 지표수 및 지하수의 침투에 의한 토사 중량의 증가
> ⑥ 토사 및 암석의 혼합층 두께

08 산업안전보건법에 따라 사업주는 밀폐된 공간에서 스프레이건을 사용하여 인화성 액체로 세척이나 도장작업을 할 때, 적절한 조치를 취한 후 전기기계나 기구를 작동시켜야 한다. 이에 해당하는 적절한 조치사항 2가지를 쓰시오.

> **해답** ① 인화성 액체나 가스로 인해 폭발위험이 조성되지 않도록 해당 물질의 공기 중 농도가 인화하한계값의 25%를 넘지 않게 충분히 환기시킨다.
> ② 조명 등은 고무, 실리콘 등의 패킹이나 실링 재료를 사용하여 완전히 밀봉한다.

③ 가열성 전기기계 및 기구는 세척 또는 도장용 스프레이건과 동시에 작동하지 않도록 연동장치 등의 조치를 한다.

④ 방폭구조 외의 스위치와 콘센트 등 전기기기는 밀폐된 공간 외부에 설치한다.

09 정전기재해 방지를 위한 배관 내 액체의 유속 제한에 관한 사항이다. (   ) 안에 알맞은 유속을 쓰시오.

(1) 저항률이 $10^{10}\,\Omega \cdot cm$ 미만인 도전성 위험물의 배관 유속은 (   ) 이하로 할 것

(2) 에테르, 이황화탄소 등과 같이 유동 대전이 심하고 폭발위험성이 높으면 (   ) 이하로 할 것

(3) 물이나 기체를 혼합하는 비수용성 위험물의 배관 내 유속은 (   ) 이하로 할 것

(4) 저항률이 $10^{10}\,\Omega \cdot cm$ 이상인 위험물의 배관 내 유속은 기준에 따라야 하며, 유입구가 액면 아래로 충분히 잠길 때까지는 (   ) 이하로 할 것

해답 (1) 7 m/s   (2) 1 m/s
　　　 (3) 1 m/s   (4) 1 m/s

10 작업장에서 발생할 수 있는 낙하 및 비래 위험을 방지하기 위한 대책을 3가지 쓰시오.

해답 ① 낙하물 방지망과 수직 보호망을 설치한다.

② 방호선반을 설치하고 작업자는 보호구를 착용한다.

③ 출입금지구역을 설정하여 안전을 확보한다.

11 점토지반(연약지반)의 개량공법을 7가지 쓰시오.

해답 ① 샌드드레인 공법

② 페이퍼드레인 공법

③ 진공배수 공법

④ 여성토 공법

⑤ 압성토 공법

⑥ 치환 공법

⑦ 생석회말뚝 공법

⑧ 침투압 공법

⑨ 전기침투 공법

⑩ 전기화학적 고결공법

12 가스폭발 위험장소에서 사용할 수 있는 방폭구조의 종류를 4가지 쓰시오.

해답 ① 내압 방폭구조(d)
② 압력 방폭구조(p)
③ 충전 방폭구조(q)
④ 몰드 방폭구조(m)
⑤ 특수 방폭구조(s)

해설 가스폭발 위험장소별 방폭구조 유형

가스폭발 위험장소	0종	• 본질안전 방폭구조(ia)	
	1종	• 내압 방폭구조(d) • 충전 방폭구조(q) • 안전증 방폭구조(e) • 몰드 방폭구조(m)	• 압력 방폭구조(p) • 유입 방폭구조(o) • 본질안전 방폭구조(ia, ib) • 특수 방폭구조(s)
	2종	• 0종 장소 및 1종 장소에 사용 가능한 방폭구조 • 비점화 방폭구조(n)	• 방진 방폭구조(tD)

13 보호구 안전인증 고시에 따른 사용 장소별 방독마스크의 등급 기준이다. ( ) 안에 알맞은 수를 쓰시오.

• 고농도의 가스 또는 증기의 농도가 전체 농도의 100분의 (①) 이하인 대기 중에서 사용한다.
• 중농도의 가스 또는 증기의 농도가 전체 농도의 100분의 (②) 이하인 대기 중에서 사용한다.
• 송기마스크는 산소농도가 (③)% 이상인 장소에서 사용해야 한다.

해답 ① 2 ② 1 ③ 18

기출문제를
재구성한 **필답형** 실전문제 *8*

01 A 기업의 한 해 동안 직접비는 7,650,000원이고 산재보험 비용은 9,000,000원이었다. 또한, 휴업상해 건수는 10건, 통원상해 건수는 6건, 구급조치 건수는 3건, 무상해 건수는 1건이 있었다. 하인리히 방식과 시몬즈 방식에 따른 총재해 비용을 각각 구하시오. (단, 각각의 상해별 평균비용은 휴업상해 400,000원, 통원상해 190,000원, 구급조치상해 100,000원, 무상해 100,000원으로 한다.)

풀이 ① 하인리히 방식

총손실액＝직접비＋간접비＝7,650,000원＋(4×7,650,000원)

＝38,250,000원

② 시몬즈 방식

총재해 비용＝산재보험 비용＋비보험 비용

＝산재보험 비용＋(휴업상해 건수×A)＋(통원상해 건수×B)

＋(응급조치 건수×C)＋(무상해 사고 건수×D)

＝산재보험 비용＋(휴업상해 건수×400,000원)

＋(통원상해 건수×190,000원)＋(응급조치 건수×100,000원)

＋(무상해 사고 건수×100,000원)

＝9,000,000＋[(400,000×10)＋(190,000×6)＋(100,000×3)

＋(100,000×1)]

＝14,540,000원

해답 ① 하인리히 방식 : 38,250,000원   ② 시몬즈 방식 : 14,540,000원

02 피뢰기가 반드시 갖추어야 할 조건 4가지를 쓰시오.

해답 ① 방전 개시전압과 제한전압이 낮을 것

② 상용 주파 방전 개시전압이 높을 것

③ 반복 동작이 가능할 것

④ 구조가 견고하며 특성이 변하지 않을 것

⑤ 점검 및 유지 보수가 쉬울 것

⑥ 속류의 차단이 확실하며 뇌전류의 방전 능력이 클 것

03 산업안전보건법상 산업안전보건위원회를 두어야 할 사업을 2가지 쓰시오.

> **해답** ① 상시근로자 50인 이상 사업장부터
> ② 건설업 : 공사 금액 120억 원 이상(토목공사 : 150억 원 이상)인 사업장

04 산업재해 발생 시 사업주의 보고 의무에 관한 내용이다. (　　) 안에 알맞은 수를 쓰시오.

> 사업주는 사망자가 발생하거나 (①)일 이상의 휴업이 필요한 부상을 입은 근로자 또는 질병에 걸린 근로자가 발생한 경우, 해당 산업재해가 발생한 날로부터 (②)개월 이내에 산업재해조사표를 작성하여 관할지방 고용노동관서장 또는 지청장에게 제출해야 한다.

> **해답** ① 3
> ② 1

05 시각 심리에서 형태를 식별하는 논리적 배경을 정리한 Gestalt(게슈탈트)의 4법칙을 쓰고, 각각 설명하시오.

> **해답** ① 접근성 : 서로 근접해 있는 시각적 요소들이 서로 짝지어져 보이는 착시현상
> ② 유사성 : 형태, 규모, 색, 질감 능 유사한 시각적 요소들끼리 서로 연관되어 보이는 착시현상
> ③ 연속성 : 유사한 배열이 하나의 묶음으로 인식되며, 시각적 연속성을 가지는 장면처럼 보이는 착시현상
> ④ 폐쇄성 : 시각적 요소들이 연결되어 완전하지 않은 형상도 하나의 전체적인 형상으로 보이는 착시현상

06 데이비스(Davis)의 동기부여 이론 식을 쓰시오.

> **해답** ① 지식×기능＝능력
> ② 상황×태도＝동기유발
> ③ 능력×동기유발＝인간의 성과
> ④ 인간의 성과×물질의 성과＝경영의 성과

07 다음 설명에 해당하는 용어를 쓰시오.

> - (①) : FTA와 동일한 논리적 방법을 이용하여 관리, 설계, 생산, 보전 등 다양한 영역에서 안전성을 확보하려는 시스템 안전 프로그램
> - (②) : 사고 시나리오에서 연속된 사건들의 발생경로를 파악하고 평가하기 위한 귀납적이고 정량적인 시스템 안전 프로그램

해답 ① MORT(Management Oversight and Risk Tree)
② ETA(Event Tree Analysis)

08 산업안전보건법령에 따른 아세틸렌 용접장치의 안전기 설치기준을 2가지 쓰시오.

해답 ① 사업주는 아세틸렌 용접장치의 취관마다 안전기를 설치해야 한다.
② 사업주는 가스용기가 발생기와 분리되어 있는 아세틸렌 용접장치에 대하여 발생기와 가스용기 사이에 안전기를 설치해야 한다.
참고 안전기는 역류, 역화를 방지하기 위해 아세틸렌 용접장치의 취관마다 설치한다.

09 사업주가 시스템 비계를 조립할 때 준수해야 할 사항을 4가지 쓰시오.

해답 ① 비계 기둥의 밑둥에는 밑받침 철물을 사용해야 하며, 밑받침에 고저차가 있는 경우 조절형 밑받침 철물을 사용하여 시스템 비계가 항상 수평 및 수직을 유지하도록 한다.
② 경사진 바닥에 설치하는 경우에는 피벗형 받침 철물 또는 쐐기 등을 사용하여 밑받침 철물의 바닥면이 수평을 유지하도록 한다.
③ 가공전로에 근접하여 비계를 설치하는 경우에는 가공전로를 이설하거나 가공전로에 절연용 방호구를 설치하는 등 가공전로와의 접촉을 방지하기 위해 필요한 조치를 한다.
④ 비계 내에서 근로자가 상하 또는 좌우로 이동하는 경우에는 반드시 지정된 통로를 이용하도록 인지시킨다.
⑤ 비계 작업 근로자는 같은 수직면상의 위와 아래 동시 작업을 하지 않는다.
⑥ 작업 발판에는 제조사가 정한 최대 적재하중을 초과하여 적재하지 않으며, 최대 적재하중이 표기된 표지판을 부착하고 근로자에게 인지시킨다.

10 다음은 감전 방지용 누전차단기에 관한 내용이다. (   ) 안에 알맞게 채우시오.

> 감전 방지용 누전차단기 : 정격감도 전류 (①)에서 동작시간은 (②), 전격 전부하전
> 류 (③)에서 (④)일 때는 동작시간이 (⑤)에 작동해야 한다.

해답 ① 30 mA 이하
② 0.03초 이내
③ 50 mA 이상
④ 200 mA 이하
⑤ 0.1초 이내

참고 고속형 누전차단기 : 정격감도 전류에서 동작시간은 0.1초 이내에 작동해야
하며, 감전 보호용은 0.03초 이내에 작동해야 한다.

11 25℃에서 액화 프로판가스 용기에 10 kg의 LPG가 들어 있다. 용기가 파열되어 대기압
상태로 되었다고 할 때, 파열되는 순간 증발되는 프로판의 질량은 몇 kg인지 구하시오.
(단, LPG의 비열은 2.4 kJ/kg · ℃이고, 표준비점은 −42.2℃, 증발잠열은 384.2 kJ/kg
이다.)

풀이 프로판의 질량 $= \dfrac{C_m \Delta T}{K} = \dfrac{10 \times 2.4 \times (25 - (-42.2))}{384.2} ≒ 4.2\,\text{kg}$

해답 4.2 kg

12 사업주가 부두 · 안벽 등 하역작업을 하는 장소에서 조치해야 할 사항에 대하여 3가지
쓰시오.

해답 ① 작업장 및 통로의 위험한 부분에는 안전하게 작업할 수 있는 조명을 유지
한다.
② 부두 또는 안벽의 선을 따라 통로를 설치하는 경우에는 폭을 90 cm 이상으
로 한다.
③ 육상에서 통로 및 작업장소로서 다리 또는 선거, 갑문을 넘는 보도 등의 위
험한 부분에는 안전난간 또는 울타리 등을 설치한다.

13 산업안전보건법령에 따라 유해·위험방지 계획서를 제출해야 하는 제조업의 종류를 5가지 쓰시오. (단, 해당하는 사업 중 유해·위험방지 계획서를 제출해야 하는 사업장의 전기 계약용량은 300kW 이상이어야 한다.)

해답 ① 비금속 광물제품 제조업
② 금속가공제품(기계 및 가구는 제외) 제조업
③ 기타 기계 및 장비 제조업
④ 자동차 및 트레일러 제조업
⑤ 목재 및 나무제품 제조업
⑥ 고무제품 및 플라스틱제품 제조업
⑦ 화학물질 및 화학제품 제조업
⑧ 1차 금속 제조업
⑨ 전자부품 제조업
⑩ 반도체 제조업
⑪ 식료품 제조업
⑫ 가구 제조업

>>> 제2회 <<<

01 산업안전보건법에서 정하는 안전보건 총괄책임자 지정대상 사업 중 상시근로자 50명 이상 규모의 사업장 종류를 6가지 쓰시오.

해답
① 토사석 광업　　　　　　　　② 1차 금속 제조업
③ 선박 및 보트 건조업　　　　④ 금속 가공제품 제조업
⑤ 비금속 광물제품 제조업　　⑥ 목재 및 나무제품 제조업
⑦ 자동차 및 트레일러 제조업　⑧ 화학물질 및 화학제품 제조업
⑨ 기타 기계 및 장비 제조업　　⑩ 기타 운송장비 제조업

02 K형 베어링을 생산하는 사업장에 300명의 근로자가 근무하고 있다. 1년에 21건의 재해가 발생하였다면, 이 사업장에서 근로자 1명이 평생 작업 시 겪을 수 있는 재해 건수는 약 몇 건인지 구하시오. (단, 1일 8시간씩, 1년에 300일 근무하며, 평생 근로시간은 10만 시간으로 가정한다.)

풀이
① 도수율 $= \dfrac{\text{연간 재해 건수}}{\text{연간 총근로시간 수}} \times 10^6 = \dfrac{21}{300 \times 8 \times 300} \times 10^6 \fallingdotseq 29.17$

② 환산도수율 $=$ 도수율 $\div 10 = 29.17 \div 10 = 2.917 \fallingdotseq 3$건

해답 약 3건

참고 근로시간별 적용 방법

평생 근로시간 : 10만 시간	평생 근로시간 : 12만 시간
환산도수율 = 도수율 × 0.1 환산강도율 = 강도율 × 100	환산도수율 = 도수율 × 0.12 환산강도율 = 강도율 × 120

03 인체의 저항을 5000Ω으로 가정할 때 심실세동을 일으키는 전류에서의 전기에너지를 구하시오. (단, 심실세동전류 I는 $\dfrac{165}{\sqrt{T}}$ mA이고 통전시간 T는 1초, 전원은 정현파 교류이다.)

풀이 $Q = I^2 RT = \left(\dfrac{165}{\sqrt{T}} \times 10^{-3}\right)^2 \times 5000 \times T = \left(\dfrac{165}{\sqrt{1}} \times 10^{-3}\right)^2 \times 5000 \times 1 = 136.125\text{J}$

해답 136.125J

해설 전기에너지 $Q = I^2 RT$
여기서, I : 심실제동전류(A), R : 인체 저항(Ω), T : 통전시간(s)

04 시스템 안전 프로그램 계획(SSPP)에 포함되어야 할 사항을 5가지 쓰시오.

해답 ① 계약조건　　　　② 계획의 개요　　　　③ 관련 부분과의 조정
　　 ④ 안전조직　　　　⑤ 안전기준　　　　　⑥ 안전자료 수집과 갱신
　　 ⑦ 안전해석　　　　⑧ 안전성 평가

05 2개 공정의 소음수준을 측정한 결과 1공정은 100dB에서 2시간, 2공정은 90dB에서 1시간 소요될 때, 총소음량(TND)과 소음설계의 적합성을 순서대로 쓰시오. (단, 90dB에 8시간 노출될 때를 허용기준으로 하며, 5dB 증가할 때 허용시간은 1/2로 감소되는 법칙을 적용한다.)

풀이 소음량(TND) $= \dfrac{(실제\ 노출시간)_1}{(1일\ 노출기준)_1} + \cdots = \dfrac{2}{2} + \dfrac{1}{8} = 1.125 > 1$

TND > 1이므로 부적합하다.

해답 ① 총소음량(TND) : 1.125
　　 ② 소음설계의 적합성 : 부적합

06 산업안전보건법상 양중기 중 리프트(이삿짐 운반용 리프트의 경우 적재하중이 0.1톤 이상인 것)에 포함되어야 할 방호장치를 4가지 쓰시오.

해답 ① 권과방지장치　　　② 비상정지장치　　　③ 조작반 잠금장치
　　 ④ 부하방지장치　　　⑤ 제동장지

07 롤러기의 맞물림점 전방에 가드를 설치하려고 할 때, 가드의 개구부 간격을 30mm로 설정하고자 한다. 이때 가드는 맞물림점에서 적어도 얼마의 간격을 두고 설치해야 하는지 구하시오.

풀이 $Y = 6 + 0.15X$ 이므로 $0.15X = Y - 6$, $X = \dfrac{Y-6}{0.15}$ 이다.

$Y = 30$ 으로 설정하려고 하므로 $X = \dfrac{Y-6}{0.15} = \dfrac{30-6}{0.15} = 160\,mm$

해답 160mm

해설 개구부의 간격
　　 $Y = 6 + 0.15X$ (단, $X \geq 160\,mm$ 이면 $Y = 30\,mm$ 이다.)
　　　　 여기서, X : 가드와 위험점 간의 거리, Y : 가드의 개구부 간격

08 다음 톱사상 T를 일으키는 컷셋을 구하시오.

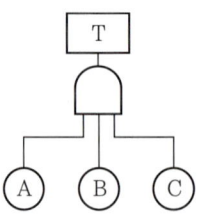

풀이 주어진 조건에 따르면 톱사상 T는 AND 게이트를 통과해야 하므로 T가 발생하기 위해서는 A, B, C 모두 발생해야 한다. 이는 AND 게이트 조건에 따라세 가지 조건이 모두 성립할 때 컷셋이 형성된다는 의미이므로 톱사상 T를 일으키는 컷셋은 {A, B, C} 하나이다.

해답 {A, B, C}

09 다음은 최고 표면온도 등급에 따른 표면온도와 방폭 전기기기의 발화도 등급에 따른 증기 · 가스의 발화도를 나타낸 표이다. 빈칸을 채우시오.

최고 표면온도 등급	최고 표면온도(℃)		발화도 등급	증기 · 가스의 발화도(℃)	
	초과	이하		초과	이하
T1	300	450	G1	①	–
T2	②	③	G2	300	450
T3	135	200	G3	④	⑤
T4	⑥	⑦	G4	135	200
T5	85	100	G5	⑧	⑨
T6	–	85	G6	85	100

해답 ① 450 ② 200 ③ 300 ④ 200 ⑤ 300 ⑥ 100 ⑦ 135
⑧ 100 ⑨ 135

10 콘크리트 옹벽(흙막이 지보공)의 안정성 검토사항을 3가지 쓰시오.

해답 ① 활동(sliding)에 대한 안전성 검토
② 전도(overturning)에 대한 안전성 검토
③ 지반 지지력(settlement)에 대한 안전성 검토

11 할로겐화합물 소화기에 사용하는 할로겐 원소의 연소 억제제를 4가지 쓰시오.

[해답] ① 플루오린(F)
② 염소(Cl)
③ 브로민(Br, 브롬)
④ 아이오딘(I, 요오드)

[참고] 연소 억제제는 연소 반응을 방해하여 불이 확산되지 않도록 하는 부촉매제 역할을 한다.

12 예비위험분석(PHA)에서 위험의 정도를 4가지 범주로 분류하고, 각 범주에 대하여 간단히 설명하시오.

[해답] ① 범주 I (파국적, 치명적, catastrophic) : 시스템 고장이나 사고로 사망이나 중대한 시스템 손상이 발생하는 경우
② 범주 II (위기적, critical) : 시스템 고장이나 사고로 심각한 상해나 중대한 시스템 손상이 발생하는 경우
③ 범주 III (한계적, marginal) : 시스템 성능 저하가 발생하나 상해는 경미하며, 시스템의 주요 기능에 큰 영향을 미치지 않는 경우
④ 범주 IV (무시, negligible) : 경미한 상해나 거의 무시할 수 있는 수준의 시스템 성능 저하가 발생하는 경우

13 산업안전보건기준에 관한 규칙에 따라 고소작업대를 사용하여 작업할 때 작업시작 전 점검해야 할 사항을 쓰시오.

[해답] ① 비상정지장치 및 비상하강방지장치 기능의 이상 유무
② 과부하방지장치의 작동 여부(와이어로프 또는 체인구동방식의 경우)
③ 아웃트리거 또는 바퀴의 이상 유무
④ 작업면의 기울기 또는 요철의 유무
⑤ 활선작업용 장치의 경우 홈, 균열, 파손 등 기타 손상 유무

01 다음은 하인리히의 도미노 이론 5단계이다. 빈칸에 알맞은 내용을 쓰시오.

1단계(간접원인)	2단계(1차원인)	3단계(직접원인)	4단계	5단계
①	②	③	④	⑤

해답 ① 선천적(사회적 환경 및 유전적) 결함
② 개인적 결함
③ 불안전 행동 또는 불안전한 상태
④ 사고
⑤ 재해

02 재해발생 시 긴급처리 순서를 나타낸 표에서 3단계와 5단계에 해당하는 내용을 쓰시오.

1단계	2단계	3단계	4단계	5단계	6단계
사고 기계설비 전원 차단과 정지	재해자 구출	①	관계자에게 통보	②	현장 보존

해답 ① 재해자의 구조 및 응급조치　　② 2차 재해의 방지

03 교육심리학의 기본 이론 중 학습지도의 원리를 5가지 쓰시오.

해답 ① 자발성의 원리　　　　② 개별화의 원리
③ 목적의 원리　　　　④ 사회화의 원리
⑤ 통합의 원리　　　　⑥ 직관의 원리
⑦ 생활화의 원리　　　⑧ 자연화의 원리

04 신체와 환경 간의 열교환 과정을 식으로 바르게 나타내시오. (단, W는 수행한 일, M은 대사열 발생량, S는 신체 열함량 변화, R은 복사열 교환량, C는 대류열 교환량, E는 증발열 발산량이다.)

해답 $S = M - E \pm R \pm C - W$

05 K 전자기기의 수명이 지수분포를 따르며 평균수명이 1000시간일 때, 500시간 동안 고장 없이 작동할 확률을 구하시오.

풀이 고장 없이 작동할 확률 $R = e^{-\lambda t} = e^{-t/t_0} = e^{-500/1000} = e^{-0.5} = 0.61$

해답 0.61

06 프레스 작업에서 제품 및 스크랩을 자동적으로 위험한계 밖으로 배출하기 위한 장치를 3가지 쓰시오.

해답 ① 키커
② 이젝터
③ 공기분사장치

07 크레인 사용 중 하중이 정격을 초과했을 때 자동적으로 상승이 정지되는 과부하방지장치의 안전기준을 2가지 쓰시오.

해답 ① 양중기에 정격하중이 초과했을 때 자동적으로 동작을 정지시켜주는 방호장치이다.
② 과부하방지장치는 정격하중의 110% 권상 시 경보와 함께 권상동작이 정지되어야 한다.
③ 과부하방지장치 작동 시 경보음과 경보램프가 작동되어야 하며, 양중기는 자동이 정지되어야 한다.

08 정전기 제거를 위해 사용하는 제전기의 종류를 3가지 쓰시오.

해답 ① 이온 스프레이식 제전기　　② 방사선식 제전기
③ 자기방전식 제전기　　④ 전압인가식 제전기

해설 ① 이온 스프레이식 제전기 : 코로나 방전을 통해 발생한 이온을 송풍기로 대전체에 방출하여 전하를 중화시킨다.
② 방사선식 제전기 : 방사선 원소의 전리 작용을 이용하여 전하를 중화시킨다.
③ 지기방전식 제전기 : 스테인리스, 카본, 도진싱 심유 등에 코로나 방전을 일으켜 전하를 중화시킨다.
④ 전압인가식 제전기 : 약 7000V의 고압으로 코로나 방전을 발생시키고, 이로 인해 생성된 이온으로 전하를 중화시킨다.

09 산업안전보건법상 공정안전보고서 내용 중 안전작업 허가지침에 포함되어야 하는 위험작업의 종류를 4가지 쓰시오.

> **해답** ① 화기작업 ② 일반 위험작업 ③ 정전작업 ④ 굴착작업 ⑤ 방사능작업

10 다음은 낙하물 방지망 또는 방호선반의 설치기준이다. ( ) 안에 알맞은 수를 쓰시오.

> • 높이 (①)m 이내마다 설치하고, 내민 길이는 벽면으로부터 (②)m 이상으로 할 것
> • 수평면과의 각도는 (③)도 이상 (④)도 이하를 유지할 것

> **해답** ① 10 ② 2 ③ 20 ④ 30

11 베인 테스트(vane test)의 용도에 대하여 쓰시오.

> **해답** 점토 지반의 점착력 판별
> **참고** 베인 테스트는 주로 점토(진흙) 지반의 전단강도를 측정하여 점착력을 판별하기 위해 실시하는 현장시험이다.

12 점토질 지반의 침하 및 압밀 재해를 방지하기 위해 실시하는 지반개량 다짐공법을 4가지 쓰시오.

> **해답** ① 다짐말뚝 ② 컴포우저 ③ 바이브로플로테이션
> ④ 전기충격 ⑤ 폭파다짐

13 안전·보건표지의 색채 및 색도 기준 중 빈칸에 알맞은 내용을 채우시오.

색채	색도기준	용도	색의 용도
①	5Y 8.5/12	경고	화학물질 취급장소의 유해·위험 경고 이외의 위험 경고, 주의표지
파란색	②	지시	특정 행위의 지시 및 사실의 고지
녹색	③	안내	비상구 및 피난소, 사람 또는 차량의 통행표지
④	N9.5	–	파란색 또는 녹색의 보조색

> **해답** ① 노란색 ② 2.5PB 4/10 ③ 2.5G 4/10 ④ 흰색

기출문제를
재구성한 **필답형** 실전문제 *9*

 제1회 <<<

01 안전보건관리 조직에서 스태프형(참모형) 조직의 특징을 3가지 쓰시오.

해답 ① 일반적으로 100명에서 1000명 정도의 중규모 사업장에 적용되는 조직 형
태이다.
② 안전정보를 체계적으로 수집하고 빠르게 분석할 수 있는 장점이 있다.
③ 안전과 생산활동을 별개로 취급하여 안전조치와 생산 효율 간의 협력이 부
족할 수 있다.

02 하인리히의 재해 손실비용 평가방식에 따르면 총재해 손실비용을 직접비와 간접비로
구분할 때 그 비율을 쓰시오. (단, 순서는 직접비 : 간접비로 한다.)

해답 하인리히의 평가에 따르면 직접비와 간접비의 비율은 1:4이다.
참고 ① 간접비 : 인적손실, 물적손실, 생산손실, 특수손실, 기타손실
② 직접비 : 요양, 휴업, 장해, 간병, 유족급여와 상병보상연금, 장의비, 직업
재활급여 등

03 산업안전보건법에 따른 보호구 자율안전 확인의 합격표시에 포함해야 할 내용을 3가
지 쓰시오.

해답 ① 형식 또는 모델명   ② 규격 또는 등급
③ 제조자명   ④ 제조번호 및 제조연월
⑤ 자율안전 확인 번호

04 인간공학의 궁극적인 목적을 3가지 쓰시오.

해답 ① 작업의 안전성 향상과 사고 방지
② 기계 조작의 능률성과 생산성 향상
③ 작업환경의 쾌적성 개선

05 안전심리의 5대 요소를 쓰고, 간단히 설명하시오.

해답 ① 동기 : 사람의 마음을 움직이는 원동력
② 기질 : 사람의 성격 등 개인적인 특성
③ 감정 : 희로애락, 감성 등 사람의 의식을 말함
④ 습성 : 사람의 행동에 영향을 미칠 수 있도록 하는 것
⑤ 습관 : 자신도 모르게 나오는 행동, 현상 등

06 HAZOP기법에 사용되는 가이드 워드(유인어)를 쓰시오.

(1) 설계 의도의 완전한 부정 :
(2) 성질상의 감소, 일부 변경 :
(3) 완전한 대체 :
(4) 정량적인 증가 또는 감소 :

해답 (1) No/Not
(2) Part Of
(3) Other Than
(4) More/Less

참고 HAZOP기법에 사용되는 유인어(그 외)
① Reverse : 설계 의도의 논리적인 역(설계 의도와 완전히 정반대로 나타나는 상태)
② As Well As : 성질상의 증가(설계 의도 외에 부가적인 행위와 함께 나타나는 상태)

07 롤러기에서 앞면 롤러의 표면속도에 따른 급정지장치의 급정지거리 공식을 빈칸에 쓰시오.

| 표면속도가 30m/min 미만일 때 | ① |
| 표면속도가 30m/min 이상일 때 | ② |

해답 ① 급정지거리 $= \pi \times D \times \dfrac{1}{3}$ (D는 롤러의 직경)

② 급정지거리 $= \pi \times D \times \dfrac{1}{2.5}$ (D는 롤러의 직경)

08 산업안전보건법상 누전차단기를 설치하여 감전 방지를 할 때, 누전차단기를 접속할 경우 준수해야 할 사항을 3가지 쓰시오.

해답 ① 전기기계 · 기구에 설치된 누전차단기는 정격감도 전류가 30 mA 이하이고, 작동시간은 0.03초 이내이어야 한다. 단, 정격 전부하 전류가 50 A 이상인 전기기계 · 기구에 접속되는 누전차단기는 오작동을 방지하기 위해 정격감도 전류를 200 mA 이하로, 작동시간을 0.1초 이내로 설정할 수 있다.
② 분기회로나 전기기계 · 기구마다 누전차단기를 개별적으로 접속한다. 단, 평상시 누설 전류가 매우 적은 소용량 부하의 전로에는 분기 회로에 일괄 접속할 수 있다.
③ 누전차단기는 배전반 또는 분전반 내에 접속하거나, 꽂음 접속기형 누전차단기를 콘센트에 접속하는 등 파손이나 감전사고를 방지할 수 있는 장소에 설치한다.
④ 지락 보호전용 기능만 있는 누전차단기는 과전류를 차단하는 퓨즈나 차단기 등과 조합하여 접속한다.

09 메탄 1 vol%, 헥산 2 vol%, 에틸렌 2 vol%, 공기 95 vol%로 된 혼합가스의 폭발하한계값(vol%)을 구하시오. (단, 메탄, 헥산, 에틸렌의 폭발하한계값은 각각 5.0, 1.1, 2.7 vol%이다.)

풀이 혼합가스의 폭발범위

$$\frac{100}{L}=\frac{V_1}{L_1}+\frac{V_2}{L_2}+\frac{V_3}{L_3}+\cdots \text{이므로} \; L=\frac{100}{\dfrac{V_1}{L_1}+\dfrac{V_2}{L_2}+\dfrac{V_3}{L_3}} \text{이다.}$$

이때 $V_1=\dfrac{1}{(1+2+2)}\times100=20\%,\; V_2=\dfrac{2}{(1+2+2)}\times100=40\%,$

$V_3=\dfrac{2}{(1+2+2)}\times100=40\%$

$$\therefore L=\frac{100}{\dfrac{V_1}{L_1}+\dfrac{V_2}{L_2}+\dfrac{V_3}{L_3}}=\frac{100}{\dfrac{20}{5}+\dfrac{40}{1.1}+\dfrac{40}{2.7}}≒1.81\,\text{vol}\%$$

여기서, L : 혼합가스의 폭발하한계, L_1, L_2, L_3 : 단독가스의 폭발하한계
V_1, V_2, V_3 : 단독가스의 공기 중 부피

해답 1.81 vol%

10 KEC 규정에 따른 접지도체의 최소 단면적은 다음과 같다. (   ) 안에 알맞은 수를 쓰시오.

> • 대지와의 전기저항값이 3Ω 이하의 값을 유지하고 있으면 된다. 저압 수용장소에서 계통접지가 TN-C-S 방식인 경우, 중성선 겸용 보호도체(PEN)는 그 도체의 단면적이 구리는 (①)mm² 이상, 알루미늄은 (②)mm² 이상이어야 한다.
> • 주 접지단자에 접속하기 위한 등전위 본딩 도체의 단면적은 구리 도체 (③) mm² 이상, 알루미늄 도체 (④)mm² 이상, 강철 도체 (⑤)mm² 이상이어야 한다.

해답 ① 10 ② 16 ③ 6 ④ 16 ⑤ 50

11 차량계 하역운반기계의 안전조치사항을 3가지 쓰시오.

해답 ① 최대 제한속도가 시속 10km를 초과하는 차량계 건설기계를 사용할 때는 미리 작업장소의 지형 및 지반상태에 적합한 제한속도를 정하고, 운전자가 이를 준수하도록 한다.
② 차량계 건설기계의 운전자가 운전 위치를 이탈할 때는 포크, 버킷, 디퍼 등의 장치를 가장 낮은 위치 또는 지면에 내려두어야 한다.
③ 차량계 하역운반기계 등에 화물을 적재할 때는 하중이 한쪽으로 치우치지 않도록 적재한다.

12 유해 · 위험방지 계획서를 고용노동부장관에게 제출하고 심사를 받아야 하는 대상 건설공사의 기준 중 연면적 500m² 이상인 시설을 4가지 쓰시오.

해답 ① 문화 및 집회시설(전시장, 동물원, 식물원 제외)
② 운수시설(고속철도 역사, 집배송시설 제외)
③ 종교시설, 의료시설 중 종합병원
④ 숙박시설 중 관광숙박시설
⑤ 판매시설, 지하도상가, 냉동 · 냉장창고시설

13 비계 조립 간격(벽이음 간격)을 정리한 표이다. 빈칸에 알맞은 간격을 쓰시오.

비계의 종류		수직 방향	수평 방향
강관 비계	단관비계	①	②
	틀비계(높이 5m 미만은 제외)	③	④
통나무비계		⑤	⑥

[해답] ① 5m ② 5m ③ 6m ④ 8m ⑤ 5.5m ⑥ 7.5m

[참고] 단관비계, 틀비계, 통나무비계

① 단관비계 : 단일 강관을 수직과 수평으로 조립하여 만든 비계로, 구조가 단순하고 자유로운 설계가 가능하지만 조립에 시간이 걸린다.

② 틀비계 : 규격화된 강관 틀을 조립하여 만든 비계로, 조립과 해체가 빠르고 안정성이 높아 대규모 건설현장에서 많이 사용된다.

③ 통나무비계 : 통나무나 대나무를 묶어 만든 전통 방식의 비계로, 강도가 낮지만 특수 작업이나 전통 건축에서 사용된다.

>>> **제2회** <<<

01 산업안전보건법상 관리감독자가 수행해야 하는 직무를 5가지 쓰시오.

해답 ① 기계·기구 또는 설비의 안전·보건 점검 및 이상 유무의 확인
② 근로자의 작업복, 보호구 및 방호장치의 점검과 그 착용·사용에 관한 교육 및 지도
③ 산업재해에 관한 보고 및 이에 대한 응급조치
④ 작업장 정리정돈 및 통로 확보에 대한 확인과 감독
⑤ 산업보건의, 안전관리자 및 보건 관리자, 안전보건관리 담당자의 지도·조언에 대한 협조
⑥ 위험성 평가를 위한 유해·위험요인의 파악 및 개선조치의 시행에 대한 참여
⑦ 기타 해당작업의 안전·보건에 관한 사항으로 고용노동부령으로 정하는 사항

02 평균 근로자 수가 1000명인 사업장에서 도수율이 10.25이고 강도율이 7.25일 때, 이 사업장의 종합재해지수(FSI)를 계산하시오.

풀이 종합재해지수$(\text{FSI})=\sqrt{도수율 \times 강도율}$
$$=\sqrt{10.25 \times 7.25} \fallingdotseq 8.62$$

해답 8.62

03 란돌트(landolt) 고리에 있어 1.5mm의 틈을 5m의 거리에서 겨우 구분할 수 있는 사람의 최소 분간 시력은 얼마인지 구하시오.

풀이 시각$(분)=\dfrac{57.3 \times 60 \times L}{D}=\dfrac{57.3 \times 60 \times 1.5}{5000}=1.0314$

시력$=\dfrac{1}{시각}=\dfrac{1}{1.0314} \fallingdotseq 0.97$

해답 0.97

해설 시각$(분)=\dfrac{57.3 \times 60 \times L}{D}$

여기서, L : 틈 간격(mm), D : 눈과 글자 사이의 거리(mm)

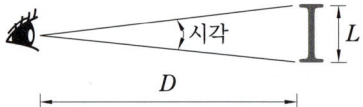

04 건강한 남성이 8시간 동안 특정 작업을 실시하고, 분당 산소 소비량이 1.1L/분으로 나타났다면 8시간 총작업시간에 포함될 휴식시간은 약 몇 분인지 구하시오. (단, Murrell의 방법을 적용하며, 휴식 중 에너지 소비율은 1.5kcal/min이다.)

풀이 ① 작업 시 평균에너지 소비량 $E = 5\,\text{kcal/L} \times 1.1\,\text{L/min} = 5.5\,\text{kcal/min}$

여기서, 평균 남성의 표준 에너지 소비량 : $5\,\text{kcal/L}$

② 휴식시간 $R = \dfrac{\text{작업시간} \times (E-5)}{E-1.5} = \dfrac{(60 \times 8) \times (E-5)}{E-1.5} = \dfrac{480 \times (5.5-5)}{5.5-1.5}$

$= 60$분

여기서, E : 작업 시 평균에너지 소비량(kcal/min)

1.5 : 휴식시간에 대한 평균에너지 소비량(kcal/min)

5 : 기초대사를 포함한 보통 작업의 평균에너지 소비량(kcal/min)

480 : 총작업시간(min)

해답 60분

05 다음은 방호조치가 필요한 기계 및 기구이다. 각 기계 및 기구에 적합한 방호장치를 쓰시오.

(1) 예초기 :

(2) 원심기 :

(3) 공기압축기 :

(4) 금속절단기 :

(5) 지게차 :

(6) 포장기계(진공포장기, 래핑기로 한정):

해답 (1) 날 접촉예방장치

(2) 회전체 접촉예방장치

(3) 압력방출장치

(4) 날 접촉예방장치

(5) 헤드가드, 백레스트, 전조등, 후미등, 안전벨트

(6) 잠김방지장치

06 산업안전보건법상 양중기 중 크레인과 호이스트(hoist)에 포함되는 방호장치를 4가지 쓰시오.

해답 ① 과부하방지장치

② 권과방지장치

③ 비상정지장치

④ 제동장치

07 점검시기에 따른 안전점검의 종류를 4가지 쓰시오.

해답 ① 일상점검(수시점검)　② 정기점검　③ 특별점검　④ 임시점검

해설 ① 일상점검(수시점검) : 매일 작업 전후나 작업 중에 수시로 실시하는 점검이다.
② 정기점검 : 일정한 기간마다 정기적으로 실시하는 점검으로, 책임자가 실시한다.
③ 특별점검 : 태풍, 지진 등의 천재지변이 발생하거나 기계 및 기구의 신설, 변경, 고장 또는 수리 후 특별히 실시하는 점검으로, 책임자가 실시한다.
④ 임시점검 : 이상이 발견되거나 재해가 발생한 경우 임시로 실시하는 점검이다.

참고 ① 검사대상에 의한 분류 : 기능검사, 형식검사, 규격검사
② 검사방법에 의한 분류 : 육안검사, 기능검사, 검사기기에 의한 검사, 시험에 의한 검사

08 산업안전보건법 제301조에 따라 사업주는 근로자가 작업이나 통행 중 전기기계, 기구 또는 전로 등의 충전 부분에 접촉하거나 접근하여 감전 위험이 발생하지 않도록 해야 한다. 이를 위한 충전부 방호 방법을 3가지 쓰시오.

해답 ① 충전부가 노출되지 않도록 폐쇄형 외함이 있는 구조로 할 것
② 충전부에 충분한 절연 효과가 있는 방호망이나 절연 덮개를 설치할 것
③ 충전부는 내구성이 있는 절연물로 완전히 덮어 감쌀 것
④ 발전소, 변전소 및 개폐소 등 구획된 장소에 충전부를 설치하고, 관계 근로자가 아닌 사람의 출입을 금지하며 위험표시 등으로 방호를 강화할 것
⑤ 전주 및 철탑 위와 같이 격리된 장소에 충전부를 설치하여, 관계 근로자가 아닌 사람이 접근할 우려가 없도록 할 것

09 다음 공정안전보고서의 비상조치계획에 포함해야 할 세부내용을 3가지 쓰시오.

해답 ① 비상조치를 위한 장비 및 인력 보유현황
② 사고 발생 시 각 부서 및 관련 기관과의 비상연락체계
③ 사고 발생 시 비상조치를 위한 조직의 임무 및 수행절차
④ 비상조치계획에 따른 교육계획
⑤ 주민 홍보계획
⑥ 기타 비상조치 관련사항

10 다음 조건에 해당하는 방폭구조의 표시기호를 쓰시오.

> • 방폭구조 : 외부로부터 폭발성 가스에 인화될 우려가 없는 내압 방폭구조
> • 그룹 : ⅡB
> • 최고 표면온도 : 90℃

해답 d ⅡB T5

해설 ① 그룹 Ⅰ : 폭발성 메탄가스 위험 분위기에서 사용되는 광산용 전기기기
② 그룹 Ⅱ : 잠재적 폭발성 위험 분위기에서 사용되는 전기기기
③ 최대 안전틈새

분류	ⅡA	ⅡB	ⅡC
최대 안전틈새(mm)	0.9 이상	0.5 초과 0.9 미만	0.5 이하

④ 최고 표면온도

최고 표면온도(℃)	온도 등급	최고 표면온도(℃)	온도 등급
300 초과 450 이하	T1	100 초과 135 이하	T4
200 초과 300 이하	T2	85 초과 100 이하	T5
135 초과 200 이하	T3	85 이하	T6

11 사업주는 구축물 또는 이와 유사한 시설물의 안전진단 등 안전성 평가를 통해 근로자에게 미칠 위험을 사전에 제거해야 한다. 이러한 안전조치를 해야 하는 경우를 4가지 쓰시오.

해답 ① 구축물 또는 이와 유사한 시설물 인근에서 굴착, 항타작업 등으로 침하 또는 균열이 발생하여 붕괴 위험이 예상되는 경우
② 구축물 또는 이와 유사한 시설물에 지진, 동해, 부동침하 등으로 균열이나 비틀림 등이 발생한 경우
③ 구조물, 건축물, 그 밖의 시설물이 그 자체의 무게, 적설, 풍압 또는 그 밖에 부가되는 하중 등으로 붕괴 등의 위험이 있을 경우
④ 화재 등으로 구축물 또는 유사한 시설물의 내력이 심하게 저하된 경우
⑤ 오랜 기간 사용하지 않던 구축물이나 시설물을 재사용하기 위해 안전성을 검토해야 하는 경우
⑥ 그 밖의 잠재적 위험이 예상되는 경우

12 위험물 건조설비 중 건조실을 설치하는 건축물의 구조는 독립된 단층건물로 해야 한다. ( ) 안에 알맞게 쓰시오.

> · 고체 또는 액체연료의 최대 사용량이 시간당 (①) 이상
> · 기체연료의 최대 사용량이 시간당 (②) 이상
> · 전기 사용 정격용량이 (③) 이상

해답 ① $10\,\mathrm{kg}$ ② $1\,\mathrm{m}^3$ ③ $10\,\mathrm{kW}$

해설 건축물의 위험물 건조설비 구조

① 위험물 또는 위험물이 발생하는 물질을 가열 · 건조하는 경우 내용적이 $1\,\mathrm{m}^3$ 이상인 건조설비

② 위험물이 아닌 물질을 가열 · 건조하는 경우로 다음 중 어느 하나의 용량에 해당하는 건조설비

· 고체 또는 액체연료의 최대 사용량이 시간당 $10\,\mathrm{kg}$ 이상

· 기체연료의 최대 사용량이 시간당 $1\,\mathrm{m}^3$ 이상

· 전기 사용 정격용량이 $10\,\mathrm{kW}$ 이상

참고 건조설비의 구조

① 구조 부분 : 보온판, 바닥 콘크리트

② 가열장치 : 열원장치, 열원공급장치

③ 부속설비 : 소화장치, 전기설비, 환기장치

13 롤러기에서 앞면 롤러의 지름이 200mm, 분당 회전수가 30rpm인 롤러의 무부하 동작에서의 급정지거리를 구하시오.

풀이 ① $V = \dfrac{\pi DN}{1000} = \dfrac{\pi \times 200 \times 30}{1000} \fallingdotseq 18.84\,\mathrm{m/min}$

② 급정지거리 $= \pi \times D \times \dfrac{1}{3} = \pi \times 200 \times \dfrac{1}{3} \fallingdotseq 209.33\,\mathrm{mm}$

해답 $209.33\,\mathrm{mm}$

해설 ① 표면속도 $V = \dfrac{\pi DN}{1000}$

여기서, V : 롤러의 표면속도, D : 롤러의 직경, N : 1분간 회전수

② 급정지거리 $= \pi \times D \times \dfrac{1}{3}$ ($V = 30\,\mathrm{m/min}$ 미만일 때)

급정지거리 $= \pi \times D \times \dfrac{1}{2.5}$ ($V = 30\,\mathrm{m/min}$ 이상일 때)

>>> 제3회 <<<

01 산업현장에서 재해가 발생했을 때 조치해야 할 순서를 7단계로 나열하시오.

해답 긴급처리 → 재해조사 → 원인분석 → 대책수립 → 실시계획 → 실시 → 평가

02 안전점검표(check list)에 반드시 포함되어야 할 사항을 4가지 쓰시오.

해답 ① 점검 대상   ② 점검 부분
③ 점검 항목   ④ 점검 방법
⑤ 점검 주기   ⑥ 판정 기준
⑦ 조치할 사항

참고 안전점검표 작성 시 유의사항
① 위험성이 높은 순이나 긴급을 요하는 순으로 작성할 것
② 정기적으로 검토하여 재해예방에 실효성이 있는 내용일 것
③ 내용은 이해하기 쉽고 표현이 구체적일 것

03 산업안전보건법상 화학설비의 탱크 내 작업에 대한 특별안전보건교육 내용 4가지를 쓰시오.

해답 ① 차단장치, 정지장치 및 밸브 개폐장치의 점검에 관한 사항
② 탱크 내의 산소농도 측정 및 작업환경에 관한 사항
③ 안전 보호구 및 이상 발생 시 응급조치에 관한 사항
④ 작업절차, 방법 및 유해·위험에 관한 사항
⑤ 그 밖에 안전·보건관리에 필요한 사항

04 자연습구온도가 20℃, 흑구온도가 30℃일 때, 실내의 습구흑구온도지수(WBGT : Wet-Bulb Globe Temperature)를 계산하시오.

풀이 $\text{WBGT} = 0.7 \times T_w + 0.3 \times T_g = 0.7 \times 20 + 0.3 \times 30 = 23℃$

해답 23℃

해설 습구흑구온도지수 $\text{WBGT} = 0.7 \times T_w + 0.3 \times T_g$
여기서, T_w : 자연습구온도(℃), T_g : 흑구온도(℃)

05 불(Bool) 대수의 정리를 나타낸 관계식을 보고, 어떤 법칙인지 명칭을 쓰시오.

(1) A(BC)=(AB)C, A+(B+C)=(A+B)+C :

(2) A+(B·C)=(A+B)·(A+C), A·(B+C)=(A·B)+(A·C) :

해답 (1) 결합법칙　　　　　　　　(2) 분배법칙

해설 불(Bool) 대수의 법칙

① 항등법칙 : A+0=A, A+1=1, A·0=0, A·1=A

② 멱등법칙 : A+A=A, A·A=A, A+A′=1, A·A′=0

③ 교환법칙 : A+B=B+A, A·B=B·A

④ 보수법칙 : A+$\overline{A}$=1, A·$\overline{A}$=0

⑤ 흡수법칙 : A(A·B)=A·B, A·(A+B)=A

⑥ 결합법칙 : A(BC)=(AB)C, A+(B+C)=(A+B)+C

⑦ 분배법칙 : A+(B·C)=(A+B)·(A+C), A·(B+C)=(A·B)+(A·C)

06 다음 목재가공용 기계에 사용되는 방호장치의 종류를 각각 쓰시오.

(1) 둥근톱기계 :

(2) 띠톱기계 :

(3) 모떼기기계 :

(4) 동력식 수동대패기계 :

해답 (1) 톱날 접촉예방장치　　　　(2) 날 접촉예방장치

　　 (3) 날 접촉예방장치　　　　　(4) 날 접촉예방장치

07 제전(정전기) 재해방지 대책을 4가지 쓰시오.

해답 ① 접지　　　　　　　　　　② 가습

　　 ③ 보호구의 착용　　　　　　④ 제전기 및 대전방지제 사용

　　 ⑤ 배관 내의 액체 유속제한, 정차 시간의 확보

　　 ⑥ 도전성 재료 또는 도전성 재료를 첨가한 재료 사용

08 크레인의 정격하중이란 무엇인지 정의를 설명하시오.

해답 정격하중은 크레인에 매달아 올릴 수 있는 최대 하중에서 훅, 와이어로프 등 달기구의 중량을 제외한 하중을 말한다.

09 표준관입시험 결과로 나타난 타격횟수에 따라 지반을 구분하여 쓰시오.

타격횟수		지반 밀도
모래지반	점토지반	
3 이하	2 이하	①
4~10	3~4	②
10~30	4~8	③
30~50	8~15	④
50 이상	15~30	⑤
–	30 이상	⑥

해답 ① 아주 느슨(연약) ② 느슨(연약) ③ 보통 ④ 조밀(점착력)
⑤ 아주 조밀(강한 점착력) ⑥ 견고(경질)

10 소화방법을 4가지로 분류하여 설명하시오.

해답 ① 질식소화 : 가연물이 연소할 때 산소농도를 낮추어 소화하는 방법이다.
② 억제소화 : 연소과정에서 발생하는 연쇄반응을 차단하여 소화하는 방법이다.
③ 냉각소화 : 가연물을 냉각시켜 인화점 및 발화점을 낮추어 소화하는 방법
이다.
④ 제거소화 : 가연물을 제거하여 연소를 멈추는 방법이다.

11 방독마스크의 성능기준에 따라 사용 장소별 등급을 고농도, 중농도, 저농도 및 최저농
도로 구분한다. 고농도에 해당하는 가스 또는 증기의 농도 기준을 쓰시오.

해답 가스 또는 증기의 농도가 2/100 이하(암모니아는 3/100 이하)의 대기 중에서
사용하는 것
해설 방독마스크의 성능기준에 따른 등급
① 고농도 : 가스 또는 증기의 농도가 2/100 이하(암모니아는 3/100 이하)인
대기 중에서 사용하는 것
② 중농도 : 가스 또는 증기의 농도가 1/100 이하(암모니아는 1.5/100 이하)
인 대기 중에서 사용하는 것
③ 저농도 및 최저농도 : 가스 또는 증기의 농도가 0.1/100 이하인 대기 중에
서 사용하는 것으로, 긴급용이 아닌 것

12 근로자가 추락하거나 넘어질 위험이 있는 장소에서 추락 방호망의 설치기준은 다음과 같다. ( ) 안에 알맞은 내용을 쓰시오.

- 추락 방호망의 설치위치는 작업면에 가깝게 하며, 작업면에서 망 설치 지점까지의 수직거리는 (①)를 초과하지 않도록 할 것
- 건축물 등의 바깥쪽에 설치하는 경우, 추락 방호망의 내민 길이는 벽면으로부터 (②) 이상 되도록 할 것

해답 ① 10 m   ② 3 m

해설 추락 방호망의 설치기준
① 추락 방호망의 설치위치는 작업면에 가깝게 하며, 작업면에서 망 설치 지점까지의 수직거리는 10 m를 초과하지 않도록 한다.
② 건축물 등의 바깥쪽에 설치하는 경우, 추락 방호망의 내민 길이는 벽면으로부터 3 m 이상 되도록 한다.
③ 추락 방호망은 수평으로 설치하고, 망의 처짐은 짧은 변 길이의 수평 이상이 되도록 한다.

13 산업안전보건기준에 관한 규칙에서 고압작업을 할 때 관리감독자의 유해·위험 방지를 위한 직무수행 내용을 3가지 쓰시오.

해답 ① 작업방법을 결정하여 고압작업자를 직접 지휘하는 업무
② 유해가스의 농도를 측정하는 기구를 점검하는 업무
③ 고압작업자가 작업실에 입실 또는 퇴실하는 경우 고압작업자의 수를 점검하는 업무
④ 작업실에서 공기조절을 하기 위한 밸브 또는 콕을 조작하는 사람과 연락하여 작업실 내부의 압력을 적정한 상태로 유지하는 업무
⑤ 작업실 및 기압조절실 내 고압작업자의 건강에 이상이 발생한 경우 필요한 조치를 하는 업무
⑥ 공기를 기압조절실로 보내거나 기압조절실에서 내보내기 위한 밸브 또는 콕을 조작하는 사람과 연락하여 고압작업자에 대해 가압이나 감압을 다음과 같이 따르도록 조치하는 업무
 • 가압을 하는 경우 1분에 제곱센티미터당 0.8킬로그램 이하의 속도로 함
 • 감압을 하는 경우 고용노동부장관이 정하여 고시하는 기준에 맞도록 함

기출문제를
재구성한 **필답형** 실전문제 *10*

01 안전보건관리 조직의 3가지 유형을 나타낸 그림이다. 각 유형에 해당하는 조직의 이름을 쓰시오.

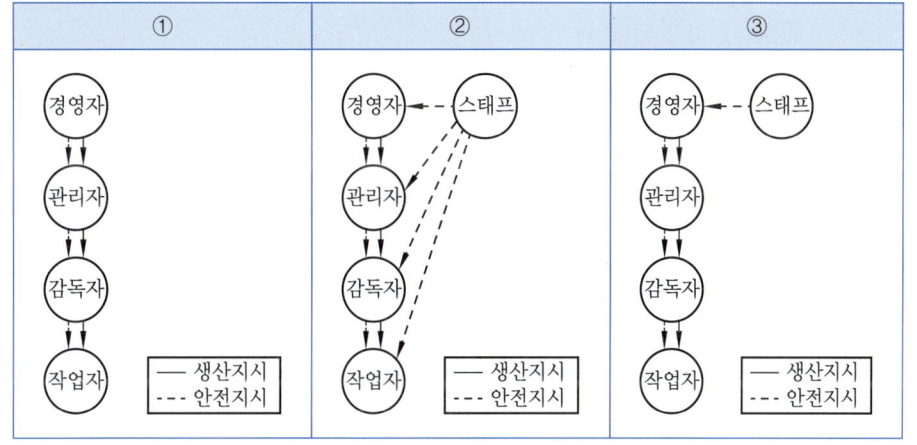

| ① | ② | ③ |

해답 ① 라인형(직계형) 조직
② 스태프형(참모형) 조직
③ 라인-스태프형(혼합형) 조직

02 자율검사 프로그램의 인정을 취소하거나 인정받은 자율검사 프로그램의 내용을 검사하도록 개선을 명할 수 있는 경우를 3가지 쓰시오.

해답 ① 거짓 또는 부정한 방법으로 자율검사 프로그램을 인정받은 경우
② 자율검사 프로그램을 인정받고도 검사를 하지 않은 경우
③ 인정받은 자율검사 프로그램의 내용에 따라 검사를 하지 않은 경우

03 계통접지의 종류를 구분하여 3가지 쓰시오.

해답 ① TN 방식(TN-S, TN-C, TN-C-S 방식)
② TT 방식   ③ IT 방식

04 다음은 시몬즈(Simonds)의 재해 코스트 산정방식 중 비보험 코스트 산정기준이 되는 재해와 사고의 분류 및 내용을 나타낸 표이다. 빈칸을 채우시오.

분류	재해사고 내용
①	영구 부분 노동 불능, 일시적인 전 노동 불능
통원상해(B)	일시 부분 노동 불능, 의사의 조치가 필요한 통원상해
응급처치(C)	②
무상해사고(D)	의료조치가 필요하지 않은 경미한 상해

해답 ① 휴업상해(A)

② 8시간 미만의 휴업손실을 초래하는 상해

해설 비보험 코스트는 재해로 인해 발생한 비용 중 보험으로 보상되지 않는 비용을 의미한다. 시몬즈의 재해 코스트 산정 방식에서는 이러한 비보험 코스트를 중점적으로 평가하여, 재해가 발생했을 때 발생하는 모든 간접 비용을 포함하여 총손실을 산출한다.

05 양립성의 종류를 3가지 쓰고, 사례를 들어 설명하시오.

해답 ① 운동 양립성(Moment) : 핸들을 오른쪽으로 움직이면 장치도 오른쪽으로 이동함

② 공간 양립성(Spatial) : 오른쪽에는 오른손 조작장치, 왼쪽에는 왼손 조작장치를 배치함

③ 개념 양립성(Conceptual) : 정지는 적색, 운전은 녹색으로 표시함

④ 양식 양립성(Modality) : 소리로 제시된 정보에는 소리로 반응하고, 시각적으로 제시된 정보에는 손으로 반응함

06 예비위험분석(PHA : Preliminary Hazard Analysis)에 대하여 설명하시오.

해답 예비위험분석(PHA)은 모든 시스템 안전 프로그램 중 최초 단계에서 수행되는 분석으로, 시스템 내의 위험요소가 얼마나 위험한 상태에 있는지를 정성적으로 평가하는 분석 기법이다.

해설 예비위험분석은 시스템 내에 존재하는 잠재적 위험요소의 심각도를 정성적으로 평가하는 기법으로, 이를 통해 시스템 설계 초기단계에서 주요 위험을 식별하고 안전하게 조치를 할 수 있다.

07 인간이 기계보다 우수한 기능 중 감지기능에 대한 장점을 2가지 쓰시오. (단, 인공지능은 제외한다.)

해답 ① 다양한 자극의 형태를 식별한다.
② 예기치 못한 사건들을 감지한다.

해설 인간과 기계 기능의 장점 비교

구분	인간의 장점	기계의 장점
감지 기능	• 다양한 자극의 형태 식별 • 예기치 못한 사건 감지	• 인간이 감지하는 범위 밖의 자극 감지 • 인간과 기계의 동시 모니터링
정보 처리 저장	• 다량의 정보를 장시간 보관 • 귀납적 추리 • 다양한 문제 해결 • 원칙 적용 • 관찰을 일반화함	• 명시된 절차에 따라 신속 정확한 정보처리 • 연역적 추리 • 암호화된 정보를 신속하게 대량 보관 • 정량적 정보처리에 능숙함 • 관찰보다 감지 센서를 통해 작동
행동 기능	• 과부하 상태에서 중요한 일에만 전념할 수 있음	• 과부하 상태에서도 효율적으로 작동 • 장시간 중량작업, 반복작업, 동시에 여러 작업 수행

08 개구부에서 회전하는 롤러의 위험점까지 최단거리가 60mm일 때 개구부 간격을 구하시오.

풀이 $X < 160$이므로 $Y = 6 + 0.15X = 6 + 0.15 \times 60 = 15\,mm$

해답 $15\,mm$

해설 개구부의 간격
$Y = 6 + 0.15X$(단, $X > 160\,mm$이면 $Y = 30\,mm$이다.)
여기서, X : 가드와 위험점 간의 거리
Y : 가드의 개구부 간격

09 산업안전보건법령에 따라 사업주가 누전차단기를 설치하거나 적용하지 않아도 되는 경우를 3가지 쓰시오.

해답 ① 이중 절연 구조 또는 이와 동등 이상으로 보호되는 전동기계나 기구
② 비접지 방식의 전로
③ 절연대 위 등과 같이 감전 위험이 없는 장소에서 사용하는 전기기계·기구의 금속체

10 프로판(C₃H₈)의 연소에 필요한 최소 산소농도의 값을 구하시오. (단, 프로판의 폭발하한은 Jone식에 의해 추산한다.)

풀이 ① Jones식에 의한 폭발하한계

프로판(C_3H_8)에서 탄소(n)=3, 수소(m)=8, 할로겐(f)=0, 산소(λ)=0이므로

$$C_{st} = \frac{100}{1+4.773\left(n+\dfrac{m-f-2\lambda}{4}\right)} = \frac{100}{1+4.773\left(3+\dfrac{8-0-2\times 0}{4}\right)} \fallingdotseq 4.02\,\text{vol\%}$$

폭발하한계 $= 0.55 \times C_{st} = 0.55 \times 4.02$

$\fallingdotseq 2.21\,\text{vol\%}$

② 최소 산소농도(MOC)

프로판 연소식 : $1C_3H_8 + 5O_2 = 3CO_2 + 4H_2O$ (1, 5, 3, 4는 몰수)

$$MOC = \text{폭발하한계} \times \frac{\text{산소 몰수}}{\text{연료 몰수}} = 2.21 \times \frac{5}{1}$$

$= 11.05\,\text{vol\%}$

해답 $11.05\,\text{vol\%}$

11 강관을 사용하여 비계를 구성하는 강관비계의 설치기준을 4가지 쓰시오.

해답 ① 비계 기둥의 간격은 띠장 방향에서는 1.85 m 이하, 장선 방향에서는 1.5 m 이하로 한다.

② 띠장 간격은 2.0 m 이하로 한다.

③ 비계 기둥의 제일 윗부분으로부터 31 m되는 지점 밑부분의 비계 기둥은 2개의 강관으로 묶어 세워야 한다.

④ 비계 기둥 간의 적재하중은 400 kg을 초과하지 않도록 한다.

12 사업주가 차량계 하역운반기계에 단위화물의 무게가 100 kg 이상인 화물을 싣거나 내리는 작업을 할 경우, 해당 작업의 지휘자가 준수해야 할 사항을 3가지 쓰시오.

해답 ① 작업순서와 그 순서에 따른 작업방법을 정하여 작업을 지휘한다.

② 기구와 공구를 점검하고 불량품을 제거한다.

③ 해당 작업을 수행하는 장소에 관계자가 아닌 사람이 출입하지 않도록 한다.

④ 로프 풀기 작업이나 덮개 벗기기 작업은 적재함의 화물이 떨어질 위험이 없는지 확인한 후 실시한다.

13 유해·위험방지 계획서를 고용노동부장관에게 제출하고 심사를 받아야 하는 대상 건설공사 기준을 4가지 쓰시오.

해답 ① 깊이 10m 이상인 굴착공사

② 연면적 5000m² 이상인 냉동·냉장 창고시설의 설비공사 및 단열공사

③ 최대 지간길이가 50m 이상인 교량건설 등의 공사

④ 터널건설 등의 공사

⑤ 다목적댐, 발전용댐 및 저수용량 2천만 톤 이상의 용수 전용댐, 지방 상수도 전용댐 건설 등의 공사

⑥ 시설 등의 건설·개조 또는 해체공사

• 지상높이가 31m 이상인 건축물 또는 인공구조물

• 연면적 30000m² 이상인 건축물

• 연면적 5000m² 이상인 시설(문화 및 집회시설, 운수시설, 종교시설, 의료시설 중 종합병원, 숙박시설 중 관광숙박시설, 판매시설, 지하도상가, 냉동·냉장창고시설)

01 산업안전보건법상 안전관리자의 직무 5가지를 쓰시오.

해답 ① 사업장 안전교육계획의 수립 및 안전교육 실시에 관한 보좌 및 조언·지도
② 사업장 순회점검 지도 및 조치의 건의
③ 산업재해 발생의 원인 조사·분석 및 재발 방지를 위한 기술적 보좌 및 조언·지도
④ 산업재해에 관한 통계의 유지·관리 및 분석을 위한 보좌 및 조언·지도
⑤ 안전인증 대상 기계·기구 등과 자율안전확인 대상 기계·기구 등 구입 시 적격품 선정에 관한 보좌 및 조언·지도
⑥ 위험성 평가에 관한 보좌 및 조언·지도
⑦ 안전에 관한 사항의 이행에 관한 보좌 및 조언·지도
⑧ 산업안전보건위원회 또는 노사협의체, 안전보건관리규정 및 취업규칙에서 정한 직무
⑨ 업무수행 내용의 기록·유지
⑩ 기타 안전에 관한 사항으로 노동부장관이 정하는 사항

02 강도율이 5.5라 함은 연 근로시간 몇 시간 중 재해로 인한 근로손실이 110일 발생하였음을 의미하는가?

풀이 ① 강도율 $= \dfrac{\text{근로손실일수}}{\text{총근로시간 수}} \times 1000$

② 총근로시간 수 $= \dfrac{\text{근로손실일수}}{\text{강도율}} \times 1000 = \dfrac{110}{5.5} \times 1000 = 20000$시간

해답 20000시간

03 분진 등을 배출하기 위해 설치하는 국소배기장치(이동식은 제외)의 덕트는 기준에 맞도록 설치해야 한다. 이때 고려해야 할 사항을 4가지 쓰시오.

해답 ① 덕트의 길이는 가능하면 짧게 하고, 굴곡부의 수는 적게 할 것
② 접속부의 안쪽은 돌출된 부분이 없도록 할 것
③ 청소구를 설치하여 청소하기 쉬운 구조로 할 것
④ 덕트 내부에 오염물질이 쌓이지 않도록 이송 속도를 유지할 것
⑤ 연결 부위 등에서 외부 공기가 들어오지 않도록 할 것

04 산업안전보건법상 관리감독자의 정기안전 · 보건교육 내용을 5가지 쓰시오.

해답 ① 산업안전 및 사고 예방에 관한 사항
② 직무 스트레스 예방 및 관리에 관한 사항
③ 작업공정의 유해 · 위험과 재해 예방대책에 관한 사항
④ 표준안전 작업방법 및 지도요령에 관한 사항
⑤ 관리감독자의 역할과 임무에 관한 사항
⑥ 유해 · 위험 작업환경 관리에 관한 사항
⑦ 안전보건교육 능력배양에 관한 사항

05 인간에러의 원인이 되는 4M을 쓰고, 간단히 설명하시오.

해답 ① Man(인간) : 인간관계
② Machine(기계) : 인간공학적 설계
③ Media(매체) : 작업방법, 작업환경, 작업순서
④ Management(관리) : 안전기준의 정비, 법규준수

06 패스셋(path set)의 정의를 쓰시오.

해답 모든 기본사상이 발생하지 않을 때, 처음으로 정상사상이 발생하지 않는 기본사상의 집합

참고 컷셋(cut set) : 정상사상을 발생시키는 기본사상의 집합으로, 모든 기본사상이 발생할 때 정상사상을 발생시킬 수 있는 기본사상의 집합

07 산업용 로봇의 작동범위 내에서 해당 로봇에 대해 교시 등의 작업을 할 때, 예기치 못한 작동 및 오조작에 의한 위험을 방지하기 위해 수립해야 할 지침을 4가지 쓰시오.

해답 ① 로봇의 조작방법 및 순서
② 작업 중 매니퓰레이터의 속도
③ 2인 이상의 근로자가 작업할 때의 신호방법
④ 이상을 발견했을 때의 조치 및 로봇의 운전을 정지시킨 후 재가동할 때의 조치
⑤ 그 밖에 로봇의 예기치 못한 작동이나 오조작에 따른 위험을 방지하기 위해 필요한 조치

08 일반구조용 압연강판(SS400)으로 구조물을 설계할 때, 허용응력을 10kg/mm²로 설정하였다. 이때 안전율을 계산하시오.

풀이 SS400의 인장강도는 $400\,MPa$이며 허용응력 $10\,kg/mm^2 = 100\,MPa$이므로

$$안전율 = \frac{인장강도}{허용응력} = \frac{400}{100} = 4$$

해답 4

09 안전틈새(화염일주한계)의 정의를 쓰고, 내압 방폭구조의 폭발등급을 구분하여 쓰시오.

해답 (1) 안전틈새의 정의 : 용기 내에서 가스가 점화될 때, 틈새를 통해 불꽃(화염)이 외부로 전파되는 것을 방지하기 위해 설정된 한계틈새를 말한다.
(2) 내압 방폭구조의 폭발등급
  ① A등급 : 틈새가 0.9mm 이상
  ② B등급 : 틈새가 0.5mm 초과 0.9mm 미만
  ③ C등급 : 틈새가 0.5mm 이하

해설 내압 방폭구조의 폭발등급 분류

최대 안전틈새 범위	0.9mm 이상	0.5mm 초과 0.9mm 미만	0.5mm 이하
가연성 가스의 폭발등급	A	B	C
방폭 전기기기의 폭발등급	ⅡA	ⅡB	ⅡC

㈜ 최대 안전틈새(MESG)는 내용적이 8L이고 틈새깊이가 25mm인 표준용기 내에서 가스가 폭발할 때 발생한 화염이 외부로 전파되더라도 가연성 가스에 점화되지 않는 틈새의 최댓값을 말한다.

10 사업주는 지반의 붕괴, 구축물의 붕괴 또는 토석의 낙하 등으로 근로자가 위험해질 우려가 있을 때 붕괴 및 낙하로 인한 위험을 방지하기 위해 어떤 조치를 해야 하는지 3가지 쓰시오.

해답 ① 지반이 안전한 경사를 유지하도록 하고, 낙하 위험이 있는 토석은 제거하거나 옹벽, 흙막이 지보공 등을 설치한다.
② 지반이 붕괴되거나 토석의 낙하를 유발할 수 있는 빗물이나 지하수 등을 배제한다.
③ 갱 내에 낙반이나 측벽 붕괴의 위험이 있는 경우, 지보공을 설치하고 부석을 제거하는 등 필요한 조치를 한다.

11   이동전선에 접속하여 임시로 사용하는 전등, 가설 배선 또는 가공 매달기식 전등 등을 설치할 때 감전 및 전구의 파손에 의한 위험을 방지하기 위해 보호망을 부착해야 한다. 이들을 설치할 때 준수해야 할 사항 2가지를 쓰시오.

해답 ① 전구의 노출된 금속 부분에 근로자가 쉽게 접촉하지 않도록 할 것
② 재료는 쉽게 파손되거나 변형되지 않는 것으로 할 것

12   공정안전보고서의 공정위험성 평가서 및 잠재위험에 대한 사고예방과 피해 최소화를 위해 단위 공정에 적용해야 하는 위험성 평가기법을 6가지 쓰시오.

해답 ① 체크리스트(Check List)
② 상대위험순위 결정(Dow and Mond Indices)
③ 작업자 실수 분석(HEA)
④ 사고 예상 질문 분석(What-if)
⑤ 위험과 운전 분석(HAZOP)
⑥ 이상 위험도 분석(FMECA)
⑦ 결함수 분석(FTA)
⑧ 사건수 분석(ETA)
⑨ 원인결과 분석(CCA)

13   산업안전보건기준에 관한 규칙에서 리프트(자동차정비용 리프트를 포함한다)를 사용하여 작업을 할 때 작업시작 전 점검사항을 2가지 쓰시오.

해답 ① 방호장치 · 브레이크 및 클러치의 기능
② 와이어로프가 통하고 있는 곳의 상태

01 재해발생 시 조치 순서이다. 빈칸에 알맞은 내용을 쓰시오.

1단계	2단계	3단계	4단계	5단계
①	②	③	④	⑤

해답 ① 재해발생　　　　② 긴급조치
③ 재해조사　　　　④ 원인분석
⑤ 대책수립

02 유해·위험기계 등이 안전인증 기준에 적합한지 확인하기 위한 심사의 각 단계별 심사기간을 쓰시오.

해답 ① 예비심사 : 7일
② 서면심사 : 15일 (외국에서 제조한 경우는 30일)
③ 기술능력 및 생산체계 심사 : 30일 (외국에서 제조한 경우는 45일)
④ 제품심사
　• 개별 제품심사 : 15일　　　• 형식별 제품심사 : 30일

03 산업안전보건법에 따라 건설용 리프트·곤돌라를 이용한 작업의 특별안전보건교육 내용을 4가지 쓰시오.

해답 ① 방호장치의 기능 및 사용에 관한 사항
② 기계, 기구, 달기체인 및 와이어 등의 점검에 관한 사항
③ 화물의 권상·권하 작업방법 및 안전작업 지도에 관한 사항
④ 기계·기구의 특성 및 동작원리에 관한 사항
⑤ 신호방법 및 공동작업에 관한 사항
⑥ 기타 안전·보건 관리에 필요한 사항

04 목재 가공용 둥근톱기계에서 사용되는 반발예방장치의 종류를 3가지 쓰시오.

해답 ① 반발방지기구　　　　② 반발방지롤러
③ 분할날

05 일반적으로 인체에 가해지는 온도와 습도 및 기류 등의 외적 변수를 종합적으로 평가하는 데 불쾌지수라는 지표가 이용된다. 불쾌지수의 계산식이 다음과 같을 때 건구온도와 습구온도의 단위를 쓰시오.

> 불쾌지수＝0.72×(건구온도＋습구온도)＋40.6

해답 ℃(섭씨온도)

해설 온도 단위별 불쾌지수의 계산
① 섭씨온도를 사용할 경우
불쾌지수＝0.72×(건구온도＋습구온도)＋40.6
② 화씨온도를 사용할 경우
불쾌지수＝0.4×(건구온도＋습구온도)＋15

06 조작자 한 사람의 신뢰도가 0.98일 때, 요원을 중복하여 2인 1조로 작업을 진행하는 공정이 있다. 작업기간 동안 항상 요원이 지원된다면, 이 조의 인간 신뢰도를 구하시오.

풀이 인간 신뢰도＝$1-(1-0.98)^2 ≒0.99$

해답 0.99

07 산업안전보건법에 따라 사업주가 사업장에서 승강기의 설치, 조립, 수리, 점검 또는 해체작업을 할 때 준수해야 할 조치사항을 3가지 쓰시오.

해답 ① 작업을 지휘할 사람을 선임하고, 그 사람의 지휘하에 작업을 수행할 것
② 작업구역에 관계자 외 출입을 금지하고, 이를 알리는 표지판을 보기 쉬운 장소에 게시할 것
③ 비, 눈 등 기상상태가 불안정하여 날씨가 매우 나쁠 때 작업을 중지할 것

08 다음은 감전 방지용 누전차단기에 관한 내용이다. (   ) 안에 알맞은 내용을 쓰시오.

> • 누전차단기는 (①), 트립장치, 개폐기구 등으로 구성된다.
> • 중감도형 누전차단기는 정격감도 전류가 50mA ~ (②)이나.
> • 시연형 누전차단기는 동작시간이 0.1초를 초과하여 (③) 이내에 작동해야 한다.

해답 ① 지락검출장치   ② 1000mA   ③ 2초

09 수평거리가 20 m이고 높이가 5 m일 때 지게차의 안정도를 계산하시오.

풀이 안정도 $=\dfrac{\text{높이}}{\text{수평거리}}\times 100=\dfrac{5}{20}\times 100=25\%$

해답 25%

10 지반의 상태를 파악하기 위한 보링 방법의 종류를 4가지 쓰시오.

해답 ① 오거 보링
② 수세식 보링
③ 회전식 보링
④ 충격식 보링

해설 ① 오거 보링 : 지표면 근처의 시료를 채취하거나 얕은 지반을 조사할 때 사용하는 방법으로, 깊이 10 m 이내의 토사를 채취하는 데 사용된다.
② 수세식 보링 : 깊이 30 m 내외의 연질층을 조사할 때 사용하는 방법으로, 이중관을 이용하여 충격을 주며 물을 뿜어 파낸 흙을 배출하고 침전시켜 토질을 판별하는 방식이다.
③ 회전식 보링 : 날을 회전시켜 천공하는 방법으로, 자연 상태에 가까운 시료를 채취할 수 있다. 연속적으로 시료를 채취할 수 있어 지층의 변화를 비교적 정확하게 파악할 수 있다.
④ 충격식 보링 : 와이어로프 끝에 충격날을 부착하여 상하 충격을 가해 천공하는 방법으로, 토사뿐만 아니라 암석에서도 사용할 수 있다.

11 방진마스크는 3개의 등급으로 나뉜다. 그중 특급에 해당하는 사용장소 2곳을 쓰시오.

해답 ① 베릴륨 등과 같이 독성이 강한 물질들을 함유한 분진 등이 발생하는 장소
② 석면 취급장소

해설 ⑴ 1급 방진마스크 사용장소
① 특급 마스크 착용장소를 제외한 분진 등이 발생하는 장소
② 금속 흄 등과 같이 열적으로 생기는 분진 등이 발생하는 장소
③ 기계적으로 생기는 분진 등이 발생하는 장소
⑵ 2급 방진마스크 사용장소 : 특급 및 1급 마스크 착용장소를 제외한 분진 등이 발생하는 장소

참고 배기밸브가 없는 안면부 여과식 마스크는 특급 및 1급 장소에 사용해서는 안 된다.

12 고체연소의 물질 그 자체가 연소하는 형태를 각각 2가지씩 쓰시오.

(1) 표면연소 :
(2) 분해연소 :
(3) 증발연소 :
(4) 자기연소 :

해답 (1) ① 목탄　② 코크스
　　　(2) ① 석탄　② 플라스틱　③ 목재
　　　(3) ① 황　② 나프탈렌
　　　(4) ① 다이너마이트　② 니트로화합물

13 산업안전보건기준에 관한 규칙에 따라 아세틸렌 용접장치를 사용하는 금속의 용접, 용단 또는 가열 작업을 할 때, 아세틸렌 용접장치의 취급에 종사하는 근로자로 하여금 준수하도록 해야 할 작업요령을 4가지 쓰시오.

해답 ① 사용 중인 발생기에 불꽃을 발생시킬 우려가 있는 공구를 사용하거나 그 발생기에 충격을 가하지 않도록 할 것
② 아세틸렌 용접장치의 가스 누출을 점검할 경우에는 비눗물을 사용하는 등 안전한 방법으로 할 것
③ 발생기실의 출입구 문을 열어 두지 않도록 할 것
④ 이동식 아세틸렌 용접장치의 발생기에 카바이드를 교환할 경우에는 옥외의 안전한 장소에서 할 것

참고 아세틸렌 용접장치 또는 가스집합 용접장치를 사용하는 금속의 용접·용단 또는 가열작업의 특별교육 대상 작업별 교육내용
① 용접 흄, 분진 및 유해광선 등의 유해성에 관한 사항
② 가스용접기, 압력조정기, 호스 및 취관두(불꽃이 나오는 용접기의 앞부분) 등의 기기 점검에 관한 사항
③ 작업방법·순서 및 응급처치에 관한 사항
④ 안전기 및 보호구 취급에 관한 사항
⑤ 화재예방 및 초기 대응에 관한 사항
⑥ 그 밖에 안전·보건관리에 필요한 사항

01 산업안전보건법상 사업장에서 실시해야 하는 안전교육 중 정기교육에 대한 교육시간을 쓰시오.

(1) 사무직 종사 근로자 :
(2) 사무직 종사자 외의 근로자(판매업무에 직접 종사하는 근로자) :
(3) 사무직 종사자 외의 근로자(판매업무 직접 종사자 외 근로자) :
(4) 관리감독자의 지위에 있는 사람 :

해답 (1) 매반기 6시간 이상　　　　(2) 매반기 6시간 이상
　　　(3) 매반기 12시간 이상　　　(4) 연간 16시간 이상

참고 신규채용 시 교육시간

교육대상	교육시간
일용근로자 및 근로계약기간이 1주일 이하인 기간제 근로자	1시간 이상
근로계약기간이 1주일 초과 1개월 이하인 기간제 근로자	4시간 이상
그 밖의 근로자(관리감독자 포함)	8시간 이상

02 산업안전보건법령상 안전·보건표지에서 관계자 외 출입금지와 문자 추가 시 예시문을 구분하여 명칭을 쓰시오.

관계자 외 출입금지 (허가물질 명칭) 제조/사용/보관 중 보호구/보호복 착용 흡연 및 음식물 섭취 금지 (①)	관계자 외 출입금지 석면 취급/해체 중 보호구/보호복 착용 흡연 및 음식물 섭취 금지 (②)	관계자 외 출입금지 발암물질 취급 중 보호구/보호복 착용 흡연 및 음식물 섭취 금지 (③)

해답 ① 허가대상 물질 작업장　　② 석면 취급·해체 작업장
　　　③ 발암물질 취급 작업장

03 산업안전보건위원회와 노사협의체의 정기회의 및 임시회의의 개최기간을 쓰시오.

산업안전보건위원회의 운영		노사협의체의 운영	
정기회의	①	정기회의	②
임시회의	③	임시회의	④

해답 ① 분기마다
② 2개월마다
③ 위원장이 필요하다고 인정할 때
④ 위원장이 필요하다고 인정할 때

04 다음 [조건]에 따른 작업에서 1시간의 총작업시간 내에 포함시켜야 하는 휴식시간을
계산하시오.

- 작업 시 평균에너지 소비량 : 4.7kcal/min
- 작업에 대한 평균에너지 소비량 : 4kcal/min
- 1시간 휴식시간 중 에너지 소비량 : 2kcal/min

풀이 휴식시간 $R = \dfrac{60(작업에너지 - 평균에너지)}{작업에너지 - 소비에너지} = \dfrac{60(4.7-4)}{4.7-2} ≒ 15.6분$

해답 15.6분

05 다음 충전 전로에서의 촬선작업 시 접근 한계거리를 나타낸 표이다. 표의 빈칸을 채우
시오.

충전 전로의 전압(kV)	접근 한계거리(cm)	충전 전로의 전압(kV)	접근 한계거리(cm)
0.3 이하	접촉 금지	37 초과 88 이하	⑤
0.3 초과 0.75 이하	①	88 초과 121 이하	⑥
0.75 초과 2 이하	②	121 초과 145 이하	⑦
2 초과 15 이하	③	145 초과 169 이하	⑧
15 초과 37 이하	④	169 초과 242 이하	⑨

해답 ① 30 ② 45 ③ 60 ④ 90 ⑤ 110 ⑥ 130 ⑦ 150 ⑧ 170 ⑨ 230

06 다음 설명에 해당하는 FTA 논리기호의 명칭을 쓰시오.

(1) 게이트의 출력사상은 하나의 입력사상에 의해 발생하며, 조건이 충족되면 출력이 발생하고 조건이 충족되지 않으면 출력이 발생하지 않는다.
(2) 입력과 반대현상의 출력사상이 발생한다.

해답 (1) 억제 게이트
② 부정 게이트

해설 ① 억제 게이트는 입력 조건이 충족되어야 출력이 발생하는 논리적 특성을 가지며, 조건이 충족되지 않으면 출력이 발생하지 않는 게이트이다.
② 부정 게이트는 입력과 반대되는 현상이 발생하는 논리기호이다.

07 보일러의 장해 및 사고의 원인 4가지를 쓰고, 각각 설명하시오.

해답 ① 프라이밍 : 보일러의 과부하로 보일러수가 과도하게 끓어 물방울이 튀고, 증기에 물방울이 많이 포함되어 정확한 수위 판단이 어려운 현상이다.
② 포밍 : 보일러수에 불순물이 농축되면서 수면에 거품층이 형성되어 수위가 불안정해지는 현상이다.
③ 수격현상(워터 해머) : 배관 내의 물이 급격히 압력을 받으면서 배관을 강하게 치는 현상으로, 캐리오버에 의해 발생한다.
④ 캐리오버 : 보일러 증기에 다량의 물방울이 포함되는 현상으로, 프라이밍과 포밍을 유발한다.

08 분진폭발 위험장소를 20종, 21종, 22종으로 구분하여 설명하시오.

해답 ① 20종 장소 : 공기 중에 가연성 폭발성 분진운이 연속적으로 존재하여 폭발성 분진 분위기가 항상 형성되는 장소이다.
② 21종 장소 : 공기 중에 가연성 폭발성 분진운이 운전 중 가끔 발생하여 폭발성 분진 분위기가 형성되는 장소이다.
③ 22종 장소 : 공기 중에 가연성 폭발성 분진운이 운전 중 거의 발생하지 않으며, 만약 발생하더라도 단기간만 존재하는 장소이다.

참고 가스폭발 위험장소
① 0종 장소 : 폭발성 가스가 지속적으로 존재하는 장소
② 1종 장소 : 폭발성 가스가 가끔 누출되어 위험 분위기가 형성될 수 있는 장소
③ 2종 장소 : 폭발성 가스가 일시적으로 누출될 수 있는 장소

09 | 인체 계측자료를 장비나 설비의 설계에 응용하는 경우 활용되는 3가지 원칙을 쓰시오.

> **해답** ① 극단치 설계 : 최대 · 최소 치수를 기준으로 한 설계
> ② 조절식 설계 : 크고 작은 다양한 사람들에게 맞도록 조절 가능한 설계
> ③ 평균치 설계 : 평균치를 기준으로 한 설계

10 | 사업주가 거푸집 동바리 등을 조립할 경우 준수해야 할 안전조치사항 4가지를 쓰시오.

> **해답** ① 깔목 사용, 콘크리트 타설, 말뚝박기 등 동바리의 침하를 방지하기 위한 조치를 한다.
> ② 개구부 상부에 동바리를 설치할 경우에는 상부하중을 견딜 수 있는 견고한 받침대를 설치한다.
> ③ 동바리의 상하 고정 및 미끄러짐 방지조치를 하고, 하중의 지지상태를 유지한다.
> ④ 동바리의 이음은 맞댄이음이나 장부이음으로 하고, 동일한 품질의 재료를 사용한다.
> ⑤ 강재와 강재의 접속부 및 교차부는 볼트, 클램프 등 전용 철물을 사용하여 단단히 연결한다.
> ⑥ 거푸집이 곡면일 경우에는 버팀대 부착 등을 통해 거푸집의 부상을 방지한다.

11 | 산업안전보건관리비 계상을 위한 대상액이 56억 원인 교량공사의 산업안전보건관리비를 계산하시오. (단, 일반건설공사(갑)에 해당한다.)

> **풀이** 산업안전보건관리비 = 대상액 × 계상 기준표의 비율
> = 56억 원 × 0.0197
> = 110,320,000원
> **해답** 110,320천 원

12 | 산업안전보건법에 따라 사업주가 준수해야 할 의무를 2가지 쓰시오.

> **해답** ① 해당 사업장의 안전과 보건에 관한 정보를 근로자에게 제공하고, 근로자의 안전과 건강을 유지 · 증진시키며, 국가의 산업재해 예방시책에 따라야 한다.
> ② 건설물을 설계하거나 건설하는 자는 설계, 제조, 수입 또는 건설 과정에서 해당 물건을 사용함으로써 발생하는 산업재해를 방지하기 위해 필요한 조치를 취해야 한다.

13 사업주는 과압에 따른 폭발을 방지하기 위해 폭발방지 성능과 규격을 갖춘 안전밸브 또는 파열판을 설치해야 한다. 이때 설치가 필요한 화학설비의 종류를 5가지 쓰시오.

해답 ① 압력용기(안지름이 150 mm 이하인 압력용기는 제외)
② 정변위 압축기
③ 정변위 펌프(토출축에 차단밸브가 설치된 경우만 해당)
④ 배관
⑤ 기타 화학설비 및 부속설비로서 최고 사용압력을 초과할 우려가 있는 것

참고 안전밸브 설치기준
① 압력상승의 우려가 있는 경우
② 반응 생성물에 따라 안전밸브 설치가 적절한 경우
③ 열팽창으로 인한 압력상승을 방지해야 하는 경우

01 다음 그림이 의미하는 재해발생 형태를 각각 쓰시오.

(1) 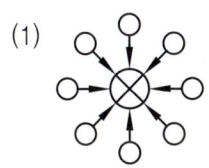　　　　　(2)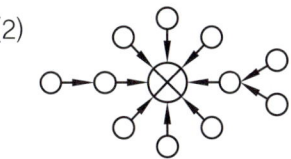

해답 (1) 단순자극형(집중형)　　　(2) 복합형

해설 재해발생의 형태(그 외)

① 단순연쇄형 : ○→○→○→○→⊗

② 복합연쇄형 :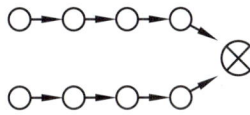

02 다음은 피로를 측정하는 3가지 방법이다. 그 예를 각각 3가지씩 제시하시오.

(1) 심리적인 방법 :
(2) 생리학적인 방법 :
(3) 생화학적인 빙법 :

해답 (1) ① 연속반응시간　② 변별 역치　③ 정신작업　④ 피부저항
　　　(2) ① 근력　② 근활동　③ 호흡순환 기능　④ 대뇌피질 활동
　　　(3) ① 혈색소 농도　② 요단백　③ 혈액의 수분

03 5000개의 베어링을 품질 검사한 결과 400개의 불량품이 발견되었으나, 실제로는 1000개의 불량 베어링이 존재하였다. 이러한 상황에서 HEP(Human Error Probability)를 구하시오.

풀이 인간 과오 확률(HEP)$=\dfrac{\text{인간 실수의 수}}{\text{실수 발생의 전체 기회 수}}=\dfrac{1000-400}{5000}=0.12$

해답 0.12

04 재해의 원인 분석법 중 통계에 의한 분석방법을 쓰시오.

> - (①) : 재해발생 건수 등을 시간에 따라 대략적으로 파악한다.
> - (②) : 사고 유형, 기인물 등을 큰 값에서 작은 값 순서로 도표화한다.
> - (③) : 특성의 원인를 연계하여 상호관계를 어골상으로 세분하여 분석한다.
> - (④) : 2가지 이상의 요인이 상호관계를 유지할 때 문제점을 분석한다.

해답 ① 관리도(control chart)
② 파레토도(pareto chart)
③ 특성요인도(cause and effect diagram)
④ 클로즈 분석도(close analysis diagram)

05 다음 FT도에서 최소 컷셋을 구하시오.

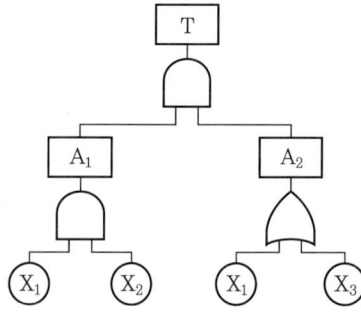

풀이 $T=A_1 \cdot A_2 = (X_1 X_2)\begin{pmatrix} X_1 \\ X_3 \end{pmatrix}$

$= (X_1 X_2 X_1)(X_1 X_2 X_3)$

$= (X_1 X_2)(X_1 X_2 X_3)$

컷셋 : $\{X_1, X_2\}$, $\{X_1, X_2, X_3\}$

최소 컷셋 : $\{X_1, X_2\}$

해답 $\{X_1, X_2\}$

06 저항값이 0.1Ω인 도체에 10A의 전류가 1분간 흘렀을 때 발생하는 열량을 계산하면 몇 cal인지 구하시오.

풀이 $Q = 0.24 I^2 RT = 0.24 \times 10^2 \times 0.1 \times 60 = 144 \, \text{cal}$

해답 144 cal

해설 발열량 $Q=0.24I^2RT$

여기서, I : 전류(A), R : 저항(Ω), T : 시간(s)

---

07 설비 진단방법에 있어 다음에 해당하는 비파괴검사 방법을 쓰시오.

(1) 짧은 파장의 음파를 검사물의 내부에 입사시켜 내부 결함을 검출하는 방법
(2) 강자성체의 표면을 자화시켜 누설 자장이 형성된 부위에 자분을 도포함으로써 자분이 흡착되는 원리를 이용하여 육안으로 결함을 검출하는 방법

해답 (1) 초음파 탐상검사   (2) 자분 탐상시험

해설 비파괴검사(그 외)

① 방사선 투과검사 : 물체에 X선, γ선을 투과하여 물체의 내부 결함을 검출하는 방법
② 액체침투 탐상시험 : 침투액과 현상액을 이용하여 부품 표면에 있는 결함을 눈으로 관찰하는 방법
③ 음향 탐상시험 : 재료가 변형될 때 외부 응력이나 내부 변형과정에서 방출되는 낮은 응력파를 감지하여 측정 분석하는 방법

---

08 다음에 해당하는 허용 농도의 약어를 쓰시오.

(1) 시간가중 평균치(평균농도)
(2) 단시간 노출 허용기준
(3) 1일 동안 잠시라도 노출되어서는 안 되는 기준

해답 (1) TLV-TWA   (2) TLV-STEL
(3) TLV-C

---

09 잠함 또는 우물통 내부에서 굴착작업을 할 때의 준수사항을 3가지 쓰시오.

해답 ① 굴착 깊이가 20 m를 초과하는 경우에는 해당 작업장소와 외부와의 연락을 원활히 하기 위해 통신설비 등을 설치해야 한다.
② 산소결핍의 우려가 있는 경우에는 산소농도를 측정할 책임자를 지명하여 측정하게 한다.
③ 근로자가 안전하게 승강할 수 있도록 승강용 설비를 설치해야 한다.
④ 측정 결과 산소결핍이 확인되면 송기설비를 설치하여 필요한 양의 공기를 공급해야 한다.

10 크레인 로프에 2t의 중량을 걸어 20m/s의 가속도로 감아올릴 때 로프에 걸리는 총하중을 계산하시오.

풀이 $W = W_1 + W_2 = 2000 + \dfrac{2000}{9.8} \times 20 = 2000 + 4081.63 ≒ 6082\,kg$

$= 6082\,kg \times 9.8 = 59603.6\,N ≒ 59.6\,kN$

해답 59.6kN

해설 총하중 $W = W_1 + W_2 = W_1 + \dfrac{W_1}{g} \times a$

여기서, W_1 : 정하중(kg), W_2 : 동하중(kg)

g : 중력가속도($9.8\,m/s^2$), a : 가속도(m/s^2)

11 대기 중에 구름 형태로 모여 바람, 대류 등의 영향으로 움직이다가 점화원에 의해 순간적으로 폭발하는 현상을 무엇이라 하는지 쓰시오.

해답 증기운 폭발(UVCE)

해설 UVCE
① 증기운 폭발은 BLEVE보다 폭발효율이 작다.
② 증기운의 크기가 증가하면 점화확률이 높아진다.
③ 증기운 폭발의 방지대책으로 자동차단 밸브 설치, 위험물질의 노출방지, 가스 누설 여부를 확인한다.

참고 증기운 : 다량의 가연성 증기가 대기 중으로 급격히 방출되어 공기 중에 분산·확산되어 있는 상태를 말한다.

12 산업안전보건법에 따르면 보호구를 사용할 때는 안전인증을 받은 제품을 사용해야 한다. 안전인증대상 보호구를 8가지 쓰시오.

해답 ① 안전화 및 방진마스크
② 안전장갑 및 방독마스크
③ 송기마스크 및 전동식 호흡보호구
④ 보호복 및 용접용 보안면
⑤ 안전대
⑥ 방음용 귀마개 또는 귀덮개
⑦ 추락 및 감전 위험방지용 안전모
⑧ 차광 및 비산물 위험방지용 보안경

13　산업안전보건기준에 관한 규칙에 따라 위험물을 제조하거나 취급하는 작업을 할 때, 관리감독자가 유해 · 위험을 방지하기 위해 수행해야 할 직무 내용을 3가지 쓰시오.

해답　① 작업을 지휘하는 일
　　　② 위험물을 제조하거나 취급하는 설비 및 그 부속설비가 있는 장소의 온도, 습도, 차광 및 환기 상태 등을 수시로 점검하고, 이상을 발견하면 즉시 필요한 조치를 취하는 일
　　　③ 위의 조치사항을 기록하고 보관하는 일

참고　위험물의 특징
　　　① 물 또는 산소와 쉽게 반응한다.
　　　② 반응속도가 급격히 진행된다.
　　　③ 반응 시 발열량이 크다.
　　　④ 수소와 같은 가연성 가스를 발생시킨다.
　　　⑤ 화학적 구조 및 결합력이 매우 불안정하다.

01 하인리히 재해 구성비율 중 무상해 사고가 600건이라면 사망 또는 중상 발생 건수를 구하시오.

해답 2건

해설 하인리히의 법칙

하인리히의 법칙	$1 : 29 : 300$
$X \times 2$	$2 : 58 : 600$

무상해 사고 600건에 대해 사망 또는 중상 사고는 $1 : 300$의 비율로 발생하므로 사망 또는 중상 사고의 발생 건수는 $\dfrac{600}{300} = 2$건이다.

02 산업안전보건법상 안전인증 방호장치의 종류를 5가지 쓰시오.

해답 ① 프레스 및 전단기 방호장치
② 양중기용 과부하방지장치
③ 보일러 압력방출용 안전밸브
④ 압력용기 압력방출용 안전밸브
⑤ 압력용기 압력방출용 파열판
⑥ 절연용 방호구 및 활선작업용 기구
⑦ 방폭구조 전기기계 · 기구 및 부품

03 기억의 과정 4단계를 쓰고, 각각 간단히 설명하시오.

해답 ① 기명(1단계) : 사물이나 정보를 처음 받아들이고 마음에 인상을 남기는 단계
② 파지(2단계) : 받아들인 인상을 마음속에 간직하고 보존하는 단계
③ 재생(3단계) : 보존된 인상을 다시 의식 속으로 떠올리는 단계
④ 재인(4단계) : 과거에 경험했던 것과 유사한 상황에 부딪쳤을 때 그 기억을 떠올려 인식하는 단계

04 사무실에서 타자기 소리 때문에 대화 소리가 들리지 않는 현상을 무엇이라고 하는지 쓰시오.

해답 차폐(masking, 은폐)현상

해설 차폐현상은 높은 음과 낮은 음이 공존할 때 낮은 음이 강한 음에 가로막혀 감도가 감소되는 현상, 즉 하나의 신호나 자극이 다른 신호나 자극에 의해 가려지거나 잘 인식되지 않는 현상을 말한다.

---

05 다음은 안전·보건표지의 색채 및 용도를 나타낸 표이다. 빈칸을 채우시오.

색채	색도기준	용도	색의 용도
①	7.5R 4/14	금지	정지신호, 소화설비 및 그 장소, 유해행위 금지
		경고	②
노란색	③	경고	화학물질 취급장소의 유해·위험 경고 이외의 위험 경고, 주의표지
파란색	2.5PB 4/10	④	⑤
녹색	2.5G 4/10	안내	⑥

해답 ① 빨간색 ② 화학물질 취급장소의 유해·위험 경고 ③ 5Y 8.5/12
④ 지시 ⑤ 특정 행위의 지시 및 사실의 고지
⑥ 비상구 및 피난소, 사람 또는 차량의 통행표지

---

06 다음은 연삭숫돌 사용 시 안전을 위한 시운전 절차에 관한 내용이다. (   ) 안에 알맞은 시간을 쓰시오.

> 연삭숫돌을 사용하는 경우, 직업시직 진 (①) 이상 시운전을 실시해야 하며, 연삭숫놀을 교체한 후에는 (②) 이상 시운전을 통해 이상 유무를 확인해야 한다.

해답 ① 1분 ② 3분

---

07 고압 전선로 인근에서 항타기 및 항발기 작업을 할 때, 준수해야 할 안전작업수칙 3가지를 쓰시오.

해답 ① 고압 전선과 최대한 이격거리를 확보한다.
② 감전 위험을 방지하기 위한 울타리를 설치한다.
③ 해당 충전 전로에 절연용 방호구를 설치한다.
④ 감시인을 배치하여 작업을 감시하도록 한다.

08 화학물질 및 물리적 인자의 노출기준에서 정한 유해인자에 대한 노출기준의 표시단위를 각각 쓰시오.

(1) 가스 및 증기의 노출기준 표시단위 :
(2) 고온의 노출기준 표시단위 :
(3) 분진 및 미스트 등 에어로졸의 노출기준 표시단위 :
(4) 소음의 크기를 나타내는 단위 :

해답 (1) ppm
(2) WBGT
(3) mg/m^3
(4) dB(A)

09 작업 발판의 설치기준을 5가지 쓰시오.

해답 ① 작업 발판의 폭은 40 cm 이상으로 할 것
② 작업 발판 재료 간의 틈은 3 cm 이하로 할 것
③ 발판 재료는 작업 시 하중을 견딜 수 있도록 견고한 것으로 할 것
④ 추락의 위험이 있는 장소에는 반드시 안전난간을 설치할 것
⑤ 작업 발판이 뒤집히거나 떨어지지 않도록 2개 이상의 지지물에 연결하거나 고정시킬 것
⑥ 작업 발판을 작업에 따라 이동시킬 경우에는 위험 방지에 필요한 조치를 취할 것

10 터널공사의 전기 발파작업에 대한 주요 내용을 3가지 쓰시오.

해답 ① 전선은 점화하기 전에 화약류를 충전한 장소로부터 30 m 이상 떨어진 안전한 장소에서 도통시험과 저항시험을 해야 한다.
② 점화할 때는 충분한 허용량을 갖춘 발파기를 사용하고, 반드시 규정된 스위치를 사용해야 한다.
③ 발파가 끝난 후에는 발파기와 발파 모선을 분리하여 재점화되지 않도록 한다.
④ 점화는 선임된 발파책임자가 진행하며, 발파기의 핸들을 점화할 때 이외에는 시건장치를 하거나 모선을 분리하여 발파책임자의 엄중한 관리하에 두어야 한다.

11 저항 20Ω인 전열기에 5A의 전류가 1시간 동안 흘렀을 때 몇 kcal의 열량이 발생하는지 구하시오.

풀이 $Q=0.24I^2RT=0.24\times5^2\times20\times60\times60=432000\,cal=432\,kcal$

해답 $432\,kcal$

해설 발열량 $Q=I^2RT$

여기서, I : 전류(A), R : 저항(Ω), T : 시간(s)

12 다음 용도 및 사용 장소에 알맞은 경고표지를 쓰시오.

- 낙석(돌) 및 블록 등 물체가 떨어질 우려가 있는 장소 : (①)
- 경사진 통로 입구, 미끄러운 장소 : (②)
- 휘발유 등 화기의 취급을 극히 주의해야 하는 물질이 있는 장소 : (③)
- 폭발성 물질이 있는 장소 : (④)

해답 ① 낙하물 경고표지
② 몸 균형 상실 경고표지
③ 인화성 물질 경고표지
④ 폭발성 물질 경고표지

13 보호구 안전인증 고시에 따른 가죽제 안전화의 성능시험 방법을 4가지 쓰시오.

해답 ① 내답발성 시험
② 박리저항 시험
③ 내충격성 시험
④ 내압박성 시험
⑤ 내유성 시험
⑥ 내부식성 시험

기출문제를 재구성한 **필답형** 실전문제 *12*

>>> **제1회** <<<

01 산업안전보건법에 따라 안전보건관리책임자를 보좌하고 관리감독자에게 지도 · 조언하는 업무를 수행하는 안전관리자를 두어야 한다. 다음 각 경우에 필요한 안전관리자의 최소 인원을 쓰시오.

(1) 상시근로자 수 300명인 고무제품 제조업 :
(2) 총공사 금액 700억 원인 건설업 :

해답 (1) 1명
(2) 1명

참고 ① 상시근로자 수 600명인 펄프 제조업 : 2명
② 상시근로자 수 500명인 우편 및 통신업 : 1명

02 안전관리에 있어 5C 운동(안전행동 실천운동)에 대해 쓰시오.

해답 ① 복장 단정(Correctness)
② 정리 정돈(Clearance)
③ 청소 청결(Cleaning)
④ 점검 확인(Checking)
⑤ 전심 전력(Concentration)

03 O.J.T 교육의 특징을 4가지 쓰시오.

해답 ① 개개인의 업무능력에 적합하고 자세한 교육이 가능하다.
② 작업장에 맞는 구체적인 훈련이 가능하다.
③ 즉시 현 업무에 적용되므로 몸으로 체득할 수 있다.
④ 훈련에 필요한 업무의 연속성이 끊어지지 않아야 한다.
⑤ 훈련의 효과가 바로 업무에 나타나며 훈련의 효과에 따라 개선이 쉽다.
⑥ 교육을 통하여 상사와 부하 간의 의사소통과 신뢰감이 깊어진다.

04 동기부여의 이론 중 매슬로의 욕구위계이론 5단계와 알더퍼의 ERG 이론을 비교한 표이다. 빈칸에 알맞은 내용을 쓰시오.

구분	욕구위계이론	ERG 이론
제1단계	생리적 욕구	④
제2단계	①	
제3단계	②	⑤
제4단계	③	
제5단계	자아실현의 욕구	⑥

해답 ① 안전의 욕구   ② 사회적 욕구   ③ 존경의 욕구
　　　④ 생존 욕구   ⑤ 관계 욕구   ⑥ 성장 욕구

05 시각적 표시장치보다 청각적 표시장치를 사용하는 것이 더 유리한 상황을 설명하는 특성을 5가지 쓰시오.

해답 ① 메시지가 짧고 간단할 때
　　　② 메시지가 재참조되지 않을 때
　　　③ 메시지가 시간적인 사상을 다룰 때
　　　④ 수신자의 시각 계통이 과부하 상태일 때
　　　⑤ 주위 장소가 밝거나 암조응일 때
　　　⑥ 메시지에 대한 즉각적인 행동을 요구할 때
　　　⑦ 수신자가 자주 움직일 때
해설 암조응은 어두운 환경에 눈이 적응하는 과정을 의미하는 용어로, 암조응 상태에서는 눈이 빛에 더 민감해져서 미세한 광점도 더 쉽게 인식된다.

06 위험물질을 제조하거나 취급하는 작업장의 건축물에 출입구 외 안전한 장소로 대피할 수 있는 비상구를 1개 이상 설치해야 하는 구조 조건을 2가지 쓰시오.

해답 ① 출입구와 같은 방향에 있지 않고, 출입구로부터 3m 이상 떨어져 있을 것
　　　② 작업장의 각 부분으로부터 하나의 비상구 또는 출입구까지의 수평거리가 50m 이하가 되도록 할 것
　　　③ 비상구의 너비는 0.75m 이상으로 하고, 높이는 1.5m 이상으로 할 것
　　　④ 비상구의 문은 피난 방향으로 열리도록 하고, 실내에서 항상 열 수 있는 구조로 할 것

07 기계의 위험점을 6가지로 분류하여 쓰시오.

해답 ① 협착점
② 끼임점
③ 절단점
④ 물림점
⑤ 접선물림점
⑥ 회전말림점

08 산업안전보건법상 사업주는 과전류로 인한 재해를 방지하기 위해 과전류 차단장치를 설치해야 한다. 그 기준을 2가지 쓰시오.

해답 ① 과전류 차단장치는 반드시 접지선이 아닌 전로에 직렬로 연결하여, 과전류 발생 시 전로를 자동으로 차단하도록 설치해야 한다.
② 차단기와 퓨즈는 계통에서 발생하는 최대 과전류를 충분히 차단할 수 있는 성능을 가져야 한다.
③ 과전류 차단장치는 전기계통 내에서 상호 협조 및 보완되어 과전류를 효과적으로 차단할 수 있도록 해야 한다.

09 피뢰기의 제한전압이 800kV, 충격 절연강도가 1000kV일 때 보호 여유도를 구하시오.

풀이 $보호\ 여유도 = \dfrac{충격\ 절연강도 - 제한전압}{제한전압} \times 100 = \dfrac{1000 - 800}{800} \times 100 = 25\%$

해답 25%

10 지게차가 주행할 때 전후 및 좌우 안정도를 쓰시오.

(1) 주행 시 지게차의 좌우 안정도 :
(2) 주행 시 지게차의 전후 안정도 :

해답 (1) $(15 + 1.1V)\%$
(2) 18% 이내

참고 지게차의 안정도(그 외)
① 하역작업 시 좌우 안정도 : 6% 이내
② 하역작업 시 전후 안정도 : 4% 이내(5t 이상의 것은 3.5%)

11 다음은 산업안전보건기준에 관한 규칙에서 부식방지와 관련된 내용이다. (   ) 안에 알맞은 내용을 쓰시오.

> 사업주는 화학설비 또는 그 배관 중 위험물이나 인화점이 섭씨 60도 이상인 물질이 접촉하는 부분에 대해서는 위험물질 등의 영향으로 해당 부분이 부식되어 폭발, 화재 또는 누출이 발생하지 않도록 해야 한다. 이를 위해 사업주는 위험물질 등의 (①), (②), (③)에 따라 부식이 잘되지 않는 재료를 사용하거나 도장 등의 조치를 해야 한다.

[해답] ① 종류   ② 온도   ③ 농도

12 다음은 말비계를 조립하여 사용할 때의 준수사항이다. (   ) 안에 알맞게 쓰시오.

> • 지주부재와 수평면의 기울기를 (①) 이하로 하고 지주부재와 지주부재 사이를 고정시키는 보조부재를 설치할 것
> • 말비계 높이가 2m를 초과하는 경우에는 작업 발판의 폭을 (②) 이상으로 할 것

[해답] ① $75°$ ② $40\,cm$

[해설] 말비계 조립 시 준수사항
① 지주부재의 하단에는 미끄럼 방지장치를 설치하고, 근로자가 양측 끝부분에 올라서서 작업하지 않도록 할 것
② 지주부재와 수평면의 기울기를 $75°$ 이하로 유지하고, 지주부재와 지주부재 사이를 고정하는 보조부재를 설치할 것
③ 말비계의 높이가 2m를 초과하는 경우에는 작업 발판의 폭을 $40\,cm$ 이상으로 할 것

13 대통령령으로 정하는 안전보건 분야의 전문가 자격 요건을 3가지 쓰시오.

[해답] ① 건설안전 분야의 산업안전지도사 자격을 가진 사람
② 건설안전기술사 자격을 가진 사람
③ 건설안전기사 자격을 취득한 후 건설안전 분야에서 3년 이상의 실무경력이 있는 사람
④ 건설안전산업기사 자격을 취득한 후 건설안전 분야에서 5년 이상의 실무경력이 있는 사람

제2회

01 안전보건관리규정 작성 요건에 대한 설명이다. (   ) 안에 알맞은 내용을 쓰시오.

(1) 안전보건관리규정을 작성해야 할 사업은 상시근로자 (①) 이상을 이용하는 사업으로 한다.
(2) 안전보건관리규정을 작성하거나 변경할 때는 (②)의 심의·의결을 거쳐야 한다.
(3) 산업안전보건위원회가 설치되어 있지 않은 사업장의 경우에는 (③)의 동의를 받아야 한다.

해답 ① 100명
② 산업안전보건위원회
③ 근로자 대표

02 다음 설명에 해당하는 상해의 종류를 쓰시오.

(1) 창, 칼 등에 베인 상해
(2) 칼날이나 뾰족한 물체 등 날카로운 물건에 찔린 상해
(3) 화재 또는 고온 물질에 접촉하여 발생한 상해

해답 (1) 창상(베인 상해)
(2) 자상(찔린 상해)
(3) 화상

해설 상해의 종류와 특징
① 찰과상 : 스치거나 문질러서 피부가 벗겨진 상해
② 좌상 : 타박, 충돌, 추락 등으로 피부 표면보다는 피하조직 또는 근육을 다친 상해
③ 골절 : 뼈가 부러진 상해
④ 동상 : 저온 물질에 접촉하여 생긴 상해
⑤ 부종 : 몸이 붓는 증상
⑥ 절단(절상) : 신체 부위가 절단된 상해
⑦ 중독·질식 : 음식물, 약물, 가스 등에 의한 중독이나 질식된 상해
⑧ 익사 : 물에 빠져서 사망한 상해
⑨ 창상 : 창, 칼 등에 베인 상해
⑩ 자상 : 칼날이나 뾰족한 물체 등 날카로운 물건에 찔린 상해
⑪ 화상 : 화재 또는 고온 물질에 접촉하여 발생한 상해

03 감각 차단현상에 대하여 설명하시오.

해답 감각 차단현상은 단조로운 업무가 장시간 지속될 때 작업자의 감각기능 및 판단능력이 둔화 또는 마비되는 현상을 말한다.

04 인간의 실수(human errors)를 행동과정에 따라 5가지로 분류하고, 각 오류의 특징을 설명하시오.

해답 ① 입력 오류(input error) : 감지나 인식과정에서 발생하는 오류
② 정보처리 오류(information processing error) : 정보해석이나 판단과정에서 착각하는 오류
③ 출력 오류(output error) : 행동이나 작업을 수행하는 과정에서 발생하는 오류
④ 의사결정 오류(decision-making error) : 결정을 내리는 과정에서 발생하는 오류
⑤ 피드백 오류(feedback error) : 결과를 평가하거나 제어하는 과정에서 발생하는 오류

05 전기기기의 절연물의 종류에 따른 절연계급과 최고 허용온도를 쓰시오.

(1) 유리화수지, 메타크릴수지
(2) 멜라민수지, 페놀수지의 유기질
(3) 에폭시수지, 폴리우레탄수지

해답 (1) Y종(90℃)　　　　(2) E종(120℃)　　　　(3) F종(155℃)

06 감전사고를 방지하기 위한 대책을 5가지 쓰시오.

해답 ① 설비의 필요한 부분에 보호접지를 사용한다.
② 노출된 충전부에 절연용 방호구를 설치하고 충전부를 절연, 격리한다.
③ 안전전압 이하의 전기기기를 사용한다.
④ 사고회로를 신속히 차단하고, 전기기기 및 설비를 정비한다.
⑤ 전기기기 및 설비의 위험부에 위험표지를 한다.
⑥ 전기설비에 대한 누전차단기를 설치한다.
⑦ 무자격자는 전기기계 및 기구에 전기적인 접촉을 금지시킨다.

07 다음 FT도에서 각 요소의 발생확률이 요소 ①과 요소 ②는 0.2, 요소 ③은 0.25, 요소 ④는 0.3일 때, A 사상의 발생확률을 구하시오.

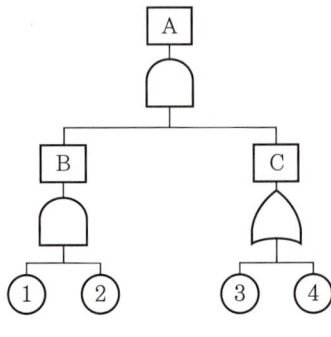

풀이 $T = ① \times ② \times [1 - \{(1-③) \times (1-④)\}]$
$= 0.2 \times 0.2 \times [1 - \{(1-0.25) \times (1-0.3)\}] = 0.019$

해답 0.019

08 기계의 회전축, 기어, 풀리 및 플라이휠 등에 부속되는 키, 핀 등과 같은 기계요소에 필요한 보호장치를 3가지 쓰시오.

해답 ① 덮개 ② 울 ③ 슬리브 ④ 건널다리

09 위험물 중 폭발성 물질 및 유기과산화물의 종류를 5가지 쓰시오.

해답 ① 질산에스테르류   ② 니트로 화합물
③ 니트로소 화합물   ④ 아조 화합물
⑤ 디아조 화합물   ⑥ 하이드라진 유도체
⑦ 유기과산화물

10 산업안전보건법에 따라 사업주는 허가대상 유해물질을 제조하거나 사용하는 작업장에서 허가대상 유해물질을 보기 쉬운 장소에 게시해야 한다. 게시해야 할 사항을 3가지 쓰시오.

해답 ① 허가대상 유해물질의 명칭   ② 인체에 미치는 영향
③ 취급상의 주의사항   ④ 착용해야 할 보호구
⑤ 응급처치와 긴급 방재요령

11 차량계 하역운반기계를 사용하는 작업계획서에 포함되어야 할 내용을 2가지 쓰시오.

> **해답** ① 해당 작업에 따른 추락, 낙하, 전도, 협착 및 붕괴 등의 위험 예방대책
> ② 차량계 하역운반기계 등의 운행경로 및 작업방법

12 안전인증 대상 안전모의 성능시험의 종류를 5가지 쓰시오.

> **해답** ① 내관통성 시험
> ② 내전압성 시험
> ③ 난연성 시험
> ④ 충격흡수성 시험
> ⑤ 내수성 시험
> ⑥ 턱끈풀림 시험

13 산업안전보건기준에 관한 규칙에 따라 용접·용단작업 등 화재 위험작업을 할 때, 작업시작 전 점검해야 할 사항을 4가지 쓰시오.

> **해답** ① 작업준비 및 작업절차가 수립되었는지 여부
> ② 화기작업에 따른 인근 가연성 물질에 대한 방호조치와 소화기구가 비치되었는지 여부
> ③ 용접 불티 비산 방지 덮개 또는 방화포 등으로 불꽃과 불티가 비산하지 않도록 조치되었는지 여부
> ④ 인화성 액체의 증기 또는 인화성 가스가 남아 있지 않도록 환기 조치가 이루어졌는지 여부
> ⑤ 작업 근로자에 대한 화재 예방 및 피난 교육 등 비상조치가 이루어졌는지 여부

제3회

01 근로자의 작업 수행 중 나타나는 불안전한 행동에는 많은 형태가 있지만 안전보건관리를 추진하는 입장에서 구분하는 불안전한 행동의 원인을 3가지 쓰시오.

해답 ① 인간의 과오(휴먼에러)로 인한 실수
② 태도 불량으로 인한 불안전한 행동
③ 작업 기능이나 기술의 미숙으로 인한 불안전한 행동
④ 작업 중 보호구 미착용으로 인한 불안전한 행동

02 의무안전인증 대상 방호장치를 4가지 쓰시오.

해답 ① 절연용 방호구 및 활선작업용 기구
② 충돌·협착 등의 위험방지에 필요한 산업용 로봇 방호장치
③ 압력용기 압력방출용 안전밸브
④ 압력용기 압력방출용 파열판
⑤ 프레스 및 전단기 방호장치
⑥ 양중기용 과부하방지장치
⑦ 보일러 압력방출용 안전밸브

03 안전·보건교육의 3단계 중 태도교육의 기본과정 4단계를 순서대로 쓰시오.

1단계	2단계	3단계	4단계
①	②	③	④

해답 ① 청취한다.   ② 이해, 납득시킨다.
③ 시범을 보인다.   ④ 평가한다(상벌 부여).

참고 안전·보건교육의 3단계는 주로 지식교육, 기능교육, 태도교육으로 구분하며, 태도교육은 안전에 대한 긍정적인 태도와 책임감을 형성하는 데 초점을 맞춘 교육과정이다.

04 1cd의 점광원에서 1m 떨어진 지점의 조도가 3lux일 때, 동일한 조건에서 5m 떨어진 지점의 조도를 구하시오.

풀이 ① 조도 $=\dfrac{\text{광도}}{\text{거리}^2}=\dfrac{\text{광도}}{1^2}=3$ 이므로 광도는 3이다.

② 5 m의 조도 $=\dfrac{\text{광도}}{\text{거리}^2}=\dfrac{3}{5^2}=0.12\,\text{lux}$

해답 $0.12\,\text{lux}$

---

05 프레스에 사용되는 방호장치 중 급정지기구가 부착되어 있지 않아도 유효한 방호장치의 종류를 4가지 쓰시오.

해답 ① 양수기동식 방호장치   ② 게이트 가드 방호장치
      ③ 수인식 방호장치   ④ 손쳐내기식 방호장치

참고 급정지기구가 부착되어야만 유효한 방호장치
      ① 양수조작식 방호장치
      ② 감응식 방호장치

---

06 다음은 자율검사 프로그램의 유효기간에 대한 내용이다. (　　) 안에 알맞은 기간을 쓰시오.

> 사업주는 근로자 대표와 협의하여 검사기준, 검사주기 및 검사 합격 표시방법 등을 충족하는 검사 프로그램을 마련하고, 고용노동부장관의 인정을 받아 유해·위험기계 등의 안전 성능검사를 실시할 수 있다. 이 경우 자율검사 프로그램의 유효기간은 (　　)으로 한다.

해답 2년

---

07 콘덴서의 단자전압이 1 kV, 정전용량이 740 pF일 경우 방전에너지는 약 몇 mJ인지 구하시오.

풀이 $E=\dfrac{1}{2}CV^2=\dfrac{1}{2}\times 740\times 10^{-12}\times 1000^2=0.37\,\text{mJ}$

해답 약 $0.37\,\text{mJ}$

해설 방전에너지 $E=\dfrac{1}{2}CV^2$

여기서, C : 정전용량(F), V : 전압(V)

08 날개가 2개인 비행기의 양 날개에 각각 2개의 엔진이 장착되어 있다. 이 비행기는 양 날개에서 각각 최소한 1개의 엔진이 작동해야 추락하지 않고 비행할 수 있다. 엔진의 신뢰도가 각각 0.9이며, 엔진은 독립적으로 작동한다고 할 때, 이 비행기가 정상적으로 비행할 신뢰도를 구하시오.

풀이 $A = 1 - (1-①)(1-②) = 1 - (1-0.9)(1-0.9) = 0.99$
$B = 1 - (1-③)(1-④) = 1 - (1-0.9)(1-0.9) = 0.99$
$T = A \times B = 0.99 \times 0.99 = 0.9801 \fallingdotseq 0.98$

해답 0.98

참고 각 날개에 있는 2개의 엔진은 병렬로 연결되어 있으며, 양쪽 날개에 장착된 엔진은 직렬로 연결되어 있다.

09 강렬한 소음이 발생되는 장소에서 작업자가 착용해야 할 개인 보호구의 명칭과 기호를 쓰시오.

(1) 명칭 :
(2) 기호 :

해답 (1) 귀덮개　　　　　　　　　　(2) EM

참고 귀마개(EP)
　　① 1종 : EP-1
　　② 2종 : EP-2

10 다음은 산업안전보건법상 어떤 용어의 정의를 나타낸 것인지 쓰시오.

(1) 산소결핍, 유해가스로 인한 질식, 화재, 폭발 등의 위험이 있는 장소로서 밀폐된 공간 :
(2) 공기 중의 산소농도가 18% 미만인 상태 :

해답 (1) 밀폐공간　　　　　　　　　(2) 산소결핍

참고 ① 유해가스 : 탄산가스, 일산화탄소, 황화수소 등 인체에 유해한 영향을 미치는 기체
　　② 적정공기 : 산소농도가 18% 이상 23.5% 미만, 탄산가스의 농도가 1.5% 미만, 일산화탄소의 농도가 30 ppm 미만, 황화수소의 농도가 10 ppm 미만인 상태의 공기
　　③ 산소결핍증 : 산소가 결핍된 공기를 들이마심으로써 발생하는 증상

11 보일링(boiling) 현상과 히빙(heaving) 현상에 대하여 설명하시오.

해답 ① 보일링 현상 : 사질지반에서 수두차로 인해 삼투압이 발생하여 흙막이 저면이 붕괴되는 현상으로, 모래가 액상화되어 솟아오르는 현상이다.

② 히빙 현상 : 연약한 점토지반에서 굴착작업 시 흙막이 벽체 내외의 토압 차이로 인해 흙막이 저면이 붕괴되고, 흙막이 바깥쪽의 흙이 안쪽으로 밀려들어와 솟아오르는 현상이다.

참고 보일링 현상과 히빙 현상이 일어나기 쉬운 지반의 형태

① 보일링 현상 : 연약한 점토 지반

② 히빙 현상 : 투수성이 좋은 사질토 지반

12 가설계단의 설치에 관한 기준을 4가지 쓰시오.

해답 ① 가설계단을 설치할 때, 높이가 3m를 초과하는 경우에는 매 3m 이내마다 최소 1.2m 이상의 계단참을 설치해야 한다.

② 계단기둥의 간격은 2m 이하로 설치해야 한다.

③ 계단 난간은 100kg 이상의 하중을 견딜 수 있는 강도로 설치해야 한다.

④ 계단 및 계단참의 강도는 $500\,\mathrm{kg/m^2}$ 이상이어야 하며, 안전율은 4 이상을 유지해야 한다.

⑤ 높이가 1m 이상인 계단의 개방된 측면에는 안전난간을 설치해야 한다.

⑥ 계단의 폭은 최소 1m 이상으로 설치해야 한다.

13 보호구 안전인증 고시에 따른 방음용 귀마개 또는 귀덮개와 관련된 용어의 정의이다. ( ) 안에 알맞은 내용을 쓰시오.

> 음압수준이란 음압을 특정 식에 따라 데시벨(dB)로 나타낸 것으로, 적분 평균 소음계 (KS C 1505) 또는 소음계(KS C 1502)에 규정하는 소음계의 ( )을 기준으로 한다.

해답 C특성

해설 주파수 응답 특성이 C특성인 소음계는 일반적으로 저주파 소음을 잘 감지하며, 음압수준 측정 시 넓은 주파수 대역을 포함한다.

PART 2
필 답 형
기출문제

01 전기화재의 유형을 구분하여 쓰고, 전기화재 발생 시 소화에 적합한 소화제 3가지를 쓰시오.

> **해답** ① 유형 : C급 화재
> ② 소화제 : CO_2 소화기, 분말 소화기, 사염화탄소 소화기

02 산업안전보건법상 사업장에서 실시해야 하는 안전교육 중 정기교육에 대한 교육시간을 쓰시오.

(1) 사무직 종사 근로자 :

(2) 사무직 종사자 외의 근로자(판매업무에 직접 종사하는 근로자) :

(3) 사무직 종사자 외의 근로자(판매업무 직접 종사자 외 근로자) :

(4) 관리감독자의 지위에 있는 사람 :

> **해답** (1) 매반기 6시간 이상   (2) 매반기 6시간 이상
> (3) 매반기 12시간 이상   (4) 연간 16시간 이상
>
> **참고** 신규채용 시 교육시간
>
> | 교육대상 | 교육시간 |
> |---|---|
> | 일용근로자 및 근로계약기간이 1주일 이하인 기간제 근로자 | 1시간 이상 |
> | 근로계약기간이 1주일 초과 1개월 이하인 기간제 근로자 | 4시간 이상 |
> | 그 밖의 근로자(관리감독자 포함) | 8시간 이상 |

03 산업안전보건법에 따라 사업주는 허가대상 유해물질을 제조하거나 사용하는 작업장에서 허가대상 유해물질을 보기 쉬운 장소에 게시해야 한다. 게시해야 할 사항을 3가지 쓰시오.

> **해답** ① 허가대상 유해물질의 명칭   ② 인체에 미치는 영향
> ③ 취급상의 주의사항   ④ 착용해야 할 보호구
> ⑤ 응급처치와 긴급 방재요령

04 강렬한 소음이 발생되는 장소에서 작업 시 작업자에게 알려줘야 할 사항 3가지를 쓰시오.

> **해답** ① 작업장소의 소음 수준
> ② 인체에 미치는 영향과 나타나는 증상
> ③ 개인보호구의 착용
> ④ 그 밖에 소음으로 인한 건강장해 방지에 관한 사항

05 산업재해 예방의 4원칙을 쓰고, 각각 설명하시오.

> **해답** ① 손실우연의 원칙 : 사고로 인한 상해의 종류나 정도는 사고 발생 시 사고대상의 조건에 따라 우연히 결정된다.
> ② 원인계기의 원칙 : 재해발생에는 반드시 원인이 있으며, 직접 원인과 간접 원인이 연계되어 일어난다.
> ③ 예방가능의 원칙 : 재해는 원칙적으로 원인을 제거하면 예방이 가능하다.
> ④ 대책선정의 원칙 : 재해예방을 위한 적절한 안전대책은 반드시 존재한다.

06 A 공장의 연평균 근로자 수가 1500명인 사업장에서 연간 재해 건수가 60건 발생하였다. 이 중 사망이 2건, 근로손실일수가 1200일인 경우의 연천인율을 구하시오.

> **풀이** ① 도수율 $= \dfrac{\text{연간 재해 건수}}{\text{연간 총근로시간 수}} \times 10^6 = \dfrac{60}{1500 \times 8 \times 300} \times 10^6 ≒ 16.67$
> ② 연천인율 = 도수율 $\times 2.4 = 16.67 \times 2.4 ≒ 40$
>
> **해답** 40

07 산업안전보건기준에 관한 규칙에서 크레인을 이용하여 작업할 때, 작업시작 전 점검해야 할 사항을 2가지 쓰시오.

> **해답** ① 권과방지장치, 브레이크, 클러치 및 운전장치의 기능
> ② 주행로의 상측 및 트롤리(trolley)가 횡행하는 레일의 상태
> ③ 와이어로프가 통하고 있는 곳의 상태
>
> **참고** 이동식 크레인을 이용하여 작업할 때 작업시작 전 점검사항
> ① 권과방지장치나 그 밖의 경보장치의 기능
> ② 브레이크, 클러치 및 조정장치의 기능
> ③ 와이어로프가 통하고 있는 곳 및 작업장소의 지반상태

08 작업자가 습윤한 장소에서 교류아크용접기로 용접작업을 할 때, 교류아크용접기에 설치해야 하는 방호장치를 쓰시오.

해답 자동전격방지장치

참고 자동전격방지장치는 무부하 상태에서 1 ± 0.3초 이내에 2차 무부하 전압을 25V 이하로 낮추어 전격(감전) 위험을 줄이는 기능을 한다.

09 반응 폭주 등으로 급격한 압력 상승의 우려가 있는 경우 설치해야 하는 방호장치를 쓰시오.

해답 파열판(rupture disk)

10 안전보건관리조직을 구성하는 유형을 3가지 쓰시오.

해답 ① 라인형(100명 이하 소규모)
② 스태프형(100~1000명 중규모)
③ 라인&스태프형(1000명 이상 대규모)

11 다음 FT도에서 각 요소의 발생확률이 요소 ①과 요소 ②는 0.2, 요소 ③은 0.25, 요소 ④는 0.3일 때, A 사상의 발생확률을 구하시오.

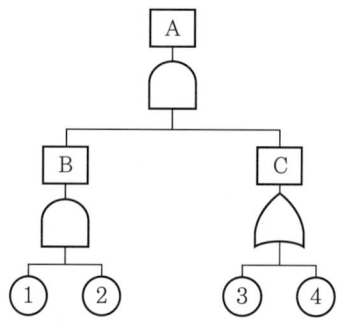

풀이 $T=①×②×[1-\{(1-③)×(1-④)\}]$
$=0.2×0.2×[1-\{(1-0.25)×(1-0.3)\}]=0.019$

해답 0.019

12 다음은 방호조치가 필요한 기계 및 기구이다. 각 기계 및 기구에 적합한 방호장치를 쓰시오.

(1) 예초기 :

(2) 원심기 :

(3) 공기압축기 :

(4) 금속절단기 :

(5) 지게차 :

(6) 포장기계(진공포장기, 래핑기로 한정) :

해답 (1) 날 접촉예방장치

(2) 회전체 접촉예방장치

(3) 압력방출장치

(4) 날 접촉예방장치

(5) 헤드가드, 백레스트, 전조등, 후미등, 안전벨트

(6) 잠김방지장치

13 산업안전보건법령에 따라 상시근로자 20명 이상 50명 미만인 사업장에서 안전보건관리 담당자를 1명 이상 선임해야 하는 대상 사업을 4가지 쓰시오.

해답 ① 임업

② 제조업

③ 환경 정화 및 복원업

④ 하수, 폐수 및 분뇨처리업

⑤ 폐기물 수집, 운반, 처리 및 원료 재생업

01 작업 효율성을 높이기 위한 Barnes(반즈)의 동작경제의 3원칙을 쓰시오.

> [해답] ① 신체 사용에 관한 원칙
> ② 작업장 배치에 관한 원칙
> ③ 공구 및 설비 디자인에 관한 원칙
>
> [해설] 동작경제의 3원칙
> (1) 신체 사용에 관한 원칙
> ① 가능한 한 관성을 이용하여 작업하고, 갑작스러운 방향 전환은 피한다.
> ② 휴식시간을 제외하고는 양손이 동시에 쉬지 않도록 한다.
> ③ 두 팔의 동작은 동시에 서로 반대 방향에서 대칭적으로 움직이도록 한다.
> (2) 작업장 배치에 관한 원칙
> ① 공구나 재료는 작업 시 동작이 원활하게 수행되도록 정해진 위치에 배치한다.
> ② 공구, 재료, 제어장치는 사용위치에 가까이 둔다.
> (3) 공구 및 설비 디자인에 관한 원칙
> ① 공구를 결합하여 사용한다.
> ② 치공구나 발로 조정하는 장치에 의해 수행할 수 있는 작업에는 손의 부담을 덜어 주도록 한다.

02 두께 2mm, 치진폭 2.5mm인 목재가공용 둥근톱에서 반발예방장치 분할날의 두께(t) 범위를 구하시오.

> [풀이] 분할날의 두께
> $1.1t_1 \leq t_2 < b$
> $1.1 \times 2\,mm \leq t_2 < 2.5\,mm$
> $2.2\,mm \leq t_2 < 2.5\,mm$
> 여기서, t_1 : 톱 두께, t_2 : 분할날 두께, b : 톱날 진폭
>
> [해답] $2.2\,mm \leq t < 2.5\,mm$

03 콘크리트 구조물로 옹벽을 축조할 경우 필요한 안정조건을 3가지 쓰시오.

> [해답] ① 활동에 대한 안정 ② 전도에 대한 안정 ③ 지반 지지력에 대한 안정

04 다음은 산업안전보건법령상 안전검사 주기에 대한 내용이다. (   ) 안에 알맞은 기간을 쓰시오.

> 프레스, 전단기, 압력용기 등은 사업장에 설치한 날부터 (①) 이내에 최초 안전검사를 실시하되, 그 이후부터 (②)마다 안전검사를 실시한다. 다만, 공정안전보고서를 제출하여 확인을 받은 압력용기는 (③)마다 안전검사를 실시해야 한다.

해답 ① 3년   ② 2년   ③ 4년

05 산업안전보건법상 양중기 중 크레인과 호이스트(hoist)에 포함되는 방호장치를 4가지 쓰시오.

해답 ① 과부하방지장치   ② 권과방지장치   ③ 비상정지장치   ④ 제동장치

06 보호구 안전인증 고시에 따라 안전인증을 받은 보호구에 반드시 표시해야 하는 사항을 4가지 쓰시오.

해답 ① 형식 또는 모델명   ② 규격 또는 등급
      ③ 제조자명   ④ 제조번호 및 제조연월
      ⑤ 안전인증번호

참고 안전인증대상 보호구
      ① 안전화   ② 방지마스크
      ③ 송기마스크   ④ 안전대
      ⑤ 안전장갑   ⑥ 방독마스크
      ⑦ 방음용 귀마개 또는 귀덮개   ⑧ 보호복
      ⑨ 용접용 보안면   ⑩ 전동식 호흡보호구
      ⑪ 차광 및 비산물 위험방지용 보안경
      ⑫ 추락 및 감전위험방지용 안전모

07 기계의 위험점을 6가지로 분류하여 쓰시오.

해답 ① 협착점   ② 끼임점
      ③ 절단점   ④ 물림점
      ⑤ 접선물림점   ⑥ 회전말림점

08 산업안전보건법에 따라 사업주가 사업장에서 승강기의 설치, 조립, 수리, 점검 또는 해체작업을 할 때 준수해야 할 조치사항을 3가지 쓰시오.

해답 ① 작업을 지휘할 사람을 선임하고, 그 사람의 지휘하에 작업을 수행할 것
② 작업구역에 관계자 외 출입을 금지하고, 이를 알리는 표지판을 보기 쉬운 장소에 게시할 것
③ 비, 눈 등 기상상태가 불안정하여 날씨가 매우 나쁠 때 작업을 중지할 것

09 산업안전보건법에 따라 노사협의체를 구성할 때 근로자 위원의 기준을 3가지 쓰시오.

해답 ① 도급 또는 하도급 사업을 포함한 전체 사업의 근로자 대표
② 근로자 대표가 지명하는 명예산업안전감독관 1명(단, 명예산업안전감독관이 위촉되지 않은 경우에는 근로자 대표가 지명하는 해당 사업장 근로자 1명)
③ 공사 금액이 20억 원 이상인 공사의 관계수급인의 근로자 대표

참고 사용자 위원의 기준
① 도급 또는 하도급 사업을 포함한 전체 사업의 대표자
② 안전관리자 1명
③ 보건관리자 1명(단, 보건관리자 선임대상인 건설업으로 한정)
④ 공사 금액이 20억 원 이상인 공사의 관계수급인의 사업주

10 가스폭발 위험장소에서 사용할 수 있는 방폭구조의 종류를 4가지 쓰시오.

해답 ① 내압 방폭구조(d)
② 압력 방폭구조(p)
③ 충전 방폭구조(q)
④ 몰드 방폭구조(m)
⑤ 특수 방폭구조(s)

해설 가스폭발 위험장소별 방폭구조 유형

가스폭발 위험장소	0종	• 본질안전 방폭구조(ia)	
	1종	• 내압 방폭구조(d) • 충전 방폭구조(q) • 안전증 방폭구조(e) • 몰드 방폭구조(m)	• 압력 방폭구조(p) • 유입 방폭구조(o) • 본질안전 방폭구조(ia, ib) • 특수 방폭구조(s)
	2종	• 0종 장소 및 1종 장소에 사용 가능한 방폭구조 • 비점화 방폭구조(n)	• 방진 방폭구조(tD)

11 작업에 대한 평균에너지 소비량이 4kcal/min이고, 휴식시간 중의 에너지 소비량을 1.5kcal/min으로 가정할 때, 프레스 작업의 에너지가 6kcal/min이라면 60분 동안의 총작업시간 내에 포함되어야 하는 휴식시간을 계산하시오.

풀이 휴식시간 $R = \dfrac{60(\text{작업에너지} - \text{평균에너지})}{\text{작업에너지} - \text{소비에너지}} = \dfrac{60(6-4)}{6-1.5} ≒ 26.67$분

해답 26.67분

12 작업현장에서 일산화탄소 10ppm은 25℃, 1기압에서 몇 mg/m³인지 단위로 환산하여 계산하시오. (단, 일산화탄소 분자량은 28이다.)

풀이 $[\text{mg/m}^3] = \dfrac{\text{농도[ppm]} \times \text{분자량[g]}}{22.4}$ (25℃, 1atm 기준)

$= \dfrac{10 \times 28}{22.4} ≒ 12.5 \text{ mg/m}^3$

해답 12.5 mg/m^3

13 인간이 기계보다 우수한 기능 중 감지기능에 대한 장점을 2가지 쓰시오. (단, 인공지능은 제외한다.)

해답 ① 다양한 자극의 형태를 식별한다.
② 예기치 못한 사건들을 감지한다.

해설 인간과 기계 기능의 장점 비교

구분	인간의 장점	기계의 장점
감지 기능	• 다양한 자극의 형태 식별 • 예기치 못한 사건 감지	• 인간이 감지하는 범위 밖의 자극 감지 • 인간과 기계의 동시 모니터링
정보 처리 저장	• 다량의 정보를 장시간 보관 • 귀납적 추리 • 다양한 문제 해결 • 원칙 적용 • 관찰을 일반화함	• 명시된 절차에 따라 신속 정확한 정보처리 • 연역적 추리 • 암호화된 정보를 신속하게 대량 보관 • 정량적 정보처리에 능숙함 • 관찰보다 감지 센서를 통해 작동
행동 기능	• 과부하 상태에서 중요한 일에만 전념할 수 있음	• 과부하 상태에서도 효율적으로 자동 • 장시간 중량작업, 반복작업, 동시에 여러 작업 수행

01 정량적 표시장치의 지침을 설계할 때 유의해야 할 사항을 4가지 쓰시오.

해답 ① 뾰족한 지침의 선각은 20° 정도로 설계한다.
② 지침의 끝은 눈금과 맞닿되 겹치지 않게 한다.
③ 원형 눈금의 경우 지침의 색은 선단에서 눈의 중심까지 칠한다.
④ 시차를 없애기 위해 지침을 눈금 면에 밀착시킨다.

02 산업안전보건기준에 관한 규칙에 따라 로봇의 작동 범위 내에서 교시 등의 작업(로봇의 동력원을 차단하고 하는 작업은 제외)을 수행할 때, 작업시작 전 점검해야 할 사항을 3가지 쓰시오.

해답 ① 외부 전선의 피복 또는 외장의 손상 유무
② 매니퓰레이터(manipulator) 작동의 이상 유무
③ 제동장치 및 비상정지장치의 기능

03 산업안전보건법령상 안전 · 보건표지에서 관계자 외 출입금지와 문자 추가 시 예시문을 구분하여 명칭을 쓰시오.

관계자 외 출입금지 (허가물질 명칭) 제조/사용/보관 중 보호구/보호복 착용 흡연 및 음식물 섭취 금지	관계자 외 출입금지 석면 취급/해체 중 보호구/보호복 착용 흡연 및 음식물 섭취 금지	관계자 외 출입금지 발암물질 취급 중 보호구/보호복 착용 흡연 및 음식물 섭취 금지
(①)	(②)	(③)

해답 ① 허가대상 물질 작업장
② 석면 취급 · 해체 작업장
③ 발암물질 취급 작업장

04 공정안전보고서의 공정흐름도(PFD)에 표시되어야 할 사항을 3가지 쓰시오.

해답 ① 주요 동력기계, 장치 및 설비의 표시 및 명칭

② 주요 계장설비 및 제어설비

③ 공정에 대한 물질 및 열 수지

④ 운전온도 및 운전압력

참고 공정 중에 발생하는 모든 작업, 운반, 검사, 정체, 저장 등 공정의 흐름을 표현한다.

흐름공정의 분류

가공공정	운반공정	검사공정	정체공정	저장
○	⇨	□	⬠	▽

05 비계의 구비요건을 3가지 쓰시오.

해답 ① 안전성 　　　　② 작업성 　　　　③ 경제성

참고 ① 안전성

- 파괴 · 도괴에 대한 충분한 강도
- 작업 · 통행 시 동요하지 않는 강도

② 작업성

- 통행 · 작업상 면이 자유로운 넓이
- 통행 · 작업을 방해하는 작업공간이 없는 구조

③ 경제성

- 가설 · 철거의 신속 용이함
- 공장 가공의 가능성

06 방폭 전기기기의 성능을 나타내는 표시기호가 EX P IIA T5 IP54와 같을 때, 빈칸을 채우시오.

EX	P	IIA	T5	IP54
①	②	③	④	⑤

해답 ① 방폭구조의 상징

② 방폭구조(압력 방폭구조)

③ 가스 · 증기 및 분진의 그룹

④ 온도등급

⑤ 보호등급

07 다음에 해당하는 허용 농도의 약어를 쓰시오.

(1) 시간가중 평균치(평균농도)
(2) 단시간 노출 허용기준
(3) 1일 동안 잠시라도 노출되어서는 안 되는 기준

해답 (1) TLV−TWA   (2) TLV−STEL
(3) TLV−C

08 히빙(heaving) 현상에 대하여 설명하시오.

해답 연약한 점토지반에서 굴착작업 시 흙막이 벽체 내외의 토압 차이로 인해 흙막이 저면이 붕괴되고, 흙막이 바깥쪽의 흙이 안쪽으로 밀려 들어와 솟아오르는 현상이다.

참고 히빙 현상 방지대책
① 소단굴착을 실시하여 소단부 흙의 중량이 바닥을 누르게 한다.
② 시트파일(sheet pile) 등의 근입심도를 검토한다.
③ 지반개량으로 흙의 전단강도를 높인다.
④ 흙막이 벽체의 근입깊이를 깊게 한다.
⑤ 굴착배면의 상재하중을 제거하여 토압을 최대한 낮춘다.
⑥ 굴착 주변을 웰 포인트(well point) 공법과 병행한다.

09 설비 진단방법에 있어 다음에 해당하는 비파괴검사 방법을 쓰시오.

(1) 짧은 파장의 음파를 검사물의 내부에 입사시켜 내부 결함을 검출하는 방법
(2) 강자성체의 표면을 자화시켜 누설 자장이 형성된 부위에 자분을 도포함으로써 자분이 흡착되는 원리를 이용하여 육안으로 결함을 검출하는 방법

해답 (1) 초음파 탐상검사   (2) 자분 탐상시험

해설 비파괴검사(그 외)
① 방사선 투과검사 : 물체에 X선, γ선을 투과하여 물체의 내부 결함을 검출하는 방법
② 액체침투 탐상시험 : 침투액과 현상액을 사용하여 부품 표면에 있는 결함을 눈으로 관찰하는 방법
③ 음향 탐상시험 : 재료가 변형될 때 외부 응력이나 내부 변형과정에서 방출되는 낮은 응력파를 감지하여 측정 분석하는 방법

10 의식의 상태에서 작업 중 걱정, 고민, 욕구불만 등에 의해 정신을 빼앗기는 것이 무엇인지 쓰시오.

해답 의식의 우회

참고 부주의 현상

의식수준 저하	의식의 혼란	의식의 단절	의식의 우회

11 연간 근로자 수가 300명인 A 공장에서 지난 1년간 1명의 재해자(신체장해등급 : 1급)가 발생하였다면 이 공장의 강도율을 구하시오. (단, 근로자 1인당 1일 8시간씩 연간 300일을 근무하였다.)

풀이 강도율 $= \dfrac{\text{근로손실일수}}{\text{연간 총근로시간 수}} \times 1000 = \dfrac{7500}{300 \times 8 \times 300} \times 1000 ≒ 10.42$

해답 10.42

해설 근로손실일수는 산업안전보건법에 따라 사고의 심각도를 평가하기 위해 장해 등급별로 정해진 수치를 사용한다. 일반적으로 1급 장해는 가장 높은 근로손실일수인 7500일로 간주된다.

12 건사공정에서 작업지가 10000개의 제품을 검사하여 200개의 부적합품을 발견하였으나, 실제로는 500개의 부적합품이 있었다. 이때 인간의 과오 확률(HEP : Human Error Probability)을 구하시오.

풀이 인간의 과오 확률(HEP) $= \dfrac{\text{인간 실수의 수}}{\text{실수 발생의 전체 기회의 수}} = \dfrac{500-200}{10000} = 0.03$

해답 0.03

13 재해조사를 하는 목적을 3가지 쓰시오.

해답 ① 재해 발생원인 및 결함 규명 ② 재해 예빙을 위한 사료 수집
　　 ③ 동종 및 유사 재해의 재발 방지 ④ 재해 예방을 위한 대책 수립

2020년 필답형 기출문제

01 산업안전보건법령에 따른 MSDS(물질안전보건자료)의 표준 작성항목 4가지를 쓰시오.

해답 ① 안정성 및 반응성　　　　　② 누출사고 시 대처방법
③ 폭발 · 화재 시 대처방법　　④ 위험 · 유해성

해설 ① 안정성 및 반응성 : 취급 및 저장방법, 독성에 관한 정보, 폐기 시 주의사항
② 누출사고 시 대처방법 : 운송에 필요한 정보, 물리 · 화학적 특성, 환경에 미치는 영향
③ 폭발 · 화재 시 대처방법 : 노출방지 및 개인 보호구, 구성성분의 명칭 및 함유량, 화학제품과 회사에 관한 정보
④ 위험 · 유해성 : 응급조치요령, 법적 규제현황, 기타 참고사항

참고 물질안전보건자료의 표준 작성항목
① 화학제품과 회사에 관한 정보　　② 유해성 · 위험성
③ 구성성분의 명칭 및 함유량　　　④ 응급조치요령
⑤ 폭발 · 화재 시 대처방법　　　　⑥ 누출사고 시 대처방법
⑦ 취급 및 저장방법　　　　　　　⑧ 노출방지 및 개인보호구
⑨ 물리 화학적 특성　　　　　　　⑩ 안정성 및 반응성
⑪ 독성에 관한 정보　　　　　　　⑫ 환경에 미치는 영향
⑬ 폐기 시 주의사항　　　　　　　⑭ 운송에 필요한 정보
⑮ 법적규제 현황

02 산업안전보건법상 자율안전확인 방호장치의 종류를 6가지 쓰시오.

해답 ① 아세틸렌, 가스집합 용접장치용 안전기
② 교류아크용접기용 자동전격방지기
③ 롤러기 급정지장치
④ 연삭기 덮개
⑤ 목재 가공용 둥근톱 반발예방장치 및 날 접촉예방장치
⑥ 동력식 수동대패의 칼날 접촉방지장치
⑦ 추락, 낙하 및 붕괴 등 위험방호에 필요한 가설 기자재(안전인증 제외)

03 다음 작업별 조도 기준을 쓰시오.

(1) 초정밀작업 :　　　　　　　　　　　(2) 정밀작업 :

(3) 보통작업 :　　　　　　　　　　　　(4) 그 밖의 일반작업 :

> **해답** (1) 750 lux 이상　　　　　　(2) 300 lux 이상
> 　　　(3) 150 lux 이상　　　　　　(4) 75 lux 이상

04 페일 세이프(fail safe)와 풀 프루프(fool proof)에 대하여 설명하시오.

> **해답** ① 페일 세이프 : 기계의 고장이 있어도 안전사고가 발생하지 않도록 2중, 3중 통제를 가하는 장치이다.
> ② 풀 프루프 : 작업자의 실수가 있어도 안전사고가 발생하지 않도록 2중, 3중 통제를 가하는 장치이다.

05 산업안전보건법상 안전 · 보건진단을 받아 안전보건개선계획을 수립 · 제출하도록 명할 수 있는 작성대상 사업장을 3가지 쓰시오.

> **해답** ① 산업재해율이 같은 업종의 평균 산업재해율의 2배 이상인 사업장
> ② 사업주가 필요한 안전조치 또는 보건조치를 이행하지 않아 중대 재해가 발생한 사업장
> ③ 직업성 질병자가 연간 2명 이상 발생한 사업장(상시근로자가 1000명 이상인 사업장의 경우 3명 이상)
> ④ 그 밖에 작업환경 불량, 화재 · 폭발 또는 누출사고 등으로 사입장 주변까시 피해가 확산된 사업장으로서 고용노동부령으로 정하는 사업장

06 피뢰기가 반드시 갖추어야 할 조건 4가지를 쓰시오.

> **해답** ① 방전 개시전압과 제한전압이 낮을 것
> ② 상용 주파 방전 개시전압이 높을 것
> ③ 반복 동작이 가능할 것
> ④ 구조가 견고하며 특성이 변하지 않을 것
> ⑤ 점검 및 유지 보수가 쉬울 것
> ⑥ 속류의 차단이 확실하며 뇌전류의 방전 능력이 클 것

07 기계의 위험점을 6가지로 분류하여 쓰시오.

해답 ① 협착점
② 끼임점
③ 절단점
④ 물림점
⑤ 접선물림점
⑥ 회전말림점

08 안전 · 보건표지의 색채 및 색도 기준 중 빈칸에 알맞은 내용을 채우시오.

색채	색도기준	용도	색의 용도
①	5Y 8.5/12	경고	화학물질 취급장소의 유해 · 위험 경고 이외의 위험 경고, 주의표지
파란색	②	지시	특정 행위의 지시 및 사실의 고지
녹색	③	안내	비상구 및 피난소, 사람 또는 차량의 통행표지
④	N9.5	–	파란색 또는 녹색의 보조색

해답 ① 노란색
② 2.5PB 4/10
③ 2.5G 4/10
④ 흰색

09 산업안전보건법상 공정안전보고서의 제출대상 사업장을 5가지 쓰시오.

해답 ① 원유 정제 및 처리업
② 기타 석유 정제물 재처리업
③ 석유화학계 기초 화학물질 제조업 또는 합성수지 및 기타 플라스틱 물질 제조업
④ 질소화합물, 질소, 인산 및 칼리질 화학비료 제조업 중 질소질 화학비료 제조업
⑤ 복합비료 및 기타 화학비료 제조업 중 복합비료 제조업(단순 혼합 또는 배합에 의한 경우는 제외)
⑥ 화학 살균제, 살충제 및 농업용 약제 제조업(농약 원제 제조만 해당)
⑦ 화약 및 불꽃제품 제조업

10   차량계 건설기계를 사용하는 작업계획서에 포함해야 할 내용을 3가지 쓰시오.

> **해답**   ① 사용하는 차량계 건설기계의 종류 및 성능
> ② 차량계 건설기계의 운행경로
> ③ 차량계 건설기계에 의한 작업방법
>
> **참고**   사전조사 내용
> 해당 기계의 굴러 떨어짐, 지반의 붕괴 등으로 인한 근로자의 위험을 방지하기 위해 해당 작업장소의 지형 및 지반상태가 포함되어야 한다.

11   산업안전보건법상 계단에 대한 내용이다. ( ) 안에 알맞은 수를 쓰시오.

> - 사업주는 계단 및 계단참을 설치하는 경우 매제곱미터당 (①)킬로그램 이상의 하중에 견딜 수 있는 강도를 가진 구조로 설치해야 하며, 안전율은 (②) 이상으로 해야 한다.
> - 사업주는 계단을 설치하는 경우 그 폭을 (③)미터 이상으로 해야 한다. 다만, 급유용·보수용·비상용 계단 및 나선형 계단이거나 높이 (③)미터 미만의 이동식 계단인 경우에는 예외로 한다.
> - 사업주는 높이가 3미터를 초과하는 계단에 높이 (④)미터 이내마다 진행방향으로 길이 1.2미터 이상의 계단참을 설치해야 한다.
> - 사업주는 높이 1미터 이상인 계단의 개방된 측면에 안전난간을 설치해야 한다.

> **해답**   ① 500   ② 4
> ③ 1   ④ 3

12   1년간 80건의 재해가 발생한 A사업장은 1000명의 근로자가 1주일당 48시간, 1년간 52주를 근무하고 있다. A사업장의 도수율을 구하시오. (단, 근로자들은 재해와 관련 없는 사유로 연간 노동시간의 3%를 결근하였다.)

> **풀이** $\text{도수율} = \dfrac{\text{연간 재해건수}}{\text{연간 총근로시간 수}} \times 10^6$
>
> $= \dfrac{80}{1000 \times 48 \times 52 \times 0.97} \times 10^6 = 33.04$
>
> **해답**   33.04
>
> **참고** $\text{출석률} = 1 - \dfrac{3}{100} = 0.97$

13 | 위험예지훈련 4R기법의 진행방법을 순서대로 쓰시오.

해답 현상파악(1R) → 본질추구(2R) → 대책수립(3R) → 행동 목표설정(4R)

참고 문제해결의 4R(라운드)기법

① 현상파악(1R) : 토론을 통해 어떤 위험이 숨어 있는지를 파악하고, 잠재된 위험요인을 발견한다.

② 본질추구(2R) : 위험요인 중 중요한 위험 문제점을 파악한다.

③ 대책수립(3R) : 위험요소를 어떻게 해결하는 것이 좋을지 구체적인 대책을 세운다.

④ 행동목표 설정(4R) : 중점적인 대책을 실천하기 위한 행동목표를 설정한다.

01 프레스의 방호장치인 수인식 방호장치 중 수인끈과 손목밴드의 구비조건을 4가지 쓰시오.

해답 ① 손목밴드의 재료는 유연하고 내유성이 있는 피혁 등 이와 동등한 재료를 사용해야 한다.
② 손목밴드는 착용감이 좋으며 쉽게 착용할 수 있는 구조이어야 한다.
③ 수인끈의 재료는 합성섬유로 지름이 4mm 이상이어야 한다.
④ 수인끈은 길이를 조정할 수 있어야 한다.
⑤ 수인끈의 마모와 손상을 방지할 수 있는 조치를 해야 한다.

02 다음은 재해 사례연구의 5단계를 나타낸 것이다. 각 단계에 해당하는 내용을 빈칸에 알맞게 쓰시오.

1단계	2단계	3단계	4단계	5단계
①	②	③	④	⑤

해답 ① 상황파악　　② 사실확인　　③ 문제점 발견
④ 문제점 결정　　⑤ 대책 수립

03 작업자가 탁상용 연삭기를 이용하여 연삭작업을 하던 중 숫돌 파편이 튕겨 나와 작업자에게 부딪히는 사고가 발생하였다. 재해형태, 기인물, 가해물을 쓰시오.

해답 ① 재해형태 : 맞음　　② 기인물 : 탁상용 연삭기
③ 가해물 : 숫돌 파편

04 다음은 안전성 평가 6단계를 나타낸 표이다. 빈칸을 채우시오.

1단계	2단계	3단계	4단계	5단계	6단계
관계자료의 정리	①	②	안전대책	재해정보 재평가	FTA에 의한 재평가

해답 ① 정성적 평가　　② 정량적 평가

05 다음은 안전보건개선 계획의 수립·시행에 대한 내용이다. ( ) 안에 알맞은 기간을 쓰시오.

> 안전보건개선 계획의 수립·시행 명령을 받은 사업주는 고용노동부장관이 정하는 바에 따라 안전보건개선 계획서를 작성하여 그 명령을 받은 날부터 ( ) 이내에 관할 지방 고용노동관서의 장에게 제출해야 한다.

해답 60일

참고 지방고용노동관서의 장이 안전보건개선계획서를 접수한 경우에는 접수일부터 15일 이내에 심사하여 사업주에게 그 결과를 알려야 한다.

06 FT도에서 a, b, c의 부품 고장률이 각각 0.01일 때, 최소 컷셋과 신뢰도를 구하시오.

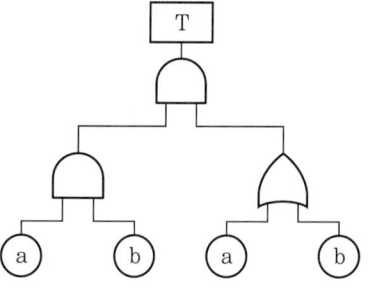

풀이 $T = (a, b)\begin{pmatrix} c \\ a \end{pmatrix} = \begin{pmatrix} a, & b, & c \\ a, & b, & a \end{pmatrix}$

컷셋은 {a, b, c}, {a, b}, 최소 컷셋은 {a, b}이다.
고장률 $F = ab = 0.01 \times 0.01 = 0.0001$
$T = 1 - F = 1 - 0.0001 = 0.9999$이므로 신뢰도는 99.99%이다.

해답 ① 최소 컷셋 : {a, b}
② 신뢰도 : 99.99%

07 거푸집을 작업 발판과 일체로 제작하여 사용하는 작업 발판 일체형 거푸집의 종류를 3가지 쓰시오. (그 밖에 거푸집과 작업 발판이 일체로 제작된 거푸집 등은 제외한다.)

해답 ① 갱폼(gang form)
② 슬립폼(slip form)
③ 클라이밍폼(climbing form)
④ 터널 라이닝폼(tunnel lining form)

08 산업안전보건법에 따라 사업주는 밀폐공간에서 근로자가 작업할 때 반드시 포함해야 할 밀폐공간 작업 프로그램의 주요 내용을 4가지 쓰시오.

해답 ① 사업장 내 밀폐공간의 위치 파악 및 관리 방안
② 밀폐공간 내에서 발생할 수 있는 질식·중독 등의 유해·위험요인을 파악하고 관리하는 방안
③ 밀폐공간 작업 시 사전에 확인해야 할 사항에 대한 절차
④ 안전보건교육 및 훈련
⑤ 기타 밀폐공간 작업 근로자의 건강장해 예방에 관한 사항

09 달기 체인을 달비계에 사용해서는 안 되는 기준을 3가지 쓰시오.

해답 ① 균열이 있거나 심하게 변형된 것
② 달기 체인의 길이가 달기 체인이 제조된 때의 길이의 5%를 초과한 것
③ 링의 단면지름이 달기 체인이 제조된 때의 해당 링 지름의 10%를 초과하여 감소한 것

10 산업안전보건법에 따라 사업주가 근로자에게 반드시 시행해야 하는 안전보건교육의 종류를 5가지 쓰시오.

해답 ① 정기교육
② 특별교육
③ 채용 시 교육
④ 작업내용 변경 시 교육
⑤ 건설업 기초안전보건교육

11 다음 안전표지의 명칭을 쓰시오.

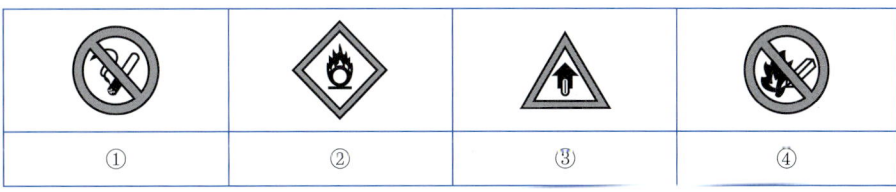

| ① | ② | ③ | ④ |

해답 ① 금연   ② 산화성물질 경고
③ 고온경고   ④ 화기금지

12 누전차단기를 설치해야 하는 기계 · 기구의 종류를 3가지 쓰시오.

해답 ① 대지 전압 150V를 초과하는 이동형 또는 휴대형 전기기계 · 기구
② 물 등 도전성이 높은 액체가 있는 습윤장소에서 사용하는 저압용 전기기계 · 기구
③ 철판 · 철골 위 등 도전성이 높은 장소에서 사용하는 이동형 또는 휴대형 전기기계 · 기구
④ 임시배선의 전로가 설치되는 장소에서 사용하는 이동형 또는 휴대형 전기기계 · 기구

13 다음 그림과 같이 50kN의 중량물을 와이어로프를 이용하여 상부에 60°의 각도가 되도록 들어 올릴 때, 로프 하나에 걸리는 하중(T)을 구하시오.

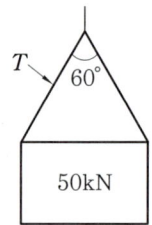

풀이 하중 $T = \dfrac{W}{2} \div \cos\dfrac{\theta}{2} = \dfrac{50}{2} \div \cos\dfrac{60°}{2} ≒ 28.87\,\text{kN}$

여기서, W : 물체의 무게(kN), θ : 로프의 각도(°)

해답 $28.87\,\text{kN}$

01 MTBF, MTTF, MTTR는 기기의 신뢰성과 관련된 지표이다. 각각에 대하여 설명하시오.

> **해답** ① 평균고장간격(MTBF) : 수리가 가능한 기기에서 고장 발생 후 다음 고장까지 걸리는 평균시간
> ② 고장까지의 평균시간(MTTF) : 수리가 불가능한 기기에서 처음 고장이 발생하기까지 걸리는 시간
> ③ 평균수리시간(MTTR) : 고장 발생 후 수리에 소요되는 평균시간

02 다음에 해당하는 산업재해의 기인물과 가해물, 사고유형을 쓰시오.

> 작업 통로에 공구와 자재가 어지럽게 널려 있는 상태에서 근로자가 보행 중, 공구에 걸려 넘어지면서 바닥에 머리를 부딪히는 사고가 발생하였다.

(1) 기인물 :
(2) 가해물 :
(3) 사고유형 :

> **해답** ⑴ 공구
> ⑵ 바닥
> ⑶ 전도(넘어짐)
> **해설** 기인물과 가해물
> ① 기인물 : 재해발생의 주원인으로 근원이 되는 기계, 장치, 기구, 환경 등
> ② 가해물 : 인간에게 직접 접촉하여 피해를 주는 기계, 장치, 기구, 환경 등

03 산업안전보건법령에 따라 다음 지시표지의 명칭을 쓰시오.

①	②	③	④	⑤	⑥

> **해답** ① 보안경 착용 　② 방독마스크 착용
> ③ 방진마스크 착용 　④ 안전화 착용
> ⑤ 안전장갑 착용 　⑥ 안전복 착용

04 가공기계에 쓰이는 주된 풀 프루프에서 기구인 가드 중 고정 가드와 인터록 가드에 대하여 간단히 설명하시오.

해답 ① 고정 가드 : 기계설비에서 제거할 수 없이 고정되어 있는 방호 장치
② 인터록 가드 : 기계식, 전기적, 기구적, 유공압장치 등의 안전장치 또는 덮개를 제거하는 경우 자동으로 전원이 차단되는 장치

05 롤러기에서 앞면 롤러의 지름이 200mm, 분당 회전수가 30rpm인 롤러의 무부하 동작에서의 급정지거리를 구하시오.

풀이 ① $V = \dfrac{\pi DN}{1000} = \dfrac{\pi \times 200 \times 30}{1000} \fallingdotseq 18.84\,\mathrm{m/min}$

② 급정지거리 $= \pi \times D \times \dfrac{1}{3} = \pi \times 200 \times \dfrac{1}{3} \fallingdotseq 209.33\,\mathrm{mm}$

해답 $209.33\,\mathrm{mm}$

해설 ① 표면속도 $V = \dfrac{\pi DN}{1000}$

여기서, V : 롤러의 표면속도, D : 롤러의 직경, N : 1분간 회전수

② 급정지거리 $= \pi \times D \times \dfrac{1}{3}$ ($V = 30\,\mathrm{m/min}$ 미만일 때)

급정지거리 $= \pi \times D \times \dfrac{1}{2.5}$ ($V = 30\,\mathrm{m/min}$ 이상일 때)

06 지반의 사면 파괴 유형을 3가지 쓰고, 각각 설명하시오.

해답 ① 사면 내 파괴 : 하부 지반이 단단한 경우 얕은 지표층의 붕괴가 발생하는 유형
② 사면 선단 파괴 : 경사가 급하고 비점착성 토질에서 발생하는 유형
③ 사면 저부 파괴 : 경사가 완만하고 점착성이 있는 경우 사면의 하부에 견고한 지층이 있을 때 발생하는 유형

07 수전 또는 변전설비에서 사용되고 있는 MOF의 한글명칭과 역할을 쓰시오.

해답 ① 명칭 : 계기용 변성기
② 역할 : 과전류로 인한 재해방지
참고 MOF : 계기용 변압기와 변류기를 하나의 상자 속에 결합한 장치

08 산업안전보건법상 안전 · 보건진단을 받아 안전보건개선계획을 수립 · 제출하도록 명할 수 있는 작성대상 사업장을 3가지 쓰시오.

해답 ① 산업재해율이 같은 업종의 평균 산업재해율의 2배 이상인 사업장
② 사업주가 필요한 안전조치 또는 보건조치를 이행하지 않아 중대 재해가 발생한 사업장
③ 직업성 질병자가 연간 2명 이상 발생한 사업장(상시근로자가 1000명 이상인 사업장의 경우 3명 이상)
④ 그 밖에 작업환경 불량, 화재 · 폭발 또는 누출사고 등으로 사업장 주변까지 피해가 확산된 사업장으로서 고용노동부령으로 정하는 사업장

09 산업안전보건법에 따라 사업주가 근로자에게 반드시 시행해야 하는 안전보건교육의 종류를 5가지 쓰시오.

해답 ① 정기교육　　　　　　　② 특별교육
③ 채용 시 교육　　　　　　④ 작업내용 변경 시 교육
⑤ 건설업 기초안전보건교육

10 기계의 신뢰도 측면에서 고장 시기별로 구분하여 고장의 종류 3단계를 쓰고, 고장률을 구하는 식을 쓰시오.

해답 (1) ① 초기고장　　　　② 우발고장　　　　③ 마모고장

(2) 고장률$(\lambda) = \dfrac{\text{고장 건수}}{\text{총가동시간}}$

참고 ① 초기고장 : 고장률 감소형
② 우발고상 : 고장률 일정형
③ 마모고장 : 고장률 증가형

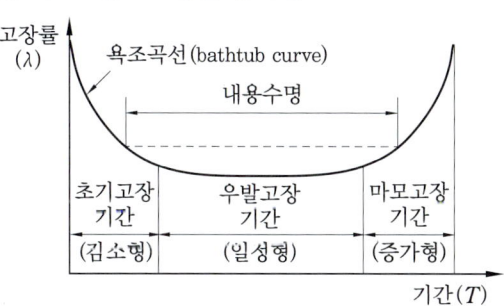

11 근로자가 박공 지붕 위에서 작업을 할 때 추락하거나 넘어질 우려가 있는 경우, 근로자의 위험을 방지하기 위한 조치사항을 2가지 쓰시오.

해답 ① 안전난간을 설치할 것
② 채광창에는 덮개를 설치할 것
③ 슬레이트 등 강도가 약한 재료로 덮은 지붕에는 폭 30cm 이상의 발판을 설치할 것

12 다음은 방호조치가 필요한 기계 및 기구이다. 각 기계 및 기구에 적합한 방호장치를 쓰시오.

(1) 공기압축기 :   (2) 원심기 :
(3) 예초기 :   (4) 금속절단기 :
(5) 지게차 :   (6) 포장기계(진공포장기, 래핑기로 한정):

해답 (1) 압력방출장치
(2) 회전체 접촉예방장치
(3) 날 접촉예방장치
(4) 날 접촉예방장치
(5) 헤드가드, 백레스트, 전조등, 후미등, 안전벨트
(6) 잠김방지장치

13 이황화탄소의 폭발상한계가 44vol%이고 폭발하한계가 1.25vol%일 때 이황화탄소의 위험도를 계산하시오.

풀이 $H = \dfrac{U-L}{L} = \dfrac{44-1.25}{1.25} ≒ 34.2$

해답 34.2

해설 위험도 $H = \dfrac{U-L}{L}$

여기서, U : 폭발상한계값(vol%), L : 폭발하한계값(vol%)

2021년 필답형 기출문제

01 교류아크용접기를 사용할 경우 교류아크용접기에 자동전격방지기를 설치해야 하는 장소 2곳을 쓰시오.

> **해답** ① 선박의 이중 선체 내부, 밸러스트 탱크(평형수 탱크), 보일러 내부 등 도전체에 둘러싸인 장소
> ② 추락 위험이 있는 높이 2m 이상의 장소로 철골 등 도전성이 높은 물체에 근로자가 접촉할 우려가 있는 장소
> ③ 근로자가 물, 땀 등으로 인해 도전성이 높은 습윤 상태에서 작업하는 장소

02 산업안전보건법상 안전관리자의 직무 5가지를 쓰시오.

> **해답** ① 사업장 안전교육계획의 수립 및 안전교육 실시에 관한 보좌 및 조언·지도
> ② 사업장 순회점검 지도 및 조치의 건의
> ③ 산업재해 발생의 원인 조사·분석 및 재발 방지를 위한 기술적 보좌 및 조언·지도
> ④ 산업재해에 관한 통계의 유지·관리 및 분석을 위한 보좌 및 조언·지도
> ⑤ 안전인증 대상 기계·기구 등과 자율안전확인 대상 기계·기구 등 구입 시 적격품 선정에 관한 보좌 및 조언·지도
> ⑥ 위험성 평가에 관한 보좌 및 조언·지도
> ⑦ 안전에 관한 사항의 이행에 관한 보좌 및 조언·지도
> ⑧ 산업안전보건위원회 또는 노사협의체, 안전보건관리규정 및 취업규칙에서 정한 직무
> ⑨ 업무수행 내용의 기록·유지
> ⑩ 기타 안전에 관한 사항으로 노동부장관이 정하는 사항

03 자율안전확인 연삭기 덮개에 자율안전확인의 표시 외 추가로 표시해야 할 사항을 2가지 쓰시오.

> **해답** ① 숫돌사용 주속도   ② 숫돌 회전방향

04 소음이 심한 기계로부터 1.5m 떨어진 곳의 음압수준이 100dB일 때, 이 기계로부터 5m 떨어진 곳에서의 음압수준을 구하시오.

풀이 $dB_2 = dB_1 - 20\log\left(\dfrac{d_2}{d_1}\right) = 100 - 20\log\left(\dfrac{5}{1.5}\right) \fallingdotseq 89.55\,dB$

해답 $89.55\,dB$

해설 음압수준

$$dB_2 = dB_1 - 20\log\left(\dfrac{d_2}{d_1}\right)$$

여기서, dB_1 : 소음기계로부터 d_1 떨어진 곳의 소음
dB_2 : 소음기계로부터 d_2 떨어진 곳의 소음

05 산업안전보건법령에 따라 가스집합장치 설치 시 흡연 및 화기 사용금지와 관련된 사항과 출입구에 대한 안전조치사항을 각각 쓰시오.

해답 ① 가스집합장치(아세틸렌 발생기)로부터 5 m 이내와 발생기실로부터 3 m 이내에는 흡연 및 화기 사용을 금지한다.
② 출입구의 문은 불연성 재료로 하고, 두께 1.5 mm 이상의 철판 또는 그와 동등 이상의 강도를 가진 구조로 한다.

해설 가스집합장치 설치 시 안전조치사항(그 외)
① 벽은 불연성 재료로 하고 철근콘크리트 또는 그 밖에 이와 동등 이상의 강도를 가진 구조로 한다.
② 바닥면의 1/16 이상의 단면적을 가진 배기통을 옥상으로 돌출시키고, 그 개구부를 창이나 출입구로부터 1.5 m 이상 떨어지도록 한다.
③ 발생기실을 옥외에 설치한 경우에는 그 개구부를 다른 건축물로부터 1.5 m 이상 떨어지도록 한다.
④ 지붕과 천장에는 얇은 철판이나 가벼운 불연성 재료를 사용한다.
⑤ 벽과 발생기 사이에는 발생기의 조정 또는 카바이드 공급 등의 작업을 방해하지 않도록 충분한 간격을 확보한다.

06 보호구 안전인증 고시에 따른 가죽제 안전화의 성능시험 방법을 4가지 쓰시오.

해답
① 내답발성 시험　　　　② 박리 저항 시험
③ 내충격성 시험　　　　④ 내압박성 시험
⑤ 내유성 시험　　　　　⑥ 내부식성 시험

07 조종장치를 촉각적으로 식별할 수 있도록 하는 촉각적 코드화의 방법을 3가지 쓰시오.

> 해답 ① 크기를 이용한 코드화
> ② 조종장치의 형상에 따른 코드화
> ③ 표면 촉감을 이용한 코드화
> ④ 기계적 진동이나 전기적 임펄스를 이용한 코드화

08 가공기계에 쓰이는 주된 풀 프루프(fool proof) 중 가드(guard)의 형식을 5가지 쓰시오.

> 해답 ① 고정 가드
> ② 조정 가드
> ③ 경고 가드
> ④ 인터록 가드
> ⑤ 자동 가드
>
> 해설 가공기계의 풀 프루프 방식의 주요 기구의 종류
> ① 가드 : 고정 가드, 조정 가드, 경고 가드, 인터록 가드
> ② 조작기구 : 양수조작식, 인터록 가드
> ③ 로크기구 : 인터록 가드, 키식 인터록 가드, 키 로크
> ④ 트립기구 : 접촉식, 비접촉식
> ⑤ 오버런 기구 : 검출식, 타이밍식
> ⑥ 밀어내기 기구 : 자동 가드, 손을 밀어냄
> ⑦ 기동방지 기구 : 안전블록, 안전플러그, 레버록
>
> 참고 ① 페일 세이프 : 기계의 고장이 있어노 안전사고가 발생하지 않도록 2중, 3중 통제를 가하는 장치이다.
> ② 풀 프루프 : 작업자의 실수가 있어도 안전사고가 발생하지 않도록 2중, 3중 통제를 가하는 장치이나.

09 산업안전보건법상 화학설비의 탱크 내 작업에 대한 특별안전보건교육 내용 4가지를 쓰시오.

> 해답 ① 차단장치, 정지장치 및 밸브 개폐장치의 점검에 관한 사항
> ② 탱크 내의 산소농도 측성 및 작업환경에 관한 사항
> ③ 안전 보호구 및 이상 발생 시 응급조치에 관한 사항
> ④ 작업절차, 방법 및 유해·위험에 관한 사항
> ⑤ 그 밖에 안전·보건관리에 필요한 사항

10 밀폐된 공간에서 강제환기가 무엇인지 설명하시오.

> **해답** 송풍기(환기장치) 등을 이용하여 강제적으로 외부 공기를 유입하거나 배출하는 장치이다.

11 산업안전보건법령에 따라 사업장에서 산업재해가 발생했을 때 사업주가 기록하고 보존해야 할 사항을 4가지 쓰시오.

> **해답** ① 사업장의 개요 및 근로자의 인적사항
> ② 재해발생의 일시 및 장소
> ③ 재해발생의 원인 및 과정
> ④ 재해 재발방지 계획

12 달비계의 안전계수의 기준을 나타낸 것이다. (   ) 안에 알맞은 수를 쓰시오.

> • 달기 와이어로프 및 달기 강선의 안전계수 : (①) 이상
> • 달기 체인 및 달기 훅의 안전계수 : (②) 이상

> **해답** ① 10
> ② 5

> **해설** 달비계 설치 시 강재 및 목재 하부, 상부 지점의 안전계수 기준
> ① 달기 강대와 달비계의 하부 및 상부 지점의 안전계수(강재의 경우) : 2.5 이상
> ② 달기 강대와 달비계의 하부 및 상부 지점의 안전계수(목재의 경우) : 5 이상

13 산업안전보건법령에 따른 양중기(화물을 들어 올리는 기계)의 종류를 5가지 쓰시오.

> **해답** ① 승강기(적재 용량이 300kg 미만인 것은 제외)
> ② 곤돌라
> ③ 이동식 크레인
> ④ 크레인(호이스트 포함)
> ⑤ 리프트(이삿짐 운반용은 적재하중이 0.1t 이상인 것으로 한정)

01 산업안전보건법령에 따라 밀폐공간 작업 시 특별안전보건교육 내용을 4가지 쓰시오.

해답 ① 산소농도 측정 및 작업환경에 관한 사항
② 사고 시 응급처치 및 비상시 구출에 관한 사항
③ 보호구 착용 및 보호장비 사용에 관한 사항
④ 작업내용, 안전작업방법 및 절차에 관한 사항
⑤ 장비, 설비 및 시설 등의 안전점검에 관한 사항
⑥ 기타 안전 및 보건관리에 필요한 사항

02 안전인증 대상 안전모의 성능시험의 종류를 5가지 쓰시오.

해답 ① 내관통성   ② 충격 흡수성
③ 내전압성   ④ 내수성
⑤ 난연성   ⑥ 턱끈 풀림

참고 ① 내관통성 : AE, ABE종은 관통거리가 9.5mm 이하, AB종은 11mm 이하이어야 한다.
② 충격 흡수성 : AB, AE, ABE종의 전달충격력은 4450N 미만이어야 한다.
③ 내전압성 : AE, ABE종은 교류 20kV에서 1분간 절연파괴 없이 견뎌야 하며, 누설 전류는 10mA 이하이어야 한다.
④ 내수성 : AE, ABE종은 질량 증가율이 1% 미만이어야 한다.
⑤ 난연성 : AB, AE, ABE종은 본체가 불꽃을 내며 5초 이상 연소되지 않아야 한다.
⑥ 턱끈 풀림 : AB1, AE1, ABE종은 150N 이상 250N 이하의 힘에서 턱끈이 풀려야 한다.

03 연평균 근로자 수가 350명인 사업장의 연천인율이 3.5라면 사업장의 도수율은 얼마인지 계산하시오.

풀이 ① 연천인율＝도수율×2.4
② 도수율＝$\dfrac{\text{연천인율}}{2.4}$≒1.46

해답 1.46

04 어떤 기기의 고장률이 시간당 0.002로 일정하다면, 이 기기를 100시간 사용했을 때 고장이 발생할 확률을 구하시오.

풀이 ① 신뢰도 $R(t)=e^{-\lambda t}=e^{-0.002\times100}=e^{-0.2}≒0.82$

② 고장률 $F(t)=1-R(t)=1-0.82=0.18$

해답 0.18

05 다음은 하인리히, 버드, 아담스의 재해 이론을 나타낸 표이다. 빈칸에 알맞은 말을 쓰시오.

구분	하인리히	버드	아담스
제1단계	사회적 환경과 유전적 요소	①	관리 구조
제2단계	개인적 결함	기본 원인	작전적 에러
제3단계	②	직접 원인	③
제4단계	사고	사고	사고
제5단계	상해	상해	상해

해답 ① 통제 부족   ② 불안전한 행동 및 상태   ③ 전술적 에러

06 누전차단기의 정격감도전류에서의 동작시간이 정격감도전류 30mA 이하에서 0.03초 이내일 때 알맞은 누전차단기를 쓰시오.

해답 인체 감전 보호형

해설 누전차단기의 정격감도전류에서 동작시간

누전차단기 종류	누전차단기의 동작시간
고감도 고속형	• 정격감도전류에서 0.1초 이내
고감도 시연형	• 정격감도전류에서 0.1초 초과 2초 이내
고감도 반한시형	• 정격감도전류에서 0.2초 초과 1초 이내 • 정격감도전류의 1.4배의 전류에서 0.1초 초과 0.5초 이내 • 정격감도전류의 4.4배의 전류에서 0.05초 이내
중감도 고속형	• 정격감도전류에서 0.1초 이내
중감도 시연형	• 정격감도전류에서 0.1초 초과 2초 이내
인체 감전 보호형	• 정격감도전류 30mA 이하에서 0.03초 이내
물을 사용하는 장소	• 정격감도전류 15mA 이하에서 0.03초 이내

07 산업재해에서 사망 등 재해의 정도가 심하거나 다수의 재해자가 발생한 경우로, 고용노동부령으로 정하는 재해(중대 재해) 3가지를 쓰시오.

> **해답** ① 사망자가 1명 이상 발생한 재해
> ② 3개월 이상 요양이 필요한 부상자가 동시에 2명 이상 발생한 재해
> ③ 부상자 또는 직업성 질병자가 동시에 10명 이상 발생한 재해

08 파열판(rupture disk)을 설치해야 하는 필요성을 3가지 쓰시오.

> **해답** ① 반응 폭주 등으로 급격한 압력 상승의 우려가 있는 경우
> ② 운전 중 안전밸브의 이상으로 안전밸브가 작동하지 못하는 경우
> ③ 위험물질의 누출로 작업장이 오염될 수 있는 경우
> ④ 파열판의 형식과 재질을 충분히 검토하고, 일정 기간을 정해 교환이 필요한 경우
>
> **참고** ① 안전밸브 : 기기나 배관의 압력이 일정 수준을 초과할 때, 이를 신속하게 제어하는 밸브이다.
> ② 파열판 : 고압계에서 안전설비의 일종으로, 계통 압력이 일정한 값 이상일 때 파열하여 내부의 압력을 방출하도록 설계된 칸막이판이다.
> ③ 통기밸브 : 인화성 액체를 저장·취급하는 탱크 내부의 압력이 제한된 범위 내에서 유지하도록 설계된 밸브이다.

09 흙막이 지보공을 설치하였을 때 정기적으로 점검하고 보수해야 할 사항을 3가지 쓰시오.

> **해답** ① 부재의 손상·변형·부식·변위 및 탈락의 유무와 상태
> ② 침하의 정도와 버팀대의 긴압의 정도
> ③ 부재의 접속부·부착부 및 교차부의 상태
> ④ 기둥침하의 유무 및 상태

10 작업공간의 용어에 대한 설명이다. 다음에 해당하는 용어를 쓰시오.

(1) 상완을 자연스럽게 수직으로 늘어뜨린 채 전완만으로 편하게 뻗어 파악할 수 있는 구역
(2) 상완과 전완을 곧게 펴서 파악할 수 있는 구역

> **해답** (1) 정상작업영역　　　　　　(2) 최대작업영역

11 롤러기의 앞면 롤의 지름이 300 mm이고 분당 회전수가 30회일 때, 허용되는 급정지 장치의 급정지거리는 약 몇 mm 이내이어야 하는지 구하시오.

풀이 ① $V = \dfrac{\pi DN}{1000} = \dfrac{\pi \times 300 \times 30}{1000} = 28.26 \, \text{m/min}$

② 급정지거리 $= \pi \times D \times \dfrac{1}{3} = \pi \times 300 \times \dfrac{1}{3} = 314 \, \text{mm}$

해답 약 $314 \, \text{mm}$

해설 ① 표면속도 $V = \dfrac{\pi DN}{1000}$

여기서, V : 롤러의 표면속도(m/min), D : 롤러 원통의 직경(mm)

N : 1분간 롤러기가 회전되는 수(rpm)

② 급정지거리 $= \pi \times D \times \dfrac{1}{3}$ ($V = 30 \, \text{m/min}$ 미만일 때)

급정지거리 $= \pi \times D \times \dfrac{1}{2.5}$ ($V = 30 \, \text{m/min}$ 이상일 때)

12 가설 사다리식 통로에 계단참을 설치할 때의 기준 4가지를 쓰시오.

해답 ① 견고한 구조로 설치할 것

② 손상, 부식 등이 없는 재료를 사용할 것

③ 발판 간격은 일정하게 설치할 것

④ 폭은 30 cm 이상으로 설치할 것

⑤ 벽과 발판 사이는 15 cm 이상의 간격을 유지할 것

⑥ 사다리의 상단은 걸쳐 놓은 지점에서 60 cm 이상 올라가도록 설치할 것

⑦ 사다리식 통로 길이가 10 m 이상인 경우에는 5 m 이내마다 계단참을 설치할 것

⑧ 사다리식 통로 기울기는 75° 이하, 고정식 사다리는 90° 이하이고, 그 높이가 7 m 이상인 경우에는 바닥에서 2.5 m가 되는 지점부터 등받이울을 설치할 것

13 산업안전보건법상 유해·위험방지를 위한 방호조치를 하지 않고는 양도, 대여, 설치 진열해서는 안 되는 기계·기구를 4가지 쓰시오.

해답 ① 예초기
② 원심기
③ 공기압축기
④ 금속절단기
⑤ 지게차
⑥ 포장기계(진공포장기, 래핑기로 한정함)

참고 자율안전확인 대상 기계·기구 등을 제조·수입·양도·대여·사용하거나 양도·대여의 목적으로 진열할 수 없는 경우
① 자율안전확인 신고를 하지 않은 경우
② 거짓이나 그 밖의 부정한 방법으로 신고를 한 경우
③ 자율안전확인 대상 기계 등의 안전에 관한 성능이 자율안전기준에 맞지 않은 경우
④ 자율안전확인 표시의 사용금지 명령을 받은 경우

01 기계의 고장률 그래프를 그리고, 고장의 3단계를 쓰시오.

해답

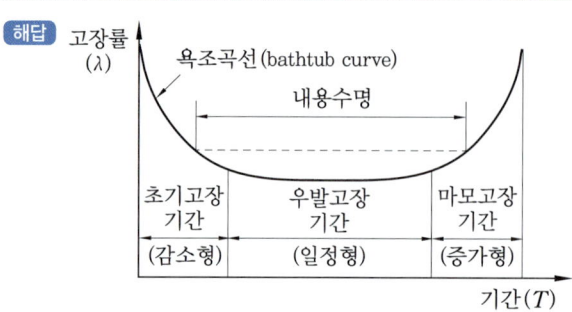

① 초기고장 ② 우발고장 ③ 마모고장

참고 ① 초기고장 : 고장률 감소형 ② 우발고장 : 고장률 일정형

③ 마모고장 : 고장률 증가형

02 다음 FT도에서 정상사상 T의 발생확률을 구하시오. (단, X_1, X_2, X_3의 발생확률은 각각 0.1, 0.15, 0.1이다.)

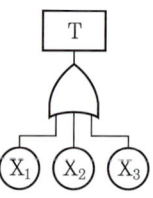

풀이 $T = 1 - (1 - X_1)(1 - X_2)(1 - X_3) = 1 - (1 - 0.1) \times (1 - 0.15) \times (1 - 0.1)$

$= 1 - 0.6885 = 0.3115$

해답 0.3115

03 인간의 주의의 특성에 대하여 3가지를 쓰고, 간단히 설명하시오.

해답 ① 선택성 : 여러 자극 중 특정한 것만 선택하여 주의를 집중하는 특성

② 변동성 : 주의가 일정하지 않고 시간에 따라 쉽게 변하는 특성

③ 방향성 : 주의가 특정 대상이나 방향으로 집중되는 특성

④ 주의력의 중복집중 곤란성 : 동시에 여러 대상에 주의를 집중하기 어려운 특성

04 평균 근로자 수가 50명인 A 공장에서 지난 한 해 동안 3명의 재해자가 발생하였다. 이 공장의 강도율이 1.5일 경우 총근로손실일수는 며칠인지 구하시오. (단, 근로자는 1일 8시간씩 300일을 근무하였다.)

풀이 ① 강도율 $= \dfrac{\text{근로손실일수}}{\text{총근로시간 수}} \times 1000$

② 근로손실일수 $= \dfrac{\text{강도율} \times \text{총근로시간 수}}{1000} = \dfrac{1.5 \times (50 \times 8 \times 300)}{1000} = 180$일

해답 180일

05 다음 안전표지의 명칭을 쓰시오.

①	②	③	④	⑤

해답 ① 인화성물질 경고
② 산화성물질 경고
③ 사용금지
④ 방진마스크 착용
⑤ 방독마스크 착용

06 사업주는 위험불질을 기준량 이상으로 제조하거나 취급하는 경우 특수화학설비를 설치해야 하며, 내부의 이상상태를 조기에 파악하기 위해 온도계, 유량계, 압력계 등의 계측장치를 설치해야 한다. 이러한 계측장치가 필요한 특수화학설비의 종류를 4가지 쓰시오.

해답 ① 가열로 또는 가열기
② 발열반응이 일어나는 반응장치
③ 증류, 정류, 증발, 추출 등 분리작업을 수행하는 장치
④ 반응 폭주 등 이상 화학반응으로 인해 위험물질이 발생할 우려가 있는 설비
⑤ 온도가 350℃ 이상이거나 게이지 압력이 980kPa 이상에서 운전되는 설비
⑥ 가열되는 위험물질의 분해온도 또는 발화점보다 높은 온도에서 운전되는 설비

07 산업안전보건법상 공정안전보고서 내용에 포함되어야 할 사항을 4가지 쓰시오.

해답 ① 공정안전 자료　　　　② 공정위험성 평가서
③ 안전운전 계획　　　　④ 비상조치 계획

08 사업주는 차량계 하역운반기계 및 차량계 건설기계의 운전자가 운전위치를 이탈하는 경우 취해야 할 조치사항을 3가지 쓰시오.

해답 ① 포크, 버킷, 디퍼 등의 장치를 가장 낮은 위치로 내리거나 지면에 내려 둔다.
② 원동기를 정지시키고 브레이크를 확실히 걸어 갑작스러운 주행이나 기계의 이탈을 방지하는 조치를 한다.
③ 운전석을 이탈할 때는 반드시 시동키를 운전대에서 분리시킨다.

09 구조물의 해체작업 시 해체 작업계획서에 포함해야 할 사항을 3가지 쓰시오.

해답 ① 해체물의 처분계획
② 사업장 내 연락방법
③ 해체의 방법 및 해체의 순서도면
④ 해체작업용 화약류 등의 사용계획서
⑤ 해체작업용 기계 · 기구 등의 작업계획서
⑥ 가설설비 · 방호설비 · 환기설비 및 살수 · 방화설비 등의 방법

10 재해의 원인 분석법 중 통계에 의한 분석방법을 쓰시오.

- (①) : 재해발생 건수 등을 시간에 따라 대략적으로 파악한다.
- (②) : 사고 유형, 기인물 등을 큰 값에서 작은 값 순서로 도표화한다.
- (③) : 특성의 원인를 연계하여 상호관계를 어골상으로 세분하여 분석한다.
- (④) : 2가지 이상의 요인이 상호관계를 유지할 때 문제점을 분석한다.

해답 ① 관리도(control chart)
② 파레토도(pareto chart)
③ 특성요인도(cause and effect diagram)
④ 클로즈 분석도(close analysis diagram)

11 산업안전보건기준에 관한 규칙에 따라 로봇의 작동 범위 내에서 교시 등의 작업(로봇의 동력원을 차단하고 하는 작업은 제외)을 수행할 때, 작업시작 전 점검해야 할 사항을 3가지 쓰시오.

해답 ① 외부 전선의 피복 또는 외장의 손상 유무
② 매니퓰레이터(manipulator) 작동의 이상 유무
③ 제동장치 및 비상정지장치의 기능

12 누전차단기를 설치해야 하는 기계·기구의 종류를 3가지 쓰시오.

해답 ① 대지 전압 150V를 초과하는 이동형 또는 휴대형 전기기계·기구
② 물 등 도전성이 높은 액체가 있는 습윤장소에서 사용하는 저압용 전기기계·기구
③ 철판·철골 위 등 도전성이 높은 장소에서 사용하는 이동형 또는 휴대형 전기기계·기구
④ 임시배선의 전로가 설치되는 장소에서 사용하는 이동형 또는 휴대형 전기기계·기구

13 다음의 와이어로프가 달비계에서 사용 가능한지 사용 불가능한지 판단하고, 그 이유를 간단히 설명하시오.

- 공칭지름 : 10mm
- 현재지름 : 8.9mm

해답 ① 사용 불가능
② 이유 : 와이어로프 지름이 8.9mm로 공칭지름 11%가 감소하여 사용 불가능(공칭지름의 7%를 초과하면 사용 불가능)하다.

참고 와이어로프의 사용금지 기준
① 이음매가 있는 것
② 와이어로프의 한 꼬임에서 끊어진 소선의 수가 10% 이상인 것
③ 지름의 감소가 공칭지름의 7%를 초과하는 것
④ 꼬인 것
⑤ 심하게 변형되거나 부식된 것
⑥ 열과 전기충격에 의해 손상된 것

01 산업안전보건법상 사업장에서 실시해야 하는 안전교육 중 정기교육에 대한 교육시간을 쓰시오.

(1) 사무직 종사 근로자 :

(2) 사무직 종사자 외의 근로자(판매업무에 직접 종사하는 근로자) :

(3) 사무직 종사자 외의 근로자(판매업무 직접 종사자 외 근로자) :

(4) 관리감독자의 지위에 있는 사람 :

해답 (1) 매반기 6시간 이상   (2) 매반기 6시간 이상

(3) 매반기 12시간 이상   (4) 연간 16시간 이상

02 다음 시스템의 신뢰도를 계산하시오. (단, 각 요소의 신뢰도는 a, b가 각각 0.8이고 c, d가 각각 0.6이다.)

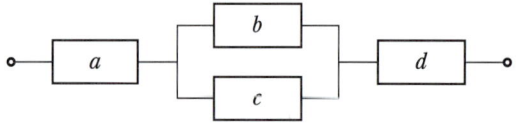

풀이 $R_s = a \times [1-(1-b) \times (1-c)] \times d$

$\quad = 0.8 \times [1-(1-0.8) \times (1-0.6)] \times 0.6 \fallingdotseq 0.44$

해답 0.44

03 산업안전보건법에 따라 사업주가 사업장에서 승강기의 설치, 조립, 수리, 점검 또는 해체작업을 할 때 준수해야 할 조치사항을 3가지 쓰시오.

해답 ① 작업을 지휘할 사람을 선임하고, 그 사람의 지휘하에 작업을 수행할 것

② 작업구역에 관계자 외 출입을 금지하고, 이를 알리는 표지판을 보기 쉬운 장소에 게시할 것

③ 비, 눈 등 기상상태가 불안정하여 날씨가 매우 나쁠 때 작업을 중지할 것

04 사업주는 보일러 폭발사고를 예방하기 위해 기능이 정상적으로 작동될 수 있도록 유지 · 관리해야 한다. 보일러의 방호장치를 4가지 쓰시오.

해답 ① 압력방출장치
② 압력제한 스위치
③ 수위조절장치
④ 화염검출기

참고 압력방출장치의 교정 및 시험 규정
① 보일러에서 압력방출장치를 2개 설치하는 경우 1개는 최고 사용압력 이하에서 작동되도록 하고, 다른 하나는 최고 사용압력의 1.05배 이하에서 작동되도록 부착한다.
② 보일러의 과열을 방지하기 위해 최고 사용압력과 상용압력 사이에서 보일러의 버너연소를 차단할 수 있도록 압력제한 스위치를 부착하여 사용한다.

05 콘크리트 타설작업을 위해 콘크리트 타설장비를 사용하는 작업 시 준수사항 3가지를 쓰시오.

해답 ① 작업을 시작하기 전에 콘크리트 타설장비를 점검하고 이상을 발견하면 즉시 보수할 것
② 건축물의 난간 등에서 작업하는 근로자가 추락하는 위험을 방지하기 위해 안전난간 설치 등 필요한 조치를 할 것
③ 콘크리트 타설장비의 붐을 조정하는 경우에는 주변의 전선 등에 의한 위험을 예빙힐 것
④ 작업 중 지반의 침하나 아웃트리거 등 콘크리트 타설장비 지지구조물의 손상 등에 의해 콘크리트 타설장비가 넘어질 우려가 있는 경우에는 이를 방지하기 위한 조치를 할 것

06 파열판(rupture disk)을 설치해야 하는 필요성을 3가지 쓰시오.

해답 ① 반응 폭주 등으로 급격한 압력 상승의 우려가 있는 경우
② 운전 중 안전밸브의 이상으로 안전밸브가 작동하지 못하는 경우
③ 위험물실의 누출보 작업장이 오염될 수 있는 경우
④ 파열판의 형식과 재질을 충분히 검토하고, 일정 기간을 정해 교환이 필요한 경우

07 산업안전보건법령상 안전보건표지 중 금지표지를 나타낸 표이다. 표지의 명칭을 쓰시오.

①	②	③

해답 ① 차량통행금지

② 사용금지

③ 보행금지

해설 안전보건표지 중 금지표지(그 외)

출입금지	탑승금지	금연	화기금지	물체이동금지

08 산업안전보건법에 따른 산업안전보건위원회의 심의 · 의결사항 4가지를 쓰시오.

해답 ① 사업장의 산업재해 예방계획의 수립에 관한 사항

② 안전보건관리규정의 작성 및 변경에 관한 사항

③ 안전보건교육에 관한 사항

④ 근로자의 건강진단 등 건강관리에 관한 사항

⑤ 산업재해에 관한 통계의 기록 및 유지에 관한 사항

⑥ 작업환경 측정 등 작업환경의 점검 및 개선에 관한 사항

⑦ 중대 재해의 원인 조사 및 재발 방지대책 수립에 관한 사항

⑧ 유해하거나 위험한 기계 · 기구 · 설비를 도입한 경우 안전 및 보건 관련 조치에 관한 사항

09 산업재해에서 사망 등 재해의 정도가 심하거나 다수의 재해자가 발생한 경우로, 고용노동부령으로 정하는 재해(중대 재해) 3가지를 쓰시오.

해답 ① 사망자가 1명 이상 발생한 재해

② 3개월 이상 요양이 필요한 부상자가 동시에 2명 이상 발생한 재해

③ 부상자 또는 직업성 질병자가 동시에 10명 이상 발생한 재해

10 산업안전보건법 제322조에 따라 충전 전로 인근에서 차량 및 기계장치 작업 시 안전조치사항이다. ( ) 안에 알맞은 수를 쓰시오.

> 사업주는 충전 전로 인근에서 차량, 기계장치 등(이하 "차량 등"이라 한다)의 작업이 있는 경우에는 차량 등을 충전 전로의 충전부로부터 (①)cm 이상 이격시켜 유지시키되, 대지 전압이 (②)KV를 넘는 경우 이격시켜 유지해야 하는 거리(이하 "이격거리"라 한다)는 (③)KV 증가할 때마다 (④)cm씩 증가시켜야 한다. 다만, 차량 등의 높이를 낮춘 상태에서 이동하는 경우에는 이격거리를 (⑤)cm 이상(대지 전압이 (⑥)KV를 넘는 경우에는 (⑦)KV 증가할 때마다 이격거리를 10cm씩 증가)으로 할수 있다.

해답 ① 300 ② 50 ③ 10 ④ 10 ⑤ 120 ⑥ 50 ⑦ 10

11 교량 작업 시 작업계획서에 포함되어야 하는 내용을 4가지 쓰시오.

해답 ① 작업방법 및 순서
② 부재의 낙하, 전도 또는 붕괴를 방지하기 위한 방법
③ 작업에 종사하는 근로자의 추락 위험을 방지하기 위한 안전조치 방법
④ 공사에 사용되는 가설 철골 구조물 등의 설치, 사용, 해체 시 안전성 검토 방법
⑤ 사용하는 기계 등의 종류 및 성능, 작업방법
⑥ 작업 지휘자 배치계획
⑦ 기타 안전·보건에 관련된 사항

12 두께가 2mm, 치진폭이 2.5mm인 목재 가공용 둥근톱에서 반발예방장치 분할날의 두께(t) 범위를 구하시오.

풀이 분할날(spreader)의 두께
$$1.1t_1 \leq t_2 < b$$
$$1.1 \times 2\,mm \leq t_2 < 2.5\,mm$$
$$2.2\,mm \leq t_2 < 2.5\,mm$$
여기서, t_1 : 톱 두께, t_2 : 분할날 두께, b : 톱날 진폭

해답 $2.2\,mm \leq t < 2.5\,mm$

13 다음 작업별 조도 기준을 쓰시오.

(1) 초정밀작업 :　　　　　　　　　　(2) 정밀작업 :

(3) 보통작업 :　　　　　　　　　　　(4) 그 밖의 일반작업 :

[해답] (1) 750 lux 이상　　　　　　　(2) 300 lux 이상

　　　 (3) 150 lux 이상　　　　　　　(4) 75 lux 이상

[참고] 조도 : 단위 면적당 비춰지는 빛의 밝기(조도＝광도/거리^2)

01 보호구 안전인증 고시에 따라 안전인증을 받은 보호구에 반드시 표시해야 하는 사항을 4가지 쓰시오.

해답 ① 형식 또는 모델명
② 규격 또는 등급
③ 제조자명
④ 제조번호 및 제조연월
⑤ 안전인증번호

참고 안전인증대상 보호구
① 안전화
② 방진마스크
③ 송기마스크
④ 안전대
⑤ 안전장갑
⑥ 방독마스크
⑦ 방음용 귀마개 또는 귀덮개
⑧ 보호복
⑨ 용접용 보안면
⑩ 전동식 호흡보호구
⑪ 차광 및 비산물 위험방지용 보안경
⑫ 추락 및 감전위험방지용 안전모

02 산업안전보건법에 따라 노사협의체를 구성할 때 근로자 위원의 기준을 3가지 쓰시오.

해답 ① 도급 또는 하도급 사업을 포함한 전체 사업의 근로자 대표
② 근로자 대표가 지명하는 명예산업안전감독관 1명(단, 명예산업안전감독관이 위촉되지 않은 경우에는 근로자 대표가 지명하는 해당 사업장 근로자 1명)
③ 공사 금액이 20억 원 이상인 공사의 관계수급인의 근로자 대표

참고 사용자 위원의 기준
① 도급 또는 하도급 사업을 포함한 전체 사업의 대표자
② 안전관리자 1명
③ 보건관리자 1명(단, 보건관리자 선임대상인 건설업으로 한정)
④ 공사 금액이 20억 원 이상인 공사의 관계수급인의 사업주

03 그림을 보고 FT도를 작성하시오. (단, 램프가 켜지지 않는 것을 정상사상으로 하고 기본사상을 각각 sw1 off, sw2 off로 한다.)

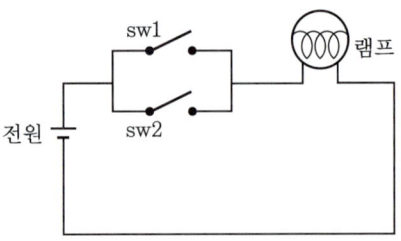

해답 스위치가 모두 off(AND 게이트)이어야 정상사상이 발생하므로 FT도는 다음과 같다.

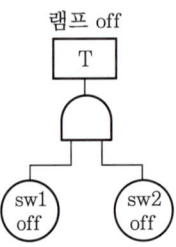

04 산업안전보건법상 안전인증 방호장치의 종류를 5가지 쓰시오.

해답 ① 프레스 및 전단기 방호장치　② 양중기용 과부하방지장치
③ 보일러 압력방출용 안전밸브　④ 압력용기 압력빙출용 안전밸브
⑤ 압력용기 압력방출용 파열판　⑥ 절연용 방호구 및 활선작업용 기구
⑦ 방폭구조 전기기계·기구 및 부품

05 연간 상시근로자가 100명인 화학공장에서 1년 동안 8명이 부상당하여 휴업일수 219일의 손실이 발생하였다. 이때 총근로손실일수와 강도율을 구하시오. (단, 근로자는 1일 8시간씩 연간 300일을 근무하였다.)

풀이 ① 총근로손실일수＝휴업일수$\times\dfrac{근무일수}{365}=219\times\dfrac{300}{365}=180$일

② 강도율＝$\dfrac{근로손실일수}{연간\ 총근로시간\ 수}\times1000=\dfrac{180}{100\times8\times300}\times1000=0.75$

해답 ① 총근로손실일수 : 180일
② 강도율 : 0.75

06 산업안전보건기준에 관한 규칙 제319조에 따라 감전될 우려가 있는 노출된 충전부에서 작업을 하기 위해서는 전로를 차단해야 한다. 전로 차단을 위한 시행 절차를 나열하시오.

> ① 전원을 차단한 후 각 단로기 등을 개방하고 확인할 것
> ② 차단장치나 단로기 등에 잠금장치 및 꼬리표를 부착할 것
> ③ 전기기기 등에 공급되는 모든 전원과 관련 도면, 배선도 등으로 확인할 것
> ④ 검전기를 이용하여 작업대상 기기가 충전되었는지 확인할 것
> ⑤ 개로된 전로에서 유도전압 또는 전기에너지가 축적되어 근로자에게 위험을 끼칠 수 있는 전기기기 등은 접촉하기 전에 잔류전하를 완전히 방전시킬 것
> ⑥ 전기기기 등이 다른 노출 충전부와의 접촉, 유도 또는 예비 동력원의 역송전 등으로 전압이 발생할 우려가 있는 경우에는 충분한 용량을 가진 단락접지기구를 이용하여 접지할 것

해답 ③ → ① → ② → ⑤ → ④ → ⑥

07 산업안전보건법상 사업장에서 실시해야 하는 안전교육 중 정기교육에 대한 교육시간을 쓰시오.

(1) 사무직 종사 근로자 :
(2) 사무직 종사자 외의 근로자(판매업무에 직접 종사하는 근로자) :
(3) 사무직 종사자 외의 근로자(판매업무 직접 종사자 외 근로자) :
(4) 관리감독자의 지위에 있는 사람 :

해답 ⑴ 매반기 6시간 이상
⑵ 매반기 6시간 이상
⑶ 매반기 12시간 이상
⑷ 연간 16시간 이상

08 달기 체인을 달비계에 사용해서는 안 되는 기준을 3가지 쓰시오.

해답 ① 균열이 있거나 심하게 변형된 것
② 달기 체인의 길이가 달기 체인이 제조된 때의 길이의 5%를 초과한 것
③ 링의 단면지름이 달기 체인이 제조된 때의 해당 링 지름의 10%를 초과하여 감소한 것

09 롤러기의 방호장치(급정지장치)를 설치하는 위치를 구분하여 설명하시오.

해답 ① 손 조작식 : 밑면으로부터 1.8m 이내 위치
② 복부 조작식 : 밑면으로부터 0.8m~1.1m 위치
③ 무릎 조작식 : 밑면으로부터 0.4m~0.6m 위치

10 종이의 반사율이 50%이고 종이 위의 글자 반사율이 10%일 때, 종이에 의한 글자의 대비를 구하시오.

풀이 $\text{대비} = \dfrac{L_b - L_t}{L_b} = \dfrac{50 - 10}{50} \times 100 = 80\%$

해답 80%

해설 $\text{대비} = \dfrac{L_b - L_t}{L_b}$

여기서, L_b : 배경의 광속발산도, L_t : 표적의 광속발산도

11 다음 작업별 조도 기준을 쓰시오.

(1) 초정밀작업 :　　　　　　　　　　　(2) 정밀작업 :
(3) 보통작업 :　　　　　　　　　　　　(4) 그 밖의 일반작업 :

해답 (1) 750lux 이상
(2) 300lux 이상
(3) 150lux 이상
(4) 75lux 이상

12 산업재해에서 사망 등 재해의 정도가 심하거나 다수의 재해자가 발생한 경우로, 고용노동부령으로 정하는 재해(중대 재해) 3가지를 쓰시오.

해답 ① 사망자가 1명 이상 발생한 재해
② 3개월 이상 요양이 필요한 부상자가 동시에 2명 이상 발생한 재해
③ 부상자 또는 직업성 질병자가 동시에 10명 이상 발생한 재해

13 산업안전보건기준에 관한 규칙에 따라 공기압축기를 가동하기 전에 작업시작 전 점검해야 할 사항 5가지를 쓰시오. (단, 기타 연결 부위의 이상 유무는 제외한다.)

해답 ① 공기 저장 압력용기의 외관 상태
　　② 드레인 밸브(drain valve)의 조작 및 배수
　　③ 압력방출장치의 기능
　　④ 언로드밸브의 기능
　　⑤ 윤활유의 상태
　　⑥ 회전부의 덮개 또는 울

01 산업안전보건법상 안전·보건진단을 받아 안전보건개선계획을 수립·제출하도록 명할 수 있는 작성대상 사업장을 3가지 쓰시오.

> **해답** ① 산업재해율이 같은 업종의 평균 산업재해율의 2배 이상인 사업장
> ② 사업주가 필요한 안전조치 또는 보건조치를 이행하지 않아 중대 재해가 발생한 사업장
> ③ 직업성 질병자가 연간 2명 이상 발생한 사업장(상시근로자가 1000명 이상인 사업장의 경우 3명 이상)
> ④ 그 밖에 작업환경 불량, 화재·폭발 또는 누출사고 등으로 사업장 주변까지 피해가 확산된 사업장으로서 고용노동부령으로 정하는 사업장

02 교류아크용접기에 설치된 자동전격방지장치의 성능을 설명하시오.

> **해답** 자동전격방지장치는 무부하 상태에서 1 ± 0.3초 이내에 2차 무부하 전압을 25 V 이하로 낮추어 전격(감전) 위험을 줄이는 기능을 한다.

03 인간오류 확률을 추정할 수 있는 분석기법 4가지를 쓰시오.

> **해답** ① 인간실수확률(THERP) ② 인간실수자료은행(HERB)
> ③ 위급사건기법(CIT) ④ 직무위급도분석(TCRAM)
> ⑤ 조작자 행동나무(OAT) ⑥ 결함수분석법(FTA)

04 인간의 신뢰도가 0.95, 기계의 신뢰도가 0.8일 때, 다음 시스템에 대한 신뢰도를 계산하시오.

(1) 인간-기계 병렬연결   (2) 인간-기계 직렬연결

> **풀이** (1) 신뢰도＝1－(1－인간의 신뢰도)×(1－기계의 신뢰도)
> ＝1－(1－0.95)×(1－0.8)＝0.99
> (2) 신뢰도＝인간의 신뢰도×기계의 신뢰도
> ＝0.95×0.8＝0.76
> **해답** (1) 0.99   (2) 0.76

05   방진마스크를 선정할 때 고려해야 할 기준 5가지를 쓰시오.

해답 ① 여과효율이 우수할 것
② 흡·배기 저항이 낮을 것
③ 사용적이 작을 것
④ 시야가 넓을 것
⑤ 안면 밀착성이 좋을 것
⑥ 피부 접촉 부분의 고무질이 좋을 것

06   폭굉파는 화염의 전파속도가 음속 이상이며, 그 속도가 1000~3500 m/s에 해당한다. 폭굉유도거리가 짧아지는 조건을 3가지 쓰시오.

해답 ① 점화에너지가 강할수록 짧다.
② 연소속도가 큰 가스일수록 짧다.
③ 압력이 높을수록 짧다.
④ 관경이 가늘거나 관 속에 이물질이 있을 경우 짧다.

07   위험예지훈련 4R(라운드)기법의 진행방법을 순서대로 쓰시오.

해답 현상파악(1R) → 본질추구(2R) → 대책수립(3R) → 행동 목표설정(4R)
참고 문제해결의 4R(라운드)기법
① 현상파악(1R) : 토론을 통해 어떤 위험이 숨어 있는지를 파악하고, 잠재된 위험요인을 발견한다.
② 본질추구(2R) : 위험요인 중 중요한 위험 문제점을 파악한다.
③ 대책수립(3R) : 위험요소를 어떻게 해결하는 것이 좋을지 구체적인 대책을 세운다.
④ 행동목표 설정(4R) : 중점적인 대책을 실천하기 위한 행동목표를 설정한다.

08   산업안전보건법령에 따라 사업장에서 산업재해가 발생했을 때 사업주가 기록하고 보존해야 할 사항을 4가지 쓰시오.

해답 ① 사업장의 개요 및 근로자의 인적사항
② 재해발생의 일시 및 장소
③ 재해발생의 원인 및 과정
④ 재해 재발방지 계획

09 산업안전보건법상 안전관리자의 직무 5가지를 쓰시오.

해답 ① 사업장 안전교육계획의 수립 및 안전교육 실시에 관한 보좌 및 조언 · 지도
② 사업장 순회점검 지도 및 조치의 건의
③ 산업재해 발생의 원인 조사 · 분석 및 재발 방지를 위한 기술적 보좌 및 조언 · 지도
④ 산업재해에 관한 통계의 유지 · 관리 및 분석을 위한 보좌 및 조언 · 지도
⑤ 안전인증 대상 기계 · 기구 등과 자율안전확인 대상 기계 · 기구 등 구입 시 적격품 선정에 관한 보좌 및 조언 · 지도
⑥ 위험성 평가에 관한 보좌 및 조언 · 지도
⑦ 안전에 관한 사항의 이행에 관한 보좌 및 조언 · 지도
⑧ 산업안전보건위원회 또는 노사협의체, 안전보건관리규정 및 취업규칙에서 정한 직무
⑨ 업무수행 내용의 기록 · 유지
⑩ 기타 안전에 관한 사항으로 노동부장관이 정하는 사항

10 하인리히의 사고빈도 법칙에 대하여 설명하시오.

해답 하인리히의 사고빈도 법칙은 330건의 사고 가운데 중상 또는 사망 1건, 경상 29건, 무상해 사고 300건의 비율로 사고가 발생한다는 법칙이다.

해설

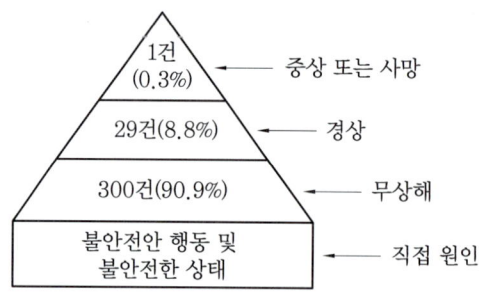

하인리히의 1 : 29 : 300의 법칙

11 터널공사 시 설치하는 자동경보장치에 대하여 작업시작 전 점검해야 할 사항을 3가지 쓰시오.

해답 ① 계기의 이상 유무 점검
② 검지부의 이상 유무 확인
③ 경보장치의 작동상태 점검

12 프레스 및 절단기에서 사용하는 양수조작식 방호장치의 설치 및 사용방법을 3가지 쓰시오.

해답 ① 누름버튼(레버 포함)은 매립형 구조로 설치해야 하며, 상호 간 내측거리는 300mm 이상이어야 한다.
② 1행정 1정지기구에 사용할 수 있어야 한다.
③ 누름버튼에서 양손을 떼지 않으면 다음 동작을 할 수 없는 구조이어야 한다.
④ 누름버튼을 양손으로 동시에 조작하지 않으면 작동시킬 수 없는 구조이어야 하며, 양쪽 버튼의 작동시간의 차가 최대 0.5초 이내일 때 프레스기 작동해야 한다.
⑤ 정상동작 표시등은 녹색, 위험 표시등은 붉은색으로 하고, 근로자가 쉽게 볼 수 있는 곳에 설치해야 한다.
⑥ 사용 전원전압의 ±20%의 변동에도 정상적으로 작동해야 한다.

13 방호장치 자율안전기준 고시에서 다음 정의에 부합하는 용어를 쓰시오.

(1) 대상으로 하는 용접기의 주회로를 제어하는 장치를 가지고 있어, 용접봉의 조작에 따라 용접할 때만 용접기의 주회로를 형성하고, 그 외에는 용접기의 출력 측 무부하전압을 25V 이하로 저하시키도록 동작하는 장치
(2) 용접봉을 피용접물에 접촉시킨 순간부터 전격방지기의 주접점이 폐로될 때까지의 시간
(3) 용접봉 홀더에 용접기의 출력 측 무부하전압이 발생한 후 주접점이 개방될 때까지의 시간
(4) 정격전원전압에 있어서 전격방지기를 시동시킬 수 있는 출력회로의 시동감도로서 명판에 표시된 것

해답 (1) 교류아크용접기용 자동전격방지기
(2) 시동시간
(3) 지동시간
(4) 표준시동감도

참고 ① 정격사용률 : 정격주파수, 정격전원전압에 있어서 전격방지기의 주접점에 정격전류를 단속했을 때의 부하시간과 전체시간과의 비의 백분율
② 무부하전압 : 전격방지기가 동작하고 있는 경우 출력 측에 발생하는 정상 상태의 무부하전압
③ 전격방지기 제어방식 : 전자접촉기에 의한 접점방식과 주회로용 반도체 소자에 의한 무접점 방식으로 구분된다.

01 "화재발생"이라는 시작(초기)사상에 대하여 화재감지기, 화재경보, 스프링클러 등의 성공 또는 실패 작동 여부와 그 확률에 따른 피해 결과를 설계에서부터 사용까지의 위험을 분석하는 귀납적 · 정량적 분석 기법의 이름을 쓰시오.

해답 사건수 분석(ETA)

02 산업안전보건법에 따라 사업주가 근로자에게 반드시 시행해야 하는 안전보건교육의 종류를 5가지 쓰시오.

해답 ① 정기교육 ② 특별교육 ③ 채용 시 교육
④ 작업내용 변경 시 교육 ⑤ 건설업 기초안전보건교육

03 기계의 고장률이 일정한 지수분포를 가지며 고장률이 0.04/시간일 때, 이 기계가 10시간 동안 고장 나지 않고 작동할 확률을 구하시오.

풀이 $R(t) = e^{-\lambda t} = e^{-0.04 \times 10} = e^{-0.4} \fallingdotseq 0.67$

해답 0.67

해설 신뢰도 $R(t) = e^{-\lambda t}$

여기서, λ : 고장률, t : 가동시간

04 산업안전보건법령에 따라 사업장의 안전보건관리 규정에 포함하여 근로자에게 알려야 하며, 사업장에 비치해야 할 사항을 4가지 쓰시오.

해답 ① 안전 · 보건관리 조직과 그 직무에 관한 사항
② 안전 · 보건교육에 관한 사항
③ 작업장의 안전 및 보건관리에 관한 사항
④ 사고 조사 및 대책 수립에 관한 사항
⑤ 기타 안전 · 보건에 관한 사항

05 산업안전보건법상 안전·보건진단을 받아 안전보건개선계획을 수립·제출하도록 명할 수 있는 작성대상 사업장을 3가지 쓰시오.

해답 ① 산업재해율이 같은 업종의 평균 산업재해율의 2배 이상인 사업장
② 사업주가 필요한 안전조치 또는 보건조치를 이행하지 않아 중대 재해가 발생한 사업장
③ 직업성 질병자가 연간 2명 이상 발생한 사업장(상시근로자가 1000명 이상인 사업장의 경우 3명 이상)
④ 그 밖에 작업환경 불량, 화재·폭발 또는 누출사고 등으로 사업장 주변까지 피해가 확산된 사업장으로서 고용노동부령으로 정하는 사업장

06 산업안전보건법상 안전보건관리 책임자의 직무를 5가지 쓰시오.

해답 ① 산업재해 예방계획 수립에 관한 사항
② 안전보건관리규정의 작성 및 변경에 관한 사항
③ 근로자의 안전·보건교육에 관한 사항
④ 작업환경 측정 등 작업환경의 점검 및 개선에 관한 사항
⑤ 근로자의 건강진단 등 건강관리에 관한 사항
⑥ 산업재해의 원인조사 및 재발방지대책 수립에 관한 사항
⑦ 산업재해에 관한 통계의 기록 및 유지에 관한 사항
⑧ 안전장치 및 보호구 구입 시 적격품 여부의 확인에 관한 사항
⑨ 유해·위험성 평가 실시에 관한 사항
⑩ 근로자의 유해·위험 또는 건강장해의 방지에 관한 사항

07 비계높이가 2 m 이상인 작업장소에서 작업 발판의 설치기준을 4가지 쓰시오.

해답 ① 작업 발판 재료 간의 틈은 3cm 이하로 할 것
② 작업 발판을 작업에 따라 이동시킬 경우에는 위험방지에 필요한 조치를 할 것
③ 작업 발판이 뒤집히거나 떨어지지 않도록 2개 이상의 지지물에 고정시킬 것
④ 작업 발판의 폭은 40cm 이상으로 할 것. 5 m 이상인 경우에는 20cm 이상으로 할 것
⑤ 작업 발판의 지지물은 하중에 의하여 파괴될 우려가 없는 것으로 사용할 것
⑥ 추락의 위험성이 있는 장소에는 안전난간을 설치할 것

08 롤러기에서 앞면 롤러의 지름이 200mm, 분당 회전수가 30rpm인 롤러의 무부하 동작에서의 급정지거리를 구하시오.

풀이 ① $V = \dfrac{\pi DN}{1000} = \dfrac{\pi \times 200 \times 30}{1000} \fallingdotseq 18.84\,\text{m/min}$

② 급정지거리 $= \pi \times D \times \dfrac{1}{3} = \pi \times 200 \times \dfrac{1}{3} \fallingdotseq 209.33\,\text{mm}$

해답 209.33mm

해설 ① 표면속도 $V = \dfrac{\pi DN}{1000}$

여기서, V : 롤러의 표면속도, D : 롤러의 직경, N : 1분간 회전수

② 급정지거리 $= \pi \times D \times \dfrac{1}{3}$ ($V = 30\,\text{m/min}$ 미만일 때)

급정지거리 $= \pi \times D \times \dfrac{1}{2.5}$ ($V = 30\,\text{m/min}$ 이상일 때)

09 자동전격방지장치의 특징을 2가지 쓰시오.

해답 ① 자동전격방지장치 무부하 전압은 1 ± 0.3초 이내에 2차 무부하 전압을 25V 이하로 낮춰준다.
② 용접 시 용접기의 2차 측 출력전압을 무부하 전압으로 변경시킨다.
③ SCR(실리콘 제어 정류기) 등 개폐용 반도체 소자를 사용한 무접점 방식을 많이 이용한다.

10 안전인증 대상 안전모의 성능시험의 종류를 5가지 쓰시오.

해답 ① 내관통성 시험　② 내전압성 시험　③ 난연성 시험
④ 충격흡수성 시험　⑤ 내수성 시험　⑥ 턱끈풀림 시험

11 산업안전보건법상 안전인증 방호장치의 종류를 5가지 쓰시오.

해답 ① 프레스 및 전단기 방호장치　② 양중기용 과부하방지장치
③ 보일러 압력방출용 안전밸브　④ 압력용기 압력방출용 안전밸브
⑤ 압력용기 압력방출용 파열판　⑥ 절연용 방호구 및 활선작업용 기구
⑦ 방폭구조 전기기계 · 기구 및 부품

12 산업안전보건법상 공정안전보고서의 제출대상 사업장을 5가지 쓰시오.

해답 ① 원유 정제 및 처리업
② 기타 석유 정제물 재처리업
③ 석유화학계 기초 화학물질 제조업 또는 합성수지 및 기타 플라스틱 물질 제조업
④ 질소화합물, 질소, 인산 및 칼리질 화학비료 제조업 중 질소질 화학비료 제조업
⑤ 복합비료 및 기타 화학비료 제조업 중 복합비료 제조업(단순 혼합 또는 배합에 의한 경우는 제외)
⑥ 화학 살균제, 살충제 및 농업용 약제 제조업(농약 원제 제조만 해당)
⑦ 화약 및 불꽃제품 제조업

13 다음은 산업안전보건법령상 화학설비의 안전거리에 대한 내용이다. (　　) 안에 알맞은 수를 쓰시오.

(1) 위험물질 저장탱크로부터 단위공정시설 및 설비, 보일러 또는 가열로의 사이 : 저장탱크의 바깥면으로부터 (　　)m 이상
(2) 사무실 · 연구실 · 실험실 · 정비실 또는 식당으로부터 단위공정시설 및 설비, 위험물질의 저장탱크, 위험물질 하역설비, 보일러 또는 가열로의 사이 : 사무실 등의 바깥면으로부터 (　　)m 이상

해답 (1) 20
(2) 20

01 산업안전보건기준에 관한 규칙에서 구내운반차를 이용하여 작업을 할 경우, 작업시작 전 점검해야 할 사항을 3가지 쓰시오.

해답 ① 제동장치 및 조종장치 기능의 이상 유무
② 하역장치 및 유압장치 기능의 이상 유무
③ 바퀴의 이상 유무
④ 전조등, 후미등, 방향지시기 및 경음기 기능의 이상 유무
⑤ 충전장치를 포함한 홀더 등의 결합상태의 이상 유무

02 다음 안전표지의 명칭을 쓰시오.

①	②	③	④	⑤

해답 ① 인화성물질 경고
② 산화성물질 경고
③ 급성 독성물질 경고
④ 방사성물질 경고
⑤ 고압 전기 경고

03 산업안전보건법상 자율안전확인 대상 기계·기구의 종류를 5가지 쓰시오.

해답 ① 산업용 로봇, 컨베이어
② 자동차정비용 리프트
③ 혼합기, 파쇄기, 분쇄기
④ 고정형 목재 가공용 기계
⑤ 가스집합 용접장치용 안전기
⑥ 교류아크용접기용 자동전격방지기
⑦ 연삭기, 연마기(휴대형 제외)
⑧ 공작기계(선반, 드릴, 평삭기, 형삭기, 밀링머신만 해당)
⑨ 식품 가공용 기계(파쇄기, 절단기, 혼합기, 제면기만 해당)

04 연간 근로자 수가 300명인 A 공장에서 지난 1년간 1명의 재해자(신체장해등급 : 1급)가 발생하였다면 이 공장의 강도율을 구하시오. (단, 근로자 1인당 1일 8시간씩 연간 300일을 근무하였다.)

풀이 $\text{강도율} = \dfrac{\text{근로손실일수}}{\text{연간 총근로시간 수}} \times 1000 = \dfrac{7500}{300 \times 8 \times 300} \times 1000 ≒ 10.42$

해답 10.42

해설 근로손실일수는 산업안전보건법에 따라 사고의 심각도를 평가하기 위해 장해등급별로 정해진 수치를 사용한다. 일반적으로 1급 장해는 가장 높은 근로손실일수인 7500일로 간주된다.

05 산업안전보건법령상 가연물이 있는 장소에서 하는 화재위험작업을 하는 근로자에게 실시해야 하는 특별안전보건교육 내용 4가지를 쓰시오. (단, 그 밖에 안전·보건관리에 필요한 사항은 제외한다.)

해답 ① 작업준비 및 작업절차에 관한 사항
② 작업장 내 위험물, 가연물의 사용·보관·설치현황에 관한 사항
③ 화재위험작업에 따른 인근 인화성 액체의 방호조치에 관한 사항
④ 화재위험작업으로 인한 불꽃, 불티 등의 흩날림 방지조치에 관한 사항
⑤ 인화성 액체의 증기가 남아 있지 않도록 환기 등의 조치에 관한 사항
⑥ 화재감시자의 직무 및 피난교육 등 비상조치에 관한 사항

06 휴먼에러 중 원인에 대한 분류와 심리적 분류를 긱긱 종류별로 쓰시오.

해답 ① 원인에 대한 분류 : 1차 오류, 2차 오류, 지시 오류
② 심리적 분류(독립 행동에 관한 분류) : 생략 오류, 순서 오류, 시간 오류, 수행 오류, 불필요한 행동 오류

07 항타기 및 항발기를 조립할 때 점검해야 할 사항을 4가지 쓰시오.

해답 ① 본체 연결부의 풀림 또는 손상 여부
② 권상용 와이어로프, 드럼 및 도르래 부착상태의 이상 여부
③ 권상장치의 브레이크 및 쐐기장치 기능의 이상 여부
④ 권상기 설치상태의 이상 여부
⑤ 버팀방법 및 고정상태의 이상 여부

08 산업안전보건법상 사업주는 과전류로 인한 재해를 방지하기 위해 과전류 차단장치를 설치해야 한다. 그 기준을 2가지 쓰시오.

해답 ① 과전류 차단장치는 반드시 접지선이 아닌 전로에 직렬로 연결하여, 과전류 발생 시 전로를 자동으로 차단하도록 설치해야 한다.
② 차단기와 퓨즈는 계통에서 발생하는 최대 과전류를 충분히 차단할 수 있는 성능을 가져야 한다.
③ 과전류 차단장치는 전기계통 내에서 상호 협조 및 보완되어 과전류를 효과적으로 차단할 수 있도록 해야 한다.

09 다음은 산업안전보건법령상 안전검사 주기에 대한 내용이다. (   ) 안에 알맞은 기간을 쓰시오.

프레스, 전단기, 압력용기 등은 사업장에 설치한 날부터 (①) 이내에 최초 안전검사를 실시하되, 그 이후부터 (②)마다 안전검사를 실시한다. 다만, 공정안전보고서를 제출하여 확인을 받은 압력용기는 (③)마다 안전검사를 실시해야 한다.

해답 ① 3년   ② 2년   ③ 4년

10 가설통로 설치에 관한 기준을 4가지 쓰시오.

해답 ① 견고한 구조로 할 것
② 경사각은 30° 이하로 할 것
③ 경사로 폭은 90 cm 이상으로 할 것
④ 경사각이 15° 이상일 경우 미끄럼 방지 처리를 할 것
⑤ 높이 8 m 이상인 다리에는 7 m 이내마다 계단참을 설치할 것
⑥ 수직갱 길이가 15 m 이상인 경우 10 m 이내마다 계단참을 설치할 것

참고 계단 및 계단참 설치 시 준수사항(그 외)
① 가설계단을 설치하는 경우 높이 3 m를 초과하는 계단에는 3 m 이내마다 최소 1.2 m 이상의 계단참을 설치해야 한다.
② 계단기둥 간격은 2 m 이하로 설치해야 한다.
③ 계단난간의 강도는 100 kg 이상의 하중에 견뎌야 한다.
④ 계단 및 계단참의 강도는 $500 kg/m^2$ 이상이어야 하며, 안전율은 4 이상으로 한다.

11 다음은 안전보건개선 계획의 수립 · 시행에 대한 내용이다. (   ) 안에 알맞은 기간을 쓰시오.

> 안전보건개선 계획의 수립 · 시행 명령을 받은 사업주는 고용노동부장관이 정하는 바에 따라 안전보건개선 계획서를 작성하여 그 명령을 받은 날부터 (   ) 이내에 관할 지방 고용노동관서의 장에게 제출해야 한다.

해답 60일

12 점화원의 방폭적 격리(전폐형 방폭구조)의 종류를 3가지 쓰시오.

해답 ① 압력 방폭구조
② 유입 방폭구조
③ 내압 방폭구조

참고 전기설비의 기본개념
① 점화원의 방폭적 격리 : 압력 방폭구조, 유입 방폭구조, 내압 방폭구조
② 전기설비의 안전도 증강 : 안전증 방폭구조
③ 점화능력의 본질적 억제 : 본질안전 방폭구조

13 프레스의 방호장치인 수인식 방호장치의 수인끈, 손목밴드의 구비조건 4가지를 쓰시오.

해답 ① 손목밴드의 재료는 유연하고 내유성이 있는 피혁 등 이와 동등한 재료를 사용해야 한다.
② 손목밴드는 착용감이 좋으며 쉽게 착용할 수 있는 구조이어야 한다.
③ 수인끈의 재료는 합성섬유로 지름이 4mm 이상이어야 한다.
④ 수인끈은 길이를 조정할 수 있어야 한다.
⑤ 수인끈의 마모와 손상을 방지할 수 있는 조치를 해야 한다.

01 다음 설명에 해당하는 FTA(Fault Tree Analysis)의 논리기호를 보고, 각각의 기호에 해당하는 명칭을 쓰시오.

기호	명칭	기호	명칭	기호	명칭	기호	명칭
(사각형)	①	(집모양)	통상사상	(빗금집모양)	공사상	(삼각형)	전이기호 IN
(원)	기본사상	(마름모)	생략사상	(마름모+원)	②	(삼각형)	전이기호 OUT

[해답] ① 결함사상
② 심층분석사상

[해설] FTA 사상 및 전이기호
① 결함사상 : 개별적인 결함사상(비정상적 사건)
② 기본사상 : 더 이상 전개되지 않는 기본적인 사상
③ 통상사상 : 통상적으로 발생이 예상되는 사상(예상되는 원인)
④ 생략사상 : 해석기술의 부족으로 더 이상 전개할 수 없는 사상
⑤ 공사상 : 발생할 수 없는 사상
⑥ 심층분식사상 : 다른 FT도상에서는 심층 분석이 이루어질 사상
⑦ 전이기호 IN : FT도상에서 다른 부분으로 이행 또는 연결을 나타내며, 삼각형 정상의 선은 정보의 IN을 의미한다.
⑧ 전이기호 OUT : FT도상에서 다른 부분으로 이행 또는 연결을 나타내며, 삼각형 옆의 선은 정보의 OUT을 의미한다.

02 유해 · 위험기계 등이 안전인증 기준에 적합한지 확인하기 위한 심사의 각 단계별 심사기간을 쓰시오.

[해답] ① 예비심사 : 7일
② 서면심사 : 15일 (외국에서 제조한 경우는 30일)
③ 기술능력 및 생산체계 심사 : 30일 (외국에서 제조한 경우는 45일)
④ 제품심사
• 개별 제품심사 : 15일　　　• 형식별 제품심사 : 30일

03 산업안전보건법령상 폭발위험장소의 경우에 가스폭발 위험장소 또는 분진폭발 위험장소로 설정·관리해야 하는 장소 2가지를 쓰시오.

> **해답** ① 인화성 액체의 증기나 인화성 가스 등을 제조·취급 또는 사용하는 장소
> ② 인화성 고체를 제조·사용하는 장소

04 교류아크용접기의 자동전격방지장치의 기능을 3가지 쓰시오.

> **해답** ① 감전 위험 방지
> ② 전력 손실 감소
> ③ 무부하 시 안전전압 이하로 저하

05 사업주는 비, 눈, 그 밖의 기상상태의 악화로 작업을 중지시킨 후 또는 비계를 조립·해체하거나 변경한 후, 그 비계에서 작업을 하는 경우에는 해당 작업을 시작하기 전에 비계를 점검하고, 이상을 발견하면 즉시 보수해야 한다. 이때 점검해야 할 사항을 4가지 쓰시오.

> **해답** ① 발판 재료의 손상 여부 및 부착 또는 걸림 상태
> ② 해당 비계의 연결부 또는 접속부의 풀림 상태
> ③ 연결 재료 및 연결 철물의 손상 또는 부식 상태
> ④ 손잡이의 탈락 여부
> ⑤ 기둥의 침하, 변형, 변위 또는 흔들림 상태
> ⑥ 로프의 부착 상태 및 매단 장치의 흔들림 상태

06 A 사업장의 1일 근무시간은 9시간이며, 지난 한 해 동안의 근무일수는 300일이었다. 재해 건수는 24건이며, 의사진단에 의한 총휴업일수는 3650일이었다. 해당 사업장의 평균 근로자 수가 450명일 때, 도수율과 강도율을 계산하시오.

> **풀이** ① 도수율 $= \dfrac{\text{연간 재해 건수}}{\text{연간 총근로시간 수}} \times 10^6 = \dfrac{24}{450 \times 300 \times 9} \times 10^6 ≒ 19.75$
>
> ② 강도율 $= \dfrac{\text{근로손실일수}}{\text{총근로시간 수}} \times 1000 = \dfrac{3650 \times \dfrac{300}{365}}{450 \times 300 \times 9} \times 1000 ≒ 2.47$
>
> **해답** ① 도수율 : 19.75
> ② 강도율 : 2.47

07 파열판(rupture disk)을 설치해야 하는 필요성을 3가지 쓰시오.

> **해답** ① 반응 폭주 등으로 급격한 압력 상승의 우려가 있는 경우
> ② 운전 중 안전밸브의 이상으로 안전밸브가 작동하지 못하는 경우
> ③ 위험물질의 누출로 작업장이 오염될 수 있는 경우
> ④ 파열판의 형식과 재질을 충분히 검토하고, 일정 기간을 정해 교환이 필요한 경우

08 적응기제의 형태 중 방어기제(defense mechanism)를 5가지 쓰시오.

> **해답** ① 보상 ② 합리화 ③ 승화 ④ 동일시 ⑤ 투사
> **해설** ① 보상 : 스트레스를 다른 곳에서 강점으로 발휘하려는 기제
> ② 합리화 : 실패를 변명하거나 자기미화하려는 기제
> ③ 승화 : 열등감과 욕구불만이 사회적·문화적 가치로 나타나는 기제
> ④ 동일시 : 힘과 능력이 있는 사람을 모방하여 대리만족을 얻는 기제
> ⑤ 투사 : 열등감을 다른 사람이나 사물에 떠넘겨 그 감정에서 벗어나려는 기제

09 산업안전보건법령상 항타기·항발기의 권상용 와이어로프에 대한 설명이다. (   ) 안에 알맞은 수를 쓰시오.

(1) 항타기·항발기의 권상용 와이어로프는 추 또는 해머가 최저의 위치에 있을 때 또는 널말뚝을 빼내기 시작할 때를 기준으로 권상장치의 드럼에 적어도 (   )회 감기고 남을 수 있는 충분한 길이여야 한다.
(2) 항타기·항발기의 권상용 와이어로프의 안전계수는 (   ) 이상이어야 한다.

> **해답** (1) 2   (2) 5

10 산업안전보건법령상 유해하거나 위험한 장소에서 사용하는 기계·기구 및 설비를 설치 또는 이전할 경우, 유해·위험방지 계획서를 작성하여 제출해야 하는 대상을 5가지 쓰시오.

> **해답** ① 금속 용해로   ② 가스집합 용접장치
> ③ 화학설비   ④ 건조설비
> ⑤ 분진작업 관련 설비
> ⑥ 제조금지물질 또는 허가대상물질 관련 설비

11 가설계단의 설치에 관한 기준을 4가지 쓰시오.

해답 ① 가설계단을 설치할 때, 높이가 3m를 초과하는 경우에는 매 3m 이내마다 최소 1.2m 이상의 계단참을 설치해야 한다.
② 계단기둥의 간격은 2m 이하로 설치해야 한다.
③ 계단 난간은 100kg 이상의 하중을 견딜 수 있는 강도로 설치해야 한다.
④ 계단 및 계단참의 강도는 500kg/m² 이상이어야 하며, 안전율은 4 이상을 유지해야 한다.
⑤ 높이가 1m 이상인 계단의 개방된 측면에는 안전난간을 설치해야 한다.
⑥ 계단의 폭은 최소 1m 이상으로 설치해야 한다.

12 지게차의 높이가 6m이고 안정도가 30%일 때 지게차의 수평거리를 계산하시오.

풀이 수평거리 $L = \dfrac{높이}{안정도} \times 100 = \dfrac{6}{30} \times 100 = 20\,\mathrm{m}$

해답 20m

13 청각적 표시장치보다 시각적 표시장치를 사용하는 것이 더 유리한 상황 5가지를 쓰시오.

해답 ① 메시지가 복잡하고 길 때
② 메시지를 나중에 다시 참조해야 할 때
③ 메시지가 공간적 위치와 관련이 있을 때
④ 수신자의 청각이 이미 과부하 상태일 때
⑤ 주변이 너무 시끄러워 소리가 잘 들리지 않을 때
⑥ 즉각적인 행동이 요구되지 않을 때
⑦ 한 장소에 머무르며 작업할 때

01 산업안전보건법상 안전인증 대상 보호구의 종류를 7가지 쓰시오.

해답 ① 추락 및 감전 위험방지용 안전모 ② 안전화
③ 안전장갑   ④ 방진마스크
⑤ 방독마스크   ⑥ 송기마스크
⑦ 전동식 호흡보호구   ⑧ 보호복
⑨ 안전대   ⑩ 차광 및 비산물 위험방지용 보안경
⑪ 용접용 보안면   ⑫ 방음용 귀마개 또는 귀덮개

02 사업주는 가스 폭발 또는 분진 폭발위험이 있는 장소에 설치된 건축물 등에 대해 내화
구조로 해야 할 부분과 그 기준을 제시하고, 항상 성능이 유지되도록 점검과 보수 등
적절한 조치를 취해야 한다. 내화 기준을 3가지 쓰시오.

해답 ① 건축물의 기둥 및 보 : 지상 1층까지(지상 1층의 높이가 6m를 초과하는 경
우는 6m)
② 위험물 저장·취급용기의 지지대(높이가 30cm 이하인 것은 제외) : 지상으
로부터 지지대의 끝부분까지
③ 배관·전선관 등의 지지대 : 지상으로부터 1단까지(1단의 높이가 6m를 초
과하는 경우는 6m)

03 와이어로프 등의 달비계에 사용해서는 안 되는 기준을 4가지 쓰시오.

해답 ① 이음매가 있는 것
② 와이어로프의 한 꼬임에서 끊어진 소선의 수가 10% 이상인 것
③ 지름의 감소가 공칭지름의 7%를 초과하는 것
④ 꼬인 것
⑤ 심하게 변형되거나 부식된 것
⑥ 열과 전기충격에 의해 손상된 것

04 프레스의 양수조작식 방호장치의 설치방법 3가지를 쓰시오.

해답 ① 누름버튼(레버 포함)을 양손으로 동시에 조작하지 않으면 작동시킬 수 없는 구조로 설치한다.

② 누름버튼은 매립형 구조로 설치해야 하며, 상호 간 내측거리는 $300\,\text{mm}$ 이상 격리하여 설치한다.

③ 안전거리 $D_m = 1.6 T_m = 1.6 \times (T_c + T_s)$를 확보하여 설치한다.

여기서, D_m : 안전거리(m)

T_c : 방호장치의 작동시간(s)

T_s : 프레스의 최대 정지시간(s)

05 화물의 중량이 200 kgf, 지게차의 중량이 400 kgf, 앞바퀴에서 화물의 무게중심까지의 최단거리가 1 m일 때, 지게차가 안정되려면 앞바퀴에서 지게차의 무게중심까지의 거리는 최소 몇 m를 초과해야 하는지 구하시오.

풀이 $W \times a < G \times b$이므로 $200 \times 1 < 400 \times b$, $\dfrac{200}{400} < b$, $b > 0.5\,\text{m}$

해답 최소 $0.5\,\text{m}$

해설

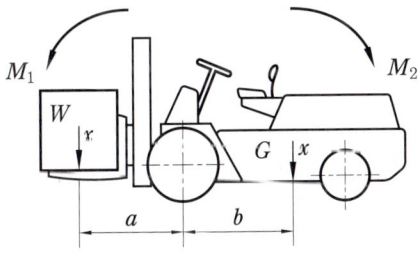

$W \times a < G \times b$

여기서, W : 화물 중심에서 화물의 중량, G : 지게차의 중량

M_1 : 화물의 모멘트, M_2 : 지게차의 모멘트

a : 앞바퀴에서 화물 중심까지 거리

b : 앞바퀴에서 지게차 중심까지의 거리

06 산업안전보건법령상 절연용 보호구, 절연용 방호구, 활선작업용 기구, 활선작업용 장치에 대하여 각각의 사용목적에 적합한 종별·재질 및 치수의 것을 사용해야 하나 적용 제외기준이 있다. 대지전압이 어느 정도면 제외기준이 되는지 쓰시오.

해답 $30\,\text{V}$ 이하

07 동기부여 이론 중 매슬로우(Maslow)가 제창한 인간의 욕구 5단계를 설명하시오.

해답 ① 1단계(생리적 욕구) : 기아, 갈증, 호흡, 배설, 성욕 등 인간의 기본적인 욕구
② 2단계(안전의 욕구) : 안전을 구하려는 자기보존의 욕구
③ 3단계(사회적 욕구) : 애정과 소속에 대한 욕구
④ 4단계(존경의 욕구) : 인정받으려는 명예, 성취, 승인의 욕구
⑤ 5단계(자아실현의 욕구) : 잠재적 능력을 실현하고자 하는 욕구(성취욕구)

08 안전 · 보건표지의 색채 및 색도 기준 중 빈칸에 알맞은 내용을 채우시오.

색채	색도기준	용도	색의 용도
①	5Y 8.5/12	경고	화학물질 취급장소의 유해 · 위험 경고 이외의 위험 경고, 주의표지
파란색	②	지시	특정 행위의 지시 및 사실의 고지
녹색	③	안내	비상구 및 피난소, 사람 또는 차량의 통행표지
④	N9.5	−	파란색 또는 녹색의 보조색

해답 ① 노란색　　　　　　② 2.5PB 4/10
③ 2.5G 4/10　　　　④ 흰색

09 산업안전보건법상 차량계 건설기계 중 준설용 건설기계의 종류를 3가지 쓰시오.

해답 ① 버킷준설선
② 그래브준설선
③ 펌프준설선

참고 차량용 건설기계의 종류
① 도저형 건설기계 : 불도저, 스트레이트도저, 틸트도저, 앵글도저, 버킷도저 등
② 크레인형 굴착기계 : 클램셸, 드래그라인 등
③ 천공용 건설기계 : 어스드릴, 어스오거, 크롤러드릴, 점보드릴 등
④ 준설용 건설기계 : 버킷준설선, 그래브준설선, 펌프준설선 등
⑤ 지반 다짐용 건설기계 : 타이어롤러, 매커덤롤러, 탠덤롤러 등
⑥ 지반 압밀침하용 건설기계 : 샌드드레인머신, 페이퍼드레인머신, 팩드레인머신 등

10 산업안전보건법령에 따라 상시근로자 20명 이상 50명 미만인 사업장에서 안전보건 관리 담당자를 1명 이상 선임해야 하는 대상 사업을 4가지 쓰시오.

해답 ① 임업

② 제조업

③ 환경 정화 및 복원업

④ 하수, 폐수 및 분뇨처리업

⑤ 폐기물 수집, 운반, 처리 및 원료 재생업

11 A 공장의 연평균 근로자 수가 1500명인 사업장에서 연간 재해 건수가 60건 발생하였다. 이 중 사망이 2건, 근로손실일수가 1200일인 경우의 연천인율을 구하시오.

풀이 ① 도수율 $= \dfrac{\text{연간 재해 건수}}{\text{연간 총근로시간 수}} \times 10^6 = \dfrac{60}{1500 \times 8 \times 300} \times 10^6 \fallingdotseq 16.67$

② 연천인율 = 도수율 × 2.4 = 16.67 × 2.4 ≒ 40

해답 40

12 산업안전보건법상 사업장에서 실시해야 하는 안전교육 중 정기교육에 대한 교육시간을 쓰시오.

(1) 사무직 종사 근로자 :

(2) 시무직 종사자 외이 근로자(판매업무에 직접 종사하는 근로자) :

(3) 사무직 종사자 외의 근로지(판매업무 직접 종사자 외 근로자) :

(4) 관리감독자의 지위에 있는 사람 :

해답 (1) 매반기 6시간 이상

(2) 매반기 6시간 이상

(3) 매반기 12시간 이상

(4) 연간 16시간 이상

참고 신규채용 시 교육시간

교육대상	교육시간
일용근로자 및 근로계약기간이 1주일 이하인 기간제 근로사	1시간 이상
근로계약기간이 1주일 초과 1개월 이하인 기간제 근로자	4시간 이상
그 밖의 근로자(관리감독자 포함)	8시간 이상

13 산업안전보건법령에 따라 밀폐된 장소(탱크 내 또는 환기가 극히 불량한 좁은 장소)에서의 용접작업이나 습한 장소에서의 전기용접작업에 대한 특별안전보건교육 내용을 4가지 쓰시오.

해답 ① 작업순서, 안전작업방법 및 수칙에 관한 사항
② 환기설비의 중요성 및 관리에 관한 사항
③ 전격 방지와 보호구 착용에 관한 사항
④ 질식 시 응급조치 방법에 관한 사항
⑤ 작업환경의 사전점검 및 관리에 관한 사항
⑥ 그 밖에 안전 · 보건관리에 필요한 사항

참고 밀폐공간에서의 작업에 대한 특별안전보건교육 내용
① 산소농도 측정 및 작업환경에 관한 사항
② 사고 시 응급처치 및 비상시 구출에 관한 사항
③ 보호구 착용 및 보호장비 사용에 관한 사항
④ 작업내용, 안전작업방법 및 절차에 관한 사항
⑤ 장비, 설비 및 시설 등의 안전점검에 관한 사항
⑥ 그 밖에 안전 및 보건관리에 필요한 사항

01 산업안전기준에 관한 규칙에서 동력을 이용하여 사람이나 화물을 운반하는 리프트의 종류를 3가지 쓰시오.

해답 ① 건설작업용 리프트　　　　② 자동차정비용 리프트
　　③ 이삿짐운반용 리프트　　　④ 일반작업용 리프트
　　⑤ 간이 리프트

02 방진마스크는 3개의 등급으로 나뉘는데, 그중 특급에 해당하는 사용장소를 쓰시오.

해답 ① 베릴륨 등과 같이 독성이 강한 물질들을 함유한 분진 등이 발생하는 장소
　　② 석면 취급장소

해설 (1) 1급 방진마스크 사용장소
　　　① 특급 마스크 착용장소를 제외한 분진 등이 발생하는 장소
　　　② 금속 흄 등과 같이 열적으로 생기는 분진 등이 발생하는 장소
　　　③ 기계적으로 생기는 분진 등이 발생하는 장소
　　(2) 2급 방진마스크 사용장소 : 특급 및 1급 마스크 착용장소를 제외한 분진 등
　　　이 발생하는 장소

참고 배기밸브가 없는 안면부 여과식 마스크는 특급 및 1급 장소에 사용해서는 안
된다.

03 다음 작업별 조도 기준을 쓰시오.

(1) 초정밀작업 :　　　　　　　(2) 정밀작업 :
(3) 보통작업 :　　　　　　　　(4) 그 밖의 일반작업 :

해답 (1) 750lux 이상　　　　　　(2) 300lux 이상
　　(3) 150lux 이상　　　　　　(4) 75lux 이상

04 의무안전인증 대상 기계 및 설비 4가지를 쓰시오.

해답 ① 프레스　② 전단기 및 절곡기　③ 크레인　④ 리프트　⑤ 압력용기
　　⑥ 롤러기　⑦ 사출성형기　⑧ 고소작업　⑨ 곤돌라

05 위험기계·기구 안전인증 고시상 크레인 제작 및 안전기준에 관한 내용이다. (   ) 안에 알맞은 내용을 쓰시오.

> • 펜던트 스위치에는 크레인의 비상정지용 누름버튼과 손을 떼면 자동적으로 (①)로 복귀되는 각각의 작동종류에 대한 누름버튼 또는 스위치 등이 비치되어 있고 정상적으로 작동해야 한다.
> • 조작전압은 대지전압 교류 (②) 이하 또는 직류 (③) 이하이어야 한다.

해답 ① 정지위치(off)
　　　② 150V
　　　③ 300V

06 산업안전보건법령에 따라 밀폐공간 작업 시 특별안전보건교육 내용을 4가지 쓰시오.

해답 ① 산소농도 측정 및 작업환경에 관한 사항
　　　② 사고 시 응급처치 및 비상시 구출에 관한 사항
　　　③ 보호구 착용 및 보호장비 사용에 관한 사항
　　　④ 작업내용, 안전작업방법 및 절차에 관한 사항
　　　⑤ 장비, 설비 및 시설 등의 안전점검에 관한 사항
　　　⑥ 기타 안전 및 보건관리에 필요한 사항

07 다음은 하인리히, 버드, 아담스의 재해 이론을 나타낸 표이다. 빈칸에 알맞은 말을 쓰시오.

구분	하인리히	버드	아담스
제1단계	사회적 환경과 유전적 요소	①	관리 구조
제2단계	개인적 결함	기본 원인	작전적 에러
제3단계	②	직접 원인	③
제4단계	사고	사고	사고
제5단계	상해	상해	상해

해답 ① 통제 부족
　　　② 불안전한 행동 및 상태
　　　③ 전술적 에러

08 O.J.T 교육의 특징을 4가지 쓰시오.

해답 ① 개개인의 업무능력에 적합하고 자세한 교육이 가능하다.
② 작업장에 맞는 구체적인 훈련이 가능하다.
③ 즉시 현 업무에 적용되므로 몸으로 체득할 수 있다.
④ 훈련에 필요한 업무의 연속성이 끊어지지 않아야 한다.
⑤ 훈련의 효과가 바로 업무에 나타나며 훈련의 효과에 따라 개선이 쉽다.
⑥ 교육을 통하여 상사와 부하 간의 의사소통과 신뢰감이 깊어진다.

09 산업안전보건법상 근로자의 정기안전·보건교육의 교육내용을 5가지 쓰시오.

해답 ① 산업안전 및 사고예방에 관한 사항
② 산업보건 및 직업병 예방에 관한 사항
③ 위험성 평가에 관한 사항
④ 건강증진 및 질병예방에 관한 사항
⑤ 유해·위험 작업환경 관리에 관한 사항
⑥ 직무 스트레스 예방 및 관리에 관한 사항
⑦ 산업안전보건법령 및 산업재해보상보험 제도에 관한 사항
⑧ 직장 내 괴롭힘, 고객의 폭언 등으로 인한 건강장해 예방 및 관리에 관한 사항

10 가설 사다리통로 계단참 설치에 관한 기준을 4가지 쓰시오.

해답 ① 견고한 구조로 설치할 것
② 손상, 부식 등이 없는 재료를 사용할 것
③ 발판 간격은 일정하게 설치할 것
④ 폭은 30cm 이상으로 설치할 것
⑤ 벽과 발판 사이는 15cm 이상의 간격을 유지할 것
⑥ 사다리의 상단은 걸쳐 놓은 지점에서 60cm 이상 올라가도록 설치할 것
⑦ 사다리식 통로 길이가 10m 이상인 경우에는 5m 이내마다 계단참을 설치할 것
⑧ 사다리식 통로 기울기는 75° 이하, 고정식 사다리는 90° 이하이고, 그 높이가 7m 이상인 경우에는 바닥에서 2.5m가 되는 지점부터 등받이울을 설치할 것

11 다음은 산업안전보건법에 관한 내용이다. (   ) 안에 알맞은 기간을 쓰시오.

> 산업안전보건법상 고용노동부장관은 자율안전확인 대상 기계 · 기구 등의 안전에 관한 성능이 자율안전기준에 맞지 않을 경우, 관련 사항을 신고한 자에게 (   ) 이내의 기간을 정하여 자율안전확인 표시의 사용을 금지하거나 자율안전기준에 맞게 개선하도록 명할 수 있다.

해답 6개월

12 다음 사업장의 휴업재해율을 계산하시오.

> • 임금근로자 수 : 1000명
> • 총요양근로손실일수 : 500일
> • 총휴업재해일수 : 300일
> • 사업장 내 생산설비에 의한 휴업재해자 수 : 10명
> • 통상 출퇴근 재해에 의한 휴업재해자 수 : 50명

풀이 휴업재해율$=\dfrac{\text{휴업재해자 수}}{\text{임금근로자 수}}\times100=\dfrac{10}{1000}\times100=1$

해답 1

참고 ① 휴업재해자 수 : 근로복지공단의 휴업급여를 지급받은 재해자 수
② 임금근로자 수 : 통계청의 경제활동인구조사상 임금근로자 수

13 산업안전보건법령상 안전보건진단을 받고 안전보건개선 계획을 수립 · 제출하도록 명할 수 있는 사업장의 기준을 3가지 쓰시오.

해답 ① 사업주가 필요한 안전 · 보건 조치 의무를 이행하지 않아 중대 재해가 발생한 사업장
② 산업재해율이 같은 업종에서 평균 산업재해율의 2배 이상인 사업장
③ 작업환경 불량, 화재 · 폭발 또는 누출사고 등으로 사회적 물의를 일으킨 사업장
④ 직업병에 걸린 사람이 연간 2명 이상 발생한 사업장(상시근로자 1천 명 이상 사업장의 경우 3명 이상)

01 산업재해에서 사망 등 재해의 정도가 심하거나 다수의 재해자가 발생한 경우로, 고용노동부령으로 정하는 재해(중대 재해) 3가지를 쓰시오.

해답 ① 사망자가 1명 이상 발생한 재해
② 3개월 이상 요양이 필요한 부상자가 동시에 2명 이상 발생한 재해
③ 부상자 또는 직업성 질병자가 동시에 10명 이상 발생한 재해

02 재해조사를 하는 목적을 3가지 쓰시오.

해답 ① 재해 발생원인 및 결함 규명 ② 재해 예방을 위한 자료 수집
③ 동종 및 유사 재해의 재발 방지 ④ 재해 예방을 위한 대책 수립

03 다음은 안전대에 대한 설명이다. ( ) 안에 알맞은 용어를 쓰시오.

> 안전블록, 버클, 죔줄, 훅(카라비너), 안전그네

(1) 신체 지지의 목적으로 전신에 착용하는 띠 모양의 부품
(2) 벨트 또는 안전그네를 신체에 착용하기 위해 그 끝에 부착한 금속장치
(3) 죔줄과 걸이설비 등 또는 D링과 연결하기 위한 금속장치
(4) 벨트 또는 안전그네를 구명줄 또는 구조물 등 그 밖의 걸이설비와 연결하기 위한 줄 모양의 부품
(5) 안전그네와 연결하여 추락 발생 시 추락을 억제할 수 있는 자동잠김장치가 갖추어져 있고 죔줄이 자동적으로 수축되는 장치

풀이 (1) 안전그네 (2) 버클 (3) 훅(카라비너)
(4) 죔줄 (5) 안전블록

04 하인리히의 도미노 이론 5단계 중에서 제거 가능한 단계를 쓰고, 그 단계에서 제거할 수 있는 요인을 쓰시오.

해답 ① 제거 가능한 단계 : 3단계(직접 원인)
② 제거 가능한 요인 : 불안전한 행동과 불안전한 상태

05 다음은 항타기, 항발기의 설치 및 작업 시 안전을 위해 준수해야 하는 사항이다. ( ) 안에 알맞은 내용을 쓰시오.

(1) 버팀대, 버팀줄만으로 상단 부분을 고정시킬 때는 버팀대, 버팀줄은 (①) 이상 설치하고 하단 부분은 견고한 버팀, 말뚝 또는 철골 등으로 고정시킨다.

(2) 항타기 또는 항발기 권상장치의 드럼축과 권상장치로부터 첫 번째 도르래 축과의 거리는 권상장치 드럼 폭의 (②) 이상으로 해야 한다.

해답 ① 3개 ② 15배

해설 ① 연약한 지반에 설치할 때는 각부 또는 가대의 침하를 방지하기 위해 깔목, 깔판 등을 사용한다.

② 권상용 와이어로프는 추 또는 해머가 최저 위치에 있거나, 널말뚝을 빼기 시작한 때를 기준으로 권상장치의 드럼에 적어도 2회 감기고 남을 수 있는 충분한 길이여야 한다.

③ 도르래는 권상장치의 드럼 중심을 지나야 하며, 축과 수직면상에 있어야 한다.

06 K형 베어링을 생산하는 사업장에 300명의 근로자가 근무하고 있다. 1년에 21건의 재해가 발생하였다면, 이 사업장에서 근로자 1명이 평생 작업 시 겪을 수 있는 재해 건수는 약 몇 건인지 구하시오. (단, 1일 8시간씩 1년에 300일 근무하며, 평생 근로시간은 10만 시간으로 가정한다.)

풀이 ① 도수율 $=\dfrac{\text{연간 재해 건수}}{\text{연간 총근로시간 수}}\times 10^6 = \dfrac{21}{300\times 8\times 300}\times 10^6 \fallingdotseq 29.17$

② 환산도수율 $=$ 도수율 $\div 10 = 29.17 \div 10 = 2.917 \fallingdotseq 3$건

해답 약 3건

참고 근로시간별 적용 방법

평생 근로시간 : 10만 시간	평생 근로시간 : 12만 시간
환산도수율 = 도수율 × 0.1	환산도수율 = 도수율 × 0.12
환산강도율 = 강도율 × 100	환산강도율 = 강도율 × 120

07 조도가 400lux인 위치에 놓인 흰색 종이 위에 짙은 회색 글자가 씌어져 있다. 종이의 반사율은 80%이고 글자의 반사율은 40%일 때, 종이와 글자의 대비를 계산하시오.

풀이 대비 $=\dfrac{L_b - L_t}{L_b}\times 100 = \dfrac{80-40}{80}\times 100 = 50\%$

해답 50%

해설 대비 $= \dfrac{L_b - L_t}{L_b} \times 100$

여기서, L_b : 배경(종이)의 광속발산도, L_t : 표적(글자)의 광속발산도

08 가스폭발 위험장소에서 사용할 수 있는 방폭구조의 종류를 4가지 쓰시오.

해답 ① 내압 방폭구조(d) ② 압력 방폭구조(p) ③ 충전 방폭구조(q)
④ 몰드 방폭구조(m) ⑤ 특수 방폭구조(s)

해설 가스폭발 위험장소별 방폭구조 유형

가스폭발 위험장소	0종	• 본질안전 방폭구조(ia)
	1종	• 내압 방폭구조(d) • 압력 방폭구조(p) • 충전 방폭구조(q) • 유입 방폭구조(o) • 안전증 방폭구조(e) • 본질안전 방폭구조(ia, ib) • 몰드 방폭구조(m) • 특수 방폭구조(s)
	2종	• 0종 장소 및 1종 장소에 사용 가능한 방폭구조 • 비점화 방폭구조(n) • 방진 방폭구조(tD)

09 메탄 1vol%, 헥산 2vol%, 에틸렌 2vol%, 공기 95vol%로 된 혼합가스의 폭발하한 계값(vol%)을 구하시오. (단, 메탄, 헥산, 에틸렌의 폭발하한계값은 각각 5.0, 1.1, 2.7vol%이다.)

풀이 혼합가스의 폭발범위

$\dfrac{100}{L} = \dfrac{V_1}{L_1} + \dfrac{V_2}{L_2} + \dfrac{V_3}{L_3} + \cdots$ 이므로 $L = \dfrac{100}{\dfrac{V_1}{L_1} + \dfrac{V_2}{L_2} + \dfrac{V_3}{L_3}}$ 이다.

이때 $V_1 = \dfrac{1}{(1+2+2)} \times 100 = 20\%$, $V_2 = \dfrac{2}{(1+2+2)} \times 100 = 40\%$,

$V_3 = \dfrac{2}{(1+2+2)} \times 100 = 40\%$

$\therefore L = \dfrac{100}{\dfrac{V_1}{L_1} + \dfrac{V_2}{L_2} + \dfrac{V_3}{L_3}} = \dfrac{100}{\dfrac{20}{5} + \dfrac{40}{1.1} + \dfrac{40}{2.7}} \fallingdotseq 1.81\,\text{vol}\%$

여기서, L : 혼합가스의 폭발하한계, L_1, L_2, L_3 : 단독가스의 폭발하한계
V_1, V_2, V_3 : 단독가스의 공기 중 부피

해답 $1.81\,\text{vol}\%$

10　구조물의 해체 작업계획서의 작성내용을 4가지 쓰시오.

해답　① 해체물의 처분계획
　　　② 사업장 내 연락방법
　　　③ 해체의 방법 및 해체의 순서도면
　　　④ 가설설비 · 방호설비 · 환기설비 및 살수 · 방화설비 등의 방법
　　　⑤ 해체작업용 기계 · 기구 등의 작업계획
　　　⑥ 해체작업용 화약류 등의 사용계획

11　산업안전보건법령상 안전보건표지 중 금지표지를 나타낸 표이다. 표지의 명칭을 쓰시오.

①	②	③

해답　① 차량통행금지
　　　② 사용금지
　　　③ 보행금지

해설　안전보건표지 중 금지표지(그 외)

출입금지	탑승금지	금연	화기금지	물체이동금지

12　산업안전보건법상 안전인증 방호장치의 종류를 5가지 쓰시오.

해답　① 프레스 및 전단기 방호장치
　　　② 양중기용 과부하방지장치
　　　③ 보일러 압력방출용 안전밸브
　　　④ 압력용기 압력방출용 안전밸브
　　　⑤ 압력용기 압력방출용 파열판
　　　⑥ 절연용 방호구 및 활선작업용 기구
　　　⑦ 방폭구조 전기기계 · 기구 및 부품

13 다음은 산업안전보건법령에 따른 화물자동차의 승강설비에 관한 사항이다. (　　) 안에 알맞은 거리를 쓰시오.

> 사업주는 바닥으로부터 짐 윗면까지의 높이가 (　　) 이상인 화물자동차에 짐을 싣는 작업 또는 내리는 작업을 하는 경우에는 근로자의 추락 위험을 방지하기 위해 해당 작업에 종사하는 근로자가 바닥과 적재함의 짐 윗면 사이를 안전하게 오르내릴 수 있는 설비를 설치해야 한다.

해답 2m

참고 화물취급작업과 관련한 위험방지를 위한 조치

① 하역작업을 하는 장소에서 작업장 및 통로의 위험한 부분에는 안전하게 작업할 수 있는 조명을 유지해야 한다.

② 하역작업을 하는 장소에서 부두 또는 안벽의 선을 따라 통로를 설치하는 경우 폭을 90cm 이상으로 해야 한다.

③ 차량 등에서 화물 내리는 작업을 하는 경우 해당 작업에 종사하는 근로자에게 쌓여 있는 화물 중간에서 화물을 빼내도록 하지 않아야 한다.

④ 꼬임이 끊어진 섬유로프 등을 화물운반용 또는 고정용으로 사용하지 않아야 한다.

⑤ 사업주는 바닥으로부터 짐 윗면까지의 높이가 2m 이상인 화물자동차에 싣는 작업 또는 내리는 작업을 하는 경우 근로자의 추가 위험을 방지하기 위해 해당 작업에 종사하는 근로자가 바닥과 적재함의 짐 윗면 칸을 안전하게 오르내리기 위한 설비를 설치해야 한다.

⑥ 포대, 가마니 등으로 포상된 화물이 바닥으로부터 높이가 2m 이상 되는 경우 인접 하적단과의 간격을 하적단 밑부분에서 10cm 이상으로 해야 한다.

01 고용노동부장관은 산업재해 예방활동에 대한 참여와 지원을 촉진하기 위하여 근로자, 근로자단체, 사업주단체 및 산업재해 예방 관련 전문단체에 소속된 사람 중에서 (　　　)을 위촉할 수 있다. (　　　) 안에 알맞은 내용을 쓰시오.

> 고용노동부장관은 다음 각 호의 어느 하나에 해당하는 사람 중에서 법 제23조제1항에 따른 (　　　)을 위촉할 수 있다.
> - 산업안전보건위원회 구성 대상 사업의 근로자 또는 노사협의체 구성·운영 대상 건설공사의 근로자 중에서 근로자대표(해당 사업장에 단위 노동조합의 산하 노동단체가 그 사업장 근로자의 과반수로 조직되어 있는 경우에는 지부·분회 등 명칭이 무엇이든 관계없이 해당 노동단체의 대표자를 말한다. 이하 같다)가 사업주의 의견을 들어 추천하는 사람
> - 「노동조합 및 노동관계조정법」 제10조에 따른 연합단체인 노동조합 또는 그 지역 대표기구에 소속된 임직원 중에서 해당 연합단체인 노동조합 또는 그 지역 대표기구가 추천하는 사람
> - 전국 규모의 사업주단체 또는 그 산하조직에 소속된 임직원 중에서 해당 단체 또는 그 산하소식이 추천하는 사람
> - 산업재해 예방 관련 업무를 하는 단체 또는 그 산하조직에 소속된 임직원 중에서 해당 단체 또는 그 산하조직이 추천하는 사람

해답 명예산업안전감독관

02 중대 재해가 발생했을 때, 보고시점과 보고사항을 2가지 쓰시오.

(1) 보고시점 :

(2) 보고사항 :

해답 (1) 지체 없이 보고한다.
　　　(2) ① 발생개요 및 피해상황
　　　　　② 조치 및 전망
　　　　　③ 기타 중요한 사항

참고 중대 재해(고용노동부령으로 정하는 재해)

① 사망자가 1명 이상 발생한 재해

② 3개월 이상 요양이 필요한 부상자가 동시에 2명 이상 발생한 재해

③ 부상자 또는 직업성 질병자가 동시에 10명 이상 발생한 재해

03 산업안전보건법상 공정안전보고서 내용에 포함되어야 할 사항을 4가지 쓰시오.

해답 ① 공정안전 자료 　　　　　 ② 공정위험성 평가서

　　 ③ 안전운전 계획 　　　　　 ④ 비상조치 계획

04 다음은 산업안전보건법상 사업장 안전교육 중 관리감독자 교육시간에 관한 표이다. 빈칸에 알맞은 내용을 쓰시오.

교육	교육시간
정기교육	16시간 이상
①	2시간 이상
②	8시간 이상
특별교육	16시간 이상(최초 작업에 종사하기 전 4시간 이상 실시하고, 나머지 12시간은 (③)개월 이내에서 분할하여 실시 가능)
	단기간 작업 또는 간헐적 작업인 경우에는 (④)시간 이상

해답 ① 작업내용 변경 시 교육 　　　 ② 채용 시 교육

　　 ③ 3 　　　　　　　　　　　　 ④ 2

05 다음 재해사례에서 기인물에 해당하는 것을 쓰시오.

기계작업에 배치된 작업자가 작업반장의 지시를 받기 전, 정지된 선반을 운전시키면서 변속 치차의 덮개를 벗겨내고 치차를 저속으로 운전하면서 급유하려고 할 때, 오른손이 변속 치차에 맞물려 손가락이 절단되었다.

해답 선반

참고 ① 기인물 : 선반(불안전한 상태에서 선반 운전)

　　 ② 가해물 : 치차(손가락이 변속 치차에 끼어 절단되었다.)

　　 ② 사고의 형태(재해형태) : 협착(선반의 치차와 손가락의 접촉현상)

06 화면을 보고, 개인 보호구인 안전모의 각부 명칭을 [보기]에서 찾아 쓰시오.

| 보기 |
모체, 머리고정대, 챙(차양), 머리받침고리, 충격흡수재, 머리받침끈, 턱끈

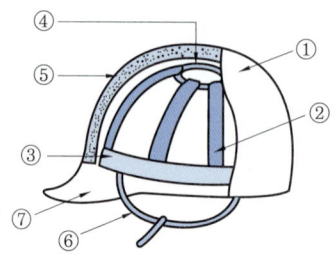

해답
① 모체   ② 머리받침끈   ③ 머리고정대
④ 머리받침고리   ⑤ 충격흡수재   ⑥ 턱끈
⑦ 챙(차양)

07 특수화학설비를 설치할 때 내부의 이상상태를 조기에 파악하기 위해 필요한 압력계, 유량계, 온도계, 긴급차단장치 등의 계측장치를 설치해야 하는 특수화학설비의 종류를 4가지 쓰시오.

해답
① 가열로 또는 가열기
② 발열반응이 일어나는 반응장치
③ 증류ㆍ정류ㆍ증발ㆍ추출 등 분리를 행하는 장치
④ 반응 폭주 등 이상 화학반응에 의해 위험물질이 발생할 우려가 있는 설비
⑤ 온도가 섭씨 350도 이상이거나 게이지 압력이 980kPa 이상인 상태에서 운전되는 설비
⑥ 가열시켜 주는 물질의 온도가 가열되는 위험물질의 분해온도 또는 발화점보다 높은 상태에서 운전되는 설비

08 아세틸렌 용접장치 및 가스집합 용접장치에서 가스의 역류 및 역화를 방지하기 위한 안전장치인 역화방지기의 성능시험 4가지를 쓰시오.

해답
① 역화방지시험   ② 역류방지시험
③ 기밀시험   ④ 내압시험
⑤ 가스압력손실시험   ⑥ 방출장치동작시험

09 사업주는 비, 눈, 그 밖의 기상상태의 악화로 작업을 중지시킨 후 또는 비계를 조립·해체하거나 변경한 후, 그 비계에서 작업을 하는 경우에는 해당 작업을 시작하기 전에 비계를 점검하고, 이상을 발견하면 즉시 보수해야 한다. 이때 점검해야 할 사항을 4가지 쓰시오.

해답 ① 발판 재료의 손상 여부 및 부착 또는 걸림 상태
② 해당 비계의 연결부 또는 접속부의 풀림 상태
③ 연결 재료 및 연결 철물의 손상 또는 부식 상태
④ 손잡이의 탈락 여부
⑤ 기둥의 침하, 변형, 변위 또는 흔들림 상태
⑥ 로프의 부착 상태 및 매단 장치의 흔들림 상태

10 무부하상태에서 20km/h의 속도로 지게차를 주행할 때, 좌우 안정도는 몇 % 이내이어야 하는지 구하시오.

풀이 주행 시 좌우 안정도(%) $=15+1.1V=15+1.1\times20=37\%$
여기서, V는 구내 최고속도(km/h)
해답 37%

11 산업안전보건법령상 안전·보건표지 중 안내표지에 해당하는 것을 4가지 쓰시오.

들것, 세안장치, 비상용 기구, 좌측 비상구, 인화성 물질, 산화성 물질, 폭발성 물질, 석면 취급

해답 ① 들것　　　　　　　　② 세안장치
③ 비상용 기구　　　　　④ 좌측 비상구

12 가스폭발 위험장소에서 사용할 수 있는 방폭구조기호를 쓰시오.

(1) 내압 방폭구조
(2) 안전증 방폭구조
(3) 충전 방폭구조
(4) 특수 방폭구조

해답 (1) d　　(2) e　　(3) q　　(4) s

13 기능(기술)교육의 진행방법 중 하버드 학파의 5단계 교수법을 쓰시오.

1단계	2단계	3단계	4단계	5단계
①	②	③	④	⑤

해답 ① 준비시킨다.
② 교시시킨다.
③ 연합한다.
④ 총괄한다.
⑤ 응용시킨다.

해설 하버드 학파의 5단계 교수법 : 학습자가 새로운 기능과 기술을 효과적으로 습득할 수 있도록 돕는 체계적인 교수 방법으로, 이 교수법은 준비, 교시, 연합, 총괄, 응용의 5단계별로 학습자의 이해와 실습을 강화하여 기술 습득을 촉진시킨다.

01 그림을 보고 방진마스크의 종류를 쓰시오.

해답 ① 격리식 전면형 ② 직결식 전면형
③ 격리식 반면형 ④ 직결식 반면형
⑤ 안면부 여과식

02 산업안전법령상 다음 빈칸을 채우시오.

> 사업주는 보일러의 안전한 가동을 위해 규격에 맞는 압력방출장치를 1개 또는 2개 이상 설치하고, 최고사용압력 이하에서 1개가 작동되며 다른 압력방출장치는 최고 사용압력의 (①) 이하에서 작동되도록 부착해야 한다.

해답 ① 1.05배

03 작업 발판 일체형 거푸집의 종류를 3가지 쓰시오.

해답 ① 갱폼
② 슬립폼
③ 클라이밍폼
④ 터널 라이닝폼

04 판매직 근로자 교육시간, 일용직근로자 채용 시 교육시간, 작업내용 변경 시 교육시간 (단, 일용직 근로자 제외)을 각각 쓰시오.

해답 ① 매반기 6시간 이상
② 1시간 이상
③ 2시간 이상

참고 ① 정기교육 시 시간

교육대상		교육시간
사무직 종사 근로자		매반기 6시간 이상
사무직 종사자 외의 근로자	판매업무에 직접 종사하는 근로자	매반기 6시간 이상
	판매업무 직접 종사자 외 근로자	매반기 12시간 이상
관리감독자의 지위에 있는 사람		연간 16시간 이상

② 신규채용 시 교육시간

교육대상	교육시간
일용근로자 및 근로계약기간이 1주일 이하인 기간제 근로자	1시간 이상
근로계약기간이 1주일 초과 1개월 이하인 기간제 근로자	4시간 이상
그 밖의 근로자(관리감독자 포함)	8시간 이상

③ 작업내용 변경 시 교육시간

교육대상	교육시간
일용근로자 및 근로계약기간이 1주일 이하인 기간제 근로자	1시간 이상
그 밖의 근로자(관리감독자 포함)	2시간 이상

05 다음 (   ) 안에 알맞은 내용을 작성하시오.

안전보건관리책임자 등의 직무교육은 다음 각 호 외의 부분 본문에 따라 각 호에 해당하는 사람이 해당 직위에 선임(위촉의 경우를 포함한다. 이하 같다)되거나 채용된 후 (①)개월(보건관리자가 의사인 경우는 1년을 말한다) 이내에 직무를 수행하는 데 필요한 신규교육을 받아야 하며, 신규교육을 이수한 후 매(②)년이 되는 날을 기준으로 전후 (③)개월 사이에 고용노동부장관이 실시하는 안전보건에 관한 보수교육을 받아야 한다.

해답 ① 3 ② 2 ③ 6

06 로봇의 작동범위 내에서 그 로봇에 관하여 교시 등의 작업을 할 때, 작업시작 전 점검 사항을 3가지 쓰시오.

> **해답** ① 외부 전선의 피복 또는 외장의 손상 유무
> ② 매니퓰레이터 작동의 이상 유무
> ③ 제동장치 및 비상정지장치의 기능

07 양중기의 종류를 3가지 쓰시오.

> **해답** ① 크레인(호이스트 포함)
> ② 이동식 크레인
> ③ 리프트(이삿짐운반용 리프트의 경우에는 적재하중이 0.1톤 이상인 것으로 한정)
> ④ 곤돌라
> ⑤ 승강기

08 다음 안전모에 관한 내용 중 (   ) 안에 알맞은 수를 쓰시오.

> • AE종 및 ABE종의 관통거리: (①)mm 이하
> • AB종의 관통거리: (②)mm 이하
> • 충격 흡수성: 최고전달충격력 (③)N을 초과하지 않을 것
> • 누설되는 충전교류는 (④)mA 이하이어야 한다.

> **해답** ① 9.5   ② 11
> ③ 4450   ④ 10

09 사다리식 통로의 구조에 대한 설명이다. (   ) 안에 알맞은 내용을 작성하시오.

> • 폭은 (①)cm 이상으로 할 것
> • 사다리의 상단은 걸쳐놓은 지점으로부터 (②)cm 이상 올라가도록 할 것
> • 사다리식 통로의 길이가 10m 이상인 경우에는 5m 이내마다 (③)을 설치할 것

> **해답** ① 30   ② 60   ③ 계단참

10 프로판 80vol%, 부탄 15vol%, 메탄 5vol%로 된 혼합가스의 폭발 하한계를 계산하시오. (단, 프로판, 부탄, 메탄의 폭발하한계값은 각각 5, 3, 2.1vol%로 한다.)

풀이 혼합가스의 폭발범위(폭발하한계의 계산)

$$\frac{100}{L} = \frac{V_1}{L_1} + \frac{V_2}{L_2} + \frac{V_3}{L_3} + \cdots 이므로 \; L = \frac{100}{\dfrac{V_1}{L_1} + \dfrac{V_2}{L_2} + \dfrac{V_3}{L_3}} 이다.$$

이때 $V_1 = \dfrac{80}{(80+15+5)} \times 100 = 80\%$, $V_2 = \dfrac{15}{(80+15+5)} \times 100 = 15\%$,

$V_3 = \dfrac{5}{(80+15+5)} \times 100 = 5\%$

$$\therefore L = \frac{100}{\dfrac{V_1}{L_1} + \dfrac{V_2}{L_2} + \dfrac{V_3}{L_3}} = \frac{100}{\dfrac{80}{5} + \dfrac{15}{3} + \dfrac{5}{2.1}} ≒ 4.28\,vol\%$$

여기서, L : 혼합가스의 폭발하한계, L_1, L_2, L_3 : 단독가스의 폭발하한계

V_1, V_2, V_3 : 단독가스의 공기 중 부피

해답 $4.28\,vol\%$

---

11 압력용기에 관한 내용 중 ( ) 안에 알맞은 수를 쓰시오.

> 압력용기는 사업장에 설치가 끝난 날부터 (①)년 이내에 최초 안전검사를 실시하되, 그 이후부터 (②)년마다 공정안전보고서를 제출하여 확인을 받은 압력용기는 (③)년마다 실시한다.

해답 ① 3
② 2
③ 4

---

12 하인리히 4대원칙을 쓰시오.

해답 ① 예방가능의 원칙
② 손실우연의 원칙
③ 원인연계의 원칙
④ 대책선정의 원칙

13 다음 각 항목에 해당하는 직무 내용을 [보기]에서 고르시오.

┌─| 보기 |─────────────────────────────────────
A. 산업재해 발생의 원인 조사 · 분석 및 재발 방지를 위한 기술적 보좌 및 조언 · 지도
B. 근로자 보건교육 및 건강진단 결과 기록 관리 담당
C. 공정별 유해위험요인에 대한 공학적 예방대책 수립
D. 작업장의 정리 정돈 및 통로 확보에 대한 확인 · 감독
E. 산업재해 예방계획 수립의 총괄
└──

(1) 안전관리자와 보건관리자의 공통 업무
(2) 관리감독자의 업무
(3) 안전보건관리책임자의 업무

해답 (1) A
(2) D
(3) E

참고 B : 보건관리자의 업무, C : 안전관리자의 업무

01 산업안전보건법령상 다음의 내용과 같이 작성해야 하는 보고서명을 쓰시오.

- 공정안전자료
- 공정위험성 평가서
- 안전운전계획
- 비상조치계획

해답 공정안전보고서

02 해당 [보기]를 보고 알맞은 방호장치를 쓰시오.

| 보기 |
- 날 접촉예방장치
- 접촉예방장치
- 압력방출장치
- 회전체 접촉예방장치

(1) 예초기 :　　　　　　　　　(2) 원심기 :

(3) 공기압축기 :　　　　　　　(4) 금속절단기 :

해답 (1) 날 접촉예방장치　　　　(2) 회전체 접촉예방장치
　　　(3) 압력방출장치　　　　　(4) 날 접촉예방장치

03 방호장치 자율안전확인 기준 중 교류아크용접기 자동전격방지기에 관한 내용이다. 설명에 적합한 용어를 (　　) 안에 쓰시오.

(1) (　①　)란 용접기의 주회로(변압기의 경우 1차 회로 또는 2차 회로)를 제어하는 장치를 가지고 있어, 용접봉의 조작에 따라 용접할 때만 주회로가 형성되고, 그 외에는 출력 측 무부하 전압을 25V 이하로 낮추도록 동작하는 장치를 말한다.

(2) (　②　)이란 용접봉을 피용접물에 접촉시켜 전격방지기의 주접점이 폐로될(닫힐) 때까지의 시간을 말한다.

(3) (　③　)이란 용접봉 홀더에 용접기 출력 측 무부하 전압이 발생한 후 주접점이 개방될 때까지의 시간을 말한다.

해답 ① 자동전격방지기
　　　② 시동시간
　　　③ 지동시간

04 크레인의 와이어로프 정격하중의 정의를 작성하시오.

해답 권상 하중에서 훅 · 크래브 · 버킷 등 달기기구의 중량을 제외한 하중으로, 실제로 권상 가능한 하물의 중량을 의미한다.

05 방독마스크 시험가스와 외부 측면 표시 중 (   ) 안에 알맞은 색상을 쓰시오.

종류	시험가스	표시색
유기화합물용	시클로헥산 디메틸에테르 이소부탄	(①)
암모니아용	암모니아가스	(②)

해답 ① 갈색
② 녹색

06 안전보건교육의 종류를 3가지 쓰시오.

해답 ① 정기교육
② 특별교육
③ 채용 시 교육
④ 작업내용 변경 시 교육

07 연삭기의 숫돌 바깥지름이 500mm이고, 연삭숫돌의 원주속도는 2000m/min일 때 전동기와 직결된 회전수를 계산하시오. (단, 소수 3째 자리에서 반올림하여 답안을 작성하시오.)

풀이 $N = \dfrac{1000V}{\pi D} = \dfrac{1000 \times 2000}{\pi \times 500} \fallingdotseq 1,273.24\,\text{rpm}$

해답 1273.24 rpm

해설 회전수 $N = \dfrac{1000V}{\pi D}$

여기서, V : 연삭숫돌의 원주속도(m/min)
D : 연삭숫돌의 바깥지름(mm)

08 Off.JT(Off the Job Training) 교육의 특징을 고르시오.

> A. 개개인에게 적절한 지도 훈련이 가능하다.
> B. 훈련에 필요한 계속성이 끊어지지 않는다.
> C. 외부 전문강사를 초청해서 진행한다.
> D. 개개인의 조직적 훈련이 가능하다.
> E. 다수의 근로자가 참석 가능하다.
> F. 근로자가 많은 지식과 경험을 교류할 수 있다.

해답 C, E, F

참고 현장직무교육(O.J.T.)의 특징
  ① 개개인의 업무능력에 적합한 자세한 교육이 가능하다.
  ② 작업장에 맞는 구체적인 훈련이 가능하다.
  ③ 즉시 현 업무에 적용되는 관계로 몸과 관련이 있다.
  ④ 훈련에 필요한 업무의 연속성이 끊어지지 않아야 한다.
  ⑤ 훈련의 효과가 바로 업무에 나타나며 훈련의 효과에 따라 개선이 쉽다.
  ⑥ 교육을 통해 상사와 부하 간의 의사소통과 신뢰감이 깊게 된다.

09 산업안전보건법에서 정의하는 중대재해에 관한 내용이다. (   ) 안에 알맞은 수를 쓰시오.

(1) 사망자가 (①)인 이상 발생한 재해
(2) (②)개월 이상 요양을 요하는 부상자가 동시에 2인 이상 발생한 재해
(3) 부상자 또는 직업성 질병자가 동시에 (③)인 이상 발생한 재해

해답 ① 1   ② 3   ③ 10

10 다음이 설명하는 양중기의 종류를 작성하시오.

(1) 동력을 사용하여 중량물을 매달아 상하 및 좌우(수평 또는 선회)로 운반하는 것을 목적으로 하는 기계 또는 기계 장치
(2) 훅이나 그 밖의 달기구 등을 사용하여 화물을 권상 및 횡행 또는 권상 동작만으로 양중하는 것

해답 (1) 크레인
    (2) 호이스트

11 안전보건개선계획서 제출에 관한 내용이다. ( ) 안에 적합한 수를 쓰시오.

> • 안전보건개선계획서를 제출해야 하는 사업주는 안전보건개선계획서 수립 · 시행 명령을 받은 날부터 (①)일 이내에 관할 지방고용노동관서의 장에게 해당 계획서를 제출(전자문서로 제출하는 것을 포함)해야 한다.
> • 지방고용노동관서의 장이 안전보건 개선계획서를 접수한 경우에는 접수일로부터 (②)일 이내에 심사하여 사업주에게 그 결과를 알려야 한다.

해답 ① 60
② 15

12 경고표지 중 흰 바탕, 검은색 혹은 빨간색 표지를 3가지를 쓰시오. (단, 발암성, 변이원성, 생식독성, 전신독성, 호흡기 과민성 물질 경고는 제외)

해답 ① 인화성 물질 경고
② 산화성 물질 경고
③ 폭발성 물질 경고
④ 급성독성 물질 경고
⑤ 부식성 물질 경고

참고 바탕은 무색, 기본모형은 빨간색, 그림은 검은색으로 표시되는 금지표지
출입금지, 보행금지, 차량통행금지, 탑승금지, 화기금지, 사용금지, 물체이동금지, 금연

13 원동기, 회전축 등의 위험방지를 위한 기계적인 안전조치를 2가지 쓰시오. (단, 건널다리 제외)

해답 ① 덮개
② 울
③ 슬리브

PART 3
작 업 형
실전문제

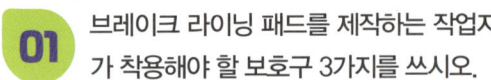

제1회

01 브레이크 라이닝 패드를 제작하는 작업자가 착용해야 할 보호구 3가지를 쓰시오.

동영상 설명 화면은 브레이크 라이닝 패드를 제작하는 작업에서 장기간 석면에 노출될 경우, 폐암이나 석면폐증과 같은 질병이 발생할 위험이 있는 장면이다.

해답 ① 특급 방진마스크
② 보호안경
③ 보호복과 보호신발
④ 산소결핍 시에는 송기마스크

02 화면을 보고, 컴퓨터 작업 시 좋지 않은 상황 3가지를 쓰시오.

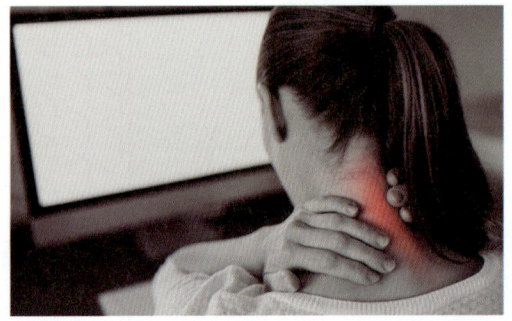

동영상 설명 화면은 작업자가 의자에 앉아 컴퓨터 작업을 하던 중 목에 통증이 발생한 장면이다. 의자가 신체에 맞지 않아 다리가 구부러져 있고, 키보드는 손에서 멀리 떨어져 있으며, 모니터가 적절한 위치에 있지 않다.

해답 ① 키보드가 조작하기 편한 위치에 놓여 있지 않다.
② 의자의 등받이가 충분히 지지되지 않고 있다.
③ 모니터가 보기 편한 위치에 조정되어 있지 않다.
참고 컴퓨터 작업자의 작업 자세
① 시선 : 수평면 아래 10~15°
② 팔뚝과 위팔의 각도 : 90° 이상
③ 무릎 굽힘 각도 : 90° 정도

03 화면을 보고, 승강기 컨트롤 패널 점검 시 재해의 발생형태와 가해물의 종류 3가지를 쓰시오.

동영상 설명 화면은 작업자가 배전반 내 승강기 컨트롤 패널 점검을 위해 측정기로 절연저항을 측정하던 중, 다른 작업자가 패널 뒤쪽으로 이동하다가 쓰러지는 장면이다.

해답 (1) 재해의 발생형태 : 감전
　　(2) 가해물의 종류
　　　　① 전기　　　　② 전선
　　　　③ 배전반　　　　④ 컨트롤 패널

04 화면을 보고, 프레스 작업 시 재해를 예방하기 위한 조치사항 2가지를 쓰시오.

동영상 설명 화면은 A 작업자가 프레스 작업 중 몸을 기울여 손으로 이물질을 제거하던 중, B 작업자가 실수로 페달을 밟아 A 작업자의 머리와 손이 다치는 사고가 발생한 장면이다.

해답 ① 게이트 가드식 등의 안전장치를 설치하여 사전에 사고를 예방한다.
　　② 프레스 페달에 U자형 덮개를 씌운다.

05 화면을 보고, 인쇄윤전기 작업 시 발생한 재해의 주요 위험요인 2가지를 쓰시오.

동영상 설명 화면은 작업자가 인쇄윤전기의 전원이 켜진 상태에서 회전 중인 롤러를 걸레로 청소하던 중, 재해가 발생한 장면이다.

해답 ① 전원을 차단하지 않고 걸레로 청소를 하였다.
　　② 작업자가 장갑을 착용한 채 청소를 하였다.
　　③ 인쇄윤전기에 인터록 장치가 설치되지 않았다.

06 누전차단기를 설치해야 하는 장소 3군데를 쓰시오.

동영상 설명 화면은 전기 기계 · 기구의 누전으로 인한 감전 위험을 방지하기 위해 설치하는 누전차단기를 보여주는 장면이다.

해답 ① 대지 전압 150V를 초과하는 전기 기계 · 기구가 노출된 금속체
　　② 전기 기계 · 기구의 금속제 외함, 금속제 외피 및 철대
　　③ 고압 이상의 전기를 사용하는 전기 기계 · 기구 주변의 금속제 칸막이
　　④ 임시 배선의 전로가 설치되는 장소

07 항타기와 항발기를 조립할 때 점검해야 할 사항 4가지를 쓰시오.

동영상 설명 화면은 건설 현장에서 작업자가 항타기와 항발기 작업을 하는 장면이다.

해답 ① 본체 연결부의 풀림 또는 손상 유무
② 권상장치의 브레이크 및 쐐기장치 기능의 이상 유무
③ 권상기 설치상태의 이상 유무
④ 버팀방법 및 고정상태의 이상 유무
⑤ 권상용 와이어로프, 드럼 및 도르래 부착상태의 이상 유무

08 구내운반차를 이용하여 물건을 운반할 때, 작업시작 전 점검해야 할 사항 4가지를 쓰시오.

동영상 설명 화면은 물건을 운반하는 구내운반차를 보여주는 장면이다.

해답 ① 제동장치 및 조종장치 기능의 이상 유무
② 하역장치 및 유압장치 기능의 이상 유무
③ 바퀴의 이상 유무
④ 전조등, 후미등, 방향지시기 및 경음기 기능의 이상 유무
⑤ 충전장치를 포함한 홀더 등의 결합상태의 이상 유무

09 화면을 보고, 방열복의 종류별 무게 기준을 쓰시오.

동영상 설명 화면은 방열상의, 방열하의, 일체형 방열복, 방열장갑, 방열두건 등을 보여주는 장면이다.

해답 ① 방열상의 : 3.0kg 이하
② 방열하의 : 2.0kg 이하
③ 일체형 방열복 : 4.3kg 이하
④ 방열장갑 : 0.5kg 이하
⑤ 방열두건 : 2.0kg 이하

제2회

01 화면을 보고, 재해의 발생형태와 기인물을 쓰시오.

동영상 설명 화면은 LPG가 대기 중에 유출되어 폭발사고가 발생한 장면이다.

해답 ① 재해의 발생형태 : 폭발
② 기인물 : LPG

02 화면을 보고, 터널작업 시 재해 위험을 방지하기 위한 대책 3가지를 쓰시오.

동영상 설명 화면은 작업자가 터널작업 중 낙반, 주석, 구조물 불안정 등으로 인해 재해위험이 있는 장면이다.

해답 ① 터널 지보공 설치
② 록볼트 설치
③ 부석 제거

03 화면을 보고, 감전재해 예방을 위한 안전조치사항 4가지를 쓰시오.

동영상 설명 화면은 충전 전로에서 전기작업을 하거나, 그 부근에서 작업 중 감전재해가 발생한 장면이다.

해답 ① 유자격자가 아닌 작업자가 충전 전로 인근의 높은 곳에서 작업할 때, 대지 전압이 50kV 이하인 경우 작업자의 몸을 300cm 이내로 유지하고, 대지 전압이 50kV를 넘는 경우에는 10kV당 10cm씩 더한 거리 이내로 접근할 수 없도록 한다.
② 절연용 보호구를 착용한다.
③ 충전 전로에 절연용 방호구를 설치한다.
④ 고압 및 특별 고압 전로에서 전기작업 시 활선작업용 기구 및 장치를 사용한다.
⑤ 활선작업용 기구 및 장치를 사용하여 안전하게 작업한다.

04 건설용 리프트 작업 시 준수해야 할 안전수칙 4가지를 쓰시오.

> **동영상 설명** 화면은 건설 현장에서 작업자들이 건설용 리프트를 이용하여 올라가는 장면이다.

해답 ① 화물용 리프트에는 사람이 탑승하지 않는다.
② 상승작업을 하기 전 작업자에게 경보를 울려 알린다.
③ 운전 중 이상이 발생하면 비상정지버튼을 눌러 즉시 정지한다.
④ 운전원은 전담 요원으로 배치하고 특별 안전교육을 실시한다.
⑤ 각 층의 2중 안전문은 항상 닫힌 상태로 유지한다.

05 화면을 보고, 추락사고의 핵심 위험요인 3가지를 쓰시오.

> **동영상 설명** 화면은 아파트 공사 중 작업자가 부실한 작업 발판에서 추락한 장면이다.

해답 ① 개구부에 추락 방호망을 설치하지 않았다.
② 작업 발판을 고정하지 않았다.
③ 안전대 부착 설비를 설치하지 않았다.
④ 안전대를 착용하지 않았다.
⑤ 개구부 끝에 안전난간을 설치하지 않았다.

06 화면을 보고, 둥근톱기계 작업 시 안전을 위해 필요한 조치사항 3가지를 쓰시오.

> **동영상 설명** 화면은 작업자가 둥근톱기계를 이용하여 나무를 자르던 중, 부주의로 손가락이 잘리는 사고가 발생한 장면이다.

해답 ① 날 접촉예방장치, 반발방지기구, 반발방지롤러, 분할날, 보조 안내판 등을 설치한다.
② 둥근톱기계 작업 시 손이 말려 들어갈 위험이 있으므로 장갑을 착용하지 않는다.
③ 나무 파편 등이 튀는 경우를 대비하여 보안경과 방진마스크 등의 보호구를 착용한다.
④ 다른 곳을 보는 등 부주의한 행동을 하지 않는다.

07 화면을 보고, 추락사고의 발생원인 3가지를 쓰시오.

동영상 설명 화면은 작업자가 공사 현장에서 추락 방호망과 작업 발판이 설치되지 않은 구역을 지나가던 중, 추락사고가 발생한 장면이다.

해답 ① 피트 내부에 추락 방호망이 설치되지 않았다.
② 작업 발판이 고정되지 않았다.
③ 개인 보호구인 안전대를 착용하지 않았다.

08 자동차 브레이크 라이닝을 세척할 때 착용해야 할 보호구 3가지를 쓰시오.

동영상 설명 화면은 작업자가 개인 보호구를 착용하지 않은 채 화학약품으로 자동차 부품을 세척하는 장면이다.

해답 ① 불침투성 보호복
② 화학물질용 안전화
③ 화학물질용 안전장갑
④ 보안경
⑤ 유기화합물용 방독마스크

09 안전인증 대상 방음용 귀덮개(EM)의 주파수 1000Hz, 2000Hz, 3000Hz에 대한 차음치(dB)의 기준을 쓰시오.

중심 주파수(Hz)	차음치(dB)
1000	(①) 이상
2000	(②) 이상
4000	(③) 이상

동영상 설명 화면은 귀덮개를 착용하고 목공작업을 하는 작업자의 모습을 보여주는 장면이다.

해답 ① 25   ② 30   ③ 35
해설 중심 주파수별 차음치

중심 주파수 (Hz)	차음치(dB)		
	EP-1	EP-2	EM
125	10 이상	10 미만	5 이상
250	15 이상	10 미만	10 이상
500	15 이상	10 미만	20 이상
1000	20 이상	20 미만	25 이상
2000	25 이상	20 이상	30 이상
4000	25 이상	25 이상	35 이상
8000	20 이상	20 이상	20 이상

제3회

01 화면을 보고, 가연성 액체가 점화원에 의해 발생하는 폭발의 명칭을 쓰시오.

동영상 설명 화면은 가압 상태의 저장용기에서 가연성 액체가 대기 중으로 유출되어 순간적으로 기화된 후, 점화원에 의해 폭발사고가 발생한 장면이다.

해답 증기운 폭발(UVCE)

02 국소배기장치의 후드를 설치할 때 고려해야 할 사항 3가지를 쓰시오.

동영상 설명 화면은 유해인자의 발생형태, 비중, 작업방법 등을 고려하여 분진 등을 배출하기 위한 국소배기장치의 후드가 설치된 장면이다.

해답 ① 유해물질이 발생하는 장소에 설치한다.
② 후드 형식은 가능한 포위식, 부스식 후드로 설치한다.
③ 외부식, 리시버식 후드는 분진 등의 발산원에 가장 가까운 위치에 설치한다.
④ 유해인자의 발생형태, 비중, 작업방법 등을 고려하여 분진 등의 발산원을 효과적으로 제어할 수 있는 구조로 설치한다.

03 화면을 보고, 타워크레인 작업 시 재해의 형태와 그 정의를 쓰시오.

동영상 설명 화면은 타워크레인으로 자재를 운반하던 중, 자재가 떨어져 작업자에게 부딪힌 사고가 발생한 장면이다.

해답 (1) 재해의 형태 : 낙하(맞음)
(2) 낙하의 정의
① 높은 곳에서 물체가 떨어져 사람에게 피해를 주는 경우
② 와이어로프에 고정되어 있던 물체가 이탈하여 떨어지면서 사람에게 피해를 주는 경우

04 둥근톱기계의 덮개 하단과 가공재 사이의 간격, 그리고 덮개 하단과 테이블 사이의 높이를 각각 얼마로 조정해야 하는지 쓰시오.

동영상 설명 화면은 안전장치가 없는 둥근톱기계에 고정식 날 접촉예방장치를 설치한 장면이다.

해답 ① 덮개 하단과 가공재 사이 : 8mm 이하
② 덮개 하단과 테이블 사이 : 25mm 이하

05 화면을 보고, 스팀배관 작업 시 예상되는 재해의 발생형태를 쓰시오.

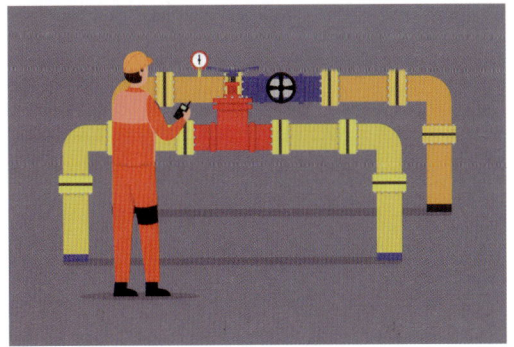

동영상 설명 화면은 작업자가 보안경을 착용하지 않은 상태에서 고온의 스팀배관을 보수하기 위해 고장 부위를 점검하는 장면이다.

해답 이상온도 노출·접촉

06 고압 전선로 인근에서 항타기와 항발기로 작업할 때 지켜야 할 안전수칙 3가지를 쓰시오.

동영상 설명 화면은 고압 가공전선로 인근에서 항타기와 항발기를 이용하여 전봇대 이설작업을 하는 장면이다.

해답 ① 차량 등을 충전 전로의 충전부로부터 300cm 이상 이격시키되, 대지 전압이 50kV를 넘는 경우에는 10kV가 증가할 때마다 이격거리를 10cm씩 증가시킨다.
② 노출된 충전부에 절연용 방호구를 설치하고 충전부를 절연, 격리한다.
③ 울타리를 설치하거나 감시인을 배치하여 작업을 감시한다.
④ 접지 등 충전 전로와 접촉할 우려가 있는 경우, 작업자가 접지점에 접촉되지 않도록 한다.

07 휴대용 연삭기의 방호장치와 설치 각도를 쓰시오.

동영상 설명 화면은 작업자가 휴대용 연삭기를 이용하여 연삭작업을 하는 장면이다.

해답 ① 방호장치 : 덮개
② 방호장치의 설치 각도 : 180° 이내

 08 활선작업 시 주요 위험요인 3가지를 쓰시오.

동영상 설명 화면은 두 작업자가 전기설비를 유지·보수하기 위해 활선작업을 하는 장면이다.

해답 ① 절연용 방호구 미설치로 인해 근접 활선에 대한 감전 위험

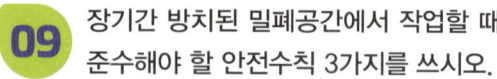 ② 절연용 보호구 착용상태 불량으로 인한 감전 위험
③ 활선작업 시 안전거리 미준수로 인한 감전 위험

09 장기간 방치된 밀폐공간에서 작업할 때 준수해야 할 안전수칙 3가지를 쓰시오.

동영상 설명 화면은 장기간 사용하지 않은 우물 내부, 해수 열교환기의 관, 암거, 맨홀, 피트 등과 같은 밀폐공간에서 작업하던 작업자가 호흡곤란을 겪고 있는 장면이다.

해답 ① 작업시작 전 산소 및 유해가스 농도를 측정한 후 작업을 진행한다.
② 산소농도가 18% 미만일 경우에는 즉시 작업을 중지하고 환기한다.
③ 산소결핍 장소에서 작업할 때는 송기마스크나 공기호흡기를 착용한다.
④ 감시인을 배치하여 내부 작업자와 수시로 연락을 유지한다.

기출문제를
재구성한 **작업형** 실전문제 *2*

제1회

01 화면을 보고, 양수기 수리작업 시 발생할 수 있는 위험요인 3가지를 쓰시오.

동영상 설명 화면은 작업자가 장갑을 착용한 채 작동 중인 양수기를 수리하던 중, 잡담을 하며 작업에 집중하지 못해 벨트에 손이 말려 들어가는 사고가 발생한 장면이다.

해답 ① 작동 중인 양수기를 수리하고 있어 사고의 위험이 있다.
② 장갑을 착용한 채 작동 중인 양수기를 수리하고 있어, 접선 물림점에 손을 다칠 수 있다.
③ 작업자가 잡담을 하며 작업에 집중하지 못해 사고 위험이 있다.

02 화면을 보고, 승강기 컨트롤 패널 점검 시 감전사고를 방지하기 위한 대책 3가지를 쓰시오.

동영상 설명 화면은 작업자가 승강기 컨트롤 패널을 점검하던 중, 전원을 차단하지 않고 전선을 만지다가 감전사고가 발생한 장면이다.

해답 ① 전원을 차단한 후 단로기를 개방한다.
② 단락 접지기구를 이용하여 접지한다.
③ 잔류전하를 완선히 방전시킨다.
④ 검전기를 이용하여 작업대상 기기의 충전상태를 확인한다.
⑤ 차단장치나 단로기에 잠금장치를 하고 꼬리표를 부착한다.

03 화면과 같은 자세로 VDT 작업을 장시간 수행할 경우 발생할 수 있는 재해 증상 3가지를 쓰시오.

동영상 설명 화면은 VDT(영상표시 단말기) 작업자가 의자에 엉덩이를 반쯤 걸친 자세로 앉아, 팔이 들린 상태로 키보드나 마우스를 조작하는 장면이다.

해답 ① 요통 　　　　 ② 어깨 및 손목통증
③ 시력저하 및 장애

04 황산으로 삼각 플라스크를 세척할 경우 발생할 수 있는 재해형태와 그 정의를 쓰시오.

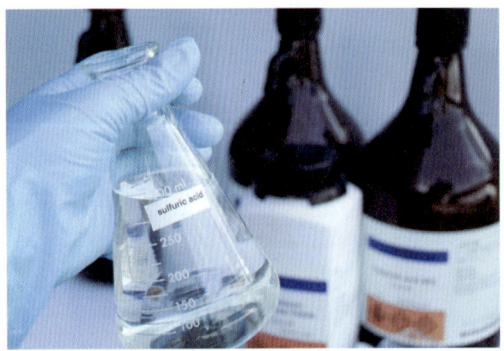

동영상 설명 화면은 작업자가 삼각 플라스크를 황산(H_2SO_4)에 세척하는 장면이다.

해답 ① 재해형태 : 노출 · 접촉
② 노출 · 접촉의 정의 : 위험물질에 노출되어 피부에 직접 닿거나, 흡입을 통해 체내에 유입되는 경우

05 항타기 작업 안전규정에 대한 다음 설명을 보고 (　　) 안에 알맞은 내용을 쓰시오.

- 항타기 또는 항발기의 권상장치 드럼축과 권상장치로부터 첫 번째 도르래의 축간거리는 권상장치 드럼 폭의 (①) 이상이어야 한다.
- 도르래는 권상장치 드럼의 (②)을 지나야 하며, 축과 (③)상에 있어야 한다.

동영상 설명 화면은 작업자가 항타기로 콘크리트 파일을 설치하고 있는 장면이다.

해답 ① 15배
② 중심
③ 수직면

06 인쇄윤전기 방호장치의 성능을 확인하기 위해 롤러의 표면 원주속도(m/min)를 구하는 공식을 쓰시오.

> **동영상 설명** 화면은 작업자가 인쇄윤전기를 이용하여 인쇄작업을 하는 장면이다.

해답 표면속도 $V = \dfrac{\pi DN}{1000}$

여기서, V : 롤러 표면속도(m/min)
$\qquad D$: 롤러 원통의 직경(mm)
$\qquad N$: 1분간 롤러가 회전하는 수(rpm)

07 화면을 보고, 작업자가 착용해야 할 화학물질용 보호구 4가지를 쓰시오.

> **동영상 설명** 화면은 브레이크 라이닝 패드를 분해하여 화학물질에 담가 세적하는 작업을 하는 장면이다.

해답 ① 방독마스크　② 보안경
　　　③ 안전장갑　　④ 안전화
　　　⑤ 보호복

08 화면을 보고, 드럼통 운반작업에서의 위험요인과 안전대책을 각각 3가지씩 쓰시오.

> **동영상 설명** 화면은 작업자가 중량물 드럼통을 혼자 손으로 굴리며 운반하던 중, 허리를 삐끗하며 다리를 다치는 사고가 발생한 장면이다.

해답 (1) 위험요인
　① 중량물을 인력으로 운반할 경우 위험하다.
　② 중량물의 흔들림이나 이동을 제대로 조절하지 않았다.
　③ 작업에 적합한 운반기구를 사용하지 않았다.
　④ 불량한 작업 자세로 인해 허리를 다칠 수 있다.
(2) 안전대책
　① 중량물 운반 시 기계를 사용하며 인력으로 운반하는 것은 피한다.
　② 드럼통이 흔들리지 않도록 주의한다.
　③ 작업에 적합한 운반기구를 사용한다.
　④ 올바른 작업 자세를 유지하여 허리를 보호한다.

09 방열복 내열 원단의 시험성능에 관한 기준 5가지를 쓰시오.

> 동영상 설명 화면은 개인 보호구 중 방열복을 보여주는 장면이다.

해답 ① 난연성 ② 절연저항
③ 인장강도 ④ 내열성
⑤ 내한성

제2회

01 건설용 리프트 작업의 특별안전보건교육 내용을 4가지 쓰시오.

> 동영상 설명 화면은 작업자가 건설용 리프트를 타고 있는 장면이다.

해답 ① 방호장치의 기능 및 사용에 관한 사항
② 기계 · 기구의 특성과 동작원리에 관한 사항
③ 신호방법 및 공동작업에 관한 사항
④ 기계 · 기구, 달기 체인 및 와이어 등의 점검에 관한 사항
⑤ 화물의 권상 · 권하 작업방법 및 안전작업 지도에 관한 사항
⑥ 기타 안전 · 보건관리에 필요한 사항

02 화면을 보고, LPG가스 저장소 폭발사고의 안전대책 2가지를 쓰시오.

동영상 설명 화면은 LPG가스 배관에서 가스가 누출되어 가연성 가스가 체류된 상태에서 작업자가 LPG연료를 사용하는 보일러를 켠 순간, 폭발사고가 발생한 장면이다.

해답 ① 전기설비를 방폭형으로 설치한다.
② 폭발 분위기가 형성되지 않도록 작업장에 적절한 통풍 또는 환기를 실시한다.

03 터널 굴착작업 시 시공계획에 포함해야 할 사항 3가지를 쓰시오.

동영상 설명 화면은 작업자가 터널 굴착작업을 하며 시공계획에 따라 터널공사를 하는 장면이다.

해답 ① 굴착방법
② 터널 지보공, 복공 시공법 및 용수 처리 방법
③ 환기, 조명시설 방법
④ 안전관리 계획 및 작업자 보호대책

04 방진마스크의 일반적인 구조 조건 3가지를 쓰시오.

동영상 설명 화면은 작업자가 분진, 미스트, 흄 등이 호흡기를 통해 체내로 유입되는 것을 방지하기 위해 방진마스크를 착용하고 있는 장면이다.

해답 ① 쉽게 착용할 수 있어야 하며, 착용 시 안면부가 얼굴에 밀착되어 공기가 새지 않아야 한다.
② 여과재는 여과 성능이 우수하고 인체에 해를 끼치지 않아야 한다.
③ 흡·배기밸브는 미약한 호흡에도 민감하게 작동해야 하며, 흡·배기 저항이 낮아야 한다.
④ 머리끈은 적당한 길이와 탄력성을 가지며, 길이를 쉽게 조절할 수 있어야 한다.

05 화면을 보고, 둥근톱기계 작업 시 안전한 작업방법 3가지를 쓰시오.

동영상 설명 화면은 작업자가 보호구를 착용하지 않고, 면장갑을 착용한 채 둥근톱기계로 목재를 가공하는 장면이다.

해답 ① 면장갑 착용 금지
② 날 접촉예방장치 설치
③ 반발예방장치 설치

06 가설 통로를 설치할 때 준수해야 할 사항 4가지를 쓰시오.

동영상 설명 화면은 가설 통로를 설치하는 장면이다.

해답 ① 견고한 구조로 설치한다.
② 경사는 30° 이하로 유지한다. 단, 계단을 설치하거나 높이 2 m 미만의 경우에는 튼튼한 손잡이를 설치하면 예외로 한다.
③ 경사가 15°를 초과하는 경우에는 미끄러지지 않는 구조로 한다.
④ 수직갱에 설치된 통로가 15 m 이상인 경우에는 10 m 이내마다 계단참을 설치한다.
⑤ 높이 8 m 이상인 비계다리에는 7 m 이내마다 계단참을 설치한다.
⑥ 추락 위험이 있는 장소에는 안전난간을 설치한다. 단, 작업상 부득이한 경우 필요한 부분만 임시로 해체할 수 있다.

07 작업자가 추락할 위험이 있는 작업 발판의 통로 끝이나 개구부에 설치해야 할 설비 3가지를 쓰시오.

동영상 설명 화면은 작업자가 승강기 피트 내부에서 작업하던 중, 작업 발판이나 통로 끝 또는 개구부에서 추락사고가 발생한 장면이다.

해답 ① 안전난간
② 울타리
③ 덮개
④ 수직형 추락 방호망

08 화면을보고, 이동식 크레인에 관하여 다음에 대해 쓰시오.

(1) 크레인 작업 시 안전대책 3가지
(2) 작업자가 충전 전로와 유지할 이격거리

동영상 설명 화면은 50kV의 고압이 흐르는 고압선 주변에서 이동식 크레인으로 작업하던 중, 크레인의 붐대 끝이 전선에 닿아 감전사고가 발생한 장면이다.

해답 (1) ① 차량 등을 충전 전로의 충전부로부터 300cm 이상 이격시키되, 대지 전압이 50kV를 넘는 경우에는 10kV가 증가할 때마다 이격거리를 10cm씩 증가시킨다.
② 노출된 충전부에 절연용 방호구를 설치하고 충전부를 절연, 격리한다.
③ 절연용 방호구를 설치하고, 접근 한계거리까지는 유자격자가 작업하도록 한다.
④ 울타리를 설치하거나 감시인을 배치하여 작업을 감시한다.
⑤ 접지 등으로 인해 충전 전로와 접촉할 우려가 있는 경우, 작업자가 접지점에 접촉되지 않도록 한다.
(2) 3m 이상

09 화면을 보고, 핸드 절단기 작업 시 작업에서 나타난 불안전한 행동 3가지를 쓰시오.

동영상 설명 화면은 보호구를 착용하지 않은 작업자가 핸드 절단기를 이용하여 대리석을 자르던 중, 좌측 핸드 절단기가 정지하자 면장갑을 착용한 손으로 톱날을 만지며 점검하는 장면이다.

해답 ① 보호구(보안경, 방진마스크 등)를 착용하지 않았다.
② 전원을 차단하지 않고 둥근톱기계를 점검하였다.
③ 면장갑을 낀 손으로 톱닐을 만지며 점검하였다.

제3회

01 고무제 안전화의 구비조건 3가지를 쓰시오.

동영상 설명 화면은 개인 보호구인 고무제 재질의 안전화를 보여주는 장면이다.

해답 ① 유해한 흠, 균열, 기포, 이물질 등이 없어야 한다.
② 바닥, 발등, 발뒤꿈치 등의 접착 부분에 물이 스며들지 않아야 한다.
③ 에나멜이 칠해진 경우에는 에나멜이 벗겨지지 않고 완전히 건조되어 있어야 한다.
④ 압박 및 충격에 대한 성능 시험에 합격해야 한다.

02 화면을 보고, 에어배관 점검 시 재해의 발생원인 2가지를 쓰시오.

동영상 설명 화면은 작업자가 안전모와 안전장갑을 착용한 채 에어배관을 점검하던 중, 배관 내 잔압을 제거하지 않은 상태에서 주 밸브를 잠그지 않고 점검하다가 눈에 재해가 발생한 장면이다.

해답 ① 작업자가 보안경을 착용하지 않았다.
② 배관 내 잔압을 제거하지 않았다.
③ 배관 점검 시 주 밸브를 잠그지 않았다.

03 화면을 보고, 국소배기장치의 설치조건 3가지를 쓰시오.

동영상 설명 화면은 작업자가 유기용제 작업을 하는 장소에 국소배기장치가 설치된 장면이다.

해답 ① 후드는 유해물질 발산원마다 설치한다.
② 외부식, 리시버식 후드는 분진 등의 발산원에 가장 가까운 위치에 설치한다.
③ 가능하면 덕트의 길이는 짧게 하고 굴곡부의 수는 적게 한다.
④ 배기구를 옥외에 설치한다.

04 화면을 보고, 자동차 정비작업 시 재해를 방지하기 위해 설치해야 하는 안전장치 2가지를 쓰시오.

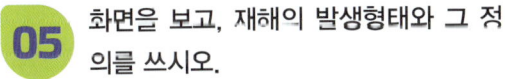 **동영상 설명** 화면은 작업자가 자동차 아래에서 정비작업을 하던 중, 얼굴 쪽으로 튄 기름을 팔로 닦아내다가 리프트를 건드려 자동차에 깔리는 재해가 발생한 장면이다.

해답 ① 안전 지지대(추락 방지장치)
② 비상정지장치

05 화면을 보고, 재해의 발생형태와 그 정의를 쓰시오.

동영상 설명 화면은 아시바 파이프를 인양하던 중, 결속된 로프가 끊어져 파이프가 떨어지면서 지나가던 작업자에게 부딪혀 재해가 발생한 장면이다.

해답 (1) 재해의 발생형태 : 낙하(맞음)
(2) 낙하의 정의
　① 높은 곳에서 물체가 떨어져 사람에게 피해를 주는 경우
　② 와이어로프에 고정되어 있던 물체가 이탈하여 떨어지면서 사람에게 피해를 주는 경우

06 화면을 보고, 추락사고의 원인 2가지를 쓰시오.

동영상 설명 화면은 작업자가 전봇대에 올라가던 중, 교통표지판에 부딪혀 추락사고가 발생한 장면이다.

해답 ① 통행에 방해되는 위치에 표지판이 설치되어 있다.
② 머리 위 시야가 확보되지 않아 교통표지판을 보지 못했다.
③ 안전대를 착용하지 않았다.

07 황산이 인체에 흡수되는 경로 2가지를 쓰시오.

동영상 설명 화면은 작업자가 마스크를 착용하지 않고 맨손으로 실험실에서 황산을 컵에 따르는 장면이다.

해답 ① 피부를 통해 흡수된다.
② 호흡기를 통해 폐에 흡수된다.
③ 입을 통해 소화기관에 흡수된다.

08 화면을 보고, 탁상 연삭기에 관하여 다음에 대해 쓰시오.

(1) 기인물
(2) 파편, 연삭 칩의 비래에 대비하여 설치해야 하는 방호장치
(3) 숫돌과 가공면과의 적절한 각도
(4) 위험요소 3가지

동영상 설명 화면은 작업자가 연삭기로 공작물을 연삭하던 중, 공작물이 튀어 사고가 발생한 장면이다.

해답 (1) 탁상용 연삭기
(2) 덮개 및 칩 비산방지투명판
(3) 연삭기 정면에서 15°
(4) ① 덮개 및 칩 비산방지투명판을 설치하지 않았다.
② 보안경을 착용하지 않았다.
③ 워크리스트 작업대를 설치하지 않았다.

09 화면과 같이 산소결핍이 우려되는 장소에서 사용되는 보호구 2가지를 쓰시오.

동영상 설명 화면은 산소결핍이 우려되는 광산이나 갱내에서 폭발사고가 발생한 장면이다.

해답 ① 공기호흡기
② 송기마스크

01 이동식 크레인을 이용한 H빔 인양작업 시 발생할 수 있는 재해 위험요인과 안전대책을 각각 3가지씩 쓰시오.

동영상 설명 화면은 작업자가 이동식 크레인을 이용하여 신호수의 신호에 따라 인양작업을 하던 중, H빔이 다른 물체에 부딪혀 흔들리는 상황이 발생한 장면이다.

해답 (1) 재해 위험요인
  ① 작업 반경 내에 관계자 외의 작업자가 출입하면 위험하다.
  ② 와이어로프의 안전상태가 불안정하다.
  ③ 훅의 해지장치의 안전상태가 불안정하다.
(2) 안전대책
  ① 관계 근로자 외 작업자의 출입을 금지하고 작업 지휘자를 배치한다.
  ② 작업 전 외이어로프의 안전상태를 점검한다.
  ③ 훅의 해지장치의 안전상태를 점검한다.

02 화면을 보고, 덤프트럭 정비작업에 관하여 다음 물음에 답하시오.

(1) 작업시작 전 조치사항 3가지를 쓰시오.
(2) 작업 지휘자가 준수해야 할 사항 2가지를 쓰시오.

동영상 설명 화면은 작업자가 덤프트럭의 적재함을 들어 올린 상태에서 수리 또는 부속장치의 장착·해체작업을 하던 중, 유압 실린더가 파손되어 적재함이 내려와 재해가 발생한 장면이다.

해답 (1) ① 작업순서를 결정한다.
  ② 작업 지휘자를 배치한다.
  ③ 하역 및 유압장치에 안전블록 등을 설치하여 안전을 확보한다.
  ④ 작업시작 전 유압장치 등의 기능 이상 유무를 점검한다.
(2) ① 작업순서를 결정한다.
  ② 유압장치에 안전블록 등을 설치하고 작업시작 전 안전상태를 점검한다.

03 화면을 보고, 재해의 발생형태와 정의를 쓰시오.

> **동영상 설명** 화면은 물체를 들어 올리는 작업과정에서 위에 있는 작업자가 물체를 떨어뜨려 아래에 있던 작업자에게 재해가 발생한 장면이다.

해답 ① 재해의 발생형태 : 낙하
② 낙하의 정의 : 높은 곳에서 물체가 떨어져 사람에게 부딪히는 사고

04 VDT 작업 시 안전작업수칙 3가지를 쓰시오.

> **동영상 설명** 화면은 VDT(영상표시 단말기) 작업자가 자료 입력을 위해 키보드나 마우스를 조작하는 장면이다.

해답 ① 작업 중 적절한 휴식을 취하여 눈과 손목의 피로를 줄인다.
② 책상 및 의자는 높낮이 조절이 가능한 것을 사용한다.
③ 저휘도형 조명기구를 사용하여 눈의 피로를 최소화한다.
④ 실내 조명의 명암 차이를 줄여 눈의 피로를 방지한다.
⑤ 직사광선이 화면에 직접 닿지 않도록 조절한다.

05 화면을 보고, 인쇄윤전기 작업 시 위험점과 그 위험점의 정의, 그리고 발생조건을 쓰시오.

> **동영상 설명** 화면은 작업자가 전원을 끄지 않은 상태에서 인쇄윤전기의 롤러를 걸레로 청소하던 중, 롤러에 손이 말려 들어가는 사고 장면이다.

해답 ① 위험점 : 물림점
② 물림점의 정의 : 회전하는 2개의 롤러 사이에 물려 들어가면서 발생하는 위험점
③ 발생조건 : 롤러가 서로 반대 방향으로 맞물려 회전할 때 발생한다.

06 경사진 컨베이어 위에서 하역작업 중 다음과 같은 사고를 방지하기 위한 컨베이어 방호장치 3가지를 쓰시오.

- 작업자의 발이 컨베이어 가까이에 있어 발이 끼이는 사고가 발생하였다.
- 상자가 벨트에서 이탈하거나 벨트가 역주행하여 사고가 발생하였다.

동영상 설명 화면은 작업자가 경사진 컨베이어 위에서 상자를 운반하던 중, 재해가 발생한 장면이다.

해답 ① 비상정지장치
② 역주행방지장치
③ 이탈방시장지

07 화면을 보고, 재해의 발생형태와 작업자의 불안전한 행동을 쓰시오.

동영상 설명 화면은 작업자가 손에 물을 묻혀가며 도자기 만드는 작업을 하던 중, 물에 젖은 손으로 전기 스위치를 조작하던 순간, 감전으로 인해 쓰러지는 재해가 발생한 장면이다.

해답 ① 재해 발생형태 : 감전
② 불안전한 행동 : 물에 젖은 손으로 전기 스위치를 조작하였다.

08 특수 화학설비의 내부 이상상태를 조기에 파악하기 위해 필요한 계측장치 4가지를 쓰시오.

동영상 설명 화면은 특수 화학설비의 내부 이상상태를 조기에 파악하기 위해 계측장치를 설치한 장면이다.

해답 ① 압력계
② 유량계
③ 온도계
④ 자동경보장치
⑤ 긴급차단장치

09 얼굴 부위를 보호하기 위한 안전 렌즈가 부착되어 있으며, 물체의 낙하 및 비래로부터 머리를 보호하기 위한 안전모가 있는 보호구의 명칭을 쓰시오.

동영상 설명 화면은 내열 원단으로 제작된 얼굴 보호용 개인 보호구를 보여주는 장면이다.

해답 방열두건

01 화면을 보고, 대형버스의 정비작업에 관하여 다음 물음에 답하시오.

(1) 점검 중 발생할 수 있는 위험점을 쓰시오.
(2) 사전에 취해야 할 안전조치 사항 3가지를 쓰시오.

동영상 설명 화면은 정비사가 차량정비 도크에서 작업 감시자 없이 대형버스의 동력전달 계통 샤프트를 점검하던 중, 버스기사가 주변 상황을 확인하지 않은 채 버스에 올라 시동을 거는 바람에 정비사의 팔이 회전하는 샤프트에 말려 들어가는 사고가 발생한 장면이다.

해답 (1) 회전 말림점
(2) ① 정비작업 중임을 알리는 안내 표지판을 설치한다.
② 작업과정을 감시할 작업 감시자를 배치한다.
③ 시동장치에 잠금장치를 한다.
④ 작업 시 운전금지를 위해 버스 시동 키를 별도로 관리한다.

02 폭발성 물질을 다루는 작업장에 들어가기 전, 신발에 물을 묻히는 이유와 화재 또는 폭발 시 적합한 소화 방법을 쓰시오.

동영상 설명 화면은 작업자가 폭발성 물질을 다루는 작업장 앞에서 신발에 물을 묻히고 있는 장면이다.

해답 ① 신발에 물을 묻히는 이유 : 정전기로 인한 화재와 폭발 위험을 방지하기 위해 신발에 물을 묻히는 등 습도를 높여 정전기의 발생을 감소시킨다.
② 소화 방법 : 냉각 소화(다량의 물을 사용한 냉각 소화)

03 화면을 보고, 터널 발파작업에 주로 사용하는 재료를 쓰시오.

동영상 설명 화면은 작업자들이 터널공사 현장에서 안전장비를 착용한 채 발파작업을 준비하며 터널을 확장하는 장면이다.

해답 다이너마이트

04 화면을 보고, 추락사고의 원인과 사고 방지를 위한 안전대책을 각각 4가지씩 쓰시오.

동영상 설명 화면은 작업자가 공사 현장에서 이동하던 중, 발판이 설치되지 않은 구역을 지나가다가 발을 헛디녀 추락사고가 발생한 장면이다.

해답 (1) 추락사고의 원인
① 안전대 미착용
② 추락 방호망 미설치
③ 안전난간 불량
④ 작업 발판 불량
⑤ 주변 정리정돈 및 청소상태 불량
(2) 안전대책
① 안전대 착용
② 추락 방호망 설치
③ 안전난간 설치
④ 작업 발판 설치
⑤ 주변 정리정돈 및 청소 실시

05 화면을 보고, 타워크레인 작업 시 안전 작업을 위한 방법 3가지를 쓰시오.

동영상 설명 | 화면은 타워크레인을 이용하여 화물을 들어 올리는 작업 중, 화물이 흔들리며 추락하는 사고가 발생한 장면이다.

해답 | ① 사전 작업계획 수립
② 와이어로프의 안전상태 점검
③ 훅의 해지장치의 안전상태 점검
④ 작업 반경 내 관계 근로자 이외의 작업자 출입 금지

06 감전사고를 방지하기 위해 기계·기구에 사용하는 장치의 명칭을 쓰시오.

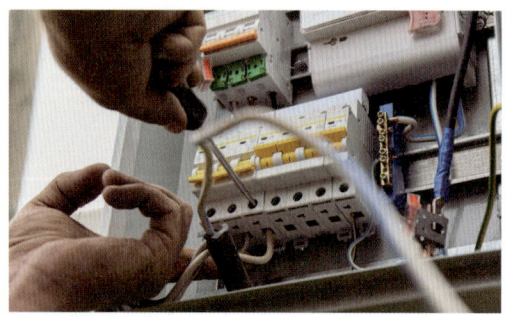

동영상 설명 | 화면은 전원 접속부의 감전사고를 방지하기 위해 전동기를 사용하는 기계·기구에 설치하는 장치를 보여주는 장면이다.

해답 | 누전차단기

07 둥근톱기계 작업 시 사용할 수 있는 안전 보조장치의 종류 5가지를 쓰시오.

동영상 설명 | 화면은 작업자가 둥근톱기계를 이용하여 목재 절단작업을 하는 장면이다.

해답 | ① 날 접촉예방장치   ② 밀대
③ 평행조정기   ④ 분할날
⑤ 반발방지롤러   ⑥ 반발방지기구

08 분진, 미스트 등이 호흡기를 통해 유입되는 것을 막기 위한 개인 보호구의 명칭을 쓰시오.

동영상 설명 | 화면은 작업자가 분진, 미스트 등이 호흡기를 통해 체내로 유입되는 것을 방지하기 위해 보호구를 착용한 장면이다.

해답 | 방진마스크

09 화면을 보고, 크레인 작업 시 철제 비계의 낙하 및 비래 위험을 방지하기 위한 예방대책 3가지를 쓰시오.

동영상 설명 화면은 철제 비계를 와이어로프 한 줄로 묶고, 보조로프 없이 크레인을 이용하여 운반하던 중, 신호수 간의 신호방법이 맞지 않아 철제 비계가 흔들리며 철골에 부딪히는 장면이다.

해답 ① 작업 반경 내 관계자 이외의 사람은 출입을 금지한다.
② 와이어로프의 안전상태를 점검한다.
③ 훅의 해지장치 및 안전상태를 점검한다.
④ 화물이 빠지지 않도록 점검한다.
⑤ 보조로프를 설치한다.
⑥ 신호방법을 정하고 신호수의 신호에 따라 작업한다.

제3회

01 화면을 보고, 섬유기계 작업 시 재해 위험요인과 작업자가 착용해야 할 개인 보호구를 각각 2가지씩 쓰시오.

동영상 설명 화면은 작업자가 장갑을 착용하고 섬유기계 작업을 하던 중, 실이 끊어지면서 기계가 멈추자 내부를 점검하다가, 기계가 갑자기 작동하면서 신체가 회전체에 끼이는 사고가 발생한 장면이다.

해답 (1) 재해 위험요인
① 전원을 차단하지 않고 섬유기계를 점검하면 손을 다칠 위험이 있다.
② 장갑을 착용한 상태로 섬유기계를 점검하면 손이나 장갑이 회전체에 끼일 위험이 있다.
(2) 개인 보호구
① 귀마개
② 보안경
③ 방진마스크

02 작업자가 크롬 또는 크롬 화합물의 흄, 분진, 미스트에 장기간 노출되었을 때 발생할 수 있는 직업병과 그 증상을 쓰시오.

동영상 설명 화면은 크롬 도금작업장에서 화학물질을 취급하는 공정이 진행 중인 장면이다.

해답 ① 직업병 : 비중격 천공증
② 증상 : 코에 구멍이 뚫림

03 물체의 낙하, 충격, 날카로운 물체에 의한 찔림 등의 위험으로부터 발을 보호하며, 내수성을 갖춘 안전화의 종류를 쓰시오.

동영상 설명 화면은 개인 발 보호구인 안전화를 보여주는 장면이다.

해답 고무제 안전화

04 화면을 보고, 대형버스의 정비작업에 관하여 다음 물음에 답하시오.

(1) 점검 중 발생할 수 있는 위험점을 쓰시오.
(2) 사전에 취해야 할 안전조치 사항 3가지를 쓰시오.

동영상 설명 화면은 정비사가 차량정비 도크에서 작업 감시자 없이 대형버스의 동력전달 계통 샤프트를 점검하던 중, 버스기사가 주변 상황을 확인하지 않은 채 버스에 올라 시동을 거는 바람에 정비사의 팔이 회전하는 샤프트에 말려 들어가는 사고가 발생한 장면이다.

해답 (1) 회전 말림점
(2) ① 정비작업 중임을 알리는 안내 표지판을 설치한다.
② 작업과정을 감시할 작업 감시자를 배치한다.
③ 시동장치에 잠금장치를 한다.
④ 작업 시 운전금지를 위해 버스 시동키를 별도로 관리한다.

05 화면을 보고, 고압선 주변에서 크레인 작업 시 다음 물음에 답하시오.

(1) 안전작업수칙 3가지를 쓰시오.
(2) 충전 전로의 이격거리를 쓰시오.

동영상 설명 화면은 1만 볼트의 전압이 흐르는 고압선 아래에서 크레인 작업을 하던 중, 감전사고가 발생한 장면이다.

해답 (1) ① 차량 등을 충전 전로의 충전부로부터 300 cm 이상 이격시키되, 대지 전압이 50 kV를 넘는 경우 10 kV가 증가할 때마다 이격거리를 10 cm씩 증가시킨다.
② 노출된 충선부에 절연용 빙호구를 설치하고 충전부를 절연, 격리한다.
③ 울타리를 설치하거나 감시인을 두어 직업을 감시하도록 한다.
④ 접지 등 충전 전로와 접촉할 우려가 있는 경우에는 접지점에 접촉되지 않도록 한다.
(2) 300 cm

06 화면을 보고, 작업자가 추가로 착용해야 할 보호구 3가지를 쓰시오.

동영상 설명 화면은 작업자가 안전화, 안전모, 장갑을 착용하고 고속 절단기를 이용하여 파이프를 절단하는 작업 중 불꽃이 튀는 장면이다.

해답 ① 보안경
② 방진마스크
③ 귀마개

07 수소 저장소에 저장되어 있는 수소의 특징 2가지를 쓰시오.

동영상 설명 화면은 수소 탱크가 있는 수소 충전소를 보여주는 장면이다.

해답 ① 수소는 공기보다 가볍다.
② 수소는 폭발성이 있다.

08 화면을 보고, 재해 발생유형과 발생원인을 쓰시오.

> **동영상 설명** 화면은 훅에 해지장치가 없는 호이스트로 변압기를 1줄 걸이하여 트럭에 싣는 작업을 보여준다. 이때 작업자는 한 손으로 스위치를 조작하고 다른 손으로는 심하게 흔들리는 변압기를 지지하던 중, 변압기가 넘어져 작업자가 다치는 사고가 발생한 장면이다.

해답 (1) 재해 발생유형 : 낙하(맞음)
　(2) 재해 발생원인
　　① 1줄 걸이로 변압기를 운반하여 균형을 잡기 어렵다.
　　② 보조로프를 이용하여 흔들림을 방지하지 않았다.
　　③ 훅에 해지장치가 설치되지 않았다.

09 제한된 밀폐공간에서 작업 중 질식사고를 방지하기 위한 보호구 2가지를 쓰시오.

> **동영상 설명** 화면은 선박의 밸러스트 탱크 내부에서 작업자가 슬러지(sludge) 제거작업 중 질식으로 고통을 호소하는 장면이다.

해답 ① 송기마스크
　② 공기호흡기

기출문제를 재구성한 **작업형** 실전문제 *4*

제1회

01 유해물질을 취급하는 작업장 바닥에 대해 필요한 조치사항 2가지를 쓰시오.

> **동영상 설명** 화면은 작업자들이 작업장에서 유해물질을 취급하는 장면이다.

해답 ① 작업장 바닥을 불침투성 재료로 마감한다.
② 점화원이 될 수 있는 정전기 등을 방지할 수 있도록 조치한다.

02 화면을 보고, 전동톱 작업 시 재해의 형태와 가해물, 기인물을 쓰시오.

> **동영상 설명** 화면은 작업자가 목재 토막을 가공대 위에 올려놓고 한 발로 고정한 상태에서 전동톱을 이용하여 절단작업을 하던 중, 발판이 흔들려 균형을 잃고 넘어지는 사고가 발생한 장면이다.

해답 ① 재해형태 : 넘어짐(전도)
② 가해물 : 바닥
③ 기인물 : 작업 발판
해설 ① 가해물 : 넘어질 때 충돌한 대상
② 기인물 : 균형을 잃게 만든 원인물

03 화면을 보고, 선반작업 시 재해 위험점과 그 정의를 쓰시오.

> **동영상 설명** 화면은 작업자가 안전모와 면장갑을 착용하고 선반작업을 하던 중, 회전하는 축에 면장갑과 작업복이 말려 들어가는 사고가 발생한 장면이다.

해답 ① 위험점 : 회전 말림점
② 회전 말림점의 정의 : 회전하는 축에 작업복 등이 말려 들어가면서 발생하는 위험점

04 화면을 보고, 사고의 핵심 위험요인과 작업 안전대책을 각각 3가지씩 쓰시오.

> **동영상 설명** 화면은 작업자가 면장갑을 착용한 채 회전하는 롤러기의 이물질을 제거하던 중, 손이 롤러에 말려 들어가는 사고 장면이다.

해답 (1) 핵심 위험요인
① 전원을 차단하지 않고 롤러기의 이물질을 제거하였다.
② 이물질 제거 시 전용 공구 대신 장갑을 착용한 손으로 제거하였다.
③ 롤러기에 인터록 안전장치가 설치되지 않았다.
④ 롤러의 물림점에 가드 안전장치가 설치되지 않았다.
(2) 작업 안전대책
① 전원을 차단하여 롤러기를 정지시킨 후 이물질을 제거한다.
② 이물질 제거 시 전용 공구를 사용하거나 장갑을 착용하지 않는다.
③ 롤러기에 인터록 안전장치를 설치한다.
④ 롤러의 물림점에 가드 안전장치를 설치한다.
참고 ① 인터록 및 가드 안전장치는 작업 중 사고를 예방하는 중요한 요소이므로 이러한 장치들이 제대로 작동하는지 정기적으로 점검하고 유지 관리한다.
② 기계 작업 시 전용 공구를 사용하여 위험

한 부위에 손이 닿지 않도록 해야 하며, 공구의 상태 또한 주기적으로 확인하여 안전성을 확보한다.

05 항타기와 항발기의 권상장치에서 드럼 축과 첫 번째 도르래 축 사이의 거리는 드럼 폭의 몇 배 이상이어야 하는지 쓰시오.

> **동영상 설명** 화면은 항타기 또는 항발기를 이용하여 지반작업을 수행하는 장면이다.

해답 15배 이상

06 컨베이어 작업시작 전 안전을 위해 점검해야 할 사항 3가지를 쓰시오.

동영상 설명 화면은 컨베이어를 이용하여 상자를 운반하는 작업 현장을 보여주는 장면이다.

해답 ① 원동기 및 풀리(pulley) 기능의 이상 유무
② 이탈 등의 방지장치 기능의 이상 유무
③ 비상정지장치 기능의 이상 유무
④ 원동기, 회전축, 기어 및 풀리 등의 덮개 또는 울 등의 이상 유무

07 화면을 보고, 패널작업 시 감전을 방지하기 위한 대책 3가지를 쓰시오.

동영상 설명 화면은 작업자가 배전반 패널작업을 하던 중 감전사고가 발생한 장면이다.

해답 ① 전로의 개로된 개폐기에 통전금지 표지판을 부착하고, 시건장치를 설치한다.
② 작업 전 신호체계를 확립하고, 작업 감독자가 작업을 철저히 감독한다.
③ 차단기에 회로도를 표시한 표찰을 부착하여 조작실수를 방지한다.

08 특수 화학설비의 이상상태를 조기에 감지하기 위해 설치해야 할 방호장치 3가지를 쓰시오.

동영상 설명 화면은 특수 화학설비의 내부 이상상태를 조기에 파악하기 위해 다양한 계측장치를 설치한 장면이다.

해답 ① 온도계, 압력계, 유량계 등의 계측기기
② 자동경보장치
③ 긴급차단장치
④ 예비동력원

09 방열두건은 차광도 번호에 따라 구분한다. 그에 따른 사용 용도를 쓰시오.

차광도 번호	사용 용도
#2~3	①
#3~5	②
#6~8	③

동영상 설명 화면은 얼굴을 보호하기 위한 개인 보호구로, 방열두건을 보여주는 장면이다.

해답 ① 고로 강판 가열로, 조괴 등의 작업
② 전로 또는 평로 등의 작업
③ 전기로의 작업

---

01 화면을 보고, 차량 정비 시 리프트를 안전하게 사용하기 위해 필요한 방호장치 5가지를 쓰시오.

동영상 설명 화면은 차량 정비를 위해 리프트로 차량을 들어 올린 작업 현장을 보여주는 장면이다.

해답 ① 과부하방지장치
② 비상정지장치
③ 권과방지장치
④ 제동장치
⑤ 조작반 잠금장치

02 프로판가스 용기를 보관하기에 부적절한 장소 3군데를 쓰시오.

동영상 설명 화면은 프로판가스 용기가 다수 보관된 저장장소를 보여주는 장면이다.

해답 ① 통풍과 환기가 충분하지 않은 장소
② 용기 저장장소 주변에서 화기를 사용하는 장소
③ 용기 저장장소 주변에 위험물, 화약류, 가연성 가스를 취급하는 장소

03 화면을 보고, 드릴작업 시 발생할 수 있는 위험요인 3가지를 쓰시오.

동영상 설명 화면은 작업자가 보안경과 안전보들 착용하지 않고 드릴작업을 하던 중, 이물질을 입으로 불거나 손으로 제거하려다 드릴에 손이 말려 들어가는 사고가 발생한 장면이디.

해답 ① 보안경을 착용하지 않고 칩을 입으로 불어 제거하였다.
② 브러시 등 칩 제거 공구를 사용하지 않고 손으로 칩을 제거하였다.
③ 드릴이 회전 중일 때 이물질을 제거하였다.

04 분진, 미스트, 흄 등의 유입을 방지하기 위한 방진마스크의 선정기준 4가지를 쓰시오.

동영상 설명 화면은 작업자가 분진, 미스트 등의 유해물질이 호흡기를 통해 체내로 유입되는 것을 방지하기 위해 방진마스크를 착용하고 있는 장면이다.

해답 ① 여과효율이 좋을 것
② 흡·배기 저항이 낮을 것
③ 사용 시 불편함이 적을 것
④ 시야가 넓을 것
⑤ 안면 밀착성이 좋을 것
⑥ 피부가 접촉하는 부분의 고무질이 좋을 것

05 화면을 보고, 터널공사에 사용되는 계측기 3가지를 쓰시오.

동영상 설명 화면은 작업자가 터널공사를 진행하는 장면이다.

해답 ① 천단침하 측정계
② 내공변위 측정계
③ 지중 및 지표침하 측정계
④ 록볼트 축력 측정계
⑤ 숏크리트 응력 측정계

06 화면을 보고, 띠톱기계 작업 시 위험요인 2가지를 쓰시오.

동영상 설명 화면은 보안경과 방진마스크를 착용하지 않은 작업자가 한 손으로 전화 통화를 하며 띠톱기계로 목재를 절단하던 중, 손이 톱에 걸려 피가 나는 장면이다.

해답 ① 띠톱기계 작업 시 한손으로 전화 통화를 하고 있다.
② 보안경을 착용하지 않았다.
③ 방진마스크를 착용하지 않았다.

07 퓨즈 교체 작업 시 발생할 수 있는 감전재해의 원인 2가지를 쓰시오.

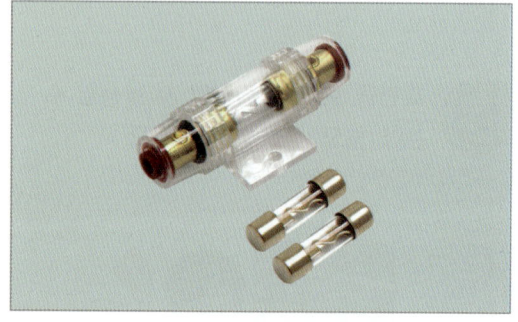

동영상 설명 화면은 작업자가 퓨즈를 교체하는 작업 중 감전사고가 발생한 장면이다.

해답 ① 전원을 차단하지 않고 퓨즈를 교체하였다.
② 절연장갑을 착용하지 않고 교체작업을 하였다.

08 화면을 보고, 롤러기의 방호장치를 설치해야 하는 위치를 3군데 쓰시오.

동영상 설명 화면은 작업자가 전원을 차단하지 않은 상태에서 작동 중인 롤러기의 이물질을 제거하던 중, 롤러에 손이 말려 들어가는 사고가 발생한 장면이다.

해답 ① 손 조작식 : 밑면으로부터 1.8m 이내
② 복부 조작식 : 밑면으로부터 0.8m 이상 1.1m 이내
③ 무릎 조작식 : 밑면으로부터 0.4m 이상 0.6m 이내

09 건설현장에서 추락 방지시설과 낙하 방지시설을 각각 3가지씩 쓰시오.

동영상 설명 화면은 추락 및 낙하 방지시설이 설치된 건설 현장을 보여주는 장면이다.

해답 (1) 추락 방지시설
　① 추락 방호망
　② 안전난간
　③ 작업 발판
(2) 낙하 방지시설
　① 낙하물 방지망
　② 수직 보호망
　③ 방호 선반

제3회

01 화면을 보고, 항타기 작업 시 감전사고의 직접적인 원인과 이를 예방하기 위한 관리적 안전대책 3가지를 쓰시오.

동영상 설명 화면은 고압선 근처에서 항타기를 이용하여 전봇대를 세우던 중, 항타기가 전로에 접촉하여 감전사고가 발생한 장면이다.

해답 (1) 직접적인 원인 : 근접 활선에 접촉
(2) 관리적인 안선대책
　① 차량 등을 충전 전로의 충전부로부터 300cm 이상 이격시키되, 대지 전압이 50kV를 넘는 경우 10kV 증가할 때마다 10cm씩 증가시킨다.
　② 노출된 충전부에 절연용 방호구를 설치하고 충전부를 절연, 격리한다.
　③ 울타리를 설치하거나 감시자를 배치하여 작업을 감시한다.
　④ 접지 등 충전 전로와 접촉할 우려가 있는 경우, 작업자가 접지점에 접촉되시 않도록 한다.

02 화면을 보고, 원심기 내부 점검 시 예상되는 위험요인 3가지를 쓰시오.

동영상 설명 화면은 원심기 덮개가 열린 상태에서 전원을 차단하지 않고 보호구를 착용하지 않은 채 내부를 점검하는 장면이다.

해답 ① 전원을 차단하지 않고 점검하였다.
② 보안경 등 보호구를 착용하지 않았다.
③ 점검 중임을 나타내는 안내 표지판과 시건장치를 설치하지 않았다.

03 크롬 도금작업 시 크롬 또는 크롬 화합물이 체내에 유입되는 경로를 3가지 쓰시오.

동영상 설명 화면은 작업자가 안전장갑과 마스크를 착용하지 않고, 물에 젖은 손으로 크롬 도금 작업을 하는 장면이다.

해답 ① 피부 접촉을 통해 흡수된다.
② 호흡기를 통해 흡수된다.
③ 입을 통해 흡수된다.

04 크롬 도금작업장에서 작업자가 착용하는 안전화와 같은 보호구를 사용 장소에 따라 분류하여 2가지를 쓰시오.

동영상 설명 화면은 고무제 안전화를 보여주는 장면이다.

해답 ① 일반용 : 일반 작업장에서 사용하는 보호구
② 내유용 : 탄화수소류의 윤활유 등을 취급하는 작업장에서 사용하는 보호구

05 화면을 보고, 증기 배관작업 시 발생할 수 있는 핵심 위험요인 2가지를 쓰시오.

동영상 설명 화면은 작업자가 장갑과 보안경 없이 안전모만 착용한 상태로, 수공구를 사용하여 증기배관 보수작업을 하는 장면이다.

해답 ① 배관 보수작업 이전에 배관 내 증기를 제거하지 않아 작업 중 증기가 노출될 위험이 있다.
② 방열장갑과 보안경을 착용하지 않아 배관 보수 중 고온의 배관이나 증기에 의한 화상 위험이 있다.

06 화면을 보고, 절단작업 시 작업자의 불안전한 행동 3가지를 쓰고, 착용해야 할 개인 보호구를 쓰시오.

동영상 설명 화면은 작업자가 물을 절삭유처럼 사용하며 대리석 절단작업을 하는 모습을 보여 준다. 작업 중 막대로 수압 조절밸브를 두드리며 조절하고, 작동 중인 절단기 위로 이동한다. 이 과정에서 한쪽 날이 정지하자, 다른 쪽 날이 작동 중인 상태에서 손으로 점검하려다 재해가 발생한 장면이다.

해답 (1) 위험요인
① 절단기를 정지시키지 않고 점검하여, 날에 손이 닿아 부상을 입을 위험이

있다.
② 작동 중인 절단기 위로 이동할 때 미끄러져 다칠 위험이 있다.
③ 보안경을 착용하지 않아 눈에 파편이 튈 위험이 있다.
(2) 개인 보호구
① 보안경
② 안전장갑
③ 안전화
④ 방진마스크

07 화면을 보고, 이 사고의 가해물을 쓰고, 와이어로프를 안전하게 풀어내는 작업 방법 2가지를 쓰시오.

동영상 설명 화면은 형강이 쌓여 있는 작업장에서 형강을 고정한 줄걸이 와이어로프를 풀어내는 작업을 하던 중, 형강이 무너지면서 형강 사이에 작업자의 발이 끼이는 사고가 발생한 장면이다.

해답 (1) 가해물 : 형강
(2) 작업방법
① 받침대를 형강 사이에 넣어 형강이 무너지지 않게 한다.
② 2인 동시 작업의 경우 작업자 2명이 동시에 형강을 들어 와이어를 빼낸다.

08 화면을 보고, 낙하물 방지망 또는 방호선반의 안전한 설치 기준을 쓰시오.

동영상 설명 화면은 건물 외부에 낙하물 방지망이 설치된 모습을 보여주는 장면이다.

해답 ① 높이 10m 이내마다 설치하고, 내민 길이는 벽면으로부터 2m 이상으로 한다.
② 수평면과의 각도는 20~30° 이하로 유지한다.

09 밀폐공간에서 질식사고의 위험에 대비하기 위해 갖추어야 할 비상시 피난용구 4가지를 쓰시오.

동영상 설명 화면은 작업자가 슬러지 제거작업을 하기 위해 선박의 밸러스트 탱크 내부로 내려가는 장면이다.

해답 ① 안전대 ② 사다리
③ 구명밧줄 ④ 섬유로프
⑤ 공기호흡기 ⑥ 송기마스크

기출문제를
재구성한 **작업형** 실전문제 **5**

제1회

01 화면을 보고, 섬유기계 작업 시 핵심 위험요인 2가지를 쓰시오.

동영상 설명 화면은 작업자가 장갑을 착용하고 섬유기계 작업을 하던 중, 실이 끊어지면서 기계가 멈추자 회전 부품을 점검하다가, 기계가 갑자기 작동하여 작업자의 손이 회전체에 끼이는 사고가 발생한 장면이다.

해답 ① 전원을 차단하지 않고 섬유기계를 점검하였다.
② 장갑을 착용하고 섬유기계를 점검하였다.

02 사업주는 작업자가 화학설비로 허가대상 유해물질을 제조 또는 사용할 때 작업수칙을 마련하고, 이를 작업 전 작업자에게 알려야 한다. 이때 작업수칙에 포함해야 할 사항 5가지를 쓰시오.

동영상 설명 화면은 화학설비로 허가대상 유해물질을 제조 및 사용하는 작업 장면이다.

해답 ① 밸브, 콕 등의 조작
② 냉각장치, 가열장치, 교반장치 및 압축장치의 조작
③ 계측장치와 제어장치의 감시 및 조정
④ 안전밸브, 긴급 차단장치, 자동 경보장치 및 기타 안전장치의 조정
⑤ 뚜껑, 플랜지, 밸브 및 콕 등 접합부의 누설 여부 점검
⑥ 시료의 채취 및 해당 작업에 사용된 기구 등의 처리
⑦ 이상 상황이 발생한 경우의 응급조치
⑧ 보호구의 사용, 점검, 보관 및 청소
⑨ 허가대상 유해물질을 용기에 넣거나 꺼내는 작업 또는 반응조 등에 투입하는 작업

03 화학약품을 맨손으로 다룰 경우 유해물질이 작업자의 인체로 흡수되는 경로 3가지를 쓰시오.

동영상 설명 화면은 실험실에서 작업자가 화학약품을 맨손으로 다루고 있는 장면이다.

해답 ① 피부 접촉을 통해 흡수된다.
② 호흡기를 통해 흡수된다.
③ 입을 통해 흡수된다.

04 건물 해체작업 시 작업자의 안전을 확보하기 위해 필요한 안전대책 3기지를 쓰시오.

동영상 설명 화면은 건물 해체작업이 진행되고 있는 장면이다.

해답 ① 작업구역 내에는 관계자 외 출입을 금지한다.
② 강풍, 폭우, 폭설 등 악천후 시 작업을 중지한다.
③ 신호방법을 미리 정하고, 신호수의 신호에 따라 작업을 진행한다.
④ 해체작업 시 적절한 위치에 대피소를 설치한다.

05 화면을 보고, 컨베이어 작업 시 재해요인 2가지와 재해발생 시 조치사항을 쓰시오.

동영상 설명 화면은 경사용 컨베이어가 작동 중인 상태에서 작업자 2명이 포대를 올리는 작업 장면이다. 아래쪽 작업자가 포대를 올리고, 위쪽 작업자가 위치를 정리하던 중, 삐뚤게 놓인 포대에 발을 부딪혀 작업자가 넘어지면서 기계 하단 롤러에 팔이 말려 들어가는 사고가 발생하였다.

해답 (1) 재해 요인
① 덮개 또는 울과 같은 안전장치가 설치되지 않았다.
② 작업자가 위험한 위치에 있다.
(2) 재해 발생 시 조치사항 : 컨베이어의 비상정지장치를 작동시킨다.

06 화면을 보고, 재해 방지를 위해 건설용 리프트에 설치해야 할 방호장치 4가지를 쓰시오.

동영상 설명 화면은 작업자가 건설용 리프트의 안전상태를 점검하던 중, 점검 중이던 리프트가 갑자기 움직여 작업자가 끼이는 사고가 발생한 장면이다.

해답 ① 과부하방지장치
② 권과방지장치
③ 비상정지장치
④ 제동장치

07 화면을 보고, 인쇄윤전기 작업 시 기계의 운동 형태에 따라 위험점을 분류할 때, 이 상황의 위험점과 그 형성조건을 쓰시오.

동영상 설명 화면은 인쇄윤전기의 회전하는 2개의 롤러 사이에 작업자의 손이 물려 들어가는 사고가 발생한 장면이다.

해답 ① 위험점 : 물림점
② 위험점의 형성조건 : 2개의 롤러가 서로 반대 방향으로 맞물려 회전할 때 형성된다.

08 화면을 보고, 배전반 작업 중 발생할 수 있는 재해의 발생유형과 그 정의를 쓰시오.

동영상 설명 화면은 1만 볼트의 고압이 인가된 배전반 작업 중 실수로 활선 전로에 접촉되어 감전사고가 발생한 장면이다.

해답 ① 재해의 발생 유형 : 감전(전류 접촉)
② 감전의 정의 : 인체의 전체 또는 일부에 전류가 흐르는 현상

참고 배전반 패널작업 시 안전수칙
① 작업 전에 정전작업을 실시한다.
② 안전장갑 등 개인 보호구를 착용한다.
③ 관계자 외에는 전기 기계·기구의 조작을 금지한다.

09 화면을 보고, 브레이크 라이닝 작업자가 반드시 착용해야 할 보호구의 종류 3가지를 쓰시오.

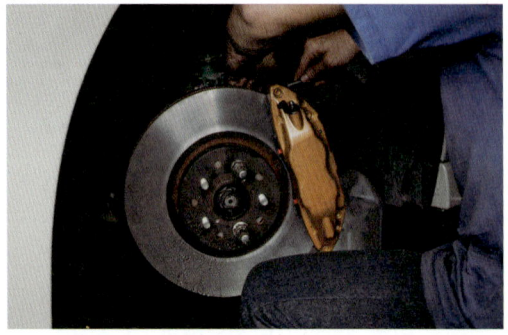

동영상 설명 화면은 작업자가 방진마스크와 보안경을 착용한 상태에서 평상복을 입고 맨손으로 자동차 브레이크 라이닝의 이물질을 세척하는 장면이다.

해답 ① 보안경
② 불침투성 보호복
③ 화학물질용 안전화
④ 화학물질용 안전장갑
⑤ 유기화합물용 방독마스크

제2회

01 화면을 보고, 선반작업 시 안전수칙을 준수하지 않을 경우 발생할 수 있는 재해요인 2가지를 쓰고, 화면에 나타난 사고의 위험점을 쓰시오.

동영상 설명 화면은 작업자가 선반작업 중 손으로 샌드페이퍼를 사용하면서 작업에 집중하지 않고 다른 곳을 보고 있는 장면이다.

해답 ⑴ 재해요인
① 선반의 회전하는 공작물에 손으로 샌드페이퍼 작업을 하여 손이 말려 들어갈 위험이 있다.
② 작업에 집중하지 않고 다른 곳을 보고 있어 손이 회전부에 끼일 위험이 있다.
③ 작업 중 적절한 보호구를 착용하지 않아 공작물의 파편에 의한 부상의 위험이 있다.
⑵ 위험점 : 회전 말림점

02 화면을 보고, 재해의 발생원인 3가지를 쓰시오.

동영상 설명 화면은 승강기 피트에서 작업자가 안전대를 사용하지 않고 안전난간과 추락 방호망도 설치하지 않은 상태에서, 나무 패널로 만든 불안정한 작업 발판 위에서 망치로 안전핀을 제거하다가 추락사고가 발생한 장면이다.

해답 ① 작업 발판이 불안정한 나무 패널로 설치되어 있다.
② 작업자가 안전난간 및 안전대 등 안전장치를 사용하지 않고 작업하였다.
③ 추락 방호망을 설치하지 않은 상태에서 작업하였다.

03 화면에 보이는 가스 누설 감지경보기의 설치 위치와 설정값을 쓰시오.

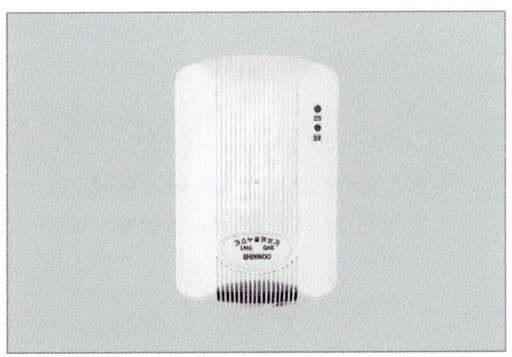

동영상 설명 화면은 가스 누설이 우려되는 장소에 가스 누설 감지경보기를 설치한 장면이다.

해답 ① 설치 위치 : LPG는 공기보다 무겁기 때문에 바닥에 인접한 낮은 곳에 설치한다.
② 설정값 : 가스 누설 감지경보기의 설정값은 일반적으로 폭발하한계(LEL)의 20~25%에 해당하는 농도로 설정된다.

04 화면을 보고, 인화성 가스로 인한 폭발 또는 화재 위험을 사전에 파악하기 위해 필요한 장치와 작업시작 전 점검사항 3가지를 쓰시오.

동영상 설명 화면은 인화성 가스가 존재하여 폭발 또는 화재발생 위험이 있는 징소에서 티널 건설공사가 진행되는 장면이다.

해답 (1) 필요한 장치 : 자동경보장치
(2) 작업시작 전 점검사항
① 계기의 이상 유무
② 감지장치의 이상 유무
③ 경보장치의 작동 상태

05 화면을 보고, 공기 압축기 작업 시 작업자가 착용해야 할 보호구 3가지를 쓰시오.

동영상 설명 화면은 작업자가 보호구를 착용하지 않고 전원 개폐기함 근처에서 공기 압축기를 사용하여 먼지를 청소하는 장면이다.

해답 ① 방진마스크
② 보안경
③ 내전압용 절연장갑

06 화면을 보고, 전기 형강작업 시 감전 위험요인에 대한 안전대책 3가지를 쓰시오.

동영상 설명 화면은 작업자가 전봇대에서 전기 형강작업을 하던 중, 감전사고가 발생한 장면이다.

해답 ① 작업자세 및 상태를 바르게 유지하고, 안전수칙을 준수한다.
② 절연장갑 등 절연용 보호구를 착용한다.
③ U자 걸이용 안전대를 착용한다.
④ COS 고정상태를 확인한다.

07 화면을 보고, 사고의 발생원인과 사고 방지를 위한 안전대책을 각각 2가지씩 쓰시오.

동영상 설명 화면은 작업자가 창고 지붕 패널 설치작업을 하던 중, 부주의로 실족하여 추락하는 사고가 발생한 장면이다.

해답 (1) 사고의 발생원인
① 추락 방호망을 설치하지 않았다.
② 작업 발판 설치가 불량하다.
③ 개인 보호구(안전대)를 착용하지 않았다.
④ 안전대를 부착할 수 있는 설비가 설치되지 않았다.
(2) 안전대책
① 추락 방호망을 설치한다.
② 작업 발판을 제대로 설치한다.
③ 안전대 부착 설비에 안전대를 걸고 작업한다.
④ 안전난간을 설치한다.

08 화면을 보고, 지게차 작업 시 발생한 재해의 발생요인 3가지를 쓰시오.

동영상 설명　화면은 지게차 운전자가 화물을 로프로 결박하지 않고 높게 적재하여 시야가 가려진 상태로 운반하던 중, 통로에서 작업 중이던 작업자와 충돌하는 사고가 발생한 장면이다.

해답　① 화물을 과적하여 운전자의 시야가 가려지므로 다른 작업자가 다칠 위험이 있다.
② 화물을 불안정하게 적재하여 화물이 떨어지므로 다른 작업자가 다칠 위험이 있다.
③ 다른 작업사가 작업 통로에서 작업하고 있어 다칠 위험이 있다.

09 석면이 함유된 건축물 해체작업 시 석면 분진의 발산과 작업자의 오염을 방지하기 위해 정해야 할 작업수칙 5가지를 쓰시오.

동영상 설명　화면은 석면이 함유된 건축물 해체 작업을 하는 장면이다.

해답　① 진공청소기 등을 이용한 작업장 바닥의 청소방법
② 용기에 석면을 넣거나 꺼내는 작업방법
③ 석면을 담은 용기의 운반방법
④ 여과집진방식 집진장치의 여과재 교환방법
⑤ 해당 작업에 사용된 용기 등의 처리방법
⑥ 이상 상태가 발생한 경우의 응급 조치
⑦ 보호구의 사용, 점검, 보관 및 정소빙법
⑧ 작업자의 왕래와 외부 기류 또는 기계 진동 등에 의한 분진의 흩날림을 방지하기 위한 소치
⑨ 분진이 쌓일 염려가 있는 깔개 등을 작업장 바닥에 방치하는 행위를 방지하기 위한 조치

제3회

01 화면을 보고, 에어컴프레서로 기계설비를 청소할 경우 작업자가 착용해야 할 보호구 2가지를 쓰시오.

동영상 설명 화면은 작업자가 눈 보호구를 착용하지 않고 에어컴프레서로 기계설비를 청소하던 중, 먼지가 튀어 눈에 들어가는 사고가 발생한 장면이다.

해답 ① 보안경
② 방진마스크

02 황산 취급 시 체내에 황산이 유입될 수 있는 경로 3가지를 쓰시오.

동영상 설명 화면은 작업자가 마스크를 착용하지 않고 맨손으로 황산을 비커에 따르는 장면이다.

해답 ① 피부 접촉을 통해 흡수된다.
② 호흡기를 통해 흡수된다.
③ 입을 통해 흡수된다.

03 내수성 안전화의 종류 중 물체의 낙하, 충격 또는 날카로운 물체에 의한 찔림과 같은 위험으로부터 발을 보호하고, 고압 감전 방지와 방수 기능을 겸비한 안전화의 종류 2가지를 쓰시오.

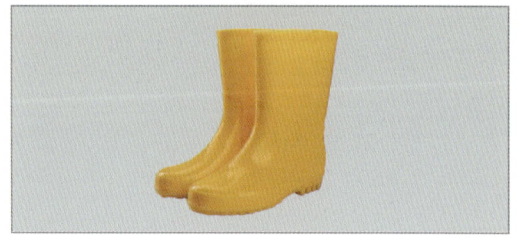

동영상 설명 화면에서는 여러 가지 안전화를 보여준다.

해답 ① 고무제 안전화
② 절연장화

04 공기의 적정상태를 유지하기 위해 설치해야 하는 설비 2가지를 쓰시오.

동영상 설명 화면은 공기의 청정상태를 유지하기 위한 환풍장치를 보여주는 장면이다.

해답 ① 전체환기장치
② 국소배기장치

05 화면을 보고, 가스용접 작업 시 위험요인 2가지를 쓰시오.

동영상 설명 화면은 직업자가 보안경과 안전보호구를 착용하지 않고 가스용접으로 철판 절단작업을 하던 중, 먼 거리에서 무리하게 용접을 시도하다가 호스가 가스통에서 분리되어 용접 불꽃에 접촉하면서 폭발사고가 발생한 장면이다.

해답 ① 호스가 가스통에서 분리되어 용접 불꽃에 접촉하면서 폭발이 발생할 위험이 있다.
② 보호구(보안경)를 착용하지 않아 재해가 발생할 위험이 있다.

06 화면을 보고, 항타기와 항발기 작업 시 감전 위험을 방지하기 위한 조치사항 3가지를 쓰시오.

동영상 설명 화면은 충전 전로 근처에서 항타기와 항발기를 이용하여 전봇대를 세우던 중, 인접한 활선 진로에 접촉하여 스파크가 발생한 장면이다.

해답 ① 차량 등을 충전 진로의 충전부로부터 300cm 이상 이격시키되, 대지 전압이 50kV를 넘는 경우에는 10kV가 증가할 때마다 이격거리를 10cm씩 증가시킨다.
② 노출된 충전부에 절연용 방호구를 설치하고 충전부를 절연, 격리한다.
③ 울타리를 설치하거나 감시인을 두고 작업을 감시하도록 한다.
④ 접지 등 충전 전로와 접촉할 우려가 있는 경우, 작업자가 접지점에 접촉되지 않도록 한다.

07 타워크레인 작업 시 와이어로프를 사용할 경우 금지해야 할 조건 4가지를 쓰시오.

동영상 설명 화면은 타워크레인을 이용하여 자재를 운반하는 작업 장면이다.

해답 ① 이음매가 있는 것
② 꼬이거나 변형되거나 부식된 것
③ 열과 전기충격에 의해 손상된 것
④ 와이어로프의 한 꼬임에서 끊어진 소선의 수가 10% 이상인 것
⑤ 지름이 공칭 지름에서 7% 초과하여 감소한 것

08 화면을 보고, 배전반 작업 시 발생한 감전사고의 유형과 가해물을 쓰시오.

동영상 설명 화면은 작업자가 전원을 차단하지 않은 상태에서 배전반의 볼트를 조이던 중, 감전사고가 발생한 장면이다.

해답 ① 사고 유형 : 감전
② 가해물 : 전기

09 녹색 정화통(흡수관)의 주요 성분과 방독마스크의 종류를 쓰시오.

동영상 설명 화면은 방독마스크를 착용하고 작업하는 작업자의 모습을 보여주는 장면이다.

해답 ① 큐프라마이트
② 암모니아용 방독마스크
참고 녹색 정화통

기출문제를
재구성한 **작업형** 실전문제 **6**

제1회

01 화면을 보고, 유해물질이 인체에 흡수되는 경로 3가지를 쓰시오.

동영상 설명 화면은 작업자가 유해물질을 맨손으로 다루고 있는 장면이다.

해답 ① 피부 접촉을 통해 흡수된다.
② 호흡기를 통해 흡수된다.
③ 입을 통해 흡수된다.

02 화면을 보고, 선반작업 시 재해 위험점과 그 정의를 쓰시오.

동영상 설명 화면은 작업자가 안전모와 면장갑을 착용하고 선반작업을 하던 중, 회전하는 축에 면장갑과 작업복이 말려 들어가는 사고가 발생한 장면이다.

해답 ① 위험점 : 회전 말림점
② 회전 말림점의 정의 : 회전하는 축에 작업복 등이 말려 들어가면서 발생하는 위험점

03 건물 해체공사 시 해체장비와 해체건물 사이의 이격거리, 그리고 작업자와 해체장비 사이의 이격거리를 쓰시오. (단, 해체물의 높이는 7 m이다.)

동영상 설명 화면은 건물 해체공사가 진행되고 있는 장면이다.

해답 ① 해체장비와 해체건물 사이 : 해체물 높이×0.5 = 7×0.5 = 3.5 m 이상
② 작업자와 해체장비 사이 : 4 m

04 화면을 보고, 이동식 크레인 작업 시 재해의 발생형태와 가해물을 쓰고, 전기작업 시 착용해야 할 안전모의 종류 2가지를 쓰시오.

동영상 설명 화면은 이동식 크레인을 이용하여 전봇대를 옮기는 작업 중, 전봇대가 흔들리며 작업자에게 부딪히는 사고가 발생한 장면이다.

해답 (1) 재해 발생형태 : 맞음
(2) 가해물 : 전봇대
(3) 착용해야 할 안전모의 종류
① AE형
② ABE형

05 프레스에 사용할 수 있는 유효한 방호장치 4가지를 쓰시오.

동영상 설명 화면은 급정지기구가 부착되지 않은 프레스에 금속판을 밀어 넣는 과정에서 손 끼임 사고가 발생한 장면이다.

해답 ① 양수기동식 방호장치
② 게이트 가드 방호장치
③ 수인식 방호장치
④ 손쳐내기식 방호장치

06 화면을 보고, 컨베이어 작업 시 재해 위험요인 2가지를 쓰시오.

동영상 설명 화면은 컨베이어가 가동 중인 상태에서 작업자가 컨베이어 상부의 모서리를 딛고 전등을 교체하던 중, 바닥으로 추락하는 사고가 발생한 장면이다.

해답 ① 작업자가 가동 중인 컨베이어 상부의 모서리를 딛고 서서 전등을 교체하였다.
② 전원을 차단하지 않고 전등을 교체하였다.
③ 컨베이어가 가동 중이므로 전도(넘어짐) 위험이 있다.

07 화면을 보고, 배전반 패널작업에 관하여 다음에 대해 쓰시오.

(1) 작업 중 발생할 수 있는 재해유형과 정의
(2) 작업자가 착용해야 할 보호구(3가지)
(3) 사고유형, 기인물, 가해물
(4) 안전수칙(3가지)

동영상 설명 화면은 1만 볼트의 고압이 인가된 배전반 패널작업 중 감전사고가 발생한 장면이다.

해답 (1) ① 재해유형 : 감전
② 감전의 정의 : 인체의 전체 또는 일부에 전류가 흐르는 현상
(2) ① 절연장갑
② 절연화
③ 절연안전모
(3) ① 사고유형 : 감전
② 기인물 : 배전반
③ 가해물 : 전기(전류)
(4) ① 작업 전에 정전작업을 실시한다.
② 안전장갑 등 개인 보호구를 착용한다.
③ 관계자 외에는 전기 기계·기구의 조작을 금지한다.
④ 관리자는 작업자에게 안전교육을 시행한다.
⑤ 사고 발생 시 처리 매뉴얼을 작성한다.

08 공기 중에 메탄 50vol%, 에탄 30vol%, 프로판 20vol%가 혼합된 혼합가스의 공기 중 폭발하한계를 계산하시오. (단, 메탄, 에탄, 프로판의 폭발하한계는 각각 5.0vol%, 3.0vol%, 2.1vol%이다.)

동영상 설명 화면은 공기 중에 메탄 50vol%, 에탄 30vol%, 프로판 20vol%가 혼합되어 폭발이 발생한 장면이다.

풀이 폭발하한계 $L = \dfrac{100}{\dfrac{V_1}{L_1} + \dfrac{V_2}{L_2} + \dfrac{V_3}{L_3}}$

$= \dfrac{100}{\dfrac{50}{5} + \dfrac{30}{3} + \dfrac{20}{2.1}} ≒ 3.39\,\text{vol}\%$

해답 $3.39\,\text{vol}\%$

09 화학약품으로 브레이크 라이닝 세척작업을 할 경우 착용해야 할 보호구 3가지를 쓰시오.

동영상 설명 화면은 작업자가 화학약품으로 브레이크 라이닝 세척작업을 하는 장면이다.

해답 ① 보안경
② 불침투성 보호복
③ 화학물질용 안전화
④ 화학물질용 안전장갑
⑤ 유기화합물용 방독마스크

제2회

01 터널 발파작업 시 준수해야 할 사항 3가지를 쓰고, 발파작업장에 접근할 수 있는 시간은 발파 후 몇 분이 경과한 후인지 쓰시오.

동영상 설명 화면은 터널에서 화약을 활용한 발파작업을 하는 장면이다.

해답 (1) 발파작업 시 준수해야 할 사항
① 장전구는 마찰, 충격, 정전기 등에 의한 폭발 위험이 없는 안전한 것을 사용한다.
② 발파공의 충진재료는 점토, 모래 등 발화 위험이 없는 재료를 사용한다.
③ 화약이나 폭약을 장전할 때 그 부근에서 화기를 사용하지 않도록 한다.
④ 얼어붙은 다이너마이트는 화기에 접근시키지 않도록 주의한다.
(2) 발파 후 접근할 수 있는 시간
① 전기뇌관에 의한 경우 : 5분 이상
② 전기뇌관 외의 경우 : 15분 이상

02 화면을 보고, 엘리베이터 바닥 피트 점검작업 시 지켜야 할 안전수칙 3가지를 쓰시오.

동영상 설명 화면은 작업 감시자가 배치되지 않은 상태에서 작업자가 엘리베이터 바닥 피트를 점검하고 있는 장면이다.

해답 ① 작업 중임을 알리는 안전 표지판을 설치한다.
② 작업 감시자를 배치하여 작업을 감시한다.
③ 작업에 필요한 안전 보호구를 착용한다.

03 저장소에서 수소를 취급할 때 발생할 수 있는 위험요인 2가지를 쓰시오.

동영상 설명 화면은 방폭형 전원 스위치가 설치되어 있고, 환풍기가 작동하지 않는 주황색 가스 용기 저장소를 보여주는 장면이다.

해답 ① 수소가스는 폭발범위가 넓어 폭발 위험성이 크다.
② 수소가스는 연소 시 발열량이 크다.

04 이동식 비계 위에서 작업할 경우 위험요인 2가지를 쓰시오.

동영상 설명 화면은 안전난간이 없는 이동식 비계에서 작업자가 목재 작업 발판 위에서 작업하던 중, 비계가 흔들려 추락하는 장면이다.

해답 ① 작업 발판이 불량하여 추락할 위험이 있다.
② 안전난간이 설치되지 않아 추락할 위험이 있다.
③ 바퀴를 고정하지 않으면 비계가 흔들릴 위험이 있다.

05 화면을 보고, 선반작업의 위험점과 그 정의를 쓰시오.

동영상 설명 화면은 작업자가 선반에서 회전하는 공작물에 샌드페이퍼를 감아 손으로 잡고 작업하던 중, 손이 말려 들어가는 사고가 발생한 장면이다.

해답 ① 위험점 : 회전 말림점
② 회전 말림점의 정의 : 회전하는 공작물에 손이나 물체가 말려 들어가면서 발생하는 위험점

06 화면을 보고, 전기 형강작업 시 작업자가 착용해야 할 보호구 2가지를 쓰시오.

동영상 설명 화면은 전기 형강작업 중 감전사고가 발생한 장면이다.

해답 ① 절연안전모
② 절연장갑
③ 안전대
④ 절연화

07 화면을 보고, 감전사고의 발생원인 3가지를 쓰시오.

동영상 설명 화면은 A 작업자가 절연장갑을 착용하지 않고 슬리퍼를 신은 상태에서, 밖에 있는 B 작업자에게 전원을 투입하라는 신호를 보낸 뒤 측정을 완료하고, 다시 전원을 차단하라는 신호를 보낸 뒤 측정기기를 철거하던 중 감전사고가 발생한 장면이다.

해답 ① 작업자가 절연용 보호구를 착용하지 않았다.
② 작업자 간 신호전달이 제대로 이루어지지 않았다.
③ 작업자의 안전 확인이 미흡했다.
④ 활선 및 정전상태를 확인하지 않고 작업을 진행하였다.

08 화면을 보고, 추락사고의 원인 3가지와 이를 방지하기 위한 안전대책 3가지를 각각 쓰시오.

동영상 설명 화면은 작업자가 건설공사 현장에서 작업 발판이 설치되지 않은 구역을 통과하던 중, 추락사고가 발생한 장면이다.

해답 (1) 추락사고의 원인
　　① 작업 발판 미설치
　　② 작업자 안전대 미착용
　　③ 안전난간 미설치
　　④ 추락 방호망 미설치
　　⑤ 삭업장 징리정돈 불량
　(2) 안전대책
　　① 작업 발판 설치
　　② 작업자 안전대 착용
　　③ 안전난간 설치
　　④ 추락 방호망 설치
　　⑤ 작업장 정리정돈 철저

09 화면을 보고, 석면작업 시 위험요인과 발생할 수 있는 질병 3가지를 쓰시오.

동영상 설명 화면은 작업자가 일반 마스크를 착용한 상태에서 석면작업을 하는 장면이다.

해답 (1) 위험요인 : 작업자가 석면용 방진마스크를 착용하지 않아 석면 분진이 체내로 흡입될 위험이 있다.
　(2) 질병
　　① 악성중피종
　　② 석면폐증
　　③ 폐암

제3회

01 산업용 로봇의 오작동 방지를 위한 작업지침에 포함해야 할 사항 3가지를 쓰시오.

동영상 설명 화면은 작업자가 산업용 로봇의 작동범위 내에서 교시작업을 하며, 로봇의 오작동으로 인한 위험방지를 위해 작업지침을 설정하여 작업하는 장면이다.

해답 ① 로봇의 조작방법 및 순서
② 작업 중 매니퓰레이터의 속도
③ 2인 이상 작업자가 작업할 때의 신호방법
④ 이상이 발생했을 때의 조치 및 로봇의 운전을 정지시킨 후 재가동할 때의 절차
⑤ 로봇의 예기치 못한 작동 또는 오작동에 의한 위험을 방지하기 위한 조치

02 안전인증 대상 안전화의 종류 5가지를 쓰시오.

동영상 설명 화면은 안전화를 보여주는 장면이다.

해답 ① 가죽제 안전화
② 고무제 안전화
③ 절연화
④ 절연장화
⑤ 정전기 안전화
⑥ 발등 보호 안전화
⑦ 화학물질용 안전화

03 화면을 보고, 재해의 발생형태와 그 정의를 쓰고, 작업자가 착용해야 하는 화학물질용 개인 보호구 4가지를 쓰시오.

동영상 설명 화면은 작업자가 집게를 이용하여 비커에 담긴 황산을 옮기던 중, 비커를 떨어뜨려 황산이 튀는 사고가 발생한 장면이다.

해답 (1) 재해의 발생형태 : 황산의 노출·접촉
(2) 황산의 노출·접촉의 정의 : 황산에 노출되거나 접촉 또는 흡입하는 경우
(3) 개인 보호구
① 보호복
② 안전장갑
③ 보안경
④ 안전화
⑤ 방독마스크

04 화면을 보고, 사출성형기에 낀 이물질 제거 시 재해를 방지하기 위한 대책 3가지를 쓰시오.

동영상 설명　화면은 작업자가 개인 보호구를 착용하지 않고 사출성형기에 낀 이물질을 제거하던 중, 감전 사고가 발생한 장면이다.

해답　① 사출성형기의 내부에 끼인 이물질을 제거할 때는 반드시 전원을 차단해야 한다.
② 작업자는 절연용 보호구를 착용해야 한다.
③ 이물질을 제거할 때는 전용 공구를 사용해야 한다.
④ 사출성형기 충전부에는 방호조치를 실시해야 한다.

05 화면을 보고, 석면작업 시 위험요인과 발생할 수 있는 질병 3가지를 쓰시오.

동영상 설명　화면은 작업자가 일반 마스크를 착용한 상태에서 석면작업을 하는 장면이다.

해답　(1) 위험요인 : 작업자가 석면용 방진마스크를 착용하지 않아 석면 분진이 체내로 흡입될 위험이 있다.
(2) 질병
① 악성중피종
② 석면폐증
③ 폐암

06 화면을 보고, 용접작업 시 작업자 측면의 위험요인과 작업현장 측면의 위험요인을 각각 쓰시오.

동영상 설명　화면은 작업장 주변에 인화성 물질이 있는 상태에서 작업자가 양손으로 탱크 용접작업을 하는 장면이다.

해답　① 작업자 측면 : 작업자 혼자 양손으로 용접작업을 진행하면서 주변 상황을 제대로 파악하기 어려워 위험이 존재한다.
② 작업현장 측면 : 작업장 주변에 인화성 물질이 있어 화재의 위험이 크다.

07 용접작업 시 눈과 감전 및 화상의 위험으로부터 작업자를 보호하기 위해 착용해야 할 보호구를 쓰시오.

동영상 설명 화면은 작업자가 교류아크용접작업을 하고 있는 장면이다.

해답 ① 눈 보호 : 차광 보호구
② 감전 및 화상 방지 : 가죽 장갑, 앞치마, 각반, 안전화
참고 눈 보호 : 아크에서 발생하는 가시광선, 적외선, 자외선에 의한 눈 손상을 방지하기 위해 차광 보호구를 착용해야 한다.

08 철골작업 시 기상 조건에 따라 안전을 위해 작업을 중지해야 하는 기준 3가지를 쓰시오.

동영상 설명 화면은 악천후 속에서 타워크레인을 이용하여 철골작업을 진행하는 장면이다.

해답 ① 풍속이 초당 10 m 이상인 경우
② 강우량이 시간당 1 mm 이상인 경우
③ 강설량이 시간당 1 cm 이상인 경우

09 화면을 보고, 보호구의 명칭과 파과 농도를 쓰시오. (단, 시험 가스는 아황산가스이다.)

동영상 설명 화면은 노란색 정화통과 방독마스크를 보여주는 장면이다.

해답 ① 보호구 명칭 : 아황산가스용
② 파과 농도 : 5 ppm
참고 노란색 정화통

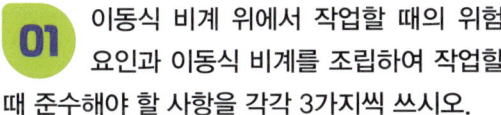

기출문제를
재구성한 **작업형 실전문제 7**

제1회

01 이동식 비계 위에서 작업할 때의 위험 요인과 이동식 비계를 조립하여 작업할 때 준수해야 할 사항을 각각 3가지씩 쓰시오.

동영상 설명 화면은 작업자가 이동식 비계 위에서 작업하는 장면이다.

해답 (1) 위험요인
① 바퀴를 고정하지 않으면 추락의 위험이 있다.
② 작업 발판이 부실하면 추락의 위험이 있다.
③ 안전난간이 설치되지 않으면 추락의 위험이 있다.
(2) 준수해야 할 사항
① 승강용 사다리는 견고하게 설치한다.
② 비계의 최상부에서 작업하는 경우에는 안전난간을 설치한다.
③ 작업 발판의 최대적재하중은 250kg을 초과하지 않도록 한다.

④ 작업 발판은 항상 수평을 유지하고, 작업 발판 위에서 안전난간을 딛거나 받침대 또는 사다리를 사용하여 작업하지 않도록 한다.
⑤ 이동식 비계의 바퀴는 뜻밖의 갑작스러운 이동이나 전도를 방지하기 위해 브레이크, 쐐기 등으로 고정한 다음, 비계의 일부를 견고한 시설물에 고정하거나 아웃트리거를 설치한다.

02 안전인증 대상 안전모의 종류와 용도에 대해 쓰시오.

동영상 설명 화면은 개인 보호구인 안전모를 보여주는 장면이다.

해답 ① AB형 : 물체의 낙하, 비래, 추락으로 인한 위험을 방지하거나 줄이기 위한 안전모(비내전압성)
② AE형 : 물체의 낙하, 비래로 인한 위험을 방지하거나 줄이며, 머리 부위의 감전 위험을 방지하기 위한 안전모(내전압성)
③ ABE형 : 물체의 낙하, 비래, 추락으로 인한 위험을 방지하거나 줄이며, 머리 부위의 감전 위험을 방지하기 위한 안전모(내전압성)

03 밀폐공간에서 불활성화(퍼지)를 수행하는 목적 3가지를 쓰시오.

동영상 설명 화면은 밀폐공간에서 슬러지 제거작업을 하는 장면이다.

해답 ① 산소결핍 예방
② 중독사고 예방
③ 화재 및 폭발사고 예방

참고 ① 산소결핍 예방 : 불활성 가스를 사용하여 밀폐공간 내 산소농도를 조절한다.
② 중독사고 예방 : 독성 가스를 제거하거나 농도를 낮춰 작업자의 중독을 방지한다.
③ 화재 및 폭발사고 예방 : 가연성 또는 지연성 가스를 제거하여 화재 및 폭발 위험을 줄인다.

04 화면을 보고, 슬라이스 기계 작업 시 재해 발생 위험점과 그 정의를 쓰시오.

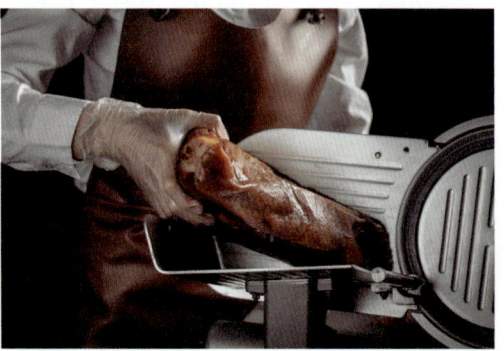

동영상 설명 화면은 슬라이스 기계로 고기를 써는 작업 중, 고장으로 멈춘 기계를 점검하기 위해 전원을 차단하지 않은 상태에서 고기를 꺼내려던 순간, 갑자기 기계가 작동하여 사고가 발생한 장면이다.

해답 ① 위험점 : 절단점
② 절단점의 정의 : 회전운동을 하는 부분 자체의 위험이나 운동하는 기계 부분 자체의 위험에서 발생하는 위험점

05 화면을 보고, 슬라이스 기계 작업 시 위험 예지 포인트 2가지를 쓰시오.

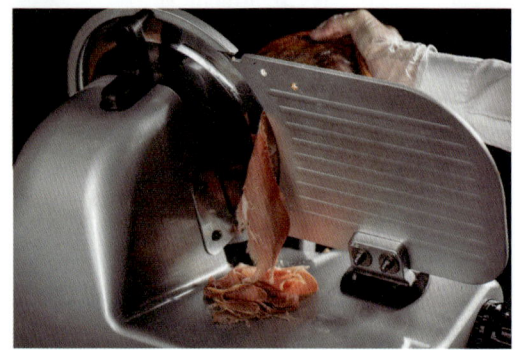

동영상 설명 화면은 슬라이스 기계로 고기를 써는 작업 중, 고장으로 멈춘 기계를 점검하기 위해 전원을 차단하지 않은 상태에서 고기를 꺼내려던 순간, 기계가 다시 작동하여 사고가 발생한 장면이다.

해답 ① 전원을 차단하지 않고 슬라이스 기계를 점검하여 기계가 갑자기 작동할 위험이 있다.
② 인터록 장치가 설치되어 있지 않아 기계가 갑자기 작동할 위험이 있다.
③ 고기를 손으로 제거하려다가 손이 기계에 끼일 위험이 있다.

06 화면을 보고, 감전사고의 예방대책 3가지를 쓰시오.

동영상 설명 화면은 작업자가 통로 바닥에 있는 전선에 의해 감전되는 사고가 발생한 장면이다.

해답 ① 절연장갑 등 개인 보호구를 착용해야 한다.
② 정전작업을 실시해야 한다.
③ 감전 방지용 누전차단기를 설치해야 한다.
④ 전선의 절연 성능을 확인하고, 전선 접속부에 절연 처리를 해야 한다.

07 화면을 보고, 지게차 작업 시 재해 사례의 위험요인 2가지를 쓰시오.

동영상 설명 화면은 지게차 운전자가 시야를 가릴 정도로 화물을 과적한 채 과속으로 운전하던 중, 통로에서 작업 중인 작업자와 충돌한 장면이다.

해답 ① 과적된 화물로 인해 운전자의 시야가 가려져 충돌 위험이 있다.
② 과적된 화물이 떨어져 작업자와 충돌할 위험이 있다.
③ 과속 운전으로 인해 충돌 위험이 있다.
④ 작업 통로에서 다른 작업자가 작업을 하고 있어 충돌 위험이 있다.

08 화면을 보고, 재료를 유기화합물에 담그는 작업에서 착용해야 할 개인 보호구를 4가지 쓰시오.

동영상 설명 화면은 작업자가 재료를 유기화합물에 담그는 작업을 하는 장면이다.

해답 ① 방독마스크
② 보안경
③ 불침투성 보호복
④ 보호장갑
⑤ 보호장화

09 광전자식 방호장치의 광선에 신체의 일부가 감지된 후 급정지기구가 작동을 시작하기까지의 시간이 40ms이고, 광축의 설치 거리가 96mm일 때 급정지기구가 작동을 시작한 후 프레스의 슬라이드가 정지될 때까지의 시간은 몇 ms인지 구하시오.

[동영상 설명] 화면은 작업자가 광전자식 방호장치가 부착된 프레스에서 작업하는 장면이다.

[풀이] $D=1.6(T_1+T_2)$이므로

$$T_1+T_2=\frac{D}{1.6},\ T_2=\frac{D}{1.6}-T_1$$

$$T_2=\frac{96}{1.6}-40=20\,\text{ms}$$

[해답] 20ms

[해설] $D=1.6(T_1+T_2)$

여기서, D : 안전거리

T_1 : 방호장치의 작동시간(ms)

T_2 : 프레스의 급정지시간(ms)

제2회

01 화면을 보고, 슬라이스 기계 작업 시 재해 발생 위험점과 그 정의를 쓰시오.

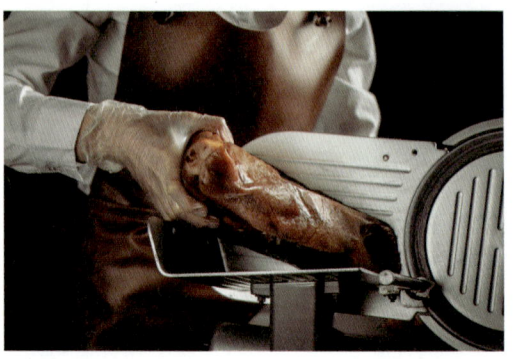

[동영상 설명] 화면은 슬라이스 기계로 고기를 써는 작업 중, 고장으로 멈춘 기계를 점검하기 위해 전원을 차단하지 않은 상태에서 고기를 꺼내려던 순간, 갑자기 기계가 작동하여 사고가 발생한 장면이다.

[해답] ① 위험점 : 절단점

② 절단점의 정의 : 회전운동을 하는 부분 자체의 위험이나 운동하는 기계 부분 자체의 위험에서 발생하는 위험점

02 화면을 보고, 작업자에게 미칠 수 있는 위험요인 3가지를 쓰시오.

동영상 설명 화면은 작업자가 산소농도를 측정하지 않고 송기마스크를 착용하지 않은 채, 밀폐공간인 선박 밸러스트 탱크 내부에서 작업하다가 쓰러진 장면이다.

해답 ① 환기장치가 설치되지 않았다.
② 작업자가 송기마스크를 착용하지 않았다.
③ 작업 중 산소 및 유해가스 농도를 측정하지 않았다.
④ 송기마스크, 사다리, 섬유로프 등 비상시에 피난하거나 구출하기 위한 기구를 갖추지 않았다.

03 화면을 보고, 발파작업 시 화약 장전에 사용되는 재료와 관련하여 발생할 수 있는 위험요인을 쓰시오.

동영상 설명 화면은 터널 내부에서 발파작업을 위해 화약을 장전한 후 전선을 정리한 상태를 보여주는 장면이다.

해답 화약 장전 시 마찰, 충격, 정전기 등에 의한 폭발위험이 없는 재료를 사용해야 한다. 작업자가 철봉을 사용하면 이러한 위험이 증가하므로 매우 위험하다.

04 화면을 보고, 형강 교체작업 시 작업자가 착용해야 할 보호구와 정전작업 완료 후의 조치사항을 각각 3가지씩 쓰시오.

동영상 설명 화면은 작업자가 전봇대 발판을 딛고 형강 교체작업을 하던 중, 감전사고가 발생한 장면이다.

해답 (1) 착용해야 하는 보호구
① 안전모
② 절연화
③ 절연장갑
④ 안전대
(2) 정전작업 완료 후 조치사항
① 정전작업이 끝난 후 작업기구와 단락 접지기구를 제거하고, 전기기기가 안전하게 통전되는지 확인한다.
② 작업이 완료된 전기기기 등에서 모든 작업자가 떨어져 있는지 확인한다.
③ 잠금장치와 꼬리표는 설치한 작업자가 직접 철거한다.
④ 모든 이상 여부를 확인한 후 전기기기의 전원을 투입한다.

05 가스 누설 감지경보기의 설치위치와 경보 설정값이 몇 %인지 쓰시오.

동영상 설명 화면은 가스 누설 감지경보기가 설치되지 않은 LPG 저장소에서 작업자가 불을 켜는 순간, 폭발사고가 발생한 장면이다.

해답 ① 경보기의 설치 위치 : LPG는 공기보다 무거우므로 바닥에 가까운 낮은 위치에 설치한다.
② 경보 설정값 : LPG의 폭발하한계값의 2.1% 이하
참고 LPG의 폭발한계(부피 비율)
① 폭발하한계(LEL) : 약 2.1%
② 폭발상한계(UEL) : 약 9.5%
단, 점화원이 없는 경우 LPG는 폭발하지 않는다.

06 화면을 보고, 작업 중 재해가 발생할 수 있는 원인 3가지를 쓰시오.

동영상 설명 화면은 작업자가 지붕 위에서 발판이나 비계 없이 작업을 하는 장면이다.

해답 ① 낙하물 방지망이 설치되지 않았다.
② 경사 지붕 위에 자재가 적치되어 있어 안전상태가 불량하다.
③ 작업자가 경사 지붕 위에서 안전조치 없이 작업을 하고 있다.
④ 낙하 위험이 있는 장소에서 작업자가 휴식을 취하고 있다.
⑤ 낙하 위험구간에 대한 출입통제가 이루어지지 않았다.

07 화면을 보고, 인쇄윤전기 작업 시 작업자의 행동에서 발생할 수 있는 위험점과 그 정의를 쓰시오.

동영상 설명 화면은 작업자가 전원을 차단하지 않은 상태에서 인쇄윤전기 롤러를 점검하던 중, 롤러 사이에 손이 말려 들어가는 사고가 발생한 장면이다.

해답 ① 위험점 : 물림점
② 물림점의 정의 : 회전하는 2개의 롤러 사이에 물려 들어가면서 발생하는 위험점

08 화면을 보고, 선반작업 시 재해 발생요인 3가지와 재해에 존재하는 위험점을 쓰시오.

동영상 설명 화면은 작업자가 선반작업 중, 한 손으로 재료를 잡고 다른 손은 기계 위에 올린 상태에서, 작업에 집중하지 않고 옆을 보다가 손이 말려 들어가는 사고가 발생한 장면이다.

해답 (1) 재해 발생요인
① 손으로 재료를 직접 잡고 있어 손을 다칠 위험이 있다.
② 기계 위에 손을 올려놓아 손을 다칠 위험이 있다.
③ 작업에 집중하지 않고 옆을 보다가 손을 다칠 위험이 있다.
(2) 위험점 : 회전 말림점

09 석면 취급 작업자가 착용해야 할 개인 보호구 2가지를 쓰시오.

동영상 설명 화면은 석면 취급 작업장에서 작업자가 보호복을 착용하고 작업하는 장면이다.

해답 ① 특급 방진마스크
② 고글형 보호안경
③ 신체를 감싸는 보호복
④ 보호신발

제3회

01 화면을 보고, 재해를 방지하기 위한 대책 3가지를 쓰시오.

> **동영상 설명** 화면은 무릎까지 물이 찬 단무지 작업장에서 펌프를 작동하던 중, 감전사고가 발생한 장면이다.

> **해답** ① 사용 전에 수중펌프와 전선 등의 절연 상태를 점검한다.
> ② 펌프와 전선 등의 절연저항을 측정하여 점검한다.
> ③ 수중모터의 외함 섭지상태를 점검한다.
> ④ 감전방지를 위한 누전차단기 설치상태를 점검한다.

02 화면을 보고, 위험예지훈련 시 설정해야 할 행동목표 2가지를 쓰시오.

> **동영상 설명** 화면은 유기용제 작업 중 점화원으로 인한 화재 및 폭발 위험을 예방하기 위해 진행하는 위험예지훈련 장면이다.

> **해답** ① 점화원에 의한 화재 및 폭발위험을 예방한다.
> ② 유기용제 작업 시 적절한 보호구를 착용하여 중독 등을 예방한다.
> ③ 작업 환경에서 화학물질의 안전한 취급 절차를 준수하여 사고를 예방한다.

03 화면을 보고, 차량계 하역 운반기계의 수리 및 해체작업 전 취해야 할 조치사항 3가지를 쓰시오.

> **동영상 설명** 화면은 작업자가 차량계 하역 운반기계의 수리 및 부속장치 장착과 해체작업을 하는 장면이다.

> **해답** ① 작업 지휘자를 정하여 작업순서에 따라 작업을 지휘하도록 한다.
> ② 안전 지지대 또는 안전블록 등의 사용 상태를 점검한다.
> ③ 작업계획서를 작성한다.
> ④ 원동기를 정지시키고 브레이크를 걸어 갑작스러운 작동을 방지하기 위한 조치를 한다.

04 화면을 보고, 높은 곳에서 작업할 때 사용하는 개인 보호구의 명칭을 쓰시오.

 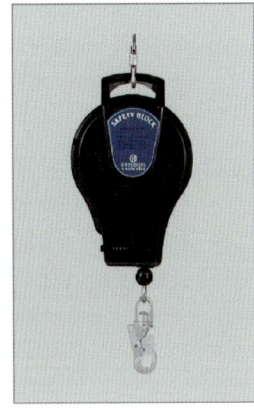

동영상 설명 화면은 안전그네에 연결하여 추락 시 낙하를 억제할 수 있는 자동잠금장치로, 죔줄이 자동으로 수축되는 장치를 보여주는 장면이다.

해답 안전블록

05 지게차 헤드가드의 설치 요령에 대한 다음 내용 중 (　　) 안에 알맞은 기준을 쓰시오.

• 강도는 지게차의 최대 하중의 (①)의 값 (4t을 넘는 값에 대해서는 4t으로 함)의 등분포 정하중에 견딜 수 있어야 한다.
• 헤드 가드(프레임)의 각 개구부의 폭 또는 길이가 (②) 미만이어야 한다.

동영상 설명 화면은 운전자를 보호하기 위해 헤드 가드가 설치된 지게차를 보여주는 장면이다.

해답 ① 2배
　　② 16cm

06 방독마스크에 사용되는 시험가스를 쓰시오.

(1) 암모니아용 :
(2) 아황산용 :
(3) 시안화수소용 :
(4) 황화수소용 :
(5) 할로겐용 :
(6) 유기화합물용 :

동영상 설명 화면은 작업자가 방독마스크와 보호복을 착용하고 화학물질을 취급하는 장면이다.

해답 (1) 암모니아가스
　　(2) 아황산가스
　　(3) 시안화수소가스
　　(4) 황화수소 가스
　　(5) 염소가스 또는 증기
　　(6) 이소부탄, 디메틸에테르, 시클로헥산

감전을 방지하기 위해 교류아크용접기에 부착해야 하는 방호장치를 쓰시오.

동영상 설명 화면은 습윤한 장소에서 작업자가 교류아크용접기로 상수도관을 용접하던 중, 감전사고가 발생한 장면이다.

해답 자동전격방지장치

08 타워크레인으로 작업 시 사업주가 작업자에게 준수하도록 조치해야 할 사항 3가지를 쓰시오.

동영상 설명 화면은 건설현장에서 타워크레인을 이용하여 작업하는 장면이다.

해답 ① 인양할 하물을 바닥에서 끌어당기거나 밀어내는 작업을 하지 않는다.

② 고정된 물체를 직접 분리하거나 제거하는 작업을 하지 않는다.
③ 인양할 하물이 보이지 않을 경우 어떠한 동작도 하지 않는다.
④ 작업 중 작업자의 출입을 통제하여 인양 중인 하물이 작업자의 머리 위로 통과하지 않도록 한다.
⑤ 유류 드럼이나 가스통 등 운반 중 떨어져 폭발하거나 누출될 가능성이 있는 위험물 용기는 보관함에 담아서 안전하게 매달아 운반한다.

09 화면에 보이는 가죽제 안전화의 성능시험 방법 5가지를 쓰시오.

동영상 설명 화면은 가죽제 안전화를 보여주는 장면이다.

해답 ① 내답발성 시험
② 박리저항 시험
③ 내충격성 시험
④ 내압박성 시험
⑤ 내유성 시험
⑥ 내부식성 시험

기출문제를
재구성한 **작업형** 실전문제 *8*

제1회

01 안전화의 단화, 중단화, 장화의 높이를 몸통 높이를 기준으로 분류하시오.

> **동영상 설명** 화면은 뒷굽을 제외한 높이를 기준으로 가죽제 안전화의 몸통 높이를 측정하는 장면이다.

해답 ① 안전화의 단화 : 113mm 미만
② 안전화의 중단화 : 113mm 이상
③ 안전화의 장화 : 178mm 이상

02 화면을 보고, 교량 하부 점검 시 재해의 발생원인 3가지를 쓰시오.

> **동영상 설명** 화면은 작업자가 안전장치 없이 교량 하부를 점검하다가 추락하는 사고가 발생한 장면이다.

해답 ① 안전난간 미설치
② 추락 방호망 미설치
③ 안전대 부착 설비 미설치
④ 작업자가 안전대 미착용
⑤ 작업시작 전 작업 발판 등 설비 미점검

03 변압기 작업 중 감전을 방지하기 위해 활선 여부를 확인하는 방법 3가지를 쓰시오.

> **동영상 설명** 화면은 두 작업자가 측정기를 사용하여 변압기의 전압을 측정하는 장면이다.

해답 ① 검전기를 사용하여 확인한다.
② 회로 시험기(테스터기)의 지싯값을 확인한다.
③ 접지봉으로 접촉 여부를 확인한다.

04 프레스 작업 시 사고방지를 위해 페달에 설치해야 하는 안전장치는 무엇인지, 금형의 상형과 하형 사이의 간격은 최소 얼마 이하로 유지해야 하는지 쓰시오.

동영상 설명 화면은 작업자가 프레스 작업 중 실수로 페달을 밟아, 슬라이드가 하강하여 손이 금형에 끼이는 사고가 발생한 장면이다.

해답 ① 안전장치 : 커버(U자형 덮개)
② 설치 간격 : 8mm 이하

05 화면을 보고, 양수기 수리작업 시 재해발생 위험요인 3가지를 쓰시오.

동영상 설명 화면은 작업자가 전원을 차단하지 않은 상태에서 양수기를 수리하던 중, 다른 작업자와 잡담을 나누며 수공구를 던져주려는 순간, 벨트에 손이 말려 들어가는 사고가 발생한 장면이다.

해답 ① 작업자가 잡담을 나누며 작업에 집중하지 못해 벨트에 손이 말려 들어갈 위험이 있다.
② 회전하는 벨트에 손이나 작업복이 말려 들어갈 위험이 있다.
③ 잡담을 나누며 수공구를 던지다가 수공구가 양수기에 말려 들어갈 위험이 있다.
④ 작업자가 양수기 위에서 손이 미끄러져 손이 벨트에 말려 들어갈 위험이 있다.

06 화면을 보고, 재해의 유형과 그 정의를 쓰시오.

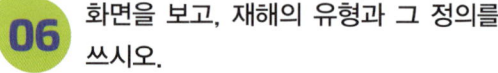

동영상 설명 화면은 작업자가 통로 벽에 있는 전선에 감전되는 사고가 발생한 장면이다.

해답 ① 재해 유형 : 감전
② 감전의 정의 : 인체의 전체 또는 일부에 전류가 흐르는 현상

07 화면을 보고, 드릴작업 시 착용해야 할 개인 보호구의 종류 3가지를 쓰시오.

동영상 설명 화면은 전기드릴을 이용하여 금속제의 구멍을 넓히는 드릴작업을 하는 장면이다.

해답 ① 보안경
② 안전모
③ 말려 들어갈 위험이 없는 장갑(면장갑 착용 금지)

08 화면을 보고, 방호망이 설치되지 않은 교량 점검에 관하여 다음 물음에 답하시오.

(1) 추락사고의 원인 2가지를 쓰시오.
(2) 높이 2 m 이상인 장소에 설치하는 작업 발판의 폭을 쓰시오.
(3) 작업 발판 재료 간의 틈을 쓰시오.

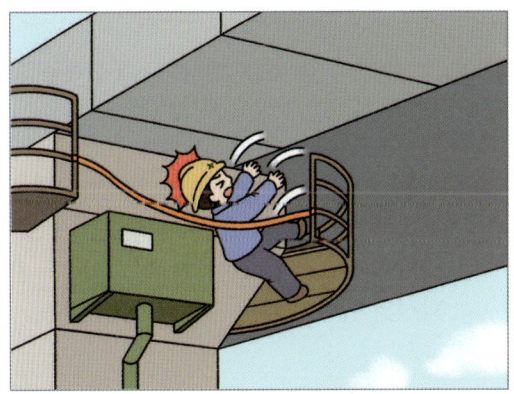

동영상 설명 화면은 추락 방호망이 설치되지 않고 작업 발판도 부실한 상태에서 작업자가 교량 하부를 점검하던 중, 로프 난간 쪽으로 기대는 순간 로프가 늘어지며 추락사고가 발생한 장면이다.

해답 (1) ① 안전대 미착용
② 추락 방호망 미설치
③ 작업 발판 설치 불량
(2) 40 cm 이상
(3) 3 cm 이하

09 화면의 재해 사례와 관련하여 (　　) 안에 알맞은 수를 쓰시오.

산업안전보건법상 산소농도의 범위는 18% 이상 (①)% 미만이다. 탄산가스 농도는 (②)% 미만, 일산화탄소 농도는 (③)ppm 미만, 황화수소 농도는 (④)ppm 미만인 수준의 공기를 적정 공기라 한다.

동영상 설명 화면은 작업자가 지하 폐수처리조에서 슬러지 처리작업을 하던 중, 산소결핍으로 쓰러진 장면이다.

해답 ① 23.5   ② 1.5   ③ 30   ④ 10

제2회

01 산소결핍 장소는 산소농도가 몇 % 미만인 곳을 말하는가? 또한, 밀폐공간에서 질식된 작업자를 구조할 때 구조자가 착용해야 할 개인 보호구 2가지를 쓰시오.

> **동영상 설명** 화면은 작업자가 밀폐공간에서 작업 중 호흡 곤란을 겪는 모습을 보여주는 장면이다.

> **해답** (1) 산소농도 : 18% 미만
> (2) 개인 보호구
> ① 송기마스크
> ② 공기호흡기

02 화면을 보고, 이동식 비계작업의 위험요인 2가지를 쓰시오.

> **동영상 설명** 화면은 안전난간이 설치되지 않은 2단 이동식 비계 위에서 작업자가 2층 천장 작업을 하던 중, 불안정한 작업 발판 때문에 비계가 흔들려 추락하는 장면이다.

> **해답** ① 안전난간이 설치되지 않아 작업자가 비계 아래로 추락할 위험이 있다.
> ② 작업 발판이 불안정하게 설치되어 작업자가 추락할 위험이 있다.
> ③ 바퀴를 고정하지 않아 비계가 움직여 작업자가 추락할 위험이 있다.

03 터널공사 현장에서 폭약을 사용한 작업을 진행할 때 준수해야 할 사항 3가지를 쓰시오.

> **동영상 설명** 화면은 터널공사 현장에서 폭약을 사용한 발파작업을 하기 위해 천공을 하는 장면이다.

> **해답** ① 화약 등 폭약을 장전하는 경우에는 흡연 등 화기를 사용하지 않도록 한다.
> ② 화약의 장전은 마찰, 충격, 정전기 등에 의한 폭발위험이 없는 안전한 재료를 사용한다.
> ③ 발파공의 충진 재료는 점토, 모래 등 발화성의 위험이 없는 재료를 사용한다.

04 화면을 보고, 슬라이스 기계의 기인물과 가해물을 쓰시오.

동영상 설명 화면은 슬라이스 기계로 무채를 써는 작업 중, 고장으로 멈춘 기계를 작업자가 점검하는 가운데 갑자기 기계가 작동하여 사고가 발생한 장면이다.

해답 ① 기인물 : 무채 슬라이스 기계
② 가해물 : 슬라이스 칼날

05 화면을 보고, 박공지붕 위에서 설치작업 시 재해예방을 위한 안전대책 3가지를 쓰시오.

동영상 설명 화면은 작업자가 안전모와 안전화를 착용하고 안전대는 착용하지 않은 상태로, 추락 방호망과 안전난간이 설치되지 않은 박공지붕 위에서 작업하던 중, 추락사고가 발생한 장면이다.

해답 ① 작업자는 반드시 안전대를 착용한다.
② 추락 방호망을 설치한다.
③ 지붕 가장자리에 안전난간을 설치한다.
④ 자재를 한 곳에 과적하지 않는다.

06 화면을 보고, 연삭작업 시 감전사고를 예방하기 위한 안전대책 3가지를 쓰시오.

동영상 설명 화면은 작업자가 물이 젖은 바닥에서 강재에 물을 뿌린 상태로 면장갑을 착용한 채 휴대용 연삭기로 작업하던 중, 전선 접속부가 바닥에 닿아 감전사고가 발생한 장면이다.

해답 ① 전선 접속부에 절연 조치를 한다.
② 작업 전 정전작업을 실시한다.
③ 감전 방지용 누전차단기를 설치한다.
④ 습한 장소에서는 절연 효괴기 있는 이동 전선을 사용한다.

07 화면을 보고, 페인트 도장작업에 관하여 다음 물음에 답하시오.

(1) 착용해야 할 보호구의 종류를 쓰시오.
(2) 유기화합물용 방독마스크의 시험가스 종류 3가지를 쓰시오.
(3) 페인트 도장작업에 사용할 방독마스크 흡수제의 종류 3가지를 쓰시오.

동영상 설명 화면은 작업자가 스프레이건을 사용하여 물체에 페인트 도장작업을 하는 장면이다.

해답 (1) 유기화합물용 방독마스크(갈색)
　(2) ① 시클로헥산(C_6H_{12})
　　　② 디메틸에데르(CH_3OCH_3)
　　　③ 이소부탄(C_4H_{10})
　(3) ① 활성탄
　　　② 소다라임
　　　③ 알칼리제재
　　　④ 큐프라마이트

08 화면을 보고, 지게차 작업 시 재해 발생 요인과 작업시작 전 점검사항을 각각 3가지씩 쓰시오.

동영상 설명 화면은 지게차에 물건을 불안정하게 과적하여 시야를 가리고, 운전자가 난폭하게 운전하던 중 재해가 발생한 장면이다.

해답 (1) 재해 발생요인
　　① 물건을 과적하여 운전자의 시야를 가리므로 충돌할 수 있다.
　　② 물건을 불안정하게 적재하여 화물이 떨어지므로 재해가 발생할 수 있다.
　　③ 과적과 난폭운전으로 통로에서 작업 중인 작업자가 다칠 수 있다.
　(2) 작업시작 전 점검사항
　　① 제동장치 및 조종장치 기능의 이상 유무
　　② 하역장치 및 유압장치 기능의 이상 유무
　　③ 바퀴의 이상 유무
　　④ 전조등, 후미등, 방향지시기 및 경보장치 기능의 이상 유무

09 화면을 보고, 추락사고의 위험요인 2가지를 쓰시오.

동영상 설명 화면은 작업자가 전봇대에 올라가다가 표지판에 부딪혀 아래로 추락하는 사고가 발생한 장면이다.

해답 ① 작업자가 안전대를 착용하지 않았다.
② 작업 발판이 불안정하게 설치되었다.
③ 작업 전 주변을 점검하지 않았다.

제3회

01 화면을 보고, 선반작업에 관하여 다음 물음에 답하시오.

(1) 손이 말려 들어가는 부분에 존재하는 위험점과 그 정의를 쓰시오.
(2) 선반작업에서의 위험요인 3가지를 쓰시오.

동영상 설명 화면은 선반작업 중 작업자가 면장갑을 착용한 채 샌드페이퍼를 손으로 잡고 작업하던 중, 손이 말려 들어가는 사고가 발생한 장면이다.

해답 (1) ① 위험점 : 회전 말림점
② 회전 말림점의 정의 : 회전하는 물체에 작업복, 면장갑 등이 말려 들어가면서 발생하는 위험점
(2) ① 작업자가 샌드페이퍼를 손으로 잡고 작업하였다.
② 작업자가 면장갑을 착용한 상태에서 작업하였다.
③ 위험점에 덮개가 설치되지 않았다.

02 화면을 보고, 습윤한 장소에서 이동 전선을 사용할 때 점검해야 할 사항 3가지를 쓰시오.

동영상 설명 화면은 작업자가 단무지 작업장에서 무릎 높이까지 물이 찬 상태로 펌프를 작동하던 중, 감전사고가 발생한 장면이다.

해답 ① 접속 부위의 절연상태 점검
② 전선 피복의 손상 유무 확인
③ 전선의 절연저항 측정
④ 감전 방지용 누전차단기 설치 여부 확인

03 화면을 보고, 방독마스크에 관하여 다음에 대해 쓰시오.

(1) 방독마스크 정화통의 시험 가스
(2) 방독마스크 정화통의 파과 농도
(3) 방독마스크 정화통의 파과 시간

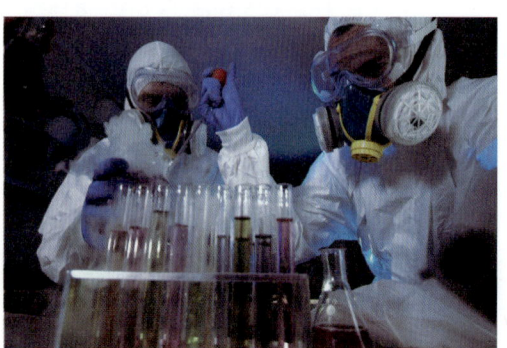

동영상 설명 화면은 작업자가 고농도용 방독마스크를 착용하고 위험물질 분석작업을 하는 장면이다.

해답 (1) 염소가스
(2) 0.5 ppm
(3) 30분 이상

04 화면을 보고, 철제 파이프 등 부속품의 낙하를 방지하기 위한 예방 조치사항 3가지를 쓰시오.

동영상 설명 화면은 철제 파이프를 로프로 느슨하게 묶어 비계 위로 들어 올리던 중, 로프가 풀리면서 아래에서 작업하던 작업자에게 파이프가 떨어지는 사고가 발생한 장면이다.

해답 ① 달줄이나 달포대를 사용하여 부속품을 안전하게 고정한다.
② 작업구역의 하부에는 작업자의 접근을 금지한다.
③ 작업 전에 로프의 줄걸이 상태를 철저히 점검한다.

05 유기용제 취급 작업장에서 작업자가 준수해야 할 안전수칙 3가지를 쓰시오.

[동영상 설명] 화면은 유기용제 취급 작업장에서 두 작업자가 적절한 보호구를 착용하지 않은 채 유기용제 용기를 들고 대화하는 장면이다.

[해답] ① 작업자는 유기화합물용 보호복, 안전장갑, 안전화, 보안경, 방독마스크를 착용한다.
② 작업장에서는 흡연을 금지한다.
③ 작업장에 환기장치를 설치한 후 작동시킨다.

06 안전대의 종류를 쓰고, 벨트의 구소와 벨트 너비, 길이, 두께의 치수를 쓰시오.

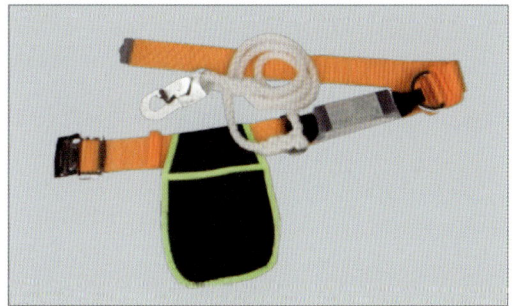

[동영상 설명] 화면은 고소작업 또는 추락위험이 있는 작업을 할 때 사용하는 안전대를 보여주는 장면이다.

[해답] (1) 안전대의 종류 : 벨트식
(2) 벨트의 구조와 치수
① 강직한 실로 짠 직물로 비틀어짐 등 결함이 없어야 한다.
② 벨트 너비는 50mm 이상, 길이는 버클 포함 1100mm 이상, 두께는 2mm 이상이어야 한다.

07 화면을 보고, 건설용 리프트 작업 시 준수해야 할 안전수칙 4가지를 쓰시오.

[동영상 설명] 화면은 작업자가 안전절차를 준수하며 건설용 화물 리프트를 이용하여 화물을 운반하는 장면이다.

[해답] ① 화물용 리프트에 사람의 탑승을 금지한다.
② 상승 조작 시 작업자에게 경보로 알린다.
③ 운전 중 이상 발생 시 비상정지버튼을 눌러 즉시 정지한다.
④ 운전원은 전담 요원으로 배치하고, 특별 안전교육을 실시한다.
⑤ 각 층의 2중 안전문은 항상 닫힌 상태로 관리한다.

08 화면을 보고, 인화성 물질이 저장된 장소에서 교류아크용접작업 시 다음에 대해 쓰시오.

(1) 작업장 측면과 작업자 측면에서의 위험요인
(2) 작업 중 눈 장해가 우려되는 유해광선
(3) 용접작업 시 위험요인(3가지)

동영상 설명 화면은 인화성 물질이 담긴 드럼통이 쌓여있는 작업장에서 작업자가 불안정한 자세로 교류아크용접작업을 하던 중, 재해가 발생한 장면이다.

해답 (1) ① 작업장 측면 : 용접하는 작업장 주변에 인화성 불질이 담긴 드럼통이 쌓여있어 화재 위험이 있다.
② 작업자 측면 : 불안전한 자세로 용접하여 사고 위험이 있다.
(2) 자외선
(3) ① 작업자가 보호구(용접용 보안면)를 착용하지 않아 눈을 다칠 위험이 있다.
② 인화성 물질이 있는 장소에서 용접 불티로 인한 화재발생 위험이 있다.
③ 작업장 정리정돈과 청소상태가 불량하여 추가적인 사고 위험이 있다.

09 화면을 보고, 지게차에 적재된 화물이 운전자의 시야를 방해할 경우 취해야 할 조치사항 3가지를 쓰시오.

동영상 설명 화면은 지게차에 적재된 화물이 운전자의 시야를 가리는 모습을 보여주는 장면이다.

해답 ① 운전자가 하차하여 주변을 확인한다.
② 신호수를 지정하여 신호에 따라 지게차를 유도하고 서행하게 한다.
③ 경적을 울리고 경광등을 켠다.

기출문제를
재구성한 **작업형** 실전문제 *9*

제1회

01 화면을 보고, 담뱃불과 같은 발화원의 형태를 쓰시오.

> **동영상 설명** 화면은 운전자가 운전 중 흡연한 뒤 담배꽁초를 길가 낙엽 위에 던져 불이 붙는 모습을 보여주는 장면이다.

해답 나화(점화원, 화염)
참고 나화는 불꽃이나 담뱃불과 같은 직접적인 불의 형태를 의미하며, 이로 인해 쉽게 발화될 수 있는 위험요소가 된다.

02 화면을 보고, 양수기 수리 중 발생할 수 있는 위험요인 2가지를 쓰시오.

> **동영상 설명** 화면은 작업자가 작동 중인 양수기를 점검하던 중, 다른 작업자와 잡담을 하며 수리하다가 손이 벨트의 접선 방향으로 말려 들어가는 사고가 발생한 장면이다.

해답 ① 면장갑이 벨트의 접선 방향으로 말려 들어가 손을 다칠 위험이 있다.
② 작동 중인 양수기를 점검하고 있어 손을 다칠 위험이 있다.

03 철골 구조물 작업 중 기상 악화로 작업을 중지해야 하는 기준을 쓰시오.

> **동영상 설명** 화면은 철골 구조물 작업현장에서 강한 바람으로 작업이 어려운 상황을 보여주는 장면이다.

해답 ① 풍속이 초당 10m 이상인 경우
② 강우량이 시간당 1mm 이상인 경우
③ 강설량이 시간당 1cm 이상인 경우

04 작업 발판을 설치할 때 발판의 폭과 발판 재료 간 틈의 기준을 쓰시오.

> **동영상 설명** 화면은 교량을 보수하기 위해 교량 하부에 작업 발판을 설치하는 장면이다.

해답 ① 작업 발판의 폭 : 40cm 이상
② 재료 간의 틈 : 3cm 이하

05 화면을 보고, 배전반 점검 시 감전 재해의 위험요인과 방지대책을 각각 2가지씩 쓰시오.

> **동영상 설명** 화면은 작업자가 절연장갑을 착용하지 않고 십자드라이버로 배전반 내부를 점검하던 중, 다른 작업자가 배전반의 문을 닫으면서 작업자의 손이 내부 전기 부품과 접촉하여 감전 사고가 발생한 장면이다.

해답 (1) 위험요인
  ① 절연장갑을 착용하지 않고 작업하였다.
  ② 내전압용 절연장갑 등 절연용 보호구를 착용하지 않았다.
  ③ 작업 중 전원을 차단하지 않았다.
(2) 방지대책
  ① 내전압용 절연장갑 등 절연용 보호구를 착용한다.
  ② 작업 중 전원을 반드시 차단한다.
  ③ 작업 전, 전기 설비에 대한 점검과 안전조치를 완료한 후 작업을 시작한다.

06 프레스 작업 시 금형에 붙어있는 이물질을 제거할 때 위험요인 3가지를 쓰시오.

> **동영상 설명** 화면은 작업장 바닥에 철판 쓰레기가 있는 상태에서 프레스 작업을 하던 중, 작업자가 장갑을 착용한 손으로 이물질을 제거하는 장면이다.

해답 ① 프레스 페달을 밟아 슬라이드가 작동하여 손을 다칠 수 있다.
② 금형에 붙어 있는 이물질을 제거할 때 손을 다칠 수 있다.
③ 금형에 붙어 있는 이물질을 제거할 때 이물질이 튀어 눈을 다칠 수 있다.
④ 작업장의 정리정돈 상태가 불량하여 작업자가 넘어져 다칠 수 있다.

07 화면을 보고, 추락사고의 원인 4가지와 사고 예방을 위해 설치해야 할 장치를 쓰시오.

동영상 설명 화면은 추락 방호망이 설치되지 않은 건물 옥상에서 작업자가 벽돌을 운반하던 중, 벽돌을 들고 일어서다가 주변의 벽돌에 걸려 넘어지면서 추락사고가 발생한 장면이다.

해답 (1) 추락 사고의 원인
　　① 안전대 미착용
　　② 추락 방호망 미설치
　　③ 안전난간 불량
　　④ 작업 발판 불량
　　⑤ 주변 정리정돈 및 청소상태 불량
　(2) 설치해야 할 장치 : 안전난간

08 가스집합장치를 이용하여 금속의 용접 및 용단작업을 할 때 눈을 보호하기 위해 착용해야 하는 개인 보호구는 무엇인지 쓰시오.

동영상 설명 화면은 눈을 보호하기 위해 착용하는 개인 보호구를 보여주는 장면이다.

해답 차광보안경

09 화면을 보고, 전기 감전사고에 관하여 다음에 대해 쓰시오.

(1) 위험 포인트
(2) 재해 방지대책(3가지)
(3) 제어실과 작업장이 막혀 있어 원활한 의사소통이 되지 않을 경우의 대책

동영상 설명 화면은 작업자가 전기 기계 · 기구의 내전압 검사를 위해 전원을 차단한 뒤, 개폐기 함을 열고 면장갑을 착용한 채 점검하던 중, 다른 작업자가 갑자기 전원을 투입하여 감전사고가 발생한 장면이다.

해답 (1) 다른 작업자가 작업 중인 작업자를 보지 못하고 전원을 투입하였다.
　(2) ① 개폐기 함에 잠금장치를 설치하고 꼬리표를 부착한다.
　　② 절연장갑을 착용한다.
　　③ 작업 전 작업자에게 전기 안전교육을 실시한다.
　(3) 대화창을 설치한다.

제2회

01 화면을 보고, 무채 슬라이스 기계 작업 시 위험점과 그 정의를 쓰시오.

동영상 설명 화면은 김치 제조공장에서 무채를 썰던 중, 기계가 멈추자 작업자가 이를 점검하다가 기계가 갑자기 작동하여 사고가 발생한 장면이다.

해답 ① 위험점 : 절단점
② 절단점의 정의 : 회전운동을 하는 부분 자체의 위험이나 운동하는 기계 부분 자체의 위험에서 발생하는 위험점

02 다음 (   ) 안에 알맞은 기준을 쓰시오. (단, 단위를 포함하여 쓰시오.)

적정 공기란 작업 공간에서 안전한 공기 상태를 유지하기 위한 조건으로, 산소농도가 (①) 이상 (②) 미만이어야 하며, 탄산가스의 농도가 (③) 미만, 황화수소 농도가 (④) 미만, 일산화탄소 농도가 (⑤) 미만이어야 한다.

동영상 설명 화면은 작업 공간에서 산소, 이산화탄소 등 주요 가스를 모니터링하여 안전한 공기 상태를 유지하기 위한 모습을 보여준다.

해답 ① 18% ② 23.3%
③ 1.5% ④ 10 ppm
⑤ 30 ppm

03 화면을 보고, 안전모의 각부 명칭을 쓰시오.

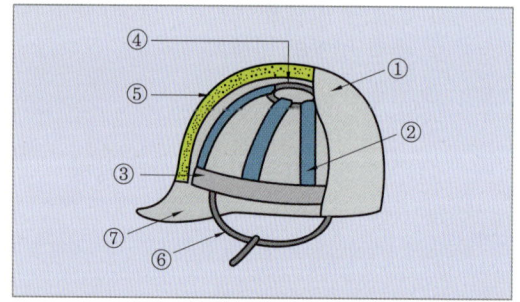

번호	안전모의 각부 명칭
①	
②	
③	
④	
⑤	
⑥	
⑦	

동영상 설명 화면은 개인 보호구인 안전모의 구조를 보여주는 장면이다.

해답 ① 모체
② 머리받침끈
③ 머리고정대
④ 머리받침고리
⑤ 충격흡수재
⑥ 턱끈
⑦ 챙(차양)

04 화면을 보고, 드릴작업 시 발생할 수 있는 위험요인 2가지를 쓰시오.

동영상 설명 화면은 작업자가 면장갑을 착용하고 드릴작업을 하던 중, 칩과 이물질을 입으로 불면서 손으로 제거하려다 드릴에 손이 말려 들어가는 사고가 발생한 장면이다.

해답 ① 칩을 입으로 불어 제거하려다 칩이 눈에 들어갈 위험이 있다.
② 손으로 이물질을 제거하려다 손이 베이거나 상처가 날 위험이 있다.
③ 드릴작업 중 이물질을 제거하고 있어 회전하는 드릴에 손이 말려 들어갈 위험이 있다.

05 이동식 크레인의 와이어로프로 화물을 직접 지지할 경우, 와이어로프의 안전계수와 줄걸이용 와이어로프의 적절한 인양 각도를 쓰시오.

동영상 설명 화면은 이동식 크레인의 와이어로프를 사용하여 컨테이너 화물을 들어 올리고 있는 장면이다.

해답 ① 안전계수 : 5 이상
② 인양 각도 : 60° 이내
참고 와이어로프 사용금지 기준
① 이음매가 있는 것
② 꼬이거나 변형되거나 부식된 것
③ 열과 전기충격에 의해 손상된 것
④ 와이어로프의 한 꼬임에서 끊어진 소선의 수가 10% 이상인 것
⑤ 지름이 공칭 지름에서 7% 초과하여 감소한 것

06 활선 전로에 인접하여 전봇대를 세우는 작업에 관하여 다음에 대해 쓰시오.

(1) 사고의 직접적인 원인(2가지)
(2) 재해방지를 위한 대책(3가지)
(3) 사고의 가해물
(4) 착용해야 하는 안전모의 종류(2가지)

> **동영상 설명** 화면은 활선 전로에 인접하여 크레인으로 전봇대를 세우던 중, 전봇대가 살짝 돌아가 인접 전로에 접촉하여 스파크가 발생한 장면이다.

해답 (1) ① 이격거리를 준수하지 않아 인접한 활선 전로와 접촉이 발생하였다.
② 활선 전로에 절연용 방호구가 설치되지 않아 사고가 발생하였다.
(2) ① 차량 등을 충전 전로의 충전부로부터 300 cm 이상 이격시키되, 대지 전압이 50 kV를 넘는 경우 10 kV 증가할 때마다 이격거리를 10 cm씩 추가한다.
② 노출된 충전부에 절연용 방호구를 설치하고 충전부를 절연, 격리한다.
③ 울타리를 설치하거나 감시인을 배치하여 작업을 감시한다.

④ 접지 등으로 충전 전로와 접촉할 우려가 있을 때는 작업자가 접지점에 접촉되지 않도록 한다.
(3) 전봇대
(4) AE형, ABE형

07 프레스 금형을 수리하는 중, 슬라이드가 갑자기 작동할 경우, 작업자의 재해를 방지하기 위한 안전장치의 명칭을 쓰시오.

> **동영상 설명** 화면은 작업자가 프레스 금형을 수리하는 장면이다.

해답 안전블록

08 화면을 보고, 창문 설치작업 시 발생한 추락사고의 원인 3가지를 쓰시오.

동영상 설명 화면은 두 작업자가 실내에서 창문을 설치하고, 다른 한 작업자는 실외에서 창문 설치작업을 돕던 중, 발을 헛디뎌 바닥으로 추락하는 사고가 발생한 장면이다.

해답 ① 안전대 부착설비가 설치되지 않았다.
② 안전대를 착용하지 않았다.
③ 안전난간이 설치되지 않았다.
④ 추락 방호망이 설치되지 않았다.

09 할로겐가스용 방독마스크 정화통의 시험 가스의 종류, 파과 농도, 그리고 파과 시간을 쓰시오.

동영상 설명 화면은 작업장에서 방독마스크를 착용한 작업자의 모습을 보어주는 장면이디.

해답 ① 시험 가스의 종류 : 염소가스(회색)
② 파괴 농도 : 0.5ppm
③ 파과 시간 : 30분 이상
참고 회색 정화통

---

01 터널공사 중 낙반 등의 위험을 조기에 파악하기 위한 계측 관리사항 3가지를 쓰시오.

동영상 설명 화면은 작업자가 터널공사를 진행하는 장면이다.

해답 ① 내공 변위 측정
② 록볼트(rock bolt) 축력 측정
③ 지중 및 지표면 침하 측정
④ 숏크리트 응력 측정
참고 ① 내공 변위 측정 : 터널 내부 구조물의 변형 정도를 측정하는 것
② 록볼트 축력 측정 : 록볼트에 가해지는 힘을 측정하는 것
③ 지중 및 지표편 침하 측정 : 지반의 침하 정도를 측정하는 것
④ 숏크리트 응력 측정 : 숏크리트에 가해지는 응력을 측정하는 것

02 화면을 보고, 건설용 리프트 작업시작 전 점검해야 할 사항 2가지를 쓰시오.

동영상 설명 화면은 작업자가 건설용 리프트를 이용하는 장면이다.

해답 ① 방호장치, 브레이크 및 클러치의 기능 상태
② 와이어로프가 통과하는 부분의 상태

03 프로판가스 용기를 보관하기에 부적절한 장소 3군데를 쓰시오.

동영상 설명 화면은 프로판가스 용기가 다수 보관된 저장장소를 보여주는 장면이다.

해답 ① 통풍과 환기가 충분하지 않은 장소
② 용기 저장장소 주변에서 화기를 사용하는 장소
③ 용기 저장장소 주변에 위험물, 화약류, 가연성 가스를 취급하는 장소

04 화면을 보고, 둥근톱기계 작업 시 불안전한 행동 3가지를 쓰고, 가공재 상면과 덮개 하단 사이의 간격, 그리고 테이블과 덮개 사이의 틈새 높이는 각각 얼마로 조정해야 하는지 쓰시오.

동영상 설명 화면은 작업자가 보호구를 착용하지 않고 둥근톱기계로 작업하던 중, 기계가 멈추자 전원을 차단하지 않고 톱날을 손으로 만져보며 점검하는 장면이다.

해답 (1) 작업의 불안전한 행동
① 보안경과 방진마스크 등 보호구를 착용하지 않은 상태로 작업하였다.
② 전원을 차단하지 않고 둥근톱을 점검하였다.

③ 면장갑을 착용하지 않은 상태로 톱날을 손으로 만지며 점검하였다.

(2) 가공재 상면과 덮개 하단 사이의 간격
8mm 이하

(3) 테이블과 덮개 사이의 틈새 높이
25mm 이하

 05 화면을 보고, 충전부의 감전 방호대책 3가지를 쓰시오.

동영상 설명 화면은 작업자가 전기 기계 · 기구를 이용하여 작업하던 중, 충전부에 의해 감전사고가 발생한 장면이다.

해답 ① 충전부가 노출되지 않도록 폐쇄형 외함이 있는 구조로 설계한다.
② 충선부에 충분한 절연 효과가 있는 방호망이나 절연 덮개를 설치한다.
③ 충전부는 내구성이 있는 절연물로 완전히 덮어 감싼다.
④ 발전소, 변전소, 개폐소 등 관계자가 아닌 사람의 출입이 금지된 장소에 충전부를 설치하고, 위험 표지 등을 통해 방호를 강화한다.
⑤ 전봇대 및 철탑 등 격리된 장소에 충전부를 설치하여 관계자가 아닌 사람이 접근하지 못하도록 한다.

06 화면을 보고, 엘리베이터 피트에서 발생한 재해 원인을 3가지 쓰시오.

동영상 설명 화면은 엘리베이터 피트(개구부)에서 작업자가 추락하는 사고가 발생한 장면이다.

해답 ① 피트 내부에 추락 방호망이 설치되지 않았다.
② 개구부 가장자리에 안전난간이 설치되지 않았다.
③ 개인 보호구인 안전대를 착용하지 않았다.
④ 안전대를 부착할 설비가 설치되지 않았다.

07 화면을 보고, 황산이 쏟아져 발생한 재해형태와 그 정의를 쓰시오.

> **동영상 설명** 화면은 실험실에서 작업자가 비커에 담긴 황산을 실린더에 따르는 장면이다.

해답 ① 재해 형태 : 황산 접촉
② 정의 : 황산에 접촉 또는 흡입했거나 독성물질에 노출되어 발생한 경우

08 화면을 보고, 화재·폭발사고의 불안전한 행동과 재해 발생형태를 쓰시오.

> **동영상 설명** 화면은 작업자가 지게차의 시동을 켠 상태에서 주유하던 중, 다른 작업자와 흡연하며 대화를 나누다가 기름이 넘쳐 화재·폭발사고가 발생한 장면이다.

해답 ① 불안전한 행동 : 주유 중 다른 작업자와 흡연을 하며 대화를 나누다가 기름이 넘쳐 점화원에 의한 화재발생 위험이 있다.
② 재해 발생형태 : 화재·폭발

09 화면을 보고, 방음 보호구인 귀마개 (EP)의 등급, 기호 및 성능을 쓰시오.

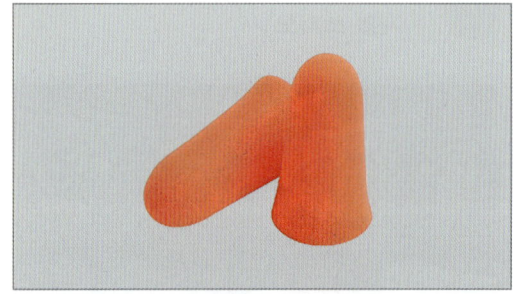

> **동영상 설명** 화면은 이어폰 모양으로 생긴 귀마개를 보여주는 장면이다.

해답

등급	기호	성능
1종	EP - 1	저음부터 고음까지 차음한다.
2종	EP - 2	주로 고음을 차음하며, 저음인 회화음 영역은 차음하지 않는다.

기출문제를
재구성한 **작업형 실전문제 10**

제1회

01 LPG 저장소에서 가스누출 감지 경보기의 감지 센서 설치 위치와 폭발하한계값을 쓰시오.

동영상 설명 화면은 LPG 저장소에서 폭발을 방지하기 위해 가스누출 감지 경보기의 감지 센서를 설치하는 장면이다.

해답 ① 감지 센서의 설치 위치 : LPG는 공기보다 무거워, 바닥에 가까운 낮은 위치에 감지 센서를 설치해야 한다.
② 폭발하한계값 : LPG의 폭발하한계값의 2.1%

참고 LPG의 폭발한계(부피 비율)
① 폭발하한계(LEL) : 약 2.1%
② 폭발상한계(UEL) : 약 9.5%
단, 점화원이 없는 경우 LPG는 폭발하지 않는다.

---

02 화면을 보고, 이동식 비계 작업 시 주의해야 할 사항 4가지를 쓰시오.

동영상 설명 화면은 작업자가 이동식 비계 위에서 고소 작업을 수행하는 장면이다.

해답 ① 감독자의 지휘하에 작업을 진행한다.
② 비계를 이동할 때는 사람이 탑승하지 않는다.
③ 안전모를 착용하고 구명 로프 등을 준비한다.
④ 공구나 재료를 올리고 내릴 때는 포대나 로프를 사용한다.
⑤ 최상부에서 작업할 때는 반드시 안전난간을 설치한다.
⑥ 작업 발판 위에서 안전난간을 딛고 작업하거나 받침대, 사다리를 사용하여 작업하지 않는다.

03 화면을 보고, 크레인 작업 시 재해 발생 형태와 발생원인 3가지를 쓰시오.

동영상 설명 화면은 크레인을 이용하여 물품을 트럭에 하역하는 작업을 하던 중, 물품이 떨어져 작업자와 충돌하는 사고가 발생한 장면이다.

해답 (1) 재해 발생형태 : 낙하(맞음)
　(2) 발생원인
　　① 와이어로프를 호이스트 훅 끝에 불안전하게 걸쳐 놓았다.
　　② 보조로프를 설치하지 않았다.
　　③ 위험구간 내에서 수신호를 하고 있다.

04 화면을 보고, 발파작업 후 작업장에 접근할 수 있는 시간은 발파 후 몇 분이 경과한 후인지, 전기 뇌관의 경우와 전기 뇌관 외의 경우로 구분하여 쓰시오.

동영상 설명 화면은 발파작업 후 낙반 위험을 방지하기 위해 부석의 유무와 불발 화약을 확인하며 발파작업장에 접근하는 장면이다.

해답 ① 전기 뇌관의 경우 : 5분 이상 경과
　　② 전기 뇌관 외의 경우 : 15분 이상 경과

05 화면을 보고, 산업안전보건규칙에 따라 용융 고열물을 취급하는 설비가 설치된 건축물에서 수증기 폭발을 방지하기 위해 사업주가 취해야 할 조치사항 2가지를 쓰시오.

동영상 설명 화면은 철강 용광로 작업을 보여주는 장면이다.

해답 ① 바닥은 물이 고이지 않는 구조로 설계한다.
　　② 지붕, 벽, 창틀 등은 빗물이 새어 들어오지 않는 구조로 설치한다.
　　③ 용융물이 바닥에 떨어졌을 때 물과 접촉하지 않도록 배수시설을 설치한다.
참고 방열복의 종류
　① 방열상의
　② 방열하의
　③ 일체형 방열복
　④ 방열장갑
　⑤ 방열두건

06 화면을 보고, 사출성형기 작업 시 재해 유형과 이에 적합한 방호장치 2가지를 쓰시오.

동영상 설명 화면은 작업자가 사출성형기의 금형에서 이물질을 제거하던 중, 손을 다치는 사고가 발생한 장면이다.

해답 (1) 재해 유형 : 끼임
　(2) 적합한 방호장치
　　　① 게이트 가드식 방호장치
　　　② 양수 조작식 방호장치

07 용접용 보안면의 성능기준 항목 6가지를 쓰시오.

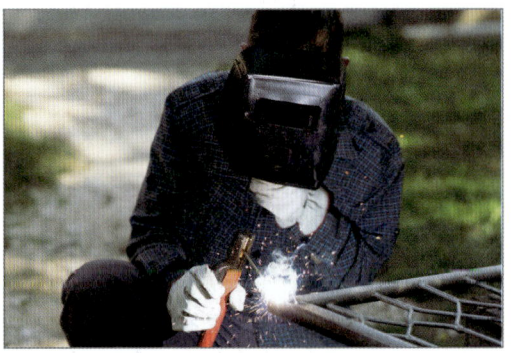

동영상 설명 화면은 개인 보호구 중 하나인 용접용 보안면을 보여주는 장면이다.

해답 ① 절연 시험　　　　　② 내식성 시험
　③ 내충격성 시험　　　④ 내노후성 시험
　⑤ 낙하 시험　　　　　⑥ 굴절력 시험
　⑦ 차광능력 시험　　　⑧ 투과율 시험
　⑨ 내발화, 관통성 시험　⑩ 차광속도 시험
　⑪ 시감투과율 차이 시험　⑫ 표면검사

08 이동식 사다리의 최대 사용길이는 몇 m 이내인지 쓰시오.

동영상 설명 화면은 이동식 사다리를 보여주는 장면이다.

해답 6m 이내

09 화면을 보고, 재해 위험요인과 정전작업 종료 후 전원 재투입 시 안전조치사항을 각각 3가지씩 쓰시오.

동영상 설명 화면은 중앙제어실에서 스피커 방송으로 전달된 지시사항을 정확히 듣지 못한 작업자가 배선용 차단기의 전원을 켜서 재해가 발생한 장면이다.

해답 (1) 재해 위험요인
  ① 지시사항을 정확히 듣지 못해 NFB 오조작으로 인한 감전사고의 위험이 있다.
  ② 작업장소 내 작업자의 유무 및 작업준비상태를 확인하지 않아 발생할 수 있는 위험이 있다.
  ③ 작업 지시내용을 충분히 확인하지 않고 즉각적으로 행동함에 따른 위험이 있다.
(2) 안전조치사항
  ① 작업기기, 기구, 단락 접지기구 등을 제거하고, 안전하게 통전될 수 있는지 확인한다.
  ② 작업이 완료된 전기기기 등에서 모든 작업자가 떨어져 있는지 확인한다.
  ③ 잠금장치와 꼬리표는 설치한 작업자가 직접 철거한다.
  ④ 모든 이상 유무를 확인한 후 전기기기 등의 전원을 투입한다.

제2회

01 화면을 보고, 작업 시 위험요인 2가지를 쓰시오.

동영상 설명 화면은 증기가 흐르는 고소 배관을 점검하기 위해 작업자가 이동식 사다리에 올라가 장갑을 착용한 채 양손으로 작업하던 중, 사다리가 흔들리면서 추락하여 바닥에 부딪히는 사고가 발생한 장면이다.

해답 ① 이동식 사다리를 안전하게 고정하지 않았다.
  ② 양손을 동시에 사용하여 작업자세가 불안정하다.

02 화면을 보고, 크레인 작업 시 위험요인 2가지를 쓰시오.

동영상 설명 화면은 보조로프 없이 옆부분이 약간 찢어진 슬링 벨트를 사용하여 크레인으로 철제 비계를 운반하는 작업 장면이다. 이 과정에서 와이어로프로 한 번만 결속된 철제 비계가 신호수 간 신호방법이 맞지 않아 흔들리다가, 철골 빔에 부딪힌 후 작업자 위로 떨어지는 사고가 발생하였다.

해답 ① 보조로프를 설치하지 않아 양중물의 흔들림이 발생하였다.
② 로프 상태가 불량하여 낙하 위험이 있다.
③ 크레인 신호체계가 미흡하여 작업 중 충돌 위험이 있다.

03 작업자가 밀폐공간 작업 프로그램을 수립하고 시행할 때 반드시 포함해야 할 내용 4가지를 쓰시오.

동영상 설명 화면은 밀폐공간에서 작업 중인 작업자들의 모습을 보여주는 장면이다.

해답 ① 사업장 내 밀폐공간의 위치 파악 및 관리 방안
② 밀폐공간 내에서 질식이나 중독을 일으킬 수 있는 유해·위험요인의 파악 및 관리 방안

③ 밀폐공간 작업 시 사전에 확인해야 할 사항에 대한 확인 절차
④ 안전보건교육 및 훈련
⑤ 밀폐공간에서 작업하는 작업자의 건강장해 예방에 관한 사항

04 화면을 보고, 이동식 사다리의 설치기준 3가지를 쓰시오.

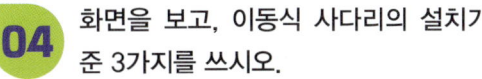

동영상 설명 화면은 이동식 사다리를 이용하여 작업하던 중, 사다리가 넘어져 재해가 발생한 장면이다.

해답 ① 길이는 6 m 이내로 한다.
② 사다리의 다리 벌림 각도는 벽 높이의 1/4 정도로 한다.
③ 사다리 상부는 벽면으로부터 최소 60 cm 이상 떨어지게 설치한다.
④ 이동식 사다리의 기울기는 75° 이하로 유지한다.

05 화면을 보고, 드릴작업 시 문제점과 안전작업대책을 각각 3가지씩 쓰시오.

동영상 설명 화면은 작업자가 보안경을 착용하지 않고, 드릴로 금속의 작은 구멍을 넓히는 작업 장면이다. 드릴은 고정되지 않았고 방호장치도 설치되지 않았으며, 작업자가 손으로 가공물을 직접 잡은 채 작업하고 있다.

해답 (1) 드릴작업 시 문제점
　　① 작업자가 보안경을 착용하지 않았다.
　　② 드릴머신에 방호 덮개를 설치하지 않았다.
　　③ 투명 비산방지판을 설치하지 않았다.
　　④ 가공물을 손으로 잡고 있다.
　(2) 안전작업대책
　　① 작업자가 보안경을 착용한다.
　　② 드릴머신에 방호 덮개를 설치한다.
　　③ 투명 비산방지판을 설치한다.
　　④ 바이스나 지그로 가공물을 고정한다.

06 화면을 보고, 사출성형기 작업 시 재해의 발생형태와 산업안전보건법에 규정된 방호장치 2가지를 쓰시오.

동영상 설명 화면은 사출성형기가 개방된 상태에서 작업자가 손으로 이물질을 제거하던 중, 손이 눌려 사고가 발생한 장면이다.

해답 (1) 재해 발생형태 : 끼임(협착)
　(2) 방호장치
　　① 게이트 가드식 방호장치
　　② 양수 조작식 방호장치

07 화면을 보고, 철근 운반작업 시 준수해야 할 사항 3가지를 쓰시오.

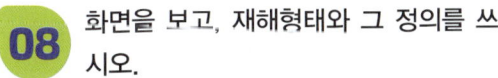 화면은 철근을 1줄 걸이로 결속하여 이동식 크레인으로 운반하던 중, 유도로프가 끊어져 재해가 발생한 장면이다.

해답 ① 형강 운반 시 2줄 걸이로 결속한다.
② 유도로프를 사용하여 흔들림을 방지한다.
③ 훅의 해지장치를 사용하여 형강의 이탈을 방지한다.
④ 신호수를 배치하여 신호에 따라 작업한다.

08 화면을 보고, 재해형태와 그 정의를 쓰시오.

동영상 설명 화면은 작업자가 전원이 인가된 상태에서 시내 도로공사 중 붉은 도로 구획을 점검하다가, 맨손으로 전선 연결부위를 만져 감전사고가 발생한 장면이다.

해답 ① 재해 형태 : 감전
② 감전의 정의 : 인체의 전체 또는 일부에 전류가 흐르는 현상

09 방독마스크에 안전인증 표시 외 추가로 표시해야 할 사항 4가지를 쓰시오.

동영상 설명 화면은 작업자가 보호복과 방독마스크를 착용하고 스프레이건으로 철판에 페인트 도장작업을 하는 장면이다.

해답 ① 파과 곡선도
② 사용시간 기록카드
③ 정화통의 외부 측면 표시색
④ 사용상의 주의사항

제3회

01 화면을 보고, 작업 시 위험요인 2가지를 쓰시오.

동영상 설명 화면은 작업자가 이동식 사다리에 올라가 고온 배관의 플랜지 볼트 조이는 작업을 하던 중, 추락사고가 발생한 장면이다.

해답 ① 작업자의 안전대를 착용하지 않았다.
② 보안경을 착용하지 않았다.
③ 방열장갑을 착용하지 않았다.

02 화면을 보고, 밀폐공간에서의 사고 대비를 위한 비상용 피난 장비 3가지를 쓰고, 작업자가 탱크 내부에서 30분 이상 작업할 경우 착용해야 할 개인 보호구 2가지를 쓰시오.

동영상 설명 화면은 작업자가 선박 탱크 내부에서 슬러지 작업을 하던 중, 의식을 잃고 쓰러지는 사고가 발생한 장면이다.

해답 (1) 비상용 피난 장비
① 구명밧줄
② 섬유로프
③ 도르래
④ 사다리
⑤ 안전대
(2) 착용해야 할 개인 보호구
① 송기마스크
② 공기호흡기

03 화면을 보고, 거푸집 동바리의 조립 또는 해체작업 시 준수해야 할 사항 3가지를 쓰시오.

동영상 설명 화면은 작업자가 거푸집 동바리 설치 및 해체작업 중 사고가 발생한 장면이다.

해답 ① 재료, 기구 또는 공구 등을 올리거나 내릴 때 작업자가 달줄이나 달포대 등을 사용하도록 해야 한다.
② 낙하, 충격에 의한 돌발적 재해를 방지하기 위해 버팀목을 설치하고, 거푸집 동바리 등을 인양 장비에 매단 후 작업을 수

행한다.

③ 비, 눈 등 기상상태가 불안정할 경우 해당 작업을 중지한다.

④ 작업구역에는 관계자가 아닌 사람의 출입을 금지한다.

04 화면을 보고, 드릴작업 시 재해 위험점과 그 정의를 쓰고, 드릴작업 시 위험요인과 안전대책을 각각 3가지씩 쓰시오.

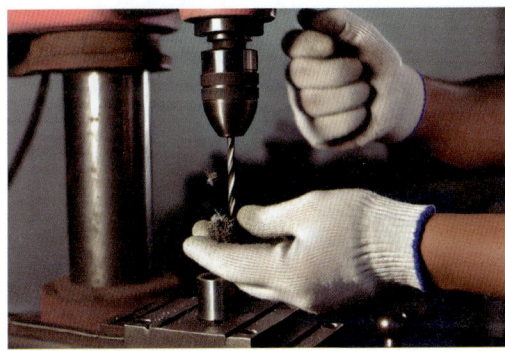

동영상 설명 화면은 작업자가 드릴작업 중 손으로 이물질을 제거하거나 입으로 불어 제거하며, 작은 공작물을 손으로 잡고 작업하다가 가공물이 튀어 재해가 발생한 장면이다. 작업자는 면장갑을 착용하고 보안경은 착용하지 않았다.

해답 (1) 위험점과 정의

　① 위험점 : 회전 말림점

　② 회전 말림점의 정의 : 회전하는 회전체에 장갑 및 작업복 등이 감겨 들어가면서 발생하는 위험점

(2) 위험요인

　① 작은 공작물을 손으로 잡고 드릴작업을 하고 있다.

　② 면장갑을 착용하고 작업을 진행하였다.

　③ 보안경을 착용하지 않고 있다.

　④ 이물질을 제거할 때 손으로 직접 제거하였다.

⑤ 이물질을 제거할 때 입으로 불어 제거하였다.

(3) 안전대책

　① 공작물을 바이스나 지그로 고정한 후 드릴작업을 한다.

　② 면장갑을 착용하지 않는다.

　③ 보안경을 착용한다.

　④ 이물질을 제거할 때 전용 공구나 브러시를 사용한다.

05 화면을 보고, 화재의 위험요인 3가지를 쓰시오.

동영상 설명 화면은 작업자가 면상갑을 착용하고 보호구를 착용하지 않은 채 가스 용접기로 철판을 절단하던 중, 산소통에 연결된 호스를 당기다가 호스가 분리되면서 화재가 발생한 장면이다.

해답 ① 용기를 눕힌 상태에서 작업하고 있다.

② 호스를 무리하게 당겨 산소통에서 분리되었다.

③ 보안면, 보안경, 용접장갑 등 보호구를 착용하지 않았다.

참고 안전인증(차광보안경)의 사용구분에 따른 종류에는 자외선용, 적외선용, 복합용, 용접용이 있다.

06 화면을 보고, 분전반 감전재해를 방지하기 위한 안전대책 3가지를 쓰시오.

> **동영상 설명** 화면은 작업자가 전기 분전반을 점검하던 중 감전사고가 발생한 장면이다.

해답 ① 전로의 개폐기에는 시건장치와 통전금지 안내표지판을 부착한다.
② 점검작업 전 신호체계를 확립하고 작업지휘자의 지시를 따른다.
③ 차단기에 회로 구분 표시를 하여 오작동을 방지한다.

참고 전기작업용 안전장구
① 절연용 안전보호구 : 안전모, 절연화, 절연장화, 절연장갑, 절연복 등
② 절연용 방호구 : 고무절연관, 절연시트, 절연커버 등
③ 검출 용구 : 검전기, 활선 접근 경보기

07 화면을 보고, 화물을 인양할 때 재해를 방지하기 위해 준수해야 할 사항 2가지를 쓰시오.

> **동영상 설명** 화면은 A 작업자가 승강기 개구부 위에서 안전난간에 로프를 걸어 화물을 끌어올리고, B 작업자는 아래에서 화물을 올리던 중 화물이 떨어져 사고가 발생한 장면이다.

해답 ① 안전난간에 로프를 걸쳐 화물을 끌어올리는 작업을 금지한다.
② 손상된 로프는 사용하지 않는다.
③ 중량물은 크레인(호이스트) 등의 장비를 이용하여 들어 올린다.
④ 긴 화물은 2줄 걸이로 균형을 유지하고, 로프를 단단히 결속한다.

08 화면을 보고, 터널 등 건설작업에서 발생할 수 있는 위험을 방지하기 위해 필요한 조치사항 3가지를 쓰시오.

동영상 설명 화면은 터널작업 중 발파시작 전 천공작업을 하거나, 터널 등 건설작업에서 낙반 등으로 작업자가 위험에 처할 수 있는 재해상황을 보여주는 장면이다.

해답 ① 터널 지보공을 설치한다.
② 록볼트를 설치하여 천공 부위의 지지력을 강화한다.
③ 부석을 제거하여 낙반을 방지한다.

참고 천공작업 시 안전조치
① 작업 전 지반상태를 철저히 점검한다.
② 작업자는 반드시 헬멧, 안전화, 안전벨트 등 개인 보호 장비를 착용한다.
③ 낙반 위험구역은 출입을 제한하고, 작업자 간 명확한 신호체계를 확립한다.
④ 발파 후 추가 낙반 위험이 없는지 점검하고, 작업 재개 전 안전조치를 확인한다.

09 화면에서 보여주는 방독마스크의 종류와 시험 가스의 종류를 쓰시오. 또, 방독마스크의 형태와 구조, 그리고 정화통의 주요 성분을 쓰시오.

동영상 설명 화면은 외부 측면에 녹색 표시가 있는 방독마스크의 정화통을 보여주는 장면이다.

해답 ① 종류 : 암모니아용
② 시험 가스의 종류 : 암모니아가스(NH_3)
③ 형태와 구조 : 격리식 전면형
④ 정화통 주요 성분(흡수제) : 큐프라마이트

기출문제를
재구성한 **작업형** **실전문제** *11*

제1회

01 화면을 보고, 사고의 발생원인과 사고 방지를 위한 안전대책을 각각 2가지씩 쓰시오.

동영상 설명 화면은 작업자가 창고 지붕 패널 설치작업을 하던 중, 부주의로 실족하여 추락하는 사고가 발생한 장면이다.

해답 (1) 사고의 발생원인
① 추락 방호망을 설치하지 않았다.
② 작업 발판 설치가 불량하다.
③ 개인 보호구(안전대)를 착용하지 않았다.
④ 안전대를 부착할 수 있는 설비가 설치되지 않았다.
(2) 안전대책
① 추락 방호망을 설치한다.
② 작업 발판을 제대로 설치한다.
③ 안전대 부착 설비에 안전대를 걸고 작업한다.
④ 안전난간을 설치한다.

02 화면을 보고, 롤러기 점검작업 시 위험요인과 안전대책을 각각 2가지씩 쓰시오.

동영상 설명 화면은 작업자가 면장갑을 착용한 상태로 작은 스패너를 사용하여 롤러기의 볼트를 조이며 점검하던 중, 회전하는 롤러에 손이 끼이는 사고가 발생한 장면이다.

해답 (1) 위험요인
① 이물질을 제거할 때 장갑을 낀 손으로 제거하였다.
② 전원을 차단하지 않고 롤러의 이물질을 제거하였다.
③ 롤러기에 인터록 장치가 설치되지 않았다.
(2) 안전대책
① 이물질을 제거할 때 장갑을 착용하지 않는다.
② 전원을 차단하여 기계를 정지시킨 후 이물질을 제거한다.
③ 롤러기에 인터록 장치를 설치한다.

03 VDT작업으로 인해 발생할 수 있는 장애 4가지를 쓰시오.

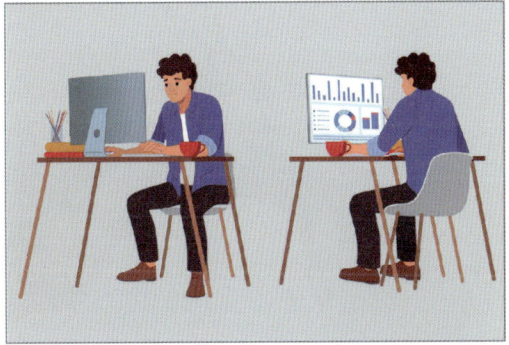

동영상 설명 화면은 VDT(영상표시 단말기) 작업자가 키보드를 이용하여 자료를 입력하는 장면이다.

해답 ① 경견완 증후군   ② 근골격계 증상
③ 눈의 피로   ④ 정신신경계 증상

04 화면을 보고, 컨베이어에 설치해야 할 방호장치 2가지를 쓰시오.

동영상 설명 화면은 컨베이어 작업 중 화물이 떨어져 작업자에게 부딪히는 사고가 발생한 장면이다.

해답 ① 덮개
② 울

05 항타기 · 항발기 작업에 사용되는 권상용 와이어로프에 관하여 (   ) 안에 알맞은 수를 쓰시오.

와이어로프의 안전계수는 최소 (①) 이상이어야 하며, 인양하는 말뚝의 최대 사용하중이 2t일 때 와이어로프의 전단하중은 (②)t 이상이어야 한다.

동영상 설명 화면은 항타기 · 항발기 작업에 사용되는 권상용 와이어로프를 보여주는 장면이다.

풀이 전단하중＝안전계수×최대 사용하중
＝5×2＝10t

해답 ① 5 ② 10

해설 안전계수＝$\dfrac{전단하중}{최대 사용하중}$

06 도금작업에 필요한 국소배기장치의 종류 3가지와 미스트 억제방법을 각각 2가지씩 쓰시오.

> **동영상 설명** 화면은 크롬 도금작업이 진행되는 작업장의 모습을 보여주는 장면이다.

해답 (1) 국소배기장치의 종류
　① 측방형
　② 슬롯형
　③ PUSH-PULL형
(2) 미스트 억제 방법
　① 미스트가 발생하는 표면적을 최대한 줄여 크롬산 미스트의 발생량을 최소화한다.
　② 계면활성제를 도금액에 투입하여 크롬산 미스트의 발생을 억제한다.

참고 도금작업에서는 화학물질이 공정과정에서 분무 형태로 공기 중에 퍼질 수 있는데, 이를 미스트라 부른다.

07 작업자가 장시간 석면에 노출될 경우 우려되는 질병 3가지를 쓰시오.

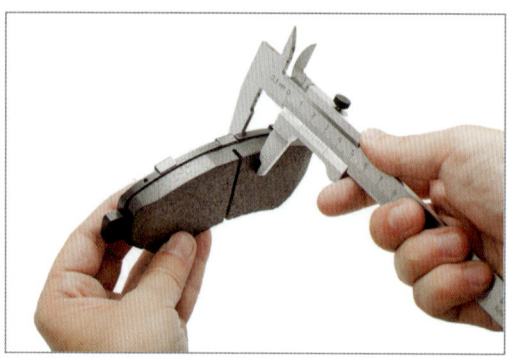

> **동영상 설명** 화면은 작업자가 브레이크 라이닝 패드를 제작하는 작업을 하는 장면이다.

해답 ① 폐암
② 석면폐증
③ 악성중피종

08 화면을 보고, 활선작업 시 내재되어 있는 핵심 위험요인 2가지를 쓰시오.

> **동영상 설명** 화면은 작업자가 크레인을 이용하여 전봇대에서 전선작업을 하던 중, 한 작업자는 아래에서 절연용 방호구를 올리고, 다른 작업자는 크레인에서 그것을 받아 설치하다 감전사고가 발생한 장면이다.

해답 ① 작업자가 절연용 보호구를 착용하지 않았다.
② 작업자가 접근 한계거리를 준수하지 않고 충전 전로에 접근하였다.
③ 활선작업용 기구 또는 장치를 사용하지 않았다.
④ 크레인 이격거리를 준수하지 않았다.

09 화면을 보고, 내열 원단의 시험성능 기준을 항목별로 구분하여 5가지 쓰고, 간단히 설명하시오.

동영상 설명 화면은 개인 보호구인 방열복 착용 상태를 보여주는 장면이다.

해답 ① 난연성 : 잔염 및 잔진 시간이 2초 미만이고, 녹거나 떨어지지 않으며 탄화 길이가 102 mm 이내일 것
② 절연저항 : 표면과 이면의 절연저항이 1 MΩ 이상일 것
③ 인장강도 : 가로, 세로 방향으로 각각 25 kgf 이상일 것
④ 내열성 : 균열이나 부풀음이 없을 것
⑤ 내한성 : 피복이 벗겨지거나 떨어지지 않을 것

제2회

01 화면을 보고, 폭발사고의 원인이 되는 발화원의 형태는 무엇인지 쓰고, 발화원의 종류와 방지대책을 각각 2가지씩 쓰시오.

동영상 설명 화면은 작업자가 인화성 물질 저장소에 들어와 윗옷을 벗는 순간, 정전기 스파크로 인해 폭발사고가 발생한 장면이다.

해답 (1) 발화원의 형태 : 정전기 스파크
(2) 발화원의 종류
　① 작업자가 윗옷을 벗을 때 발생하는 박리대전
　② 작업자가 이동할 때 발생하는 마찰대전
　③ 기계 장비의 작동으로 인한 스파크
(3) 방지대책
　① 정전기 방지용 안전화와 제전복을 착용한다.
　② 인화성 물질 저장소 주변에서 불꽃 작업을 금지한다.
　③ 정전기 제거용 장비를 사용하여 정전기 축적을 방지한다.

참고 ① 박리대전 : 밀착된 두 물체가 서로 분리될 때, 표면에 있던 자유전자가 이동하여 정전기가 발생하는 현상
② 마찰대전 : 두 물체가 서로 마찰할 때, 접촉면에서 자유전자의 이동이 일어나면서 정전기가 발생하는 현상

02 구내운반차를 이용하여 물건을 운반할 때, 작업시작 전 점검해야 할 사항 4가지를 쓰시오.

동영상 설명 화면은 물건을 운반하는 구내운반차를 보여주는 장면이다.

해답 ① 제동장치 및 조종장치 기능의 이상 유무
② 하역장치 및 유압장치 기능의 이상 유무
③ 바퀴의 이상 유무
④ 전조등, 후미등, 방향지시기 및 경음기 기능의 이상 유무
⑤ 충전장치를 포함한 홀더 등의 결합상태의 이상 유무

03 화면을 보고, 터널 발파작업 시 사용되는 발파공의 충진 재료를 쓰시오.

동영상 설명 화면은 터널 발파작업 현장을 보여주는 장면이다.

해답 점토, 모래 등 발화성 또는 인화성 위험이 없는 재료

04 화면을 보고, 재해의 직접적인 원인 2가지를 쓰시오.

동영상 설명 화면은 항타기와 항발기를 이용하여 전봇대를 설치하는 작업 중, 항타기에 고정된 전봇대가 불안정해져 인접한 활선 전로에 접촉하며 스파크가 발생한 장면이다.

해답 ① 주변 장소의 충전 전로에 절연용 방호구를 설치하지 않았다.
② 충전 전로 인근 작업 시 이격거리를 준수하지 않았다.
③ 작업자의 접근 한계거리를 준수하지 않았다.

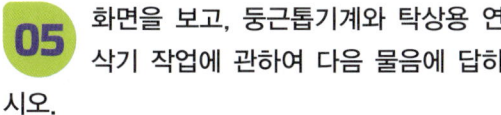

05 화면을 보고, 둥근톱기계와 탁상용 연삭기 작업에 관하여 다음 물음에 답하시오.

(1) 자율안전확인 대상 둥근톱기계의 방호장치 2가지를 쓰시오.
(2) 자율안전확인 대상 연삭기 덮개에 자율안전확인 표시 외 추가 표시사항 2가지를 쓰시오.

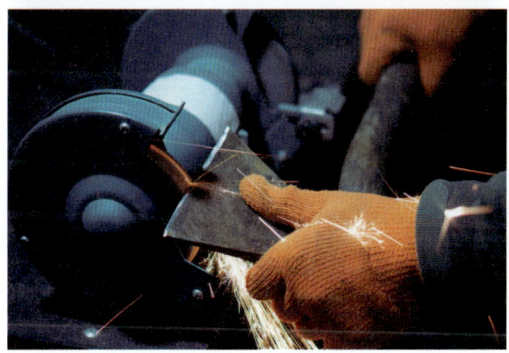

> **동영상 설명** 화면은 둥구톱기계와 탁상용 연삭기를 이용하여 목재를 가공하는 작업 장면이다.

해답 (1) ① 반발예방장치
    ② 날 접촉예방장치
  (2) ① 숫돌 원주속도
    ② 숫돌 회전방향

06 누전차단기를 설치해야 하는 조건 4가지를 쓰시오.

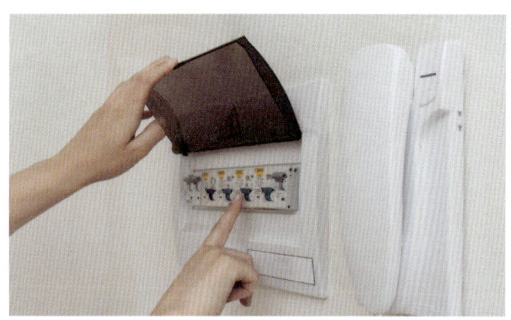

> **동영상 설명** 화면은 전기 기계·기구의 누전으로 인한 감전 위험을 방지하기 위해 설치하는 누전차단기를 보여주는 장면이다.

해답 ① 대지 전압이 150V를 초과하는 이동형 또는 휴대형 전기 기계·기구
  ② 물 등 도전성이 높은 액체가 있는 습윤장소에서 사용하는 저압용 전기 기계·기구
  ③ 철판·철골 위 등 도전성이 높은 장소에서 사용하는 이동형 또는 휴대형 전기 기계·기구
  ④ 임시 배선의 전로가 설치된 장소에서 사용하는 이동형 또는 휴대형 전기 기계·기구

07 화면을 보고, 재해원인과 안전대책을 4가지씩 쓰시오.

> **동영상 설명** 화면은 작업자가 공장 지붕에서 패널 설치작업을 하던 중, 발을 헛디뎌 추락사고가 발생한 장면이다.

해답 (1) 재해원인
　① 안전대 미착용
　② 추락 방호망 미설치
　③ 안전난간 불량
　④ 작업 발판 불량
　⑤ 주변 정리정돈 및 청소상태 불량
(2) 안전대책
　① 안전대 착용
　② 추락 방호망 설치
　③ 안전난간 설치
　④ 작업 발판 설치
　⑤ 주변 정리정돈 및 청소 실시

08 화면을 보고, 지게차 작업 시 재해의 발생원인 2가지를 쓰시오.

> **동영상 설명** 화면은 납품시간이 촉박한 지게차 운전자가 물건을 높이 적재하여 운행하다가 통로에 있던 작업자와 충돌하는 재해가 발생한 장면이다.

해답 ① 물건을 운전자의 시야보다 높이 적재하여 통로에 있던 작업자와 지게차가 충돌하였다.
② 작업자가 지게차의 운행 통로에서 작업하고 있었다.

09 작업장 내 산소농도가 21%이고, 인체에 해로운 물질이 발생하는 장소에서 작업자가 착용해야 할 개인 보호구를 쓰시오.

동영상 설명 화면은 작업자가 안전모, 안전화, 보호복을 착용한 상태로 인체에 해로운 가스, 증기, 미스트, 분진 등이 발생하는 장소에 서 있는 장면이다.

해답 방독마스크

 제3회

01 화면을 보고, 에어배관 점검 시 다음 물음에 답하시오.

(1) 위험예지 훈련 시 행동 목표는?
(2) 재해발생의 기인물을 쓰시오.
(3) 가해물을 쓰시오.

동영상 설명 화면은 작업자가 에어배관을 점검하던 중, 배관 내 잔압을 제거하지 않은 상태에서 주 밸브를 잠그지 않고 점검하다가, 스팀이 눈에 튀어 재해가 발생한 장면이다.

해답 (1) ① 에어배관 점검 시 주 밸브를 잠근다.
② 에어배관 점검 시 배관 내 잔압을 제거하고, 압력이 빠진 것을 확인한다.
③ 보안경을 착용한다.
(2) 배관
(3) 스팀

02 화면을 보고, 연삭작업 시 불안전한 행동 3가지와 안전대책 2가지를 쓰시오.

동영상 설명 화면은 작업자가 보안경과 방진마스크는 착용하지 않고 안전모와 면장갑을 착용한 채, 덮개가 설치되지 않은 휴대용 연삭기의 숫돌 측면으로 연삭작업을 하던 중, 재해가 발생한 장면이다.

해답 (1) 불안전한 행동
① 연삭기에 덮개를 설치하지 않았다.
② 작업자가 보안경과 방진마스크를 착용하지 않았다.
③ 연삭기의 숫돌 측면을 이용하여 작업하였다.
④ 작업자가 면장갑을 착용하고 작업하였다.
(2) 안전대책
① 연삭기에 덮개를 설치해야 한다.
② 작업자는 보안경과 방진마스크를 착용해야 한다.
③ 연삭기의 숫돌 정면을 이용하여 작업해야 한다.
④ 작업자는 면장갑을 착용하지 않고 작업해야 한다.

03 보호구 안전인증 고시에 따른 고무제 안전화의 성능을 시험하는 방법 3가지를 쓰시오.

동영상 설명 화면은 개인 발 보호구로 사용되는 고무제 안전화를 보여주는 장면이다.

해답 ① 내유성 시험   ② 내화학성 시험
③ 내알칼리 시험   ④ 누출방지성 시험

04 화면을 보고, 재해의 발생형태와 가해물을 쓰시오.

동영상 설명 화면은 작업자가 전동 톱으로 목재를 절단하던 중, 작업 발판의 불균형으로 인해 바닥에 추락하는 재해가 발생한 장면이다.

해답 ① 재해의 발생형태 : 추락
② 가해물 : 바닥(지면)

05 특수 화학설비의 내부 이상상태를 조기에 파악하기 위해 필요한 방법 중 계측장치를 제외한 방법을 쓰시오.

> **동영상 설명** 화면은 특수 화학설비의 내부 이상상태를 조기에 파악하기 위해 계측장치를 설치한 장면이다.

해답 감시인 배치

06 화면을 보고, 크롬 도금작업 시 위험요소 3가지를 쓰시오.

> **동영상 설명** 화면은 도금작업장으로, 바닥이 쇠망으로 되어 있으며, 여러 금속 제품들이 도금액에 담겨 있는 장면이다.

해답 ① 크롬 화합물의 흡입으로 인한 중독 위험
② 도금액이 담긴 금속 제품과의 접촉으로 인한 감전 위험
③ 인화성 물질이 존재하는 경우 화재 및 폭발 위험

07 화면을 보고, 컨베이어 작업 시 핵심 위험요인 2가지를 쓰시오.

> **동영상 설명** 화면은 집게 암이 파지를 들어 올려 작업자 머리 위를 지나 컨베이어 근처에 떨어뜨리고, 보호구를 착용하지 않은 작업자가 이를 줍는 장면이다.

해답 ① 작업자가 보호구를 착용하지 않았다.
② 작업자의 머리 위로 화물이 이동하고 있다.
③ 작업자가 컨베이어 근처에서 작업하고 있다.

08 고압 전선로 아래에서 항타기와 항발기 작업을 할 경우 안전대책 3가지를 쓰시오.

동영상 설명 화면은 고압선 아래에서 항타기와 항발기를 이용하여 건축물 기초작업을 하는 장면이다.

해답 ① 차량 등을 충전 전로의 충전부로부터 300 cm 이상 이격시키되, 대지 전압이 50 kV를 넘을 경우 10 kV 증가할 때마다 이격거리를 10 cm씩 늘린다.
② 노출된 충전부에 절연용 방호구를 설치하고 충전부를 절연, 격리한다.
③ 울타리를 설치하거나 감시인을 배치하여 작업을 감시한다.
④ 접지 등 충전 전로와 접촉할 우려가 있는 경우, 작업자가 접지점에 접촉되지 않도록 한다.

09 화면을 보고, 작업자의 질식사를 방지하기 위해 착용해야 할 보호구 2가지를 쓰시오.

동영상 설명 화면은 작업자가 산소농도 18% 미만인 상태에서 인화성 액체를 저장하는 옥외 저장탱크 내부를 청소하는 장면이다.

해답 ① 송기마스크
② 공기호흡기

제1회

01 작업자가 관리대상 유해물질을 취급하는 경우 작업장에 게시 및 비치해야 할 사항 3가지를 쓰시오.

아세톤

(Acetone) CAS No. 67-64-1

유해위험문구
- 눈에 심한 자극을 일으킴
- 삼켜서 기도로 유입되면 유해할 수 있음
- 졸음 또는 현기증을 일으킬 수 있음
- 고인화성 액체 및 증기

예방조치문구
예방 – 열·스파크·화염·고열로부터 멀리하시오 – 금연
　　용기를 단단히 밀폐하시오.
　　용기와 수용설비를 접합시키거나 접지하시오.
　　폭발 방지용 전기·환기·조명·(…)·장비를 사용하시오.
　　스파크가 발생하지 않는 도구만을 사용하시오.
　　정전기 방지 조치를 취하시오.
대응 – 삼켰다면 즉시 의료기관(의사)의 진찰을 받으시오.
　　피부(또는 머리카락)에 묻으면 오염된 모든 의복을 벗으시오.
　　피부를 물로 씻으시오/샤워하시오.
　　흡입하면 신선한 공기가 있는 곳으로 옮기고 호흡하기 쉬운 자세로 안정을 취하시오.
　　눈에 묻으면 몇 분간 물로 조심해서 씻으시오. 가능하면 콘택트렌즈를 제거하시오. 계속 씻으시오.
　　불편함을 느끼면 의료기관(의사)의 진찰을 받으시오.
　　토하게 하지 마시오.
　　눈에 자극이 지속되면 의학적인 조치·조언을 구하시오.
저장 – 용기는 환기가 잘 되는 곳에 단단히 밀폐하여 저장하시오.
　　환기가 잘 되는 곳에 보관하고 저온으로 유지하시오.
　　잠금장치가 있는 저장장소에 저장하시오.
폐기 – (관련 법규에 명시된 내용에 따라) 내용물 용기를 폐기하시오.

공급자정보 :

동영상 설명 화면은 작업자가 관리대상 유해물질을 취급하는 경우 작업장의 잘 보이는 곳에 관련 사항을 게시한 장면이다.

해답 ① 관리대상 유해물질의 명패
② 인체에 미치는 영향
③ 유해물질 취급 시 주의사항

④ 안전보호구 착용 안내
⑤ 응급조치 요령

02 드릴링 머신의 V 벨트 교체작업 시 안전수칙 3가지를 쓰시오.

동영상 설명 화면은 드릴링 머신 내부에 V 벨트가 설치된 장면이다.

해답 ① V 벨트 교체작업을 시작하기 전에 전원을 차단한다.
② 정비 및 수리 중에는 안내표지판을 부착하고 시건장치를 설치한다.
③ 천대장치를 사용하여 V 벨트를 교체한다.

03 화면을 보고, 컨베이어 작업 시 기인물과 가해물, 사고의 핵심원인, 그리고 안전조치사항 2가지를 쓰시오.

[동영상 설명] 화면은 작업자가 야간에 한 손으로 플래시를 들고 컨베이어 벨트를 점검하던 중, 컨베이어 위에 올려둔 손이 벨트 사이에 말려 들어가는 사고가 발생한 장면이다.

[해답] (1) 기인물과 가해물
　　① 기인물 : 컨베이어
　　② 가해물 : 컨베이어 벨트
　(2) 사고의 핵심원인 : 전원을 차단하지 않고 컨베이어를 점검하였다.
　(3) 안전조치사항
　　① 전원을 차단하여 컨베이어를 정지한 후 점검을 실시한다.
　　② 컨베이어에 비상정지장치를 설치한다.
　　③ 컨베이어 작업 시 적절한 조명을 확보한다.
　　④ 작업시작 전 기계를 점검한다.
　　⑤ 작업자에게 안전교육을 실시한다.

04 화면을 보고, 승강기 개구부로 추락하는 재해의 위험요인과 방지대책을 각각 3가지씩 쓰시오.

[동영상 설명] 화면은 작업자가 승강기 피트 내부에서 청소작업을 하던 중, 승강기 개구부로 추락하는 사고가 발생한 장면이다.

[해답] (1) 재해의 위험요인
　　① 안전난간 미설치
　　② 작업자가 안전대 미착용
　　③ 작업 발판 미고정
　　④ 추락 방호망 미설치
　(2) 재해 방지대책
　　① 안전난간 설치
　　② 작업자가 안전대 착용
　　③ 작업 발판 고정
　　④ 추락 방호망 설치
[참고] 추가 안전조치
　① 승강기 피트 작업 이전에 전원 차단과 작동 방지조치를 해야 한다.
　② 2인 1조로 작업하여 비상 상황에 대비한다.
　③ 작업 전 안전점검을 통해 위험요소를 제거하고 작업공간을 정리한다.

05 철골작업 시 악천후로 인해 작업을 중지해야 하는 기후 조건 3가지를 쓰시오.

[동영상 설명] 화면은 비가 많이 오는 악천후 속에서 철골작업이 진행 중인 건설현장을 보여주는 장면이다.

[해답] ① 풍속이 초당 10m 이상인 경우
　　② 시간당 강우량이 1mm 이상인 경우
　　③ 시간당 강설량이 1cm 이상인 경우

06 프레스의 비상정지스위치 작동 후 슬라이드가 하사점까지 도달하는 데 0.15초 걸렸다면, 양수기동식 빙호장치의 안전거리는 최소 몇 cm 이상이어야 하는지 구하시오.

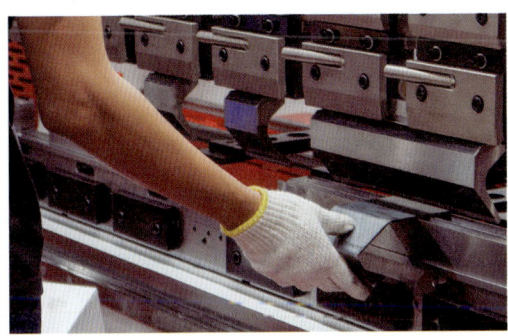

[동영상 설명] 화면은 프레스로 금형을 부착, 해체 또는 조정작업을 하는 장면이다.

[풀이] $D_m = 1.6 T_m = 1.6 \times 0.15$
　　　$= 0.24\,\text{m} = 24\,\text{cm}$

[해답] $24\,\text{cm}$

07 배전반 패널작업 시 감전사고를 예방하기 위해 주의해야 할 위험요인 2가지를 쓰시오.

[동영상 설명] 화면은 작업자가 배전반 패널작업을 하던 중, 감전사고가 발생한 장면이다.

[해답] ① 정전작업을 실시하지 않으면 감전 위험이 있다.
　　② 절연장갑 등 개인 보호구를 착용하지 않으면 감전 위험이 있다.
　　③ 전기설비의 접지상태를 확인하지 않으면 감전 위험이 있다.

08 화면을 보고, 창호 설치작업 시 추락사고의 원인 4가지를 쓰고, 가해물이 무엇인지 쓰시오.

동영상 설명 화면은 방호망이 설치되지 않은 높은 장소에서 작업자가 창호를 설치하던 중, 추락사고가 발생한 장면이다.

해답 (1) 추락사고의 원인
　① 안전대 미착용
　② 추락 방호망 미설치
　③ 안전난간 미설치
　④ 작업 발판 미설치
　⑤ 주변 정리정돈 및 청소상태 불량
(2) 사고의 가해물 : 바닥

09 화면을 보고, 도금작업 시 작업자의 건강을 보호하기 위해 착용해야 할 개인보호구의 종류 3가지를 쓰시오.

동영상 설명 화면은 작업자가 도금조에서 제품을 꺼내어 표면상태를 검사하고 도금작업을 하는 장면이다.

해답 ① 보안경
② 유기화합물용 방독마스크
③ 불침투성 보호복
④ 화학물질용 안전장갑
⑤ 화학물질용 안전화

제2회

01 화면을 보고, 승강기 와이어로프 청소 작업 시 발생할 수 있는 재해 원인 3가지를 쓰고, 재해 발생 위험점의 종류와 재해 발생형태 및 정의를 쓰시오.

동영상 설명 화면은 작업자가 승강기 와이어로프에 묻은 찌든 기름과 먼지를 청소하는 장면이다.

해답 (1) 재해의 원인
　　① 승강기를 정지하지 않고 청소하다가 손이 끼일 위험이 있다.
　　② 로프를 풀리에 걸칠 때 손이 끼일 위험이 있다.
　　③ 불필요한 행동으로 로프에 손이 말려 들어갈 위험이 있다.
　　(2) 위험점의 종류
　　① 끼임점
　　② 접선 물림점
　　(3) 재해 발생형태와 정의
　　① 재해 발생형태 : 끼임
　　② 끼임점의 정의 : 회전운동을 하는 부분과 고정 부분 사이에 발생하는 위험점

02 밀폐공간에서 작업 시 착용해야 할 개인 보호구와 핵심 위험요인을 각각 2가지씩 쓰시오.

동영상 설명 화면은 작업자가 밀폐공간에서 작업 중 유해가스로 인해 질식 위험에 처한 장면이다.

해답 (1) 개인 보호구
　　① 송기마스크
　　② 공기호흡기
　　(2) 핵심 위험요인
　　① 밀폐공간에서 산소농도가 18% 이하가 되면 산소결핍 상태가 되어 위험하다.
　　② 밀폐공간 작업 시 작업자가 유해가스에 의해 질식하거나 중독될 위험이 있다.
　　③ 가연성 가스, 증기, 가연성 분진이 있는 장소는 점화원에 의해 폭발 위험이 있다.

03 분진이 많이 날리는 터널 내부에서 방진마스크를 착용하지 않고 굴착작업을 하는 작업자에게 노출될 수 있는 위험요인 3가지를 쓰시오.

[동영상 설명] 화면은 터널 내에서 굴착한 토사를 컨베이어로 반출하는 작업 장면이다.

[해답] ① 터널 내부의 분진으로 진폐증이 발생할 위험이 있다.
② 터널 내부의 소음으로 난청이 발생할 위험이 있다.
③ 터널 내부의 신선한 공기 부족으로 산소 결핍 위험이 있다.

04 빌딩 해체작업 시 작업계획서에 포함되어야 할 사항 4가지를 쓰시오.

[동영상 설명] 화면은 빌딩 해체작업이 진행되고 있는 모습을 보여주는 장면이다.

[해답] ① 해체방법과 해체순서의 도면
② 해체물의 처분계획
③ 해체작업용 기계ㆍ기구 등의 작업계획서
④ 해체작업용 화약류 등의 사용계획서
⑤ 사업장 내 연락방법
⑥ 가설설비, 방호설비, 환기설비 등의 방법

05 화면을 보고, 선반작업 시 재해 발생요인 3가지와 재해에 존재하는 위험점을 쓰시오.

[동영상 설명] 화면은 작업자가 선반작업 중, 한 손으로 재료를 잡고 다른 손은 기계 위에 올린 상태에서, 작업에 집중하지 않고 옆을 보다가 손이 말려 들어가는 사고가 발생한 장면이다.

[해답] (1) 재해 발생요인
① 손으로 재료를 직접 잡고 있어 손을 다칠 위험이 있다.
② 기계 위에 손을 올려놓아 손을 다칠 위험이 있다.
③ 작업에 집중하지 않고 옆을 보다가 손을 다칠 위험이 있다.
(2) 위험점 : 회전 말림점

06 화면을 보고, 형강 교체작업 시 안전조치사항과 작업 중, 작업 완료 후의 안전조치사항을 각각 3가지씩 쓰시오.

> 동영상 설명   화면은 C.O.S(컷아웃 스위치)가 발판 옆에 걸쳐진 상태에서 작업자가 전봇대 발판을 딛고 형강 교체작업을 하던 중, 흡연하는 장면이다.

해답 (1) 형강 교체작업 시
　① 전원을 차단한 후 각 단로기를 개방한다.
　② 차단장치나 단로기에 잠금장치와 꼬리표를 부착한다.
　③ 난락 집지기구를 사용하여 접지한다.
(2) 작업 중
　① 개폐기를 관리한다.
　② 단락 접지상태를 점검한다.
　③ 작업 중 흡연을 금지하고 금연구역을 설정하여 관리한다.
(3) 작업 완료 후
　① 정전작업이 완료된 작업기구와 단락 접지기구를 제거하고, 전기기기가 안전하게 통전되는지 확인한다.
　② 작업이 완료된 진기기기에서 모든 작업지가 떨어져 있는지 확인하다.
　③ 잠금장치와 꼬리표는 설치한 작업자가 직접 철거한다.
　④ 모든 이상 유무를 확인한 후 전기기기의 전원을 투입한다.

07 화면을 보고, 갱폼 설치작업에서의 불안전한 상태 3가지와 가이데릭을 올바르게 고정하는 방법을 쓰시오.

> 동영상 설명   화면은 바닥에 눈이 많이 쌓여있고 갱폼 하부가 철사로 고정된 상태에서 버팀대가 제대로 고정되지 않은 채 갱폼 설치작업을 하는 장면이다.

해답 (1) 불안전한 상태
　① 갱폼의 하부가 철사로만 고정되어 있어 갱폼이 무너질 위험이 있다.
　② 버팀대가 제대로 고정되지 않아 미끄러질 우려가 있다.
　③ 철사로 고정 시 끊어질 우려가 있나.
(2) 가이데릭 고정방법
　와이어로프를 사용하여 결속한다.
참고   안정성을 높이기 위해 가이데릭은 2군데 이상에서 와이어로프로 고정한다.

08 프레스작업 시작 전 점검해야 할 사항 3가지를 쓰시오.

동영상 설명 화면은 작업자가 면장갑을 착용하고 프레스 작업을 하는 장면이다.

해답 ① 클러치 및 브레이크의 기능
② 방호장치의 기능
③ 크랭크축, 플라이휠, 슬라이드 등 연결 나사의 풀림 여부
④ 1행정 1정지기구, 급정지장치 및 비상 정지장치의 기능

09 석면이 함유된 건축물 해체작업 시 석면 분진의 발산과 작업자의 오염을 방지하기 위해 정해야 할 작업수칙 5가지를 쓰시오.

동영상 설명 화면은 석면이 함유된 건축물 해체 작업을 하는 장면이다.

해답 ① 진공청소기 등을 이용한 작업장 바닥의 청소방법
② 용기에 석면을 넣거나 꺼내는 작업방법
③ 석면을 담은 용기의 운반방법
④ 여과집진방식 집진장치의 여과재 교환방법
⑤ 해당 작업에 사용된 용기 등의 치리빙법
⑥ 이상 상태가 발생한 경우의 응급 조치
⑦ 보호구의 사용, 점검, 보관 및 청소방법
⑧ 작업자의 왕래와 외부 기류 또는 기계 진동 등에 의한 분진의 흩날림을 방지하기 위한 조치
⑨ 분진이 쌓일 염려가 있는 깔개 등을 작업장 바닥에 방치하는 행위를 방지하기 위한 조치

제3회

01 화면을 보고, 수중펌프 작업 시 감전을 방지하기 위한 방호장치를 쓰시오.

> **동영상 설명** 화면은 전원 접속부에 감전사고를 방지하기 위한 방호장치를 설치하고 수중펌프 작업을 하는 장면이다.

해답 감전 방지용 누전차단기

02 작업자의 안전을 위해 필요한 안전조치 사항 3가지를 쓰시오.

> **동영상 설명** 화면은 유해 화학물질과 전기를 사용하는 크롬 노금직업이 진행 중인 장면이다.

해답 ① 국소배기장치가 정상적으로 작동하는지 수시로 확인한다.

② 작업장 바닥에 누출된 도금액은 즉시 세척한다.

③ 젖은 손으로 전기 시설을 조작하지 않는다.

④ 방독마스크, 보호장갑, 불침투성 보호복 등 개인 보호구를 착용한다.

03 화면을 보고, 타워크레인 작업 시 안전수칙을 준수하지 않아 발생한 재해원인 3가지를 쓰시오.

> **동영상 설명** 화면은 크레인으로 봉강을 운반하던 중, 신호수 없이 유도로프도 사용하지 않고 1줄 걸이로 작업하다가, 봉강이 흔들리며 로프가 끊어져 아래에서 작업 중이던 작업자와 충돌한 사고 장면이다.

해답 ① 크레인으로 봉강을 인양하는 하부에 출입을 통제하지 않았다.

② 유도로프를 사용하지 않았다.

③ 1줄 걸이로 결속하였다.

④ 로프의 사용 기준에 맞는지 점검하지 않았다.

04 안전대와 연결하여 사용하며, 추락할 경우 자동으로 잠금장치가 작동하는 개인 보호구의 명칭과 그 정의를 쓰시오.

동영상 설명 화면은 작업자가 안전모, 안전벨트, 안전화를 착용한 모습으로, 안전대와 연결하여 사용하는 부품들을 함께 보여주는 장면이다.

해답 ① 개인 보호구의 명칭 : 안전블록
② 정의 : 추락이 발생할 경우 자동으로 잠금장치가 작동하여 추락을 억제하고, 죔줄이 자동으로 수축되는 장치를 말한다.

05 고소작업대를 이동할 경우 준수해야 할 사항 2가지를 쓰시오.

동영상 설명 화면은 고소작업대를 이동하는 현장 모습을 보여주는 장면이다.

해답 ① 작업대를 가장 낮은 위치로 내린다.
② 작업대를 올린 상태에서 작업자를 태우고 이동하지 않는다.
③ 이동 통로의 요철이나 장애물 유무를 확인한다.

06 화면을 보고, 감전 재해의 발생형태를 쓰고, 재해의 위험요인 3가지를 쓰시오.

동영상 설명 화면은 작업자가 전원을 차단하지 않은 상태에서 용접기 접지선(어스선)을 잡아당기다가 감전 재해가 발생한 장면이다.

해답 (1) 재해의 발생형태 : 감전(전류 접촉)
(2) 위험요인
① 자동전격방지기를 설치하지 않아 작업자가 접지선에 접촉하여 감전될 위험이 있다.
② 누전차단기를 설치하지 않아 용접기에 접촉하여 감전될 위험이 있다.
③ 접지를 실시하지 않아 용접기에 접촉하여 감전될 위험이 있다.
④ 절연장갑을 착용하지 않아 감전될 위험이 있다.

07 지게차를 이용한 운반작업 시 작업시작 전 점검해야 할 사항 4가지를 쓰시오.

동영상 설명 화면은 지게차를 이용하여 물건을 운반하는 장면이다.

해답 ① 제동장치 및 조종장치 기능의 이상 유무
② 하역장치 및 유압장치 기능의 이상 유무
③ 바퀴의 이상 유무
④ 전조등, 후미등, 방향지시기 및 경보장치 기능의 이상 유무

08 건물 해체직업의 작업계획서 작성 시 포함되어야 할 사항 4가지를 쓰시오.

동영상 설명 화면은 집게 포그레인을 이용하여 건물을 해체하던 중, 해체 잔해물이 작업자에게 떨어져 재해가 발생한 장면이다.

해답 ① 해체방법 및 해체순서 도면
② 가설설비, 방호설비, 환기설비 등의 방법
③ 사업장 내 연락방법
④ 해체물의 처분계획
⑤ 해체작업용 기계 및 기구 등의 작업계획서
⑥ 해체작업용 화약류 등의 사용계획서

09 다음에 해당하는 방독마스크 흡수통의 색상을 쓰시오.

(1) 암모니아용 :
(2) 아황산용 :
(3) 시안화수소용 :
(4) 황화수소용 :
(5) 할로겐용 :
(6) 유기화합물용 :

동영상 설명 화면은 작업자가 방독마스크와 보호복을 착용하고 화학물질을 취급하는 장면이다.

해답 (1) 녹색
(2) 노란색
(3) 회색
(4) 회색
(5) 회색
(6) 갈색

PART 4

작 업 형
기출문제

2019년 작업형 기출문제

제1회

01 변압기가 활선인지 확인할 수 있는 방법 3가지를 쓰시오.

동영상 설명 화면은 작업자가 변압기의 활선 여부를 점검하는 장면이다.

해답 ① 검전기로 검사한다.
② 활선 경보기로 확인한다.
③ 테스터기의 지싯값으로 검사한다.

02 화면을 보고, 가스폭발의 종류와 그 정의를 쓰시오.

동영상 설명 화면은 인화성 물질을 취급하고 저장하는 장소에서 가스가 대기 중에 구름처럼 유출되어 폭발하는 장면이다.

해답 ① 가스폭발의 종류 : 증기운 폭발
② 증기운 폭발의 정의 : 인화성 가스가 대기 중에 구름처럼 유출되어 점화원에 의해 순간적으로 폭발하는 현상

03 화면을 보고, 사출성형기 작업 시 재해유형과 이에 적합한 방호장치 2가지를 쓰시오.

동영상 설명 화면은 작업자가 사출성형기의 금형에서 이물질을 제거하던 중, 손을 다치는 사고가 발생한 장면이다.

해답 (1) 재해 유형 : 끼임
(2) 적합한 방호장치
① 게이트 가드식 방호장치
② 양수 조작식 방호장치

04 화면을 보고, 창호 설치작업 시 추락사고의 원인 4가지를 쓰고, 가해물이 무엇인지 쓰시오.

동영상 설명 화면은 방호망이 설치되지 않은 높은 장소에서 작업자가 창호를 설치하던 중, 추락사고가 발생한 장면이다.

해답 (1) 추락사고의 원인
　① 안전대 미착용
　② 추락 방호망 미설치
　③ 안전난간 미설치
　④ 작업 발판 미설치
　⑤ 주변 정리정돈 및 청소상태 불량
　(2) 사고의 가해물 : 바닥

05 화면을 보고, 크레인 작업 시 철제 비계의 낙하 및 비래 위험을 방지하기 위한 예방대책 3가지를 쓰시오.

동영상 설명 화면은 철제 비계를 와이어로프 한 줄로 묶고, 보조로프 없이 크레인을 이용하여 운반하던 중, 신호수 간의 신호방법이 맞지 않아 철제 비계가 흔들리며 철골에 부딪히는 장면이다.

해답 ① 작업 반경 내 관계자 이외의 사람은 출입을 금지한다.
　② 와이어로프의 안전상태를 점검한다.
　③ 훅의 해지장치 및 안전상태를 점검한다.
　④ 화물이 빠지지 않도록 점검한다.
　⑤ 보조로프를 설치한다.
　⑥ 신호방법을 정하고 신호수의 신호에 따라 작업한다.

06 밀폐공간에서 질식사고의 위험에 대비하기 위해 갖추어야 할 비상시 피난용구 4가지를 쓰시오.

동영상 설명 화면은 작업자가 슬러지 제거작업을 하기 위해 선박의 밸러스트 탱크 내부로 내려가는 장면이다.

해답 ① 안전대
　② 사다리
　③ 구명밧줄
　④ 섬유로프
　⑤ 공기호흡기
　⑥ 송기마스크

07 화면을 보고, 형강 교체작업 시 발생할 수 있는 감전 위험요인과 추락 위험요인을 각각 2가지씩 쓰시오.

> **동영상 설명** 화면은 전봇대에서 형강 교체작업을 하는 장면이다.

해답 (1) 감전 위험요인
　① 활선에 근접하므로 감전 위험이 있다.
　② 개폐기 오작동으로 인한 감전 위험이 있다.
　③ 근접 활선의 정전유도로 정전선로가 충전되어 감전 위험이 있다.
(2) 추락 위험요인
　① 작업 중 안전장치나 발판이 부족하여 작업자가 추락할 위험이 있다.
　② 작업 시 불안정한 자세나 작업 위치에서의 실수로 인한 추락 위험이 있다.
　③ 높은 위치에서 작업할 때 안전장비가 충분하지 않아 추락 위험이 있다.

08 화면을 보고, 드럼통 운반작업에서의 위험요인과 안전대책을 각각 3가지씩 쓰시오.

> **동영상 설명** 화면은 작업자가 중량물 드럼통을 혼자 손으로 굴리며 운반하던 중, 허리를 삐끗하며 다리를 다치는 사고가 발생한 장면이다.

해답 (1) 위험요인
　① 중량물을 인력으로 운반할 경우 위험하다.
　② 중량물의 흔들림이나 이동을 제대로 조절하지 않았다.
　③ 작업에 적합한 운반기구를 사용하지 않았다.
　④ 불량한 작업 자세로 인해 허리를 다칠 수 있다.
(2) 안전대책
　① 중량물 운반 시 기계를 사용하며 인력으로 운반하는 것은 피한다.
　② 드럼통이 흔들리지 않도록 주의한다.
　③ 작업에 적합한 운반기구를 사용한다.
　④ 올바른 작업 자세를 유지하여 허리를 보호한다.

09 화면을 보고, 추락사고의 원인 3가지와 이를 방지하기 위한 안전대책 3가지를 각각 쓰시오.

동영상 설명 화면은 작업자가 건설공사 현장에서 작업 발판이 설치되지 않은 구역을 통과하던 중, 추락사고가 발생한 장면이다.

해답 (1) 추락사고의 원인
　　① 작업 발판 미설치
　　② 작업자 안전대 미착용
　　③ 안전난간 미설치
　　④ 추락 방호망 미설치
　　⑤ 작업장 정리정돈 불량
　(2) 안전대책
　　① 작업 발판 설치
　　② 작업자 안전대 착용
　　③ 안전난간 설치
　　④ 추락 방호망 설치
　　⑤ 작업장 정리정돈 철저

제2회

01 화면을 보고, 슬라이스 기계의 위험점과 위험요인을 쓰시오.

동영상 설명 화면은 김치 제조공장에서 슬라이스 기계로 무채를 써는 작업 중, 기계가 멈추자 작업자가 슬라이스 부분의 덮개를 열고 고무장갑을 낀 채 무채를 제거하려다 기계가 갑자기 작동하여 사고가 발생한 장면이다.

해답 (1) 위험점 : 절단점
　(2) 위험요인
　　① 인터록 장치가 설치되어 있지 않아 기계가 예기치 않게 작동할 위험이 있다.
　　② 무채 전용 공구를 사용하지 않고 고무장갑을 낀 손으로 작업하여 재해가 발생할 위험이 있다.
　　③ 전원을 차단하지 않고 기계를 점검하여 기계가 갑자기 작동할 위험이 있다.

02 화면을 보고, 컨베이어 벨트 점검 시 작업자의 안전을 위한 조치사항 3가지를 쓰시오.

동영상 설명 화면은 작업자가 야간에 손전등을 들고 컨베이어 벨트를 점검하던 중, 손이 롤러 사이에 끼이는 사고가 발생한 장면이다.

해답 ① 컨베이어 벨트 점검 전 전원을 차단한다.
② 점검 시 장갑을 착용하지 않는다.
③ 야간에는 되도록 점검을 피한다.
④ 비상정지장치를 설치한다.
⑤ 원동기, 회전축, 기어 및 풀리 등의 덮개 또는 울 등의 이상 유무를 확인한다.

03 화면을 보고, 도금작업 시 작업자의 건강을 보호하기 위해 착용해야 할 개인 보호구의 종류 3가지를 쓰시오.

동영상 설명 화면은 작업자가 도금조에서 제품을 꺼내어 표면상태를 검사하고 도금작업을 하는 장면이다.

해답 ① 보안경
② 유기화합물용 방독마스크
③ 불침투성 보호복
④ 화학물질용 안전장갑
⑤ 화학물질용 안전화

04 제한된 밀폐공간에서 작업 중 질식사고를 방지하기 위한 보호구 2가지를 쓰시오.

동영상 설명 화면은 선박의 밸러스트 탱크 내부에서 작업자가 슬러지(sludge) 제거작업 중 질식으로 고통을 호소하는 장면이다.

해답 ① 송기마스크
② 공기호흡기

05 변압기가 활선인지 확인할 수 있는 방법 3가지를 쓰시오.

> **동영상 설명** 화면은 작업자가 변압기의 활선 여부를 점검하는 장면이다.

해답 ① 검전기로 검사한다.
② 활선 경보기로 확인한다.
③ 테스터기의 지싯값으로 검사한다.

06 건물 해체작업을 안전하게 수행하기 위해 작업계획서에 반드시 포함되어야 할 내용 5가지를 쓰시오.

> **동영상 설명** 화면은 굴착기를 이용하여 건물 해체작업을 하는 장면이다.

해답 ① 해체방법 및 해체순서에 대한 도면
② 가설설비, 방호설비, 환기설비 및 살수 · 방화설비 등의 설치방법
③ 사업장 내 연락체계
④ 해체물의 처분계획
⑤ 해체작업용 기계 · 기구 등의 작업계획
⑥ 해체작업용 화약류 등의 사용계획
⑦ 기타 안전 · 보건에 관련된 사항

07 화면을 보고, 흙막이 지보공이 붕괴되는 재해를 예방하기 위한 정기점검 사항 3가지를 쓰시오.

> **동영상 설명** 화면은 작업자가 흙막이 지보공이 붕괴되는 모습을 보고 놀라는 장면이다.

해답 ① 부재의 손상, 변형, 부식, 변위 및 탈락의 유무와 상태
② 버팀대의 긴압 정도
③ 부재의 접속부, 부착부 및 교차부의 상태
④ 침하의 정도

08 둥근톱기계 작업 시 사용할 수 있는 안전 보조장치의 종류 5가지를 쓰시오.

> **동영상 설명** 화면은 작업자가 둥근톱기계를 이용하여 목재 절단작업을 하는 장면이다.

해답 ① 날 접촉예방장치
② 밀대
③ 평행조정기
④ 분할날
⑤ 반발방지롤러
⑥ 반발방지기구

09 화면을 보고, 작업 시 위험요인 2가지를 쓰시오.

> **동영상 설명** 화면은 증기가 흐르는 고소 배관을 점검하기 위해 작업자가 이동식 사다리에 올라가 장갑을 착용한 채 양손으로 작업하던 중, 사다리가 흔들리면서 추락하여 바닥에 부딪히는 사고가 발생한 장면이다.

해답 ① 이동식 사다리를 안전하게 고정하지 않았다.
② 양손을 동시에 사용하여 작업자세가 불안정하다.

제3회

01 화면을 보고, 형강 교체작업 시 안전조치사항과 작업 중, 작업 완료 후의 안전조치사항을 각각 3가지씩 쓰시오.

> **동영상 설명** 화면은 COS(컷아웃 스위치)가 발판 옆에 걸쳐진 상태에서 작업자가 전봇대의 발판을 딛고 형강 교체작업을 하던 중, 사고가 발생한 장면이다.

해답 (1) 작업 시 안전조치사항
　① 전원을 차단한 후 단로기를 개방한다.
　② 단락 접지기구를 이용하여 접지한다.
　③ 검전기를 이용하여 작업대상 기기가 충전상태인지 확인한다.
　(2) 작업 중 안전조치사항
　① 개폐기의 상태를 관리한다.
　② 단락 접지상태를 관리한다.
　③ 근접 활선에 대한 방호 관리를 한다.
　(3) 작업 완료 후 안전조치사항
　① 작업 완료 후 단락 접지기구를 제거하고, 기기가 안전하게 통전되는지 확인한다.
　② 모든 작업자가 작업기기에서 떨어져 있는지 확인한 후, 잠금장치와 꼬리표를 직접 제거한다.
　③ 이상 유무를 최종 확인한 후 전원을 투입한다.

02 석면이 함유된 건축물 해체작업 시 석면 분진의 발산과 작업자의 오염을 방지하기 위해 정해야 할 작업수칙 5가지를 쓰시오.

> **동영상 설명** 화면은 석면이 함유된 건축물 해체 작업을 하는 장면이다.

해답 ① 진공청소기 등을 이용한 작업장 바닥의 청소방법
　② 용기에 석면을 넣거나 꺼내는 작업방법
　③ 석면을 담은 용기의 운반방법
　④ 여과집진방식 집진장치의 여과재 교환방법
　⑤ 해당 작업에 사용된 용기 등의 처리방법
　⑥ 이상 상태가 발생한 경우의 응급 조치
　⑦ 보호구의 사용, 점검, 보관 및 칭소방법
　⑧ 작업자의 왕래와 외부 기류 또는 기계 진동 등에 의한 분진의 흩날림을 방지하기 위한 조치
　⑨ 분진이 쌓일 염려가 있는 깔개 등을 작업장 바닥에 방치하는 행위를 방지하기 위한 조치

03 화면을 보고, 발파작업 시 화약 장전에 사용되는 재료와 관련하여 발생할 수 있는 위험요인을 쓰시오.

동영상 설명 화면은 터널 내부에서 발파작업을 위해 화약을 장전한 후 전선을 정리한 상태를 보여주는 장면이다.

해답 화약 장전 시 마찰, 충격, 정전기 등에 의한 폭발위험이 없는 재료를 사용해야 한다. 작업자가 철물을 사용하면 이러한 위험이 증가하므로 매우 위험하다.

04 화학약품을 맨손으로 다룰 경우 유해물질이 작업자의 인체로 흡수되는 경로 3가지를 쓰시오.

동영상 설명 화면은 실험실에서 작업자가 화학약품을 맨손으로 다루고 있는 장면이다.

해답 ① 피부 접촉을 통해 흡수된다.
② 호흡기를 통해 흡수된다.
③ 입을 통해 흡수된다.

05 화면을 보고, 드릴작업 시 문제점과 안전작업대책을 각각 3가지씩 쓰시오.

동영상 설명 화면은 작업자가 보안경 없이 면장갑만 착용한 채, 방호장치 없이 고정되지 않은 드릴로 금속의 구멍을 넓히며, 손으로 가공물을 잡고 작업하는 장면이다.

해답 (1) 드릴작업 시 문제점
① 작업자가 보안경을 착용하지 않았다.
② 드릴머신에 방호 덮개를 설치하지 않았다.
③ 투명 비산 방지판을 설치하지 않았다.
④ 가공물을 손으로 잡고 있다.
(2) 안전작업대책
① 작업자가 보안경을 착용한다.
② 드릴머신에 방호 덮개를 설치한다.
③ 투명 비산 방지판을 설치한다.
④ 가공물을 바이스나 지그로 고정한다.

06 화면을 보고, 고압선 아래에서 항타기·항발기 작업 시 재해 발생의 직접적 원인 2가지와 사업주의 감전 예방조치사항 3가지를 쓰시오.

동영상 설명 화면은 고압선 아래에서 이동식 크레인 또는 항타기·항발기를 이용하여 작업하던 중, 붐대가 고압선에 닿아 감전사고가 발생한 장면이다.

해답 (1) 재해 발생의 직접적 원인
① 충전 전로에 대한 접근 한계거리를 300cm 이상 유지하지 않았다.
② 충전 전로에 절연용 방호구를 설치하지 않았다.
(2) 사업주의 감전 예방조치사항
① 이동식 크레인 등을 충전 전로의 충전부로부터 300cm 이상 이격시키되, 대지 전압이 50kV를 넘는 경우, 10kV 증가할 때마다 이격거리를 10cm씩 증가시킨다.
② 노출된 충전부에 절연용 방호구를 설치하고 충전부를 절연, 격리한다.
③ 울타리를 설치하거나 감시인을 배치하여 작업을 감시한다.
④ 접지 등 충전 전로와 접촉할 우려가 있는 경우, 작업자가 접지점에 접촉되지 않도록 한다.

07 크롬 도금작업 시 발생하는 유해물질에 대한 안전수칙 4가지를 쓰시오.

동영상 설명 화면은 작업자가 마스크를 착용하지 않고 안전장갑만 착용한 상태에서 크롬 도금작업을 하는 장면이다.

해답 ① 작업시작 전 반드시 안전 보호구를 착용한다.
② 배기장치의 가동 여부를 확인한다.
③ 후드 개구면 주위에 흡입을 방해하는 물질이 있는지 확인하고 제거한다.
④ 약품은 정해진 용도 외에는 사용을 금지한다.
⑤ 작업장 주위의 점화원을 제거한다.

08 화면을 보고, 이동식 크레인 작업 시 운전자의 안전조치사항 3가지를 쓰시오.

> **동영상 설명** 화면은 이동식 크레인으로 비계를 운반하던 중, 시스템 비계를 내리는 과정에서 비계가 흔들려 아래에 있던 작업자와 충돌하는 사고가 발생한 장면이다.

해답 ① 인양 중인 하물이 작업자의 머리 위를 통과하지 않도록 한다.
② 운전자는 작업 중 운전석을 이탈하지 않도록 한다.
③ 이동식 크레인의 지브(jib)와 인양물이 부딪치지 않도록 주의한다.

09 산업용 로봇의 오작동 방지를 위한 작업지침에 포함해야 할 사항 3가지를 쓰시오.

> **동영상 설명** 화면은 작업자가 산업용 로봇의 작동범위 내에서 교시작업을 하며, 로봇의 오작동으로 인한 위험방지를 위해 작업지침을 설정하여 작업하는 장면이다.

해답 ① 로봇의 조작방법 및 순서
② 작업 중 매니퓰레이터의 속도
③ 2인 이상 작업자가 작업할 때의 신호방법
④ 이상이 발생했을 때의 조치 및 로봇의 운전을 정지시킨 후 재가동할 때의 절차
⑤ 로봇의 예기치 못한 작동 또는 오작동에 의한 위험을 방지하기 위한 조치

2020년 작업형 기출문제

01 화면을 보고, 철제 비계의 낙하 및 비래 위험을 방지하기 위한 재해 예방대책 3가지를 쓰시오.

동영상 설명 화면은 철제 비계를 와이어로프 1줄로 묶고, 보조로프 없이 크레인으로 운반하던 중, 신호수 간 신호방법이 맞지 않아 물체가 흔들리며 철골에 부딪히는 장면이다.

해답 ① 작업 반경 내 관계자 이외의 사람은 출입을 금지한다.
② 와이어로프의 안전 상태를 점검한다.
③ 훅의 해지장치 및 안전 상태를 점검한다.
④ 화물이 빠지지 않도록 점검한다.
⑤ 보조로프를 설치한다.
⑥ 신호방법을 정하고 신호수의 신호에 따라 작업한다.

02 비계 높이가 2m 이상인 작업장에서 작업 발판의 설치기준 5가지를 쓰시오.

동영상 설명 화면은 작업자 2명이 비계의 최상단 난간을 밟고 불안정하게 서서 작업 발판을 주고받던 중, 추락사고가 발생한 장면이다.

해답 ① 작업 발판의 폭은 40cm 이상이어야 한다.
② 발판 재료 간의 틈은 3cm 이하로 유지해야 한다.
③ 발판 재료는 작업 시 하중을 견딜 수 있노록 견고해야 한다.
④ 작업 발판이 추락할 위험이 있는 장소에는 안전난간을 설치해야 한다.
⑤ 작업 발판 재료는 뒤집히거나 떨어지지 않도록 둘 이상의 지지물에 연결하거나 고정해야 한다.

03 화면을 보고, 고열물체를 취급하는 작업자가 착용해야 할 개인 보호구의 명칭을 쓰시오.

동영상 설명 화면은 작업자가 고온의 용융금속을 취급하는 장면이다.

해답 ① 방열장갑
② 방열복

04 화면을 보고, 특수 화학설비의 이상상태를 조기에 파악하기 위해 설치해야 할 방호장치 4가지를 쓰시오.

동영상 설명 화면은 특수 화학설비를 설치할 때 내부의 이상상태를 조기에 파악하기 위해 계측장치를 설치한 장면이다.

해답 ① 계측기기(온도계, 압력계, 유량계 등)
② 자동경보장치
③ 긴급차단장치
④ 예비 동력원

05 작업자가 밀폐공간 작업 프로그램을 수립하고 시행할 때 반드시 포함해야 할 내용 4가지를 쓰시오.

동영상 설명 화면은 밀폐공간에서 작업 중인 작업자들의 모습을 보여주는 장면이다.

해답 ① 사업장 내 밀폐공간의 위치 파악 및 관리 방안
② 밀폐공간 내에서 질식이나 중독을 일으킬 수 있는 유해·위험요인의 파악 및 관리 방안
③ 밀폐공간 작업 시 사전에 확인해야 할 사항에 대한 확인 절차
④ 안전보건교육 및 훈련
⑤ 밀폐공간에서 작업하는 작업자의 건강장해 예방에 관한 사항

06 화면을 보고, 산업안전보건법상 컨베이어 작업시작 전 점검사항 3가지를 쓰시오.

동영상 설명 화면은 A 작업자가 정지된 컨베이어를 점검하던 중, B 작업자가 갑자기 전원 스위치를 눌러 A 작업자의 손이 컨베이어 벨트에 끼이는 사고가 발생한 장면이다.

해답 ① 원동기 및 풀리 기능의 이상 유무
② 이탈방지장치 기능의 이상 유무
③ 비상정지장치 기능의 이상 유무
④ 원동기, 회전축, 기어 및 풀리 등의 덮개 또는 울의 이상 유무

07 화면을 보고, 전동 권선기 작업 시 재해의 발생유형과 발생원인 3가지를 쓰시오.

동영상 설명 화면은 전동 권선기로 동선을 감는 작업 중, 고장으로 기계가 멈추자 작업자가 보호구를 착용하지 않고 기계를 점검하다가 감전 재해가 발생한 장면이다.

해답 (1) 재해의 발생유형 : 감전(전류 접촉)
(2) 재해 발생원인
① 작업을 시작하기 전 권선기를 점검하지 않았다.
② 전원을 차단하지 않고 권선기 점검을 실시하였다.
③ 절연장갑을 착용하지 않았다.

08 프레스에 사용할 수 있는 유효한 방호장치 4가지를 쓰시오.

동영상 설명 화면은 급정지기구가 부착되지 않은 프레스에 금속판을 밀어 넣는 과정에서 손 끼임 사고가 발생한 장면이다.

해답 ① 양수기동식 방호장치
② 게이트 가드 방호장치
③ 수인식 방호장치
④ 손쳐내기식 방호장치

09 화면을 보고, 박공지붕 위에서 설치작업 시 재해예방을 위한 안전대책 3가지를 쓰시오.

> **동영상 설명** 화면은 작업자가 안전모와 안전화를 착용하고 안전대는 착용하지 않은 상태로, 추락 방호망과 안전난간이 설치되지 않은 박공지붕 위에서 작업하던 중, 추락사고가 발생한 장면이다.

해답 ① 작업자는 반드시 안전대를 착용한다.
② 추락 방호망을 설치한다.
③ 지붕 가장자리에 안전난간을 설치한다.
④ 자재를 한 곳에 과적하지 않는다.

제2회

01 화면을 보고, 폭발사고의 원인이 되는 발화원의 형태는 무엇인지 쓰고, 발화원의 종류와 방지대책을 각각 2가지씩 쓰시오.

> **동영상 설명** 화면은 작업자가 인화성 물질 저장소에 들어와 윗옷을 벗는 순간, 정전기 스파크로 인해 폭발사고가 발생한 장면이다.

해답 (1) 발화원의 형태 : 정전기 스파크
(2) 발화원의 종류
① 작업자가 윗옷을 벗을 때 발생하는 박리대전
② 작업자가 이동할 때 발생하는 마찰대전
③ 기계 장비의 작동으로 인한 스파크
(3) 방지대책
① 정전기 방지용 안전화와 제전복을 착용한다.
② 인화성 물질 저장소 주변에서 불꽃 작업을 금지한다.
③ 정전기 제거용 장비를 사용하여 정전기 축적을 방지한다.
참고 ① 박리대전 : 밀착된 두 물체가 서로 분리될 때, 표면에 있던 자유전자가 이동하여 정전기가 발생하는 현상
② 마찰대전 : 두 물체가 서로 마찰할 때, 접촉면에서 자유전자의 이동이 일어나면서 정전기가 발생하는 현상

02 화면을 보고, 재해 방지를 위해 건설용 리프트에 설치해야 할 방호장치 4가지를 쓰시오.

동영상 설명 화면은 작업자가 건설용 리프트의 안전상태를 점검하던 중, 점검 중이던 리프트가 갑자기 움직여 작업자가 끼이는 사고가 발생한 장면이다.

해답 ① 과부하방지장치 ② 권과방지장치
③ 비상정지장치 ④ 제동장치

03 유기용제 취급 작업장에서 작업자가 준수해야 할 안전수칙 3가지를 쓰시오.

동영상 설명 화면은 유기용제 취급 작업장에서 두 작업자가 적절한 보호구를 착용하지 않은 채 유기용제 용기를 들고 대화하는 장면이다.

해답 ① 작업자는 유기화합물용 보호복, 안전장갑, 안전화, 보안경, 방독마스크를 착용한다.
② 작업장에서는 흡연을 금지한다.
③ 작업장에 환기장치를 설치한 후 작동시킨다.

04 화면을 보고, 선반작업에 관하여 다음 물음에 답하시오.

(1) 손이 말려 들어가는 부분에 존재하는 위험점과 그 정의를 쓰시오.
(2) 선반작업에서의 위험요인 3가지를 쓰시오.

동영상 설명 화면은 선반작업 중 작업자가 면장갑을 착용한 채 샌드페이퍼를 손으로 잡고 작업하던 중, 손이 말려 들어가는 사고가 발생한 장면이다.

해답 (1) ① 위험점 : 회전 말림점
② 회전 말림점의 정의 : 회전하는 물체에 작업복, 면장갑 등이 말려 들어가면서 발생하는 위험점
(2) ① 작업자가 샌드페이퍼를 손으로 잡고 작업하였다.
② 작업자가 면장갑을 착용한 상태에서 작업하였다.
③ 위험점에 덮개가 설치되지 않았다.

05 철골 구조물 작업 중 기상 악화로 작업을 중지해야 하는 기준을 쓰시오.

[동영상 설명] 화면은 철골 구조물 작업현장에서 강한 바람으로 작업이 어려운 상황을 보여주는 장면이다.

[해답] ① 풍속이 초당 10m 이상인 경우
② 강우량이 시간당 1mm 이상인 경우
③ 강설량이 시간당 1cm 이상인 경우

06 둥근톱기계 작업 시 사용할 수 있는 안전 보조장치의 종류 5가지를 쓰시오.

[동영상 설명] 화면은 작업자가 둥근톱기계를 이용하여 목재 절단작업을 하는 장면이다.

[해답] ① 날 접촉예방장치 ② 밀대
③ 평행조정기 ④ 분할날
⑤ 반발방지롤러 ⑥ 반발방지기구

07 화면을 보고, 타워크레인 작업 시 안전수칙을 준수하지 않아 발생한 재해원인 3가지를 쓰시오.

[동영상 설명] 화면은 크레인으로 봉강을 운반하던 중, 신호수 없이 유도로프도 사용하지 않고 1줄 걸이로 작업하다가, 봉강이 흔들리며 로프가 끊어져 아래에서 작업 중이던 작업자와 충돌한 사고 장면이다.

[해답] ① 크레인으로 봉강을 인양하는 하부에 출입을 통제하지 않았다.
② 유도로프를 사용하시 않았다.
③ 1줄 걸이로 결속하였다.
④ 로프의 사용 기준에 맞는지 점검하지 않았다.

08 화면을 보고, 증기 배관작업 시 발생할 수 있는 핵심 위험요인 2가지를 쓰시오.

동영상 설명 화면은 작업자가 장갑과 보안경 없이 안전모만 착용한 상태로, 수공구를 사용하여 증기배관 보수작업을 하는 장면이다.

해답 ① 배관 보수작업 이전에 배관 내 증기를 제거하지 않아 작업 중 증기가 노출될 위험이 있다.
② 방열장갑과 보안경을 착용하지 않아 배관 보수 중 고온의 배관이나 증기에 의한 화상 위험이 있다.

09 화면을 보고, 유기화합물을 취급하는 작업자의 눈, 손, 피부(몸)에 필요한 보호구를 쓰시오.

동영상 설명 화면은 작업자가 보호구를 착용하지 않고 변압기의 양쪽에 나와 있는 선을 양손으로 든 다음, 유기화합물통에 넣었다 빼서 옆 작업대에 올리는 작업 장면이다.

해답 ① 눈 : 보안경
② 손 : 화학물질용 안전장갑
③ 피부(몸) : 불침투성 보호복
참고 호흡기 보호구
① 방진마스크   ② 방독마스크
③ 송기마스크

제3회

01 화면을 보고, 절단작업 시 작업자의 불안전한 행동 3가지를 쓰고, 착용해야 할 개인 보호구를 쓰시오.

동영상 설명 화면은 작업자가 물을 절삭유처럼 사용하며 대리석 절단작업을 하는 모습을 보여준다. 작업 중 막대로 수압 조절밸브를 두드리며 조절하고, 작동 중인 절단기 위로 이동한다. 이 과정에서 한쪽 날이 정지하자, 다른 쪽 날이 작동 중인 상태에서 손으로 점검하려다 재해가 발생한 장면이다.

해답 (1) 위험요인
① 절단기를 정지시키지 않고 점검하여, 날에 손이 닿아 부상을 입을 위험이 있다.
② 작동 중인 절단기 위로 이동할 때 미끄러져 다칠 위험이 있다.
③ 보안경을 착용하지 않아 눈에 파편이 튈 위험이 있다.
(2) 개인 보호구
① 보안경
② 안전장갑
③ 안전화
④ 방진마스크

02 교류아크용접기를 이용하여 용접작업을 준비할 때 작업자가 접촉 시 감전될 수 있는 위험 부위 3가지를 쓰시오.

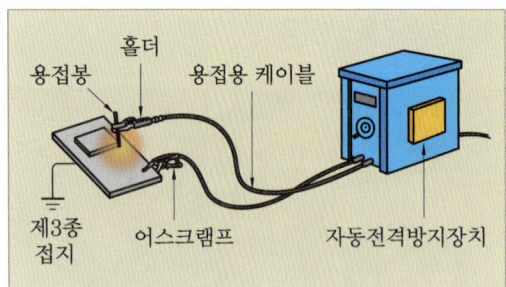

> **동영상 설명** 화면은 교류아크용접기의 구성요소를 보여주는 장면이다.

해답 ① 용접봉
② 용접기 홀더
③ 용접기 케이블
④ 용접기 리드 단자

03 철골작업 시 기상 조건에 따라 안전을 위해 작업을 중지해야 하는 기준 3가지를 쓰시오.

> **동영상 설명** 화면은 악천후 속에서 타워크레인을 이용하여 철골작업을 진행하는 장면이다.

해답 ① 풍속이 초당 10 m 이상인 경우
② 강우량이 시간당 1 mm 이상인 경우
③ 강설량이 시간당 1 cm 이상인 경우

04 화면을 보고, 인화성 물질 저장소의 핵심 위험요인과 화재 예방방법 3가지를 쓰시오.

> **동영상 설명** 화면은 인화성 물질이 담긴 가스통이 세워져 있는 작업장에서 폭발사고가 발생한 장면이다.

해답 (1) 핵심 위험요인
인화성 물질의 증기와 정전기 등의 발화원이 접촉하면 화재 및 폭발의 위험이 있다.
(2) 화재 예방방법
① 통풍 및 환기, 분진 제거 등의 조치를 취해야 한다.
② 화재와 폭발을 미리 감지하기 위해 가스 감지 및 경보장치를 설치한다.
③ 인화성 물질이 담긴 용기의 밀폐상태를 확인하고, 작업자에게 안전보건교육을 실시한다.

05 화면을 보고, 지붕 위 패널 설치작업 시 재해원인 2가지를 쓰시오.

동영상 설명 화면은 공장 지붕 철골 위에서 패널 설치작업을 하던 중, 작업자가 실족하여 추락사고가 발생한 장면이다.

해답 ① 안전대 부착 설비 미설치
② 안전대 미착용
③ 추락 방호망 미설치

06 빌딩 해체작업 시 작업계획서에 포함되어야 할 사항 4가지를 쓰시오.

동영상 설명 화면은 빌딩 해체작업이 진행되고 있는 모습을 보여주는 장면이다.

해답 ① 해체방법과 해체순서의 도면
② 해체물의 처분계획
③ 해체작업용 기계 · 기구 등의 작업계획서
④ 해체작업용 화약류 등의 사용계획서
⑤ 사업장 내 연락방법
⑥ 가설설비, 방호설비, 환기설비 등의 방법

07 배전반 패널작업 시 감전사고를 예방하기 위해 주의해야 할 위험요인 2가지를 쓰시오.

동영상 설명 화면은 작업자가 배전반 패널작업을 하던 중, 감전사고가 발생한 장면이다.

해답 ① 정전작업을 실시하지 않으면 감전 위험이 있다.
② 절연장갑 등 개인 보호구를 착용하지 않으면 감전 위험이 있다.
③ 전기설비의 접지상태를 확인하지 않으면 감전 위험이 있다.

08 화면을 보고, 도장작업 시 방독마스크를 착용할 때 지켜야 할 안전수칙 4가지를 쓰시오.

> **동영상 설명** 화면은 작업자가 방독마스크를 착용한 상태에서 도료와 용제를 사용하여 스프레이 건으로 파이프 도장작업을 하는 장면이다.

해답 ① 유해가스에 적합한 흡수관을 사용한다.
② 파과된 흡수관은 절대 사용하지 않는다.
③ 산소가 결핍된 장소에서는 방독마스크를 사용하지 않는다.
④ 방독마스크에 과도하게 의존하지 말고, 기본적인 안전 지식을 갖춘 후 사용한다.

09 화면을 보고, 활선작업 시 감전사고에 관하여 다음 물음에 답하시오.

(1) 변압기 활선작업 시 감전사고 예방을 위한 활선 유무 확인방법 3가지를 쓰시오.
(2) 감전사고의 원인을 3가지 쓰시오.
(3) 작업자가 착용해야 하는 개인 보호구 2가지를 쓰시오.

> **동영상 설명** 화면은 1만 볼트의 고압이 인가된 기계에 변압기를 연결하여 내전압 검사를 진행하던 중 감전사고가 발생한 장면이다.

해답 (1) ① 활선 접근 경보기(검전기)로 점검하여 확인한다.
② 테스터기를 사용하여 지싯값을 확인한다.
③ 전원 투입 개폐기의 ON/OFF 상태를 확인한다.
(2) ① 절연장갑 등 개인 보호구를 착용하지 않았다.
② 신호전달 체계가 확립되지 않았다.
③ 활선 및 정전상태를 확인하지 않는 등 작업자 안전수칙을 준수하지 않았다.
(3) ① 절연장갑
② 절연화
③ 절연안전모

2021년 작업형 기출문제

제1회

01 화면을보고, 탁상 연삭기에 관하여 다음에 대해 쓰시오.

(1) 기인물
(2) 파편, 연삭 칩의 비래에 대비하여 설치해야 하는 방호장치
(3) 숫돌과 가공면과의 적절한 각도
(4) 위험요소 3가지

동영상 설명 화면은 작업자가 연삭기로 공작물을 연삭하던 중, 공작물이 튀어 사고가 발생한 장면이다.

해답 (1) 탁상용 연삭기
(2) 덮개 및 칩 비산방지투명판
(3) 연삭기 정면에서 15°
(4) ① 덮개 및 칩 비산방지투명판을 설치하지 않았다.
② 보안경을 착용하지 않았다.
③ 워크리스트 작업대를 설치하지 않았다.

02 화면을 보고, 천장 크레인 작업 시 천장 크레인의 방호장치 3가지와 안전검사 주기를 쓰시오.

동영상 설명 화면은 천장 크레인을 이용하여 강관을 트럭 위로 옮기던 중, 강관이 떨어져 트럭 위에 있던 작업자가 깔리는 사고가 발생한 장면이다.

해답 (1) 방호장치
① 과부하방지장치
② 권과방지장치
③ 비상정지장치
④ 제동장치
(2) 안전검사 주기 : 크레인은 설치 완료일로부터 3년 이내에 최초 안전검사를 실시하며, 그 이후에는 2년마다 안전검사를 실시해야 한다. 단, 건설 현장에서 사용하는 크레인은 설치일로부터 6개월마다 안전검사를 받아야 한다.

03 화면을 보고, 연삭작업 시 불안전한 행동 3가지와 안전대책 2가지를 쓰시오.

> **동영상 설명** 화면은 작업자가 보안경과 방진마스크는 착용하지 않고 안전모와 면장갑을 착용한 채, 덮개가 설치되지 않은 휴대용 연삭기의 숫돌 측면으로 연삭작업을 하던 중, 재해가 발생한 장면이다.

해답 (1) 불안전한 행동
① 연삭기에 덮개를 설치하지 않았다.
② 작업자가 보안경과 방진마스크를 착용하지 않았다.
③ 연삭기의 숫돌 측면을 이용하여 작업하였다.
④ 작업자가 면장갑을 착용하고 작업하였다.
(2) 안전대책
① 연삭기에 덮개를 설치해야 한다.
② 작업자는 보안경과 방진마스크를 착용해야 한다.
③ 연삭기의 숫돌 정면을 이용하여 작업해야 한다.
④ 작업자는 면장갑을 착용하지 않고 작업해야 한다.

04 화면을 보고, 재해의 발생형태와 작업자의 불안전한 행동을 쓰시오.

> **동영상 설명** 화면은 작업자가 손에 물을 묻혀가며 도자기 만드는 작업을 하던 중, 물에 젖은 손으로 전기 스위치를 조작하던 순간, 감전으로 인해 쓰러지는 재해가 발생한 장면이다.

해답 ① 재해 발생형태 : 감전
② 불안전한 행동 : 물에 젖은 손으로 전기 스위치를 조작하였다.

05 화면을 보고, 고열물체를 취급하는 작업자가 착용해야 할 개인 보호구의 명칭을 쓰시오.

> **동영상 설명** 화면은 작업자가 고온의 용융금속을 취급하는 장면이다.

해답 ① 방열장갑　　② 방열복

06 화면을 보고, 이동식 사다리의 설치기준 3가지를 쓰시오.

동영상 설명 화면은 이동식 사다리를 이용하여 작업하던 중, 사다리가 넘어져 재해가 발생한 장면이다.

해답 ① 길이는 6 m 이내로 한다.
② 사다리의 다리 벌림 각도는 벽 높이의 1/4 정도로 한다.
③ 사다리 상부는 벽면으로부터 최소 60 cm 이상 떨어지게 설치한다.
④ 이동식 사다리의 기울기는 75° 이하로 유지한다.

07 화면을 보고, 철제 파이프 등 부속품의 낙하를 방지하기 위한 예방 조치사항 3가지를 쓰시오.

동영상 설명 화면은 철제 파이프를 로프로 느슨하게 묶어 비계 위로 들어 올리던 중, 로프가 풀리면서 아래에서 작업하던 작업자에게 파이프가 떨어지는 사고가 발생한 장면이다.

해답 ① 달줄이나 달포대를 사용하여 부속품을 안전하게 고정한다.
② 작업구역의 하부에는 작업자의 접근을 금지한다.
③ 작업 전에 로프의 줄걸이 상태를 철저히 점검한다.

08 화면을 보고, 슬라이스 기계 작업 시 재해 방지대책 3가지를 쓰시오.

동영상 설명 화면은 울, 덮개, 인터록 장치가 설치되지 않은 슬라이스 기계로 치즈를 얇게 썰던 중, 기계가 멈춰 작업자가 점검하던 사이 갑자기 기계가 작동하여 사고가 발생한 장면이다.

해답 ① 울을 설치한다.
② 인터록 장치를 설치한다.
③ 기계 점검 시 전원을 차단하고 점검한다.
④ 슬라이스 부분에 덮개를 설치한다.

09 화면을 보고, 크롬 도금작업 시 위험요소 3가지를 쓰시오.

동영상 설명 화면은 도금작업장으로, 바닥이 쇠망으로 되어 있으며, 여러 금속 제품들이 도금액에 담겨 있는 장면이다.

해답 ① 크롬 화합물의 흡입으로 인한 중독 위험
② 도금액이 담긴 금속 제품과의 접촉으로 인한 감전 위험
③ 인화성 물질이 존재하는 경우 화재 및 폭발 위험

제2회

01 화면을 보고, 컨베이어 작업 시 기인물과 가해물, 사고의 핵심원인, 그리고 안전조치사항 2가지를 쓰시오.

동영상 설명 화면은 작업자가 야간에 한 손으로 플래시를 들고 컨베이어 벨트를 점검하던 중, 컨베이어 위에 올려둔 손이 벨트 사이에 말려 들어가는 사고가 발생한 장면이다.

해답 (1) 기인물과 가해물
① 기인물 : 컨베이어
② 가해물 : 컨베이어 벨트
(2) 사고의 핵심원인 : 전원을 차단하지 않고 컨베이어를 점검하였다.
(3) 안전조치사항
① 전원을 차단하여 컨베이어를 정지한 후 점검을 실시한다.
② 컨베이어에 비상정지장치를 설치한다.
③ 컨베이어 작업 시 적절한 조명을 확보한다.
④ 작업시작 전 기계를 점검한다.
⑤ 작업자에게 안전교육을 실시한다.

02 화면을 보고, 버스 정비작업 시 준수해야 할 사항 3가지를 쓰시오.

동영상 설명 화면은 작업 감시자가 없는 상태에서 정비사가 대형버스의 엔진룸을 열고 점검하던 중, 운전기사가 주변상황을 확인하지 않고 버스에 올라 시동을 거는 순간, 점검 중이던 정비사의 팔이 회전하는 벨트에 말려 들어가는 사고가 발생한 장면이다.

해답 ① 정비작업 중임을 알리는 안내 표지판을 설치한다.
② 작업과정을 지휘할 감시자를 배치한다.
③ 시동장치에 잠금장치를 한다.
④ 작업 시 버스 시동키를 별도로 관리한다.

03 화면을 보고, 전기 양수기 점검 시 감전사고의 원인 3가지를 쓰시오.

동영상 설명 화면은 작업자가 면장갑을 착용하고 작동 중인 양수기를 점검하던 중, 수공구를 던지며 부주의하게 작업하다가 회전 샤프트에 손이 말려 들어가는 사고가 발생한 장면이다.

해답 ① 정전작업을 하지 않았다.
② 감전 방지용 누전차단기를 설치하지 않았다.
③ 절연장갑 등 절연용 보호구를 착용하지 않았다.

04 화면을 보고, 재해 방지대책 3가지를 쓰시오.

동영상 설명 화면은 간이 칸막이로 구분된 작업장에서 작업자가 동료와 의사소통을 위해 2개의 차단기 중 하나의 전원을 켜던 중, 실수로 다른 차단기의 전원을 켜서 감전사고가 발생한 장면이다.

해답 ① 각 차단기에 해당 회로명을 명확히 표기한다.
② 차단기에 잠금장치와 꼬리표를 부착하고 설치한 작업자가 직접 철거한다.
③ 무전기 등 작업자 간 연락을 원활히 할 수 있는 설비를 설치한다.
④ 작업 전 작업자들에게 전기 안전교육을 실시한다.

05 화면을 보고, 거푸집 운반작업과 관련하여 다음을 각각 3가지씩 쓰시오.

(1) 거푸집 운반작업의 위험요인
(2) 안전대책
(3) 관리 감독자의 역할

동영상 설명 화면은 거푸집을 1줄 걸이로 결속하여 크레인으로 운반하던 중, 손상된 와이어로프가 거푸집을 제대로 지탱하지 못해 흔들리다가 로프가 끊어져 작업자가 깔리는 사고가 발생한 장면이다.

해답 (1) 거푸집 운반작업의 위험요인
① 1줄 걸이 상태로 잘못된 줄걸이 방법을 사용하였다.
② 흔들림 방지를 위한 유도로프를 사용하지 않았다.
③ 손상된 와이어로프를 교체하지 않고 사용하였다.
④ 훅의 해지장치를 체결하지 않았다.
⑤ 작업 반경 내에 관계자 외 출입을 금지하지 않았다.
(2) 안전대책
① 2줄 걸이로 올바른 줄걸이 방법을 사용한다.
② 유도로프를 설치하여 거푸집의 흔들림을 방지한다.
③ 와이어로프 상태를 점검하고, 사용 가능한 기준에 맞는 와이어로프를 사용한다.
④ 훅의 해지장치를 체결한다.
⑤ 작업 반경 내에 관계자 외 출입을 금지한다.
(3) 관리 감독자의 역할
① 작업방법, 작업자 배치, 거푸집 운반작업을 지휘한다.
② 작업에 사용하는 기구 및 공구의 기능을 점검한다.
③ 작업자들이 안전모 등 안전 보호구를 착용했는지 감시한다.
④ 작업 전 모든 위험요소에 대해 작업자들에게 안전교육을 실시한다.
⑤ 작업환경 및 장비의 이상 여부를 사전에 점검한다.

06 화면을 보고, 지게차 운전자가 작업 시작 전 취해야 할 조치사항 3가지를 쓰시오.

동영상 설명 화면은 지게차에 적재된 화물이 운전자의 시야를 방해하여 사고가 발생한 장면이다.

해답 ① 운전자가 하차하여 주변을 확인한다.
② 신호수를 지정하여 신호에 따라 지게차를 유도하고 서행하게 한다.
③ 경적을 울리고 경광등을 켠다.

07 화면을 보고, 크레인 작업 시 재해 발생 형태와 발생원인 3가지를 쓰시오.

동영상 설명 화면은 크레인을 이용하여 물품을 트럭에 하역하는 작업을 하던 중, 물품이 떨어져 작업자와 충돌하는 사고가 발생한 장면이다.

해답 (1) 재해 발생형태 : 낙하(맞음)
　(2) 발생원인
　　① 와이어로프를 호이스트 훅 끝에 불안 전하게 걸쳐 놓았다.
　　② 보조로프를 설치하지 않았다.
　　③ 위험구간 내에서 수신호를 하고 있다.

08 화면을 보고, 프레스 작업 시 발생할 수 있는 위험요인 3가지를 쓰시오.

동영상 설명 화면은 급정지기구가 부착되지 않은 프레스로 금속판에 구멍을 뚫는 편칭작업 중 재 해가 발생한 장면이다.

해답 ① 슬라이드가 하강하여 신체가 끼일 위 험이 있다.
　② 페달을 잘못 밟아 슬라이드가 작동하여 손을 다칠 위험이 있다.
　③ 금형에 붙어 있는 이물질을 제거할 때 손을 다칠 위험이 있다.
　④ 금형에 붙어 있는 이물질이 튀어 눈을 다 칠 위험이 있다.

09 특수 화학설비의 내부 이상상태를 조기 에 파악하기 위해 필요한 계측장치 4가 지를 쓰시오.

동영상 설명 화면은 특수 화학설비의 내부 이상 상태를 조기에 파악하기 위해 계측장치를 설치 한 장면이다.

해답 ① 압력계
　② 유량계
　③ 온도계
　④ 자동경보장치
　⑤ 긴급차단장치

제3회

01 화면을 보고, 인화성 물질 저장소의 핵심 위험요인과 화재 예방방법 3가지를 쓰시오.

동영상 설명 화면은 인화성 물질이 담긴 가스통이 세워져 있는 작업장에서 폭발사고가 발생한 장면이다.

해답 (1) 핵심 위험요인
인화성 물질의 증기와 정전기 등의 발화원이 접촉하면 화재 및 폭발의 위험이 있다.
(2) 화재 예방방법
① 통풍 및 환기, 분진 제거 등의 조치를 취해야 한다.
② 화재와 폭발을 미리 감지하기 위해 가스 감지 및 경보장치를 설치한다.
③ 인화성 물질이 담긴 용기의 밀폐상태를 확인하고, 작업자에게 안전보건교육을 실시한다.

02 화면을 보고, 컨베이어 작업 시 재해 발생요인과 필요한 조치사항을 각각 2가지씩 쓰시오.

동영상 설명 화면은 보호장치가 설치되지 않은 컨베이어 기계에서 작업하는 모습을 보여준다. A 작업자가 바닥에서 박스를 올려주는 도중, B 작업자가 회전하는 벨트 끝부분에서 양팔을 벌려 박스를 받으려다가 중심을 잃고 넘어지는 사고가 발생한 장면이다.

해답 (1) 재해 발생요인
① 방호울과 덮개 등 안전장치가 설치되지 않아 작업자가 회전하는 벨트에 노출되어 위험하다.
② 작업자가 회전하는 벨트의 끝부분에 불안정한 자세로 서 있어 위험하다.
(2) 필요한 조치사항
① 방호장치를 설치하여 작업자가 회전하는 벨트에 접근하지 않도록 한다.
② 작업자는 벨트와 충분히 거리를 두어 안전한 위치에서 작업해야 한다.

03 항타기 작업 안전규정에 대한 다음 설명을 보고 (   ) 안에 알맞은 내용을 쓰시오.

- 항타기 또는 항발기의 권상장치 드럼축과 권상장치로부터 첫 번째 도르래의 축간거리는 권상장치 드럼 폭의 (①) 이상이어야 한다.
- 도르래는 권상장치 드럼의 (②)을 지나야 하며, 축과 (③)상에 있어야 한다.

동영상 설명 화면은 작업자가 항타기로 콘크리트 파일을 설치하고 있는 장면이다.

해답 ① 15배
② 중심
③ 수직면

04 화면을 보고, 산소결핍 장소의 산소농도는 몇 % 미만인지 쓰고, 산소결핍 장소나 가스, 증기, 분진 흡입 등의 위험이 있는 장소에서 착용해야 할 개인 보호구 2가지를 쓰시오.

동영상 설명 화면은 밀폐된 공간에서 작업자가 유해가스와 산소결핍의 위험 속에서 작업하는 장면이다.

해답 (1) 산소농도 : 18% 미만
(2) 개인 보호구
① 송기마스크
② 공기호흡기

05 화면을 보고, 전동톱 작업 시 재해의 형태와 가해물, 기인물을 쓰시오.

동영상 설명 화면은 작업자가 목재 토막을 가공대 위에 올려놓고 한 발로 고정한 상태에서 전동톱을 이용하여 절단작업을 하던 중, 발판이 흔들려 균형을 잃고 넘어지는 사고가 발생한 장면이다.

해답 ① 재해형태 : 넘어짐(전도)
② 가해물 : 바닥
③ 기인물 : 작업 발판
해설 ① 가해물 : 넘어질 때 충돌한 대상
② 기인물 : 균형을 잃게 만든 원인물

06 화면을 보고, 사고 예방을 위한 안전작업대책 2가지를 쓰시오.

동영상 설명 화면은 작업자가 비계에서 추락하는 사고 장면이다. 작업자는 안전모를 착용했지만 안전대를 미착용한 상태로, 발판이 설치되지 않은 강관비계에서 비계를 연결하던 중, 비계가 흔들리면서 추락사고가 발생하였다.

해답 ① 작업 발판을 설치하고 발판 위에서 작업한다.
② 안전대를 반드시 착용한다.

07 화면을 보고, 승강기 모터 벨트 청소작업에서 발생할 수 있는 위험점과 그 정의를 쓰시오.

동영상 설명 화면은 작업자가 승강기 전원을 끄지 않고 모터 벨트와 와이어로프에 묻은 기름과 먼지를 걸레로 닦던 중, 승강기가 갑자기 움직여 모터 상부의 고정부분에 손이 끼이는 사고가 발생한 장면이다.

해답 ① 위험점 : 협착점
② 협착점의 정의 : 움직이는 부품과 고정된 부품 사이에 형성되는 위험점

08 화면을 보고, 드럼통 운반작업에서의 위험요인과 안전대책을 각각 3가지씩 쓰시오.

동영상 설명 화면은 작업자가 중량물 드럼통을 혼자 손으로 굴리며 운반하던 중, 허리를 삐끗하며 다리를 다치는 사고가 발생한 장면이다.

해답 (1) 위험요인
① 중량물을 인력으로 운반할 경우 위험하다.
② 중량물의 흔들림이나 이동을 제대로 조절하지 않았다.
③ 작업에 적합한 운반기구를 사용하지 않았다.
④ 불량한 작업 자세로 인해 허리를 다칠 수 있다.
(2) 안전대책
① 중량물 운반 시 기계를 사용하며 인력으로 운반하는 것은 피한다.
② 드럼통이 흔들리지 않도록 주의한다.
③ 작업에 적합한 운반기구를 사용한다.
④ 올바른 작업 자세를 유지하여 허리를 보호한다.

09 화면을 보고, 펀칭작업 시 안전을 위해 설치할 수 있는 방호장치와 작업시작 전 점검해야 할 사항을 각각 3가지씩 쓰시오.

동영상 설명 화면은 급정지기구가 부착되지 않은 프레스를 보여주는 장면이다.

해답 (1) 방호장치
① 손쳐내기식 방호장치
② 수인식 방호장치
③ 게이트 가드식 방호장치
(2) 작업시작 전 점검사항
① 클러치 및 브레이크의 기능
② 프레스의 금형 및 고정 볼트 상태
③ 방호장치의 기능
④ 1행정 1정지기구, 급정지장치 및 비상정지장치의 기능
⑤ 슬라이드 또는 칼날에 의한 위험방지 기구의 기능
⑥ 전단기의 칼날 및 테이블 상태
⑦ 크랭크축, 플라이휠, 슬라이드, 연결봉 및 연결 나사의 풀림 여부

2022년 작업형 기출문제

01 화면을 보고, 천장 크레인 작업 시 천장 크레인의 방호장치 3가지와 안전검사 주기를 쓰시오.

> **동영상 설명** 화면은 천장 크레인을 이용하여 강관을 트럭 위로 옮기던 중, 강관이 떨어져 트럭 위에 있던 작업자가 깔리는 사고가 발생한 장면이다.

해답 (1) 방호장치
   ① 과부하방지장치
   ② 권과방지장치
   ③ 비상정지장치
   ④ 제동장치
(2) 안전검사 주기 : 크레인은 설치 완료일로부터 3년 이내에 최초 안전검사를 실시하며, 그 이후에는 2년마다 안전검사를 실시해야 한다. 단, 건설 현장에서 사용하는 크레인은 설치일로부터 6개월마다 안전검사를 받아야 한다.

02 화면을 보고, 프레스 작업 시 사고를 예방하기 위한 방호 조치사항 2가지를 쓰시오.

> **동영상 설명** 화면은 프레스 작업 중 작업자가 손으로 이물질을 제거하다가 실수로 페달을 밟아 손이 기계에 끼이는 사고가 발생한 장면이다.

해답 ① 이물질을 손으로 제거하시 않고, 수공구(플라이어, 집게 등)와 같은 전용 공구를 사용하여 제거한다.
② 프레스가 정지되거나 일시정지 상태일 때는 페달에 커버(U자형 덮개)를 씌운다.
③ 이물질 제거작업은 반드시 프레스의 전원을 차단한 후 실시한다.

03 화면을 보고, 밀폐공간에서의 사고 대비를 위한 비상용 피난 장비 3가지를 쓰고, 작업자가 탱크 내부에서 30분 이상 작업할 경우 착용해야 할 개인 보호구 2가지를 쓰시오.

[동영상 설명] 화면은 작업자가 선박 탱크 내부에서 슬러지 작업을 하던 중, 의식을 잃고 쓰러지는 사고가 발생한 장면이다.

[해답] (1) 비상용 피난 장비
　　① 구명밧줄　　② 섬유로프
　　③ 도르래　　　④ 사다리
　　⑤ 안전대
　　(2) 착용해야 할 개인 보호구
　　① 송기마스크　　② 공기호흡기

04 퓨즈 교체 작업 시 발생할 수 있는 감전 재해의 원인 2가지를 쓰시오.

[동영상 설명] 화면은 작업자가 퓨즈를 교체하는 작업 중 감전사고가 발생한 장면이다.

[해답] ① 전원을 차단하지 않고 퓨즈를 교체하였다.
　　② 절연장갑을 착용하지 않고 교체작업을 하였다.

05 화면을 보고, 둥근톱기계 작업 시 안전을 위해 필요한 조치사항 3가지를 쓰시오.

[동영상 설명] 화면은 작업자가 둥근톱기계를 이용하여 나무를 자르던 중, 부주의로 손가락이 잘리는 사고가 발생한 장면이다.

[해답] ① 날 접촉예방장치, 반발방지기구, 반발방지롤러, 분할날, 보조 안내판 등을 설치한다.
　　② 둥근톱기계 작업 시 손이 말려 들어갈 위험이 있으므로 장갑을 착용하지 않는다.
　　③ 나무 파편 등이 튀는 경우를 대비하여 보안경과 방진마스크 등의 보호구를 착용한다.
　　④ 다른 곳을 보는 등 부주의한 행동을 하지 않는다.

06 화면을 보고, 교량 하부 점검 시 재해의 발생원인 3가지를 쓰시오.

동영상 설명 화면은 작업자가 안전장치 없이 교량 하부를 점검하다가 추락하는 사고가 발생한 장면이다.

해답 ① 안전난간 미설치
② 추락 방호망 미설치
③ 안전대 부착 설비 미설치
④ 작업자가 안전대 미착용
⑤ 작업시작 전 작업 발판 등 설비 미점검

07 화면을 보고, 재해의 발생형태와 발생원인 2가지를 쓰고, 기인물과 가해물을 쓰시오.

동영상 설명 화면은 아파트 창틀에서 A 작업자가 B 작업자에게 작업 발판을 건네주던 중, B 작업자가 이동하다가 발을 헛디뎌 작업장 바닥으로 추락하는 사고가 발생한 장면이다.

해답 (1) 재해 발생형태 : 떨어짐(추락)
(2) 발생원인
① 안전난간을 설치하지 않았다.
② 추락 방호망을 설치하지 않았다.
③ 작업자가 안전대를 착용하지 않았다.
(3) 기인물 : 작업 발판
(4) 가해물 : 바닥

08 이동식 비계 위에서 작업할 경우 위험요인 2가지를 쓰시오.

동영상 설명 화면은 안전난간이 없는 이동식 비계에서 작업자가 목재 작업 발판 위에서 작업하던 중, 비계가 흔들려 추락하는 장면이다.

해답 ① 작업 발판이 불량하여 추락할 위험이 있다.
② 안전난간이 설치되지 않아 추락할 위험이 있다.
③ 바퀴를 고정하지 않으면 비계가 흔들릴 위험이 있다.

09 화면을 보고, 산업안전보건법상 컨베이어 작업시작 전 점검사항 3가지를 쓰시오.

동영상 설명 화면은 A 작업자가 정지된 컨베이어를 점검하던 중, B 작업자가 갑자기 전원 스위치를 눌러 A 작업자의 손이 컨베이어 벨트에 끼이는 사고가 발생한 장면이다.

해답 ① 원동기 및 풀리 기능의 이상 유무
② 이탈방지장치 기능의 이상 유무
③ 비상정지장치 기능의 이상 유무
④ 원동기, 회전축, 기어 및 풀리 등의 덮개 또는 울의 이상 유무

제2회

01 화면을 보고, 컨베이어 작업 시 재해요인과 재해발생 시 조치할 사항을 각각 2가지씩 쓰시오.

동영상 설명 화면은 두 작업자가 경사용 컨베이어 아래에서 포대를 올리던 중, 삐뚤게 놓인 채 올라가던 포대에 발이 걸려 작업자가 넘어지면서, 기계 하단 롤러에 팔이 말려 들어가는 사고가 발생한 장면이다.

해답 (1) 재해요인
① 덮개나 울과 같은 안전장치가 설치되지 않았다.
② 작업자가 위험한 위치에서 작업하고 있었다.
(2) 재해발생 시 조치할 사항
① 컨베이어의 비상정지장치를 작동한다.
② 주변 작업자에게 위험상황을 알리고, 안전한 장소로 대피시킨다.

02 화면을 보고, 슬라이스 기계작업 시 재해 방지를 위한 안전예방대책 3가지를 쓰시오.

동영상 설명 화면은 슬라이스 기계로 무채 써는 작업을 하는 장면이다.

해답 ① 인터록 장치를 설치한다.
② 기계를 점검할 때는 전원을 차단하고 점검한다.
③ 슬라이스 부분에 덮개를 설치한다.

03 프레스 작업 시 금형에 붙어있는 이물질을 제거할 때 위험요인 3가지를 쓰시오.

동영상 설명 화면은 작업장 바닥에 철판 쓰레기가 있는 상태에서 프레스 작업을 하던 중, 작업자가 장갑을 착용한 손으로 이물질을 제거하는 장면이다.

해답 ① 프레스 페달을 밟아 슬라이드가 작동하여 손을 다칠 수 있다.
② 금형에 붙어 있는 이물질을 제거할 때 손을 다칠 수 있다.
③ 금형에 붙어 있는 이물질을 제거할 때 이물질이 튀어 눈을 다칠 수 있다.
④ 작업장의 정리정돈 상태가 불량하여 작업자가 넘어져 다칠 수 있다.

04 화면을 보고, 선반작업 시 재해 위험점과 그 정의를 쓰시오.

동영상 설명 화면은 작업자가 안전모와 면장갑을 착용하고 선반작업을 하던 중, 회전하는 축에 면장갑과 작업복이 말려 들어가는 사고가 발생한 장면이다.

해답 ① 위험점 : 회전 말림점
② 회전 말림점의 정의 : 회전하는 축에 작업복 등이 말려 들어가면서 발생하는 위험점

05 화면을 보고, 교류아크용접기 사용에 관하여 다음 물음에 답하시오.

(1) 기인물을 쓰시오.
(2) 착용해야 할 개인 보호구 2가지를 쓰시오.
(3) 교류아크용접기 사용 전 점검해야 할 사항 2가지를 쓰시오.

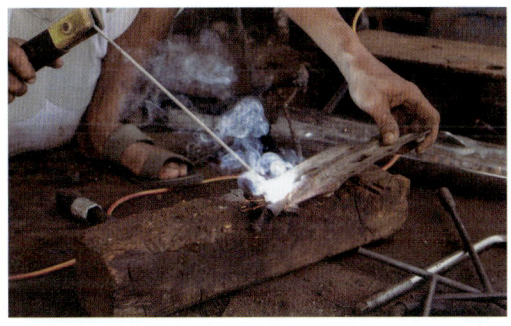

동영상 설명 화면은 작업자가 일반 모자를 쓰고 안전화와 절연장갑을 착용하지 않은 상태에서 교류아크용접작업을 하던 중, 슬래그를 제거하고 비드를 육안으로 확인한 뒤, 다시 용접을 시도하는 순간 감전사고가 발생한 장면이다.

해답 (1) 교류아크용접기
(2) 보안면, 절연장갑, 절연화, 절연안전모
(3) ① 용접기 외함의 접지상태 확인
② 자동전격방지기 작동상태 확인
③ 용접봉 홀더의 절연상태 확인
④ 케이블의 피복 손상상태 확인
참고 용접 작업 시 눈 보호 장비로는 보안면과 보안경이 모두 사용될 수 있지만, 눈과 얼굴을 보호하기 위해서는 보안면이 적합하며, 보안경은 용접작업보다 다른 작업에서 더 많이 사용된다.

06 화면을 보고, 배전반 점검 시 감전 재해의 위험요인과 방지대책을 각각 2가지씩 쓰시오.

동영상 설명 화면은 작업자가 절연장갑을 착용하지 않고 십자드라이버로 배전반 내부를 점검하던 중, 다른 작업자가 배전반의 문을 닫으면서 작업자의 손이 내부 전기 부품과 접촉하여 감전사고가 발생한 장면이다.

해답 (1) 위험요인
① 절연장갑을 착용하지 않고 작업하였다.
② 내전압용 절연장갑 등 절연용 보호구를 착용하지 않았다.
③ 작업 중 전원을 차단하지 않았다.
(2) 방지대책
① 내전압용 절연장갑 등 절연용 보호구를 착용한다.
② 작업 중 전원을 반드시 차단한다.
③ 작업 전, 전기 설비에 대한 점검과 안전조치를 완료한 후 작업을 시작한다.

07 화면을 보고, 재해 방지를 위해 건설용 리프트에 설치해야 할 방호장치 4가지를 쓰시오.

동영상 설명 화면은 작업자가 건설용 리프트의 안전상태를 점검하던 중, 점검 중이던 리프트가 갑자기 움직여 작업자가 끼이는 사고가 발생한 장면이다.

해답
① 과부하방지장치
② 권과방지장치
③ 비상정지장치
④ 제동장치

08 화면을 보고, 작업 시 위험요인 2가지를 쓰시오.

동영상 설명 화면은 증기가 흐르는 고소 배관을 점검하기 위해 작업자가 이동식 사다리에 올라가 장갑을 착용한 채 양손으로 작업하던 중, 사다리가 흔들리면서 추락하여 바닥에 부딪히는 사고가 발생한 장면이다.

해답
① 이동식 사다리를 안전하게 고정하지 않았다.
② 양손을 동시에 사용하여 작업자세가 불안정하다.

09 화면을 보고, 박공지붕 작업 시 낙하물 사고를 방지하기 위한 대책 3가지를 쓰시오.

동영상 설명 화면은 작업자가 박공지붕 위에서 기와를 쌓던 중, 쌓아놓은 재료가 아래로 떨어져 지붕 아래에 있던 작업자의 머리에 부딪히는 사고가 발생한 장면이다.

해답
① 경사지붕 하부에 낙하물 방지망을 설치한다.
② 박공지붕의 과적을 금지하고 체결상태를 확인한다.
③ 작업자가 낙하 위험 장소에서 휴식하지 않도록 한다.

제3회

01 화면을 보고, 컨베이어 작업 시 재해 위험요인 2가지를 쓰시오.

동영상 설명 화면은 컨베이어가 가동 중인 상태에서 작업자가 컨베이어 상부의 모서리를 딛고 전등을 교체하던 중, 바닥으로 추락하는 사고가 발생한 장면이다.

해답 ① 작업자가 가동 중인 컨베이어 상부의 모서리를 딛고 서서 전등을 교체하였다.
② 전원을 차단하지 않고 전등을 교체하였다.
③ 컨베이어가 가동 중이므로 전도(넘어짐) 위험이 있다.

02 화면을 보고, 사출성형기 작업 시 재해의 발생형태와 원인 2가지를 쓰시오.

동영상 설명 화면은 작업자가 전원을 차단하지 않고 보호구도 착용하지 않은 채, 맨손으로 사출성형기 작업을 하다가 충전부에 접촉하여 감전사고가 발생한 장면이다.

해답 (1) 재해 발생형태 : 감전
(2) 원인
① 정전작업 미실시
② 절연용 보호구 미착용

03 화면을 보고, 감전 재해의 발생형태를 쓰고, 재해의 위험요인 3가지를 쓰시오.

동영상 설명 화면은 작업자가 전원을 차단하지 않은 상태에서 용접기 접지선(어스선)을 잡아당기다가 감전 재해가 발생한 장면이다.

해답 (1) 재해의 발생형태 : 감전(전류 접촉)
(2) 위험요인
① 자동전격방지기를 설치하지 않아 작업자가 접지선에 접촉하여 감전될 위험이 있다.
② 누전차단기를 설치하지 않아 용접기에 접촉하여 감전될 위험이 있다.
③ 접지를 실시하지 않아 용접기에 접촉하여 감전될 위험이 있다.
④ 절연장갑을 착용하지 않아 감전될 위험이 있다.

04 화면을 보고 정전작업 시작 전, 작업 중, 작업 완료 후의 조치사항을 각각 3가지씩 쓰시오.

> **동영상 설명** 화면은 정전전로에서 개로하고 해당 전로의 수리작업을 하는 장면이다.

해답 (1) 정전작업 시작 전
    ① 개로 개폐기의 시건장치 또는 표시를 확실히 한다.
    ② 전로의 충전 여부를 검전기를 통해 확인한다.
    ③ 전력용 커패시터, 전력 케이블 등 잔류 전하를 방전시킨다.
    ④ 작업 지휘자가 작업자들에게 작업내용을 충분히 주지시킨다.
  (2) 작업 중
    ① 작업 지휘자의 지시에 따라 작업한다.
    ② 개폐기를 철저히 관리한다.
    ③ 단락 접지상태를 확인한다.
    ④ 근접 활선에 대한 방호조치를 철저히 관리한다.
  (3) 작업 완료 후
    ① 작업기기 및 기구, 단락 접지기구 등을 제거하고 안전하게 통전이 이루어지는지 확인한다.
    ② 작업이 완료된 전기기기에서 모든 작업자가 안전하게 떨어져 있는지 확인

한다.
    ③ 잠금장치와 꼬리표는 설치한 근로자가 직접 철거한다.
    ④ 모든 이상 유무를 확인한 후 전기기기 등의 전원을 투입한다.

05 화면을 보고, 밀폐공간에서의 작업 시 다음 물음에 답하시오.

(1) 밀폐공간에서 작업하기 전 반드시 확인해야 할 2가지 안전조치를 쓰시오.
(2) 방진마스크와 같은 개인 보호구 외에 추가로 착용해야 할 보호구 2가지를 쓰시오.

> **동영상 설명** 화면은 밀폐공간에서 작업자가 보호구를 착용한 채 작업하고 있는 장면이다.

해답 (1) ① 산소농도를 측정하여 18% 이상인지 확인한다.
    ② 유해가스 농도를 측정하여 허용 기준값을 초과하지 않는지 확인한다.
  (2) ① 안전모
    ② 안전대

06 작업자가 관리대상 유해물질을 취급하는 경우 작업장에 게시 및 비치해야 할 사항 3가지를 쓰시오.

아세톤

(Acetone) CAS No. 67-64-1

유해위험문구

– 눈에 심한 자극을 일으킴
– 삼켜서 기도로 유입되면 유해할 수 있음
– 졸음 또는 현기증을 일으킬 수 있음
– 고인화성 액체 및 증기

예방조치문구

예방 – 열·스파크·화염·고열로부터 멀리하시오 – 금연
　　　용기를 단단히 밀폐하시오.
　　　용기와 수용설비를 접합시키거나 접지하시오.
　　　폭발 방지용 전기·환기·조명·(...)·장비를 사용하시오.
　　　스파크가 발생하지 않는 도구만을 사용하시오.
　　　정전기 방지 조치를 취하시오.
대응 – 삼켰다면 즉시 의료기관(의사)의 진찰을 받으시오.
　　　피부(또는 머리카락)에 묻으면 오염된 모든 의복을 벗으시오.
　　　피부를 물로 씻으시오/샤워하시오.
　　　흡입하면 신선한 공기가 있는 곳으로 옮기고 호흡하기 쉬운 자세로 안정을 취하시오.
　　　눈에 묻으면 몇 분간 물로 조심해서 씻으시오. 가능하면 콘택트렌즈를 제거하시오. 계속 씻으시오.
　　　불편함을 느끼면 의료기관(의사)의 진찰을 받으시오.
　　　토하게 하지 마시오.
　　　눈에 자극이 지속되면 의학적인 조치·조언을 구하시오.
저장 – 용기는 환기가 잘 되는 곳에 단단히 밀폐하여 저장하시오.
　　　환기가 잘 되는 곳에 보관하고 저온으로 유지하시오.
　　　잠금장치가 있는 저장장소에 저장하시오.
폐기 – (관련 법규에 명시된 내용에 따라) 내용물 용기를 폐기하시오.

공급자정보 :

> **동영상 설명** 화면은 작업자가 관리대상 유해물질을 취급하는 경우 작업장의 잘 보이는 곳에 관련 사항을 게시한 장면이다.

해답 ① 관리대상 유해물질의 명패
　　② 인체에 미치는 영향
　　③ 유해물질 취급 시 주의사항
　　④ 안전보호구 착용 안내
　　⑤ 응급조치 요령

07 건설용 리프트 작업의 특별안전보건교육 내용을 4가지 쓰시오.

> **동영상 설명** 화면은 작업자가 건설용 리프트를 타고 있는 장면이다.

해답 ① 방호장치의 기능 및 사용에 관한 사항
　　② 기계·기구의 특성과 동작원리에 관한 사항
　　③ 신호방법 및 공동작업에 관한 사항
　　④ 기계·기구, 달기 체인 및 와이어 등의 점검에 관한 사항
　　⑤ 화물의 권상·권하 작업방법 및 안전작업 지도에 관한 사항
　　⑥ 기타 안전·보건관리에 필요한 사항

08 화면을 보고, 컨베이어 작업 시 기인물과 가해물, 사고의 핵심원인, 그리고 안전조치사항 2가지를 쓰시오.

동영상 설명 화면은 작업자가 야간에 한 손으로 플래시를 들고 컨베이어 벨트를 점검하던 중, 컨베이어 위에 올려둔 손이 벨트 사이에 말려 들어가는 사고가 발생한 장면이다.

해답 (1) 기인물과 가해물
　① 기인물 : 컨베이어
　② 가해물 : 컨베이어 벨트
(2) 사고의 핵심원인 : 전원을 차단하지 않고 컨베이어를 점검하였다.
(3) 안전조치사항
　① 전원을 차단하여 컨베이어를 정지한 후 점검을 실시한다.
　② 컨베이어에 비상정지장치를 설치한다.
　③ 컨베이어 작업 시 적절한 조명을 확보한다.
　④ 작업시작 전 기계를 점검한다.
　⑤ 작업자에게 안전교육을 실시한다.

09 화학설비 탱크 내 작업을 안전하게 수행하기 위해 작업 전 실시해야 할 특별안전보건교육 내용 4가지와 위험물질 확산을 방지하기 위한 방호벽의 명칭을 쓰시오.

해답 (1) ① 차단장치, 정지장치 및 밸브 개폐장치의 점검에 관한 사항
　② 탱크 내 산소농도 측정 및 작업환경에 관한 사항
　③ 안전보호구 착용 및 이상 발생 시 응급조치에 관한 사항
　④ 작업절차, 방법 및 유해·위험에 관한 사항
　⑤ 기타 안전·보건관리에 필요한 사항
(2) 방유제

2023년 작업형 기출문제

제1회

01 화면을 보고, 강관 운반작업 시 위험요인 2가지, 안전대책 3가지, 그리고 작업관리 감독자의 역할 3가지를 쓰시오.

> **동영상 설명** 화면은 강관을 1줄 걸이로 결속하여 이동식 크레인으로 불안정하게 운반하던 중, 와이어로프가 손상된 상태에서 작업자가 강관을 손으로 잡으려다 흔들리는 강관에 부딪혀 사고가 발생한 장면이다.

해답 (1) 위험요인
   ① 1줄 걸이로, 줄 걸이 방식이 불안정하였다.
   ② 작업자가 유도로프 대신 손으로 강관을 잡으려 하였다.
   ③ 손상된 와이어로프를 사용하였다.
(2) 안전대책
   ① 2줄 걸이로 안전하게 줄걸이한다.
   ② 유도로프를 설치하여 강관의 흔들림을 방지한다.
   ③ 와이어로프 상태를 점검하고, 사용기준에 맞는 로프를 사용한다.
   ④ 작업 반경 내에서 관계 작업자 외 출입금지 조치를 철저히 시행한다.
(3) 작업관리 감독자의 역할
   ① 작업방법, 작업자 배치, 강관 운반작업을 지휘한다.
   ② 기구 및 공구의 기능을 점검한다.
   ③ 안전모 등 안전 보호구의 착용 여부를 감시한다.

02 화면을 보고, 컨베이어 작업 시 발생할 수 있는 재해 위험요인 3가지를 쓰시오.

> **동영상 설명** 화면은 작업자가 안전모를 착용하지 않고 컨베이어에서 재활용품 선별작업을 하던 중, 작업자 머리 위를 지나며 옮겨지던 재활용품이 장비에서 떨어져 머리에 부딪히는 사고가 발생한 장면이다.

해답 ① 작업자가 안전모를 착용하지 않았다.
   ② 작업자가 작동 중인 컨베이어에서 직접 작업하고 있다.
   ③ 장비를 이용하여 작업자 머리 위를 지나 재활용품을 옮기고 있다.

03 화면을 보고, 사출성형기 작업 시 재해의 발생형태와 산업안전보건법에 규정된 방호장치 2가지를 쓰시오.

동영상 설명 화면은 사출성형기가 개방된 상태에서 작업자가 손으로 이물질을 제거하던 중, 손이 눌려 사고가 발생한 장면이다.

해답 (1) 재해 발생형태 : 끼임(협착)
　(2) 방호장치
　　① 게이트 가드식 방호장치
　　② 양수 조작식 방호장치

04 유해물질을 취급하는 작업장 바닥에 대해 필요한 조치사항 2가지를 쓰시오.

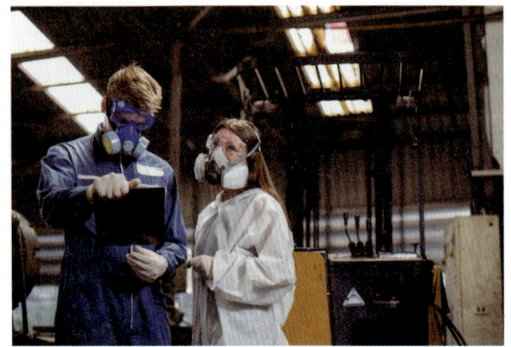

동영상 설명 화면은 작업자들이 작업장에서 유해물질을 취급하는 장면이다.

해답 ① 작업장 바닥을 불침투성 재료로 마감한다.
　② 점화원이 될 수 있는 정전기 등을 방지할 수 있도록 조치한다.

05 화면을 보고, 지게차 운전 시 위험요인 3가지를 쓰시오.

동영상 설명 화면은 작업자가 신호자의 신호를 보지 못한 채 지게차를 운전하여, 신호자가 지게차에서 굴러떨어지는 사고가 발생한 장면이다. 신호자는 화물 위에 올라타서 화물을 들어 올리라는 신호를 보냈으나, 시야가 가려진 작업자는 이를 보지 못한 채 지게차를 운전하여 지게차 뒷바퀴가 장애물에 걸리면서 사고가 발생하였다.

해답 ① 지게차 운전자 외에 탑승을 금지해야 하지만, 신호자가 포크에 올라탄 채 지게차를 운행하였다.
　② 화물이 지게차 운전자의 시야를 가리고 있다.
　③ 지게차의 뒷바퀴가 장애물에 걸려 불안정한 상태였다.

06 화면을 보고, 자동차 정비작업 시 재해를 방지하기 위해 설치해야 하는 안전장치 2가지를 쓰시오.

동영상 설명 화면은 작업자가 자동차 아래에서 정비작업을 하던 중, 얼굴 쪽으로 튄 기름을 팔로 닦아내다가 리프트를 건드려 자동차에 깔리는 재해가 발생한 장면이다.

해답 ① 안전 지지대(추락 방지장치)
　　② 비상정지장치

07 교류아크용접기의 방호장치인 자동전격방지기의 종류 4가지를 쓰시오.

동영상 설명 화면은 작업자가 교류아크용접기를 사용하여 현장에서 용접작업을 하는 장면이다.

해답 ① 외장형
　　② 내장형
　　③ L형(저저항 시동형)
　　④ H형(고저항 시동형)

08 화면을 보고, 배전반 작업 시 감전사고의 위험요인 2가지를 쓰시오.

동영상 설명 화면은 한 작업자가 보호구를 착용하지 않은 상태에서 한 손으로 배전반 커버를 잡고 다른 손은 드라이버로 나사를 조이던 중, 다른 작업자가 갑자기 배전반에 전원을 투입하여 감전사고가 발생한 장면이다.

해답 ① 작업자가 절연장갑을 착용하지 않았다.
　　② 배전반 작업 중 전원을 차단하지 않았다.

09 휴대용 연삭기의 방호장치와 허용되는 노출 각도를 쓰시오.

> **동영상 설명** 화면은 작업자가 면장갑을 착용한 채 휴대용 연삭기를 이용하여 금속을 연삭하는 장면이다.

해답 ① 방호장치 : 덮개
② 노출 각도 : 180° 이내

제2회

01 화면을 보고, 천장 크레인 작업 시 천장 크레인의 방호장치 3가지와 안전검사 주기를 쓰시오.

> **동영상 설명** 화면은 천장 크레인을 이용하여 강관을 트럭 위로 옮기던 중, 강관이 떨어져 트럭 위에 있던 작업자가 깔리는 사고가 발생한 장면이다.

해답 (1) 방호장치
① 과부하방지장치
② 권과방지장치
③ 비상정지장치
④ 제동장치
(2) 안전검사 주기 : 크레인은 설치 완료일로부터 3년 이내에 최초 안전검사를 실시하며, 그 이후에는 2년마다 안전검사를 실시해야 한다. 단, 건설 현장에서 사용하는 크레인은 설치일로부터 6개월마다 안전검사를 받아야 한다.

02 화면을 보고, 핸드 절단기 작업 시 작업에서 나타난 불안전한 행동 3가지를 쓰시오.

동영상 설명 화면은 보호구를 착용하지 않은 작업자가 핸드 절단기를 이용하여 대리석을 자르던 중, 좌측 핸드 절단기가 정지하자 면장갑을 착용한 손으로 톱날을 만지며 점검하는 장면이다.

해답 ① 보호구(보안경, 방진마스크 등)를 착용하지 않았다.
② 전원을 차단하지 않고 둥근톱기계를 점검하였다.
③ 면장갑을 낀 손으로 톱날을 만지며 점검하였다.

03 컨베이어 작업 시 화물의 낙하로 인해 작업자에게 위험이 발생할 경우 낙하위험 방지조치 3가지를 쓰고, 작업 중 작업자의 신체 일부가 협착될 경우 필요한 방호장치 2가지를 쓰시오.

동영상 설명 화면은 컨베이어를 이용하여 물건을 운반하는 작업현장 모습이다.

해답 (1) 낙하위험 방지조치
① 덮개 설치
② 울타리 설치
③ 컨베이어 주변에 안전망 설치
(2) 방호장치
① 비상정지장치
② 사드 또는 안전울타리 설치

참고 컨베이어 작업 시작 전 점검사항
① 원동기 및 풀리 기능의 이상 유무
② 이탈방지장치 기능의 이상 유무
③ 비상정지장치 기능의 이상 유무
④ 원동기, 회전축, 기어 및 풀리 등의 덮개 또는 울타리의 이상 유무

04 철골 구조물 작업 중 기상 악화로 작업을 중지해야 하는 기준을 쓰시오.

동영상 설명 화면은 철골 구조물 작업현장에서 강한 바람으로 작업이 어려운 상황을 보여주는 장면이다.

해답 ① 풍속이 초당 10m 이상인 경우
② 강우량이 시간당 1mm 이상인 경우
③ 강설량이 시간당 1cm 이상인 경우

05 화면을 보고, 엘리베이터 피트에서 발생한 재해 원인을 3가지 쓰시오.

동영상 설명 화면은 엘리베이터 피트(개구부)에서 작업자가 추락하는 사고가 발생한 장면이다.

해답 ① 피트 내부에 추락 방호망이 설치되지 않았다.
② 개구부 가장자리에 안전난간이 설치되지 않았다.
③ 개인 보호구인 안전대를 착용하지 않았다.
④ 안전대를 부착할 설비가 설치되지 않았다.

06 화면을 보고, 선반작업 시 재해 발생요인 3가지와 재해에 존재하는 위험점을 쓰시오.

동영상 설명 화면은 작업자가 선반작업 중, 한 손으로 재료를 잡고 다른 손은 기계 위에 올린 상태에서, 작업에 집중하지 않고 옆을 보다가 손이 말려 들어가는 사고가 발생한 장면이다.

해답 (1) 재해 발생요인
① 손으로 재료를 직접 잡고 있어 손을 다칠 위험이 있다.
② 기계 위에 손을 올려놓아 손을 다칠 위험이 있다.
③ 작업에 집중하지 않고 옆을 보다가 손을 다칠 위험이 있다.
(2) 위험점 : 회전 말림점

07 화면을 보고, 습한 장소에서 휴대용 연삭기로 작업할 때 감전사고를 예방하기 위한 안전대책 3가지를 쓰시오.

동영상 설명 화면은 바닥에 물기가 있는 상태에서 작업자가 휴대용 연삭기로 연삭작업을 하던 중, 전선 접속부가 바닥에 닿아 감전사고가 발생한 장면이다.

해답 ① 전선 접속부에 절연 조치를 한다.
② 작업 전 정전작업을 실시한다.
③ 감전 방지를 위해 누전차단기를 설치한다.
④ 습한 장소에서는 절연 효과가 있는 이동전선을 사용한다.

08 석면 취급이 작업자에게 미치는 위험요인과 석면 분진으로 인해 발생할 수 있는 질병 3가지를 쓰시오.

동영상 설명 화면은 석면 취급 작업장의 모습을 보여주는 장면이다.

해답 (1) 위험요인 : 작업자가 방진마스크를 착용하지 않을 경우 석면 분진이 체내로 흡입될 수 있다.
(2) 질병
① 악성중피종
② 석면폐증
③ 폐암

09 화면을 보고, 지게차 운전자의 머리를 보호하기 위해 설치하는 방호장치와 지게차 작업시작 전 점검사항 3가지를 쓰시오.

동영상 설명 화면은 작업자가 지게차를 이용하여 작업하는 모습을 보여주는 장면이다.

해답 (1) 방호장치 : 헤드 가드
(2) 작업 시작 전 점검사항
① 제동장치와 조종장치의 이상 유무
② 하역장치와 유압장치의 이상 유무
③ 바퀴의 이상 유무
④ 전조등, 후미등, 방향지시기, 경보장치의 이상 유무

제3회

01 흙막이 지보공 설치작업 후 정기적으로 점검해야 할 사항 3가지를 쓰시오.

동영상 설명 화면은 작업자가 흙막이 지보공 설치작업을 하는 장면이다.

해답 ① 부재의 손상, 변형, 부식, 변위 및 탈락의 유무와 상태
② 부재의 접속부, 부착부 및 교차부의 상태
③ 버팀대의 긴압의 정도
④ 침하의 정도

02 지게차를 이용한 운반작업 시 작업시작 전 점검해야 할 사항 4가지를 쓰시오.

동영상 설명 화면은 지게차를 이용하여 물건을 운반하는 장면이다.

해답 ① 제동장치 및 조종장치 기능의 이상 유무
② 하역장치 및 유압장치 기능의 이상 유무
③ 바퀴의 이상 유무
④ 전조등, 후미등, 방향지시기 및 경보장치 기능의 이상 유무

03 화면을 보고, 비계 위 작업 발판의 설치 기준 4가지를 쓰시오.

동영상 설명 화면은 비계 위에 작업 발판을 설치한 장면이다.

해답 ① 작업 발판의 폭은 40cm 이상이어야 한다.
② 발판 재료 간의 틈은 3cm 이하로 유지해야 한다.
③ 발판 재료는 작업 시 하중을 견딜 수 있도록 견고해야 한다.
④ 작업 발판에서 추락 위험이 있는 장소에는 반드시 안전난간을 설치해야 한다.
⑤ 작업 발판의 재료는 뒤집히거나 떨어지지 않도록 둘 이상의 지지물에 연결하거나 고정해야 한다.
⑥ 작업 발판을 이동할 경우, 위험 방지에 필요한 조치를 취해야 한다.

04 화면을 보고, 도금작업 시 안전을 위해 착용해야 하는 개인 보호구 4가지를 쓰시오.

동영상 설명 화면은 작업자가 안경과 고무장갑을 착용하고 도금작업을 하는 장면이다.

해답 ① 보안경
② 불침투성 보호복
③ 유기화합물용 방독마스크
④ 화학물질용 안전장갑
⑤ 화학물질용 안전화

05 화면을 보고, 페인트 도장작업에 관하여 다음 물음에 답하시오.

(1) 착용해야 할 보호구의 종류를 쓰시오.
(2) 유기화합물용 방독마스크의 시험가스 종류 3가지를 쓰시오.
(3) 페인트 도장작업에 사용할 방독마스크 흡수제의 종류 3가지를 쓰시오.

동영상 설명 화면은 작업자가 스프레이건을 사용하여 물체에 페인트 도장작업을 하는 장면이다.

해답 (1) 유기화합물용 방독마스크(갈색)
(2) ① 시클로헥산(C_6H_{12})
② 디메틸에테르(CH_3OCH_3)
③ 이소부탄(C_4H_{10})
(3) ① 활성탄
② 소다라임
③ 알칼리제재
④ 큐프라마이트

06 화면을 보고, 추락사고의 원인 3가지와 기인물, 가해물을 쓰시오.

동영상 설명 화면은 작업 발판을 설치하던 작업자가 비계 구조물 위에서 발판을 건네받아 설치하던 중, 발판과 함께 추락하는 사고가 발생한 장면이다.

해답 (1) 추락 사고의 원인
① 안전대 미착용
② 추락 방호망 미설치
③ 작업 발판 불량
(2) 기인물 : 작업 발판
(3) 가해물 : 땅바닥

07 화면을 보고, 인쇄윤전기 작업 시 작업자의 행동에서 발생할 수 있는 위험점과 그 정의를 쓰시오.

> **동영상 설명** 화면은 작업자가 전원을 차단하지 않은 상태에서 인쇄윤전기 롤러를 점검하던 중, 롤러 사이에 손이 말려 들어가는 사고가 발생한 장면이다.

해답 ① 위험점 : 물림점
② 물림점의 정의 : 회전하는 2개의 롤러 사이에 물려 들어가면서 발생하는 위험점

08 변압기 작업 중 감전을 방지하기 위해 활선 여부를 확인하는 방법 3가지를 쓰시오.

> **동영상 설명** 화면은 두 작업자가 측정기를 사용하여 변압기의 전압을 측정하는 장면이다.

해답 ① 검전기를 사용하여 확인한다.
② 회로 시험기(테스터기)의 지싯값을 확인한다.
③ 접지봉으로 접촉 여부를 확인한다.

09 화면을 보고, 연삭작업 시 불안전한 행동 3가지와 안전대책 2가지를 쓰시오.

> **동영상 설명** 화면은 작업자가 보안경과 방진마스크는 착용하지 않고 안전모와 면장갑을 착용한 채, 덮개가 설치되지 않은 휴대용 연삭기의 숫돌 측면으로 연삭작업을 하던 중, 재해가 발생한 장면이다.

해답 (1) 불안전한 행동
① 연삭기에 덮개를 설치하지 않았다.
② 작업자가 보안경과 방진마스크를 착용하지 않았다.
③ 연삭기의 숫돌 측면을 이용하여 작업하였다.
④ 작업자가 면장갑을 착용하고 작업하였다.
(2) 안전대책
① 연삭기에 덮개를 설치해야 한다.
② 작업자는 보안경과 방진마스크를 착용해야 한다.
③ 연삭기의 숫돌 정면을 이용하여 작업해야 한다.
④ 작업자는 면장갑을 착용하지 않고 작업해야 한다.

2024년 작업형 기출문제

01 사업주는 작업자가 화학설비로 허가대상 유해물질을 제조 또는 사용할 때 작업수칙을 마련하고, 이를 작업 전 작업자에게 알려야 한다. 이때 작업수칙에 포함해야 할 사항 5가지를 쓰시오.

동영상 설명 화면은 화학설비로 허가대상 유해물질을 제조 및 사용하는 작업 장면이다.

해답 ① 밸브, 콕 등의 조작
② 냉각장치, 가열장치, 교반장치 및 압축장치의 조작
③ 계측장치와 제어장치의 감시 및 조정
④ 안전밸브, 긴급 차단장치, 자동 경보장치 및 기타 안전장치의 조정
⑤ 뚜껑, 플랜지, 밸브 및 콕 등 접합부의 누설 여부 점검
⑥ 시료의 채취 및 해당 작업에 사용된 기구 등의 처리
⑦ 이상 상황이 발생한 경우의 응급조치
⑧ 보호구의 사용, 점검, 보관 및 청소
⑨ 허가대상 유해물질을 용기에 넣거나 꺼내는 작업 또는 반응조 등에 투입하는 작업

02 화면을 보고, 버스 정비작업 시 준수해야 할 사항 3가지를 쓰시오.

동영상 설명 화면은 작업 감시자가 없는 상태에서 정비사가 대형버스의 엔진룸을 열고 점검하던 중, 운전기사가 주변상황을 확인하지 않고 버스에 올라 시동을 거는 순간, 점검 중이던 정비사의 팔이 회전하는 벨트에 말려 들어가는 사고가 발생한 장면이다.

해답 ① 정비작업 중임을 알리는 안내 표지판을 설치한다.
② 작업과정을 지휘할 감시자를 배치한다.
③ 시동장치에 잠금장치를 한다.
④ 작업 시 버스 시동키를 별도로 관리한다.

03 산업안전보건법상 유해물질 취급 작업장에서 밀폐설비나 국소배기장치를 설치하지 않아도 되는 장소를 1가지 쓰시오.

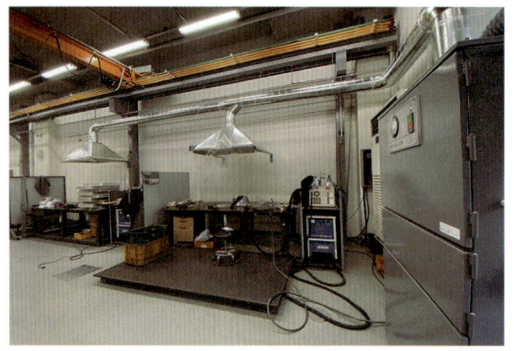

동영상 설명 화면은 급·배기환기장치가 설치된 넓은 작업장에 여러 개의 국소배기장치가 설치되어 있는 장면이다.

해답 유해물질이 발산되는 작업장이 넓어 설비 설치가 곤란한 장소

04 화면을 보고, 슬라이스 기계 작업 시 사고의 위험요인을 2가지 쓰시오.

동영상 설명 화면은 슬라이스 기계로 무채를 써는 작업 중, 고장으로 멈춘 기계를 점검하기 위해 전원을 차단하지 않고 무를 꺼내려던 순간, 기계가 다시 작동하여 사고가 발생한 장면이다.

해답 ① 전원을 차단하지 않고 슬라이스 기계를 점검하여 사고가 발생할 위험이 있다.
② 인터록 장치가 설치되어 있지 않아 사고가 발생할 위험이 있다.

05 화면을 보고, 파이프 인양작업 시 재해의 발생형태와 그 정의를 쓰시오.

동영상 설명 화면은 크레인으로 아시바 파이프를 인양하던 중, 결속 로프가 끊어져 파이프가 떨어지면서 지나가던 작업자가 파이프에 맞는 재해가 발생한 장면이다.

해답 (1) 재해 발생형태 : 낙하(맞음)
(2) 낙하의 정의
① 높은 곳에서 물체가 떨어져 사람에게 피해를 주는 경우
② 와이어로프에 고정되어 있던 물체가 이탈하여 떨어지면서 사람에게 피해를 주는 경우

06 유해물질로부터 호흡기를 보호하기 위해 착용하는 방독마스크 흡수제의 종류 3가지를 쓰시오.

동영상 설명 화면은 래커 스프레이로 강재 파이프에 페인트 작업을 하는 장면이다.

해답 ① 활성탄
② 소다라임
③ 알칼리제재

07 달기 체인을 달비계에 사용해서는 안되는 기준 3가지를 쓰시오.

동영상 설명 화면은 권상용 달기 체이을 보여주는 장면이다.

해답 ① 균열이 있거나 심하게 변형된 것
② 달기 체인의 길이가 달기 체인이 제조된 때의 길이의 5%를 초과한 것
③ 링의 단면지름이 달기 체인이 제조된 때의 해당 링 지름의 10%를 초과하여 감소한 것

08 화면을 보고, 프레스 작업의 위험점과 위험점의 정의를 쓰시오.

동영상 설명 화면은 작업자가 프레스 작업을 하던 중, 손으로 이물질을 제거하려다 실수로 페달을 밟아 손을 다치는 재해가 발생한 장면이다.

해답 ① 위험점 : 협착점(끼임점)
② 위험점의 정의 : 왕복운동을 하는 동작부분과 움직임이 없는 고정부분 사이에 형성되는 위험점

09 화면을 보고, 사출성형기 작업 시 재해의 발생형태와 산업안전보건법에 규정된 방호장치 2가지를 쓰시오.

동영상 설명 화면은 사출성형기가 개방된 상태에서 작업자가 손으로 이물질을 제거하던 중, 손이 눌려 사고가 발생한 장면이다.

해답 (1) 재해 발생형태 : 끼임(협착)
　(2) 방호장치
　　① 게이트 가드식 방호장치
　　② 양수 조작식 방호장치

제2회

01 화면을 보고, 예상되는 재해와 방지대책을 쓰시오.

동영상 설명 화면은 고압 변전설비 주변에서 작업자들이 공놀이를 하던 중, 변압기 상단에 올라간 공을 꺼내려다 감전사고가 발생한 장면이다.

해답 (1) 예상되는 재해 : 감전(전류 접촉)
　(2) 재해 방지대책
　　① 고압변전설비 주변에서 공놀이를 금지한다.
　　② 전기의 위험성에 대한 안전교육을 실시한다.
　　③ 전원을 차단한 후 유자격자인 담당 직원이 변압기 상단의 공을 제거한다.
　　④ 변전설비에 관계자 외 출입금지를 위한 잠금장치 설치 및 위험 안내표지를 부착한다.

02 휴대용 연삭기의 방호장치와 설치 각도를 쓰시오.

동영상 설명 화면은 작업자가 휴대용 연삭기를 이용하여 연삭작업을 하는 장면이다.

해답 ① 방호장치 : 덮개
② 방호장치의 설치 각도 : 180° 이내

03 화면을 보고, 컨베이어 작업 시 핵심 위험요인 2가지를 쓰시오.

동영상 설명 화면은 집게 암이 파지를 들이 올려 작업사 머리 위를 지나 컨베이어 근처에 떨어뜨리고, 보호구를 착용하지 않은 작업자가 이를 줍는 장면이다.

해답 ① 작업자가 보호구를 착용하지 않았다.
② 작업자의 머리 위로 화물이 이동하고 있다.
③ 작업자가 컨베이어 근처에서 작업하고 있다.

04 화면을 보고, 해당하는 안전 설비의 명칭(①)을 쓰고 (   ) 안에 알맞은 내용을 쓰시오.

화면의 화학 설비는 정상운전 시 대기압 탱크 내부가 (②)이 되지 않도록 용량에 알맞은 통기설비를 사용하여 설비가 유지되도록 해야 한다.

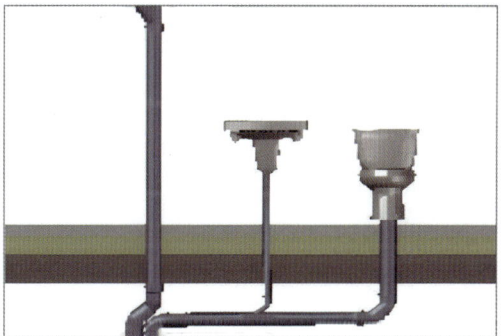

동영상 설명 화면은 위험물질이 탱크 내부의 압력을 제한된 범위 내에서 유지하도록 설치된 화학 설비이다.

해답 ① 통기 밸브
② 가압 또는 진공
참고 통기 밸브 : 화합물류 탱크 내부의 압력이 제한된 범위 내에서 유지되도록 설계된 밸브

05 화면을 보고, 사출성형기 작업 시 감전사고 방지대책 2가지를 쓰시오.

동영상 설명 화면은 사출성형기 노즐 충전부에서 작업자가 맨손으로 이물질을 제거하던 중, 감전사고가 발생한 장면이다.

해답 ① 전원을 차단한 후 이물질을 제거한다.
② 절연장갑 등 개인 보호구를 착용하고 이물질을 제거한다.
③ 금형의 이물질은 전용 공구를 사용하여 제거한다.

06 화면을 보고, 유해물질을 취급할 때 작업장 바닥에 대해 취해야 할 조치사항 2가지를 쓰시오.

동영상 설명 화면은 유해물질을 취급하는 작업장의 바닥상태를 점검하는 장면이다.

해답 ① 작업장의 바닥을 불침투성 재료로 마감해야 한다.
② 점화원이 될 수 있는 정전기 등을 방지할 수 있도록 조치해야 한다.

07 작업자가 밀폐공간 작업 프로그램을 수립하고 시행할 때 반드시 포함해야 할 내용 4가지를 쓰시오.

동영상 설명 화면은 밀폐공간에서 작업 중인 작업자들의 모습을 보여주는 장면이다.

해답 ① 사업장 내 밀폐공간의 위치 파악 및 관리 방안
② 밀폐공간 내에서 질식이나 중독을 일으킬 수 있는 유해·위험요인의 파악 및 관리 방안
③ 밀폐공간 작업 시 사전에 확인해야 할 사항에 대한 확인 절차
④ 안전보건교육 및 훈련
⑤ 밀폐공간에서 작업하는 작업자의 건강장해 예방에 관한 사항

08 산업용 로봇의 오작동 방지를 위한 작업지침에 포함해야 할 사항 3가지를 쓰시오.

동영상 설명 화면은 작업자가 산업용 로봇의 작동범위 내에서 교시작업을 하며, 로봇의 오작동으로 인한 위험방지를 위해 작업지침을 설정하여 작업하는 장면이다.

해답 ① 로봇의 조작방법 및 순서
② 작업 중 매니퓰레이터의 속도
③ 2인 이상 작업자가 작업할 때의 신호방법
④ 이상이 발생했을 때의 조치 및 로봇의 운전을 정지시킨 후 재가동할 때의 절차
⑤ 로봇의 예기치 못한 작동 또는 오작동에 의한 위험을 방지하기 위한 조치

09 화면의 안전난간대를 보고 (   ) 안에 알맞은 수를 쓰시오.

(1) 상부 난간대는 90cm 이상 120cm 이하 지점에 설치하며, 120cm 이상 지점에 설치할 경우 중간 난간대를 최소 (①)cm마다 균등하게 설치해야 한다.
(2) 발끝막이판은 바닥면으로부터 (②)cm 이상의 높이를 유지해야 한다.
(3) 난간대의 지름은 (③)cm 이상의 금속 파이프나 그 이상의 강도를 가지는 재료이어야 한다.

동영상 설명 화면은 사업주가 근로자의 추락 등의 위험을 방지하기 위해 안전난간을 설치한 장면이다.

해답 ① 60 ② 10 ③ 2.7

제3회

01 감전을 방지하기 위해 교류아크용접기에 부착해야 하는 방호장치를 쓰시오.

> **동영상 설명** 화면은 습윤한 장소에서 작업자가 교류아크용접기로 상수도관을 용접하던 중, 감전사고가 발생한 장면이다.

해답 자동전격방지장치

02 화면을 보고 기인물을 쓰고, 연삭작업 시 숫돌 파편이나 칩이 튀는 위험을 예방하기 위해 설치해야 하는 방호장치를 쓰시오.

> **동영상 설명** 화면은 탁상용 연삭기로 연삭작업을 하던 중, 공작물이 튀어 재해가 발생한 장면이다.

해답 (1) 기인물 : 탁상용 연삭기
(2) 설치해야 하는 방호장치
　① 덮개
　② 칩 비산방지투명판

03 화면을 보고, 롤러기 청소 시 위험요인과 안전작업수칙을 각각 2가지씩 쓰시오.

> **동영상 설명** 화면은 작업자가 인쇄윤전기의 전원을 차단하지 않고 체중을 실어 힘껏 롤러를 닦던 중, 손이 롤러에 끼이는 재해가 발생한 장면이다.

해답 (1) 위험요인
　① 전원을 차단하지 않고 작업을 진행하여 기계가 갑자기 작동할 위험이 있다.
　② 롤러기에 방호장치가 설치되지 않아 손이 끼일 위험이 있다.
　③ 회전 중인 롤러에 손이나 도구가 말려들어갈 위험이 있다.
　④ 체중을 실어 롤러를 닦으면 손이 롤러에 끼일 위험이 있다.
(2) 안전대책
　① 전원을 차단한 후 기계를 청소한다.
　② 롤러기에 방호장치를 설치한다.
　③ 회전 중인 롤러 쪽으로 힘을 주어 작업하지 않는다.
　④ 체중을 실어 롤러를 닦지 않는다.

04 프레스 작업 시 사고방지를 위해 페달에 설치해야 하는 안전장치는 무엇인지, 금형의 상형과 하형 사이의 간격은 최소 얼마 이하로 유지해야 하는지 쓰시오.

동영상 설명 화면은 작업자가 프레스 작업 중 실수로 페달을 밟아, 슬라이드가 하강하여 손이 금형에 끼이는 사고가 발생한 장면이다.

해답 ① 안전장치 : 커버(U자형 덮개)
② 설치 간격 : 8mm 이하

05 구내운반차 작업 시 준수사항 4가지를 쓰시오.

동영상 설명 화면은 작업자가 구내운반차로 물건을 운반하는 장면이다.

해답 ① 바퀴의 이상 유무
② 제동장치 및 조종장치 기능의 이상 유무
③ 하역장치 및 유압장치 기능의 이상 유무
④ 전조등, 후미등, 방향지시기 및 경보장치 기능의 이상 유무

06 화면을 보고, 크롬 도금작업에 관하여 다음 물음에 답하시오.

(1) 도금조에 적합한 국소배기장치의 명칭은?
(2) 크롬산 미스트 발생을 억제하는 방법은?
(3) 착용해야 할 보호구(2가지)는?

동영상 설명 화면은 작업자가 크롬 도금작업 중 도금상태를 검사하는 장면이다.

해답 (1) PUSH-PULL형
(2) 크롬 도금조에 계면활성제를 넣어 미스트 발생을 억제한다.
(3) ① 불침투성 보호복
② 방독마스크
③ 보안경

07 항타기 작업 안전규정에 대한 다음 설명을 보고 ( ) 안에 알맞은 내용을 쓰시오.

> • 항타기 또는 항발기의 권상장치 드럼축과 권상장치로부터 첫 번째 도르래의 축간거리는 권상장치 드럼 폭의 (①) 이상이어야 한다.
> • 도르래는 권상장치 드럼의 (②)을 지나야 하며, 축과 (③)상에 있어야 한다.

동영상 설명 화면은 작업자가 항타기로 콘크리트 파일을 설치하고 있는 장면이다.

해답 ① 15배   ② 중심   ③ 수직면

08 화면을 보고, 자동차 정비작업 시 재해를 방지하기 위해 설치해야 하는 안전장치 2가지를 쓰시오.

동영상 설명 화면은 작업자가 자동차 아래에서 정비작업을 하던 중, 얼굴 쪽으로 튄 기름을 팔로 닦아내다가 리프트를 건드려 자동차에 깔리는 재해가 발생한 장면이다.

해답 ① 안전 지지대(추락 방지장치)
     ② 비상정지장치

09 가설 통로를 설치할 때 준수해야 할 사항 4가지를 쓰시오.

동영상 설명 화면은 가설 통로를 설치하는 장면이다.

해답 ① 견고한 구조로 설치한다.
     ② 경사는 30° 이하로 유지한다. 단, 계단을 설치하거나 높이 2 m 미만의 경우에는 튼튼한 손잡이를 설치하면 예외로 한다.
     ③ 경사가 15°를 초과하는 경우에는 미끄러지지 않는 구조로 한다.
     ④ 수직갱에 설치된 통로가 15 m 이상인 경우에는 10 m 이내마다 계단참을 설치한다.
     ⑤ 높이 8 m 이상인 비계다리에는 7 m 이내마다 계단참을 설치한다.
     ⑥ 추락 위험이 있는 장소에는 안전난간을 설치한다. 단, 작업상 부득이한 경우 필요한 부분만 임시로 해체할 수 있다.

2025년 작업형 기출문제

제1회

01 화면을 보고, 전봇대 변압기 근처에서 너트를 조이는 작업 중 불안전한 상태 2가지를 쓰시오.

동영상 설명 화면은 작업자가 안전대를 착용하고 전봇대에 올라가 변압기 근처에서 너트를 조이던 중, 발판용 볼트를 불안전하게 딛고 작업하다가 발이 미끄러져 사고가 발생한 장면이다.

해답 ① 작업자가 발판용 볼트를 딛고 작업하는 불안전한 자세
② 발판이 미끄럽거나 불안정한 상태
참고 절연용 안전방호구
① 활선작업용 방호구 및 보호구 : 절연용 보호구, 절연용 방호구, 활선작업용 기구, 활선작입용 장치
② 설연용 방호구 : 고무설연관, 설연시트, 절연커버, 절연덮개 등

02 프레스 작업 시 쉽게 지워지지 않는 방식으로 부착해야 할 게시물 3가지를 쓰시오.

동영상 설명 화면은 작업자가 프레스 작업을 하던 중, 손으로 이물질을 제거하려다 실수로 페달을 밟아 손을 다치는 재해가 발생한 장면이다.

해답 ① 제조자명, 주소, 모델번호, 제조번호 및 제조연도
② 기계의 중량
③ 전기, 유·공압 시스템에 관한 정보
④ 스핀들의 회전수 범위
⑤ 자율안전확인 표시(KCs 마크)

03 화면을 보고, 유해물질 취급 장소에 비치하고 게시해야 할 사항 3가지를 쓰시오. (단, 취급 시 주의사항은 제외한다.)

동영상 설명 화면은 작업자가 DMF를 배합기에 넣고 유해물질을 취급하는 제조작업을 하는 장면이다.

해답 ① 관리대상 유해물질의 명칭
② 응급조치와 긴급 방재 요령
③ 착용해야 할 보호구
④ 인체에 미치는 영향

04 화면을 보고, 재해 방지를 위해 건설용 리프트에 설치해야 할 방호장치 4가지를 쓰시오.

동영상 설명 화면은 작업자가 건설용 리프트의 안전상태를 점검하던 중, 점검 중이던 리프트가 갑자기 움직여 작업자가 끼이는 사고가 발생한 장면이다.

해답 ① 과부하방지장치
② 권과방지장치
③ 비상정지장치
④ 제동장치

05 화면을 보고, 재해발생 위험요인에서 불안전한 행동을 각각 3가지씩 쓰시오.

동영상 설명 화면은 작업자가 원심기 덮개를 열어 내부를 점검하던 중, 다른 작업자가 전원을 투입하여 재해가 발생한 장면이다.

해답 ① 작업시작 전 전원을 차단하고 시건장치를 설치하지 않았다.
② 점검 중임을 나타내는 안내 표지판을 설치하지 않았다.
③ 보안경 등 개인 보호구를 착용하지 않았다.
④ 원심기에 필요한 방호장치가 설치되지 않았다.

06 화면을 보고, 폭발 재해의 종류와 정의를 쓰고, 폭발 재해의 원인을 설명하시오.

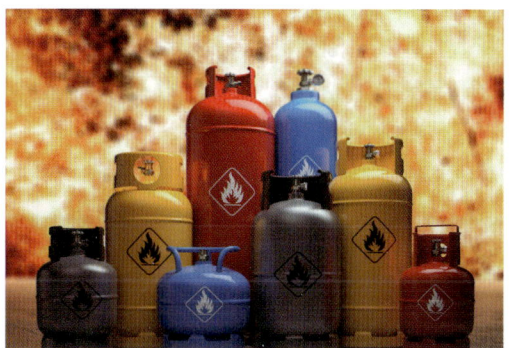

동영상 설명 화면은 작업자가 LPG 저장소 문을 열고 들어가 스위치를 올려 불을 켜는 순간, 누출된 LPG가 전기 스파크로 인해 폭발하는 장면이다.

해답 (1) 종류 : 증기운 폭발(UVCE)
(2) 증기운 폭발의 정의 : 가연성 증기운에 점화원이 제공되면 폭발이 일어나면서 화염구(fire ball)가 형성되는 현상을 말한다. 증기운의 크기가 커질수록 점화될 확률도 높아진다.
(3) 원인 : 고압의 액화석유가스 용기에서 다량의 인화성 증기가 대기 중으로 급격히 방출되어 확산된 상태에서 전기 스파크로 인해 폭발이 발생하였다.

참고 증기운
저온 액화가스의 저장탱크나 고압의 가연성 액체용기가 파손되어 다량의 가연성 증기가 대기 중으로 급격히 방출되고, 이 증기가 공기 중에 분산·확산된 상태를 말한다.

07 산업안전보건기준에 관한 규칙에 따라 크레인을 이용하는 작업을 할 때, 관리감독자가 유해·위험방지를 위해 수행해야 할 직무 내용 3가지를 쓰시오.

동영상 설명 화면은 타워크레인을 이용하여 화물을 들어 올리는 작업 중, 화물이 흔들리며 추락하는 사고가 발생한 장면이다.

해답 ① 작업방법과 작업자의 배치를 결정하고 작업을 지휘하는 일
② 작업에 사용하는 재료의 결함 유무 또는 기구 및 공구의 기능을 점검하고, 불량품을 제거하는 일
③ 작업 중 작업자들이 안전대 또는 안전모를 바르게 착용하고 있는지 감시하는 일

08 사업주가 법에 따라 시스템 비계를 사용하여 비계를 구성할 경우 연결재의 종류와 설치 간격 기준을 쓰시오.

- 벽 연결재, 수직재, 수평재, 가새재
- 10cm, 15cm, 20cm, 제조자가 제공하는 기준

(1) 연결재 :
(2) 설치 간격 :

동영상 설명 화면은 건축 외벽 작업을 위해 설치된 비계 구조물을 보여주는 장면이다.

해답 ⑴ 연결재 : 벽 연결재
　　⑵ 설치 간격 : 제조자가 제공하는 기준

09 작업 발판을 조립할 때 준수해야 할 기준이다. (　　) 안에 알맞게 쓰시오.

작업 발판을 안전하게 사용하기 위해 발판의 폭은 (①)이어야 하며, 발판의 틈새는 (②)로 유지되어야 한다.

동영상 설명 화면은 작업자가 건물 외벽에 설치된 비계의 작업 발판 위에서 작업하는 장면이다.

해답 ① 40cm 이상
　　② 3cm 이하

제2회

01 화면을 보고, 재해의 발생형태와 기인물을 쓰시오.

동영상 설명 화면은 작업자가 작업 발판을 들고 이동하다가 발을 헛디뎌 추락하는 사고가 발생한 장면이다.

해답 ① 재해 발생형태 : 떨어짐(추락)
② 기인물 : 작업 발판

02 화면을 보고, 인쇄윤전기 작업 시 작업자의 행동에서 발생할 수 있는 위험점과 그 정의를 쓰시오.

동영상 설명 화면은 작업자가 전원을 차단하지 않은 상태에서 인쇄윤전기 롤러를 점검하던 중, 롤러 사이에 손이 말려 들어가는 사고가 발생한 장면이다.

해답 ① 위험점 : 물림점
② 물림점의 정의 : 회전하는 2개의 롤러 사이에 물려 들어가면서 발생하는 위험점

03 급기 및 배기 환기장치를 설치한 경우, 법에 따라 밀폐설비나 국소배기장치를 설치하지 않아도 되는 경우를 1가지 쓰시오.

동영상 설명 화면은 분진 등을 배출하기 위한 국소배기장치의 덕트가 설치된 장면이다.

해답 ① 실내작업장의 벽, 바닥 또는 천장에 대하여 관리대상 유해물질 취급업무를 수행할 때 유해물질의 발산 면적이 넓어 법에 따른 설비를 설치하기 곤란한 경우
② 자동차 차체, 항공기 기체, 선체 블록 등 표면적이 넓은 물체의 표면에 대하여 관리대상 유해물질 취급업무를 수행할 때 유해물질의 증기 발산 면적이 넓어 법에 따른 설비를 설치하기 곤란한 경우

04 화면을 보고, 용접 작업 시 재해의 발생 형태와 기인물을 쓰시오.

동영상 설명 화면은 작업자가 교류아크용접기를 사용하여 현장에서 용접 작업을 하던 중 재해가 발생한 장면이다.

해답 ① 재해 발생형태 : 감전
② 기인물 : 교류아크용접기

05 급속한 압력상승 등 위험한 설비에 설치해야 하는 안전장치 2가지를 쓰시오

동영상 설명 화면은 화학 플랜트의 압력용기를 보여 주는 장면이다.

해답 ① 파열판
② 안전밸브

06 화면을 보고, 덤프트럭 정비작업에 관하여 다음 물음에 답하시오.

(1) 작업시작 전 조치사항 3가지를 쓰시오.
(2) 작업 지휘자가 준수해야 할 사항 2가지를 쓰시오.

동영상 설명 화면은 작업자가 덤프트럭의 적재함을 들어 올린 상태에서 수리 또는 부속장치의 장착·해체작업을 하던 중, 유압 실린더가 파손되어 적재함이 내려와 재해가 발생한 장면이다.

해답 (1) ① 작업순서를 결정한다.
② 작업 지휘자를 배치한다.
③ 하역 및 유압장치에 안전블록 등을 설치하여 안전을 확보한다.
④ 작업시작 전 유압장치 등의 기능 이상 유무를 점검한다.
(2) ① 작업순서를 결정한다.
② 유압장치에 안전블록 등을 설치하고 작업시작 전 안전상태를 점검한다.

07 화면을 보고, 유해물질 취급 장소에 비치하고 게시해야 할 사항 3가지를 쓰시오.

동영상 설명 화면은 작업자가 DMF를 배합기에 넣고 유해물질을 취급하는 제조작업을 하는 장면이다.

해답 ① 관리대상 유해물질의 명칭
② 응급조치와 긴급 방재 요령
③ 착용해야 할 보호구
④ 인체에 미치는 영향
⑤ 취급 시 주의사항

08 대기압탱크 내부가 진공 또는 가압되지 않도록 충분한 용량의 것을 사용해야 하며, 철저히 유지·보수해야 하는 안전기구의 명칭을 1가지 쓰시오.

동영상 설명 화면은 인화성 물질이 저장된 탱크 내의 압력을 대기압과 평형하게 유지함으로써 탱크 내부의 과압이나 진공 상태를 방지하는 안전장치를 보여주는 장면이다.

해답 통기 밸브(또는 통기관)

09 화면을 보고, 재해 발생형태와 불안전한 행동, 불안전한 요소를 각각 1가지씩 쓰시오.

동영상 설명 화면은 작업자가 책상 위에 사다리를 놓고, 면장갑을 착용한 채 보호구 없이 전등을 교체하디기 시디리에서 떨어지는 장면이다.

해답 ⑴ 재해 발생형태 : 떨어짐(추락)
⑵ ① 불안전한 행동 : 작업 발판이 불안전하여 떨어짐
② 불안전한 요소
• 책상 위에 사다리를 놓고 작업하였다.
• 개인 보호구를 착용하지 않았다.
• 전원을 차단하지 않고 작업하였다.

제3회

01 화면을 보고, 산업안전보건법상 컨베이어 작업시작 전 점검사항 3가지를 쓰시오. (단, 원동기, 회전축, 기어 및 풀리 등의 덮개 또는 울 등의 이상 유무는 제외)

동영상 설명 화면은 A 작업자가 정지된 컨베이어를 점검하던 중, B 작업자가 갑자기 전원 스위치를 눌러 A 작업자의 손이 컨베이어 벨트에 끼이는 사고가 발생한 장면이다.

해답 ① 원동기 및 풀리 기능의 이상 유무
② 이탈방지장치 기능의 이상 유무
③ 비상정지장치 기능의 이상 유무

02 휴대용 연삭기의 방호장치와 허용되는 노출 각도를 쓰시오.

동영상 설명 화면은 작업자가 면장갑을 착용한 채 휴대용 연삭기를 이용하여 금속을 연삭하는 장면이다.

해답 ① 방호장치 : 덮개
② 노출 각도 : 180° 이내

03 산업안전보건법상 크롬 도금작업장의 바닥 재료의 조건과 바닥 구조의 조건을 쓰시오.

동영상 설명 화면은 크롬 도금작업장에서 화학물질을 취급하는 공정이 진행 중인 장면이다.

해답 ① 바닥 재료 : 바닥은 불침투성 재료를 사용한다.
② 바닥 구조 : 누출 시 액체가 확산되지 않도록 15cm 이상의 턱을 설치한다.

04 철골작업 시 악천후로 인해 작업을 중지해야 하는 기후 조건을 (   ) 안에 쓰시오.

① 풍속이 (   ) 이상인 경우
② 시간당 강우량이 (   ) 이상인 경우
③ 시간당 강설량이 (   ) 이상인 경우

동영상 설명 화면은 악천후 속에서 타워크레인을 이용하여 철골작업을 진행하는 장면이다.

해답 ① 10m/s
② 1mm
③ 1cm

05 화면을 보고, 브레이크 라이닝 작업자가 손과 발에 반드시 착용해야 할 보호구를 쓰시오.

동영상 설명 화면은 작업자가 방진마스크와 보안경을 착용한 상태에서 평상복을 입고 맨손으로 자동차 브레이크 라이닝을 화학물질로 세척하는 장면이다.

해답 ① 불침투성 안전장갑
② 불침투성 안전화

06 터널공사 현장에서 폭약을 사용한 작업을 진행할 때 주의해야 할 사항 2가지를 고르시오.

> A. 얼어붙은 다이너마이트를 고열물에 녹여 사용할 것
> B. 장전구는 폭발 위험성이 없는 것을 사용할 것
> C. 충진재료는 인화성이 없는 재료를 사용할 것
> D. 얼어붙은 다이너마이트는 화기를 사용하여 녹일 것

동영상 설명 화면은 터널공사 현장에서 폭약을 사용한 발파작업을 하기 위해 준비하는 장면이다.

해답 B, C
참고 발파작업 시 준수해야 할 사항
① 얼어붙은 다이너마이트는 화기나 고열에 직접 접촉하여 융해되지 않도록 한다.
② 화약 또는 폭약을 장전할 때, 그 부근에서 화기를 사용하거나 흡연하지 않도록 한다.
③ 장전구는 마찰, 충격, 정전기 등에 의한 폭발 위험이 없는 안전한 것을 사용한다.
④ 발파공의 충진재료는 점토, 모래 등 반화성 또는 인화성 위험이 없는 재료를 사용한다.

07 화면을 보고, 이동식 크레인 작업 시 재해의 발생형태와 가해물을 쓰고, 전기작업 시 착용해야 할 안전모의 종류 2가지를 쓰시오.

동영상 설명 화면은 이동식 크레인을 이용하여 전봇대를 옮기는 작업 중, 전봇대가 흔들리며 작업자에게 부딪히는 사고가 발생한 장면이다.

해답 (1) 재해 발생형태 : 맞음
(2) 가해물 : 전봇대
(3) 착용해야 할 안전모의 종류
　① AE형
　② ABE형

08 변압기가 활선인지 확인할 수 있는 방법 3가지를 쓰시오.

동영상 설명 화면은 작업자가 변압기의 활선 여부를 점검한 후, 다른 작업자에게 전원 차단신호를 보낸 뒤 점검기구를 철거하던 중, 감전되는 사고가 발생한 장면이다.

해답 ① 검전기로 검사한다.
② 활선 경보기로 확인한다.
③ 테스터기의 지싯값으로 검사한다.

09 화면을 보고, 건설용 리프트 장비의 명칭과 작업자를 탑승시켜도 되는 경우 2가지를 쓰시오.

동영상 설명 화면은 작업자가 건설용 장비를 이용하여 작업하는 장면이다.

해답 (1) 장비의 명칭 : 곤돌라
(2) 작업자를 탑승시켜도 되는 경우
　① 운반구가 뒤집히거나 떨어지지 않도록 필요한 안전조치를 한 경우
　② 안전대 또는 구명줄을 설치하고, 안전난간을 설치할 수 있는 구조인 경우에는 안전난간을 설치한 경우

필답형 · 작업형
산업안전산업기사 실기

2026년 1월 10일 인쇄
2026년 1월 15일 발행

저자 : 이광수
펴낸이 : 이정일

펴낸곳 : 도서출판 **일진사**
www.iljinsa.com

04317 서울시 용산구 효창원로 64길 6
대표전화 : 704-1616, 팩스 : 715-3536
이메일 : webmaster@iljinsa.com
등록번호 : 제1979-000009호(1979.4.2)

값 28,000원

ISBN : 978-89-429-2063-1

* 이 책에 실린 글이나 사진은 문서에 의한 출판사의
농의 없이 부단 전재 · 복제를 금합니다.